应用型本科机电类专业"十三五"规划精品教材

物流机械设备

WULIU JIXIE SHEBEI

主　编　王　强　孙术发

副主编　李　雯　魏利华

参　编　姜　莉　韩春强

华中科技大学出版社
http://www.hustp.com
中国·武汉

图书在版编目(CIP)数据

物流机械设备/王强,孙术发主编. —武汉:华中科技大学出版社,2019.3(2022.7重印)
应用型本科机电类专业"十三五"规划精品教材
ISBN 978-7-5680-4999-3

Ⅰ.①物… Ⅱ.①王… ②孙… Ⅲ.①物流-机械设备-高等学校-教材 Ⅳ.①TH2

中国版本图书馆 CIP 数据核字(2019)第 054218 号

物流机械设备	王　强　孙术发　主编

Wuliu Jixie Shebei

策划编辑：曾　光
责任编辑：刘　静
封面设计：孢　子
责任监印：徐　露
出版发行：华中科技大学出版社(中国·武汉)　　电话：(027)81321913
　　　　　武汉市东湖新技术开发区华工科技园　　邮编：430223
录　　排：华中科技大学惠友文印中心
印　　刷：广东虎彩云印刷有限公司
开　　本：787mm×1092mm　1/16
印　　张：22.25
字　　数：565千字
版　　次：2022年7月第1版第3次印刷
定　　价：59.00元

本书若有印装质量问题,请向出版社营销中心调换
全国免费服务热线：400-6679-118　竭诚为您服务
版权所有　侵权必究

前言
PREFACE

近年来,中国现代物流业保持着持续快速发展的良好势头,物流业规模显著扩大,服务能力显著提升,物流业已成为国民经济发展的支柱产业和新的经济增长点,对其他产业及经济结构的调整起到了很大的支撑作用。2016年,中国已经超过美国并成为全球最大的物流市场。物流服务专业化、作业智能化、运营一体化、管理信息化、流程透明化、业务数据化等,对物流技术装备提出了新的要求。

本书由黑龙江工程学院王强、东北林业大学孙术发担任主编,黑龙江工程学院李雯、沈阳农业大学魏利华担任副主编,黑龙江工程学院姜莉和韩春强参与了编写。具体编写分工如下:王强编写第三章、第四章,李雯编写第六章、第七章、第八章第一节,姜莉编写第二章,韩春强编写第八章第二节至第四节,孙术发编写第一章、第五章,魏利华编写第九章、第十章。本书编写过程中,参考并引用了国内专家学者的最新著作成果。在此,谨向有关专家学者表示诚挚的谢意。

由于作者能力水平有限,书中难免有不足之处,衷心希望广大读者提出宝贵意见,以便进一步完善本书。

编 者

目录
CONTENTS

第一章　物流机械设备概述 ·· 1
　第一节　物流机械设备的作用 ·· 2
　第二节　我国物流机械设备的发展现状及存在的问题 ········· 2
　第三节　现代物流机械设备的要求 ·· 5
　第四节　物流机械设备的分类 ·· 7
第二章　物流自动化立体仓库机械设备 ································ 9
　第一节　自动化立体仓库概述 ·· 10
　第二节　自动化立体仓库的类型 ·· 12
　第三节　自动化立体仓库的总体构成 ·································· 17
　第四节　自动化立体仓库的规划 ·· 23
　第五节　货架结构 ··· 27
　第六节　货架的选用 ··· 29
　第七节　货架设计计算 ··· 34
　第八节　其他形式的小型自动化立体仓库设备 ·················· 51
第三章　物流常用装卸搬运机械设备 ··································· 67
　第一节　装卸搬运机械概述 ·· 68
　第二节　叉车 ··· 70
　第三节　自动导引搬运车 ··· 93
　第四节　物流轻型装卸搬运设备 ·· 99
第四章　物流输送机械设备 ·· 108
　第一节　连续输送机械概述 ·· 109
　第二节　连续输送机械的主要技术参数 ···························· 112
　第三节　典型连续输送机械 ·· 112
第五章　物流运输机械设备 ·· 144
　第一节　公路运输设备 ·· 145
　第二节　铁路运输设备 ·· 154
　第三节　水路运输设备 ·· 160
　第四节　航空运输设备 ·· 163
　第五节　管道运输设备 ·· 168
第六章　物流流通加工机械设备 ··· 173
　第一节　流通加工机械设备概述 ·· 174
　第二节　包装机械 ·· 175
　第三节　流通加工机械 ·· 199

第七章　物流信息处理机械设备 … 212
第一节　物流信息技术概述 … 213
第二节　条形码技术与设备 … 213
第三节　射频识别技术与设备 … 221
第四节　全球定位系统技术与设备 … 227
第五节　地理信息系统技术与设备 … 231

第八章　集装单元化存储机械设备 … 235
第一节　集装单元化概述 … 236
第二节　集装箱 … 238
第三节　托盘 … 252
第四节　其他集装方式 … 263

第九章　物流起重机械设备 … 267
第一节　起重机械的概念、特点及分类 … 268
第二节　起重机械的系统组成及工作原理 … 275
第三节　物流起重机械的基本参数和工作级别 … 282
第四节　典型起重机械 … 300
第五节　起重机械的主要属具 … 322
第六节　起重机械的选择 … 326

第十章　物流堆垛机械设备 … 331
第一节　堆垛机的概念、特点及分类 … 332
第二节　桥式堆垛机 … 333
第三节　巷道堆垛机 … 336
第四节　码垛机器人 … 342
第五节　堆垛机的选型 … 345

参考文献 … 348

第一章
物流机械设备概述

WULIU
JIXIE
SHEBEI

物流机械设备是指进行各项物流活动和物流作业所需要的机械和设备的总称。物流机械设备是在物流设施的基础上为实现物流系统中特定功能而配备的必要技术装备,包括仓储、配送、包装、运输、装卸搬运、流通加工、数据采集等物流机械设备。

物流机械设备是组织物流活动和物流作业的物质基础,贯穿物流的整个过程,深入各作业细节。伴随物流业的快速发展和科学技术的不断进步,物流机械设备得到了飞速发展,高度发达的物流机械设备已成为现代物流系统的特征之一。

第一节　物流机械设备的作用

物流机械设备是物流系统的重要组成要素,担负着物流作业的各项任务,影响着物流活动的每一个环节,在物流活动中处于十分重要的地位。离开物流机械设备,物流系统就无法运行或服务水平及运行效率就可能极其低下。物流机械设备的作用主要表现在以下四个方面。

(1)物流机械设备是物流系统的物质技术基础。不同的物流系统必须有不同的物流机械设备来支持才能正常运行。因此,物流机械设备是实现物流功能的技术保证,是实现物流现代化、科学化、自动化的重要手段。物流系统的正常运转离不开物流机械设备,正确、合理地配置和运用物流机械设备是提高物流效率的根本途径,也是降低物流成本、提高经济效益的关键。

(2)物流机械设备是物流系统的重要资产。在物流系统中,物流机械设备的投资比较大,随着物流机械设备技术含量和技术水平的日益提高,物流机械设备既是技术密集型的生产工具,也是资金密集型的社会财富,配置和维护这些设备需要大量的资金和相应的专业知识。现代化物流机械设备的正确使用和维护,对物流系统的运行效益是至关重要的,物流机械设备一旦出现故障,将会使物流系统处于瘫痪状态。

(3)物流机械设备贯穿物流活动的各个环节。在整个物流活动的过程中,从物流功能的角度看,物料或商品要经过包装、运输、装卸、储存等作业环节,并且还伴随着许多相关的辅助作业环节,这些作业的高效完成需要相应的物流机械设备。例如,在包装过程中,自动包装机、自动封箱机等得到了广泛应用;在运输过程中,各种交通工具——汽车、火车、船舶、飞机、管道等,是必不可少的;在储存、搬运(装卸)、配送等过程中,不仅要求有必要的场地条件,还要用到各式搬运(装卸)机械。如果用人力去完成这些工作,势必耗时、耗力,甚至无法完成工作。因此,物流机械设备的性能和配置直接影响物流活动各环节的作业效率。

(4)物流机械设备是物流技术水平的主要标志。一个高效的物流系统离不开先进的物流技术。先进的物流技术是通过物流机械设备体现的,而先进的物流管理也必须依靠现代高科技手段来实现。例如,在现代化的物流系统中,自动化仓储技术综合运用了自动控制技术、计算机技术、现代通信技术(包括计算机网络和无线射频技术等)等高科技手段,使仓储作业实现了半自动化、自动化。因此,物流机械设备的现代化水平是物流技术水平高低的主要标志。

第二节　我国物流机械设备的发展 现状及存在的问题

一、我国物流机械设备的发展现状

从20世纪50年代到70年代末,我国物流活动模式完全仿照苏联的计划经济模式,物流活动主要表现为物资的调运,以仓储和运输为主要内容。物资流通部门配备了一定数量的起重机、载货汽车等物流搬运机械设备,机械作业率仅在50%左右。生产型企业的物流系统主要通过厂区布置实现减小物流距离和节约搬运成本,企业主要通过扩大库存来保证生产的正常进行。在这一时期,物流机械设备数量较少,人工作业比重较大。同一时期内,我国的物流设施从纵向比较的角度来看有了较大的发展,但与其他的国家相比仍相当落后,发展速度远不及日本、美国和欧洲。

改革开放后,我国逐步由计划经济向市场经济过渡,引入了物流概念,物流设施设备的应用有了较快的发展。物流设施发展极为迅速,铁路、公路、港口、码头、机场等基建项目面广、量多、质量高、性能好。交通部门普遍添加了运输工具,改进了技术,提高了运输工具的运行速度,集装箱运输、散装运输和多式联运等新式运输方式得到了推广。物流企业在仓库、货场、港口、码头等的物流设施大量应用了各式物流机械设备,如起重机、输送机、集装箱、散装水泥车等。

1. 我国物流机械设备发展较快

我国物流机械设备发展较快,主要表现在以下方面。

(1) 物流机械设备总体数量迅速增加。近年来,我国物流产业发展很快,受到各级政府的极大重视。在这种背景下,物流机械设备的总体数量迅速增加,如运输设备、仓储设备、配送设备、包装设备、装卸搬运设备(如叉车、起重机等)、物流信息设备等。

(2) 物流机械设备的自动化水平和信息化程度得到了一定程度的提高。以往的物流机械设备基本上是以手工或半机械化为主,工作效率较低。近年来,物流机械设备在其自动化水平和信息化程度上有了一定的提高,工作效率得到了较大的提高。

(3) 基本形成了物流机械设备生产、销售和消费系统。以前,经常出现有物流机械设备需求,但很难找到相应的生产企业,或有物流机械设备生产却因销售系统不完善、需求不足,导致物流机械设备生产无法持续完成等问题。目前,物流机械设备的生产、销售和消费的系统已经基本形成,国内拥有一批物流机械设备的专业生产厂家、一批物流机械设备销售的专业公司和一批物流机械设备的消费群体,使得物流机械设备能够在生产、销售和消费的系统中逐步得到改进和发展。

(4) 物流机械设备在物流活动的各个环节都得到了一定的应用。目前,无论是在生产型企业中的生产、仓储,流通过程中的运输、配送,还是物流中心中的包装加工、搬运装卸,物流机械设备都得到了一定的应用。

(5) 专业化的新型物流机械设备不断涌现。随着物流各环节分工的不断细化,以及以满足顾客需要为宗旨的物流服务需求增加,新型物流机械设备不断涌现。这些物流机械设备多是专门为某一物流环节的物流作业、某一专门商品、某一专门顾客提供的,专业化程度很高。

2. 我国物流机械市场活跃

我国集装箱生产企业的生产能力和全球市场份额都位居世界首位,在部分领域甚至达到了垄断地位。我国智能物流设备市场的容量在2015年达到684亿元,年增速在20%以上。部分企业积极引进国外的先进技术,在消化吸收的基础上加以改进,自身的技术水平有了跨越式发展。

3. 我国物流基础设施初具规模

"十二五"期间,我国交通基本建设投资总规模约6.2万亿元,比"十一五"期间总投资增长31.9%。截至2015年,全国公路总里程达到457万公里,高速公路达12.35万公里,全国等级公路里程占公路总里程的85%以上。内河航道有11万千米,航运比较发达的航道有长江、京杭运河、珠江、松花江，重庆、武汉、南京、上海是沿岸重要港口城市。我国海上航运分为沿海航运和远洋航运。沿海航运可以分为以大连、上海为中心的北方航区和以广州为中心的南方航区；远洋航线可通达世界150多个国家和地区，远洋运输总载重吨位居世界第二位。航空运输已形成以北京为中心的航空运输网，600多条航线联系亚、欧、非、美和大洋洲的许多国家及国内重要城市。全国铁路营业里程达到9.8万公里，居世界第二位，高铁运营里程达到9 356公里，居世界第一位。

4. 我国物流基础设施仍不完善

我国交通运输基础设施总体规模已不算小，但是按国土面积和人口数量计算的运输网络密度远远低于主要工业化国家的平均水平。此外，能够有效连接不同运输方式的大型物流节点，如各种物流枢纽、区域物流基地、物流中心等物流设施还比较缺乏，导致运输效率处于较低水平。铁路、公路等运输方式的运力与市场需求之间的缺口十分巨大。

5. 我国物流机械设备总体比较落后

物流业的发展要以物流机械设备为依托，同时更离不开物流技术的支承。在"十二五"期间，我国物流业进入了快速、全面的发展期，同时也为物流机械设备的发展提供了绝佳的市场契机。近年来，在上海、深圳、广州、北京、天津等地，物流发展颇为迅猛，兴建了大量配送中心、物流中心，但总体物流机械水平仍然较低，各种运输方式之间标准不统一，物流器具标准不配套，物流包装标准与物流设施标准之间缺乏有效的衔接，这使得物流机械化和自动化难以展开。绝大多数物流企业仍将价格作为选择物流机械设备的首要因素，而忽视了对内在品质与安全指标的考察。物流机械设备的管理并没有被广泛纳入物流管理的内容，物流机械设备使用率不高、闲置时间较长。虽然个别企业的物流装备水平达到或接近了国际先进水平，但企业物流信息管理水平和技术手段仍然较为落后，缺乏必要的公共物流信息平台，订单管理、货物跟踪、库存查询等物流信息服务功能较弱，制约了物流运行效率和服务质量的提高。

二、我国物流机械设备存在的问题

我国已具备开发研制大型装卸设备和自动化物流系统的能力，并且基本形成了物流机械设备生产、销售和消费系统，物流机械设备得到了长足的发展。但从整体上来看，我国物流机械设备的发展并不能满足21世纪全新物流任务的要求。我国物流机械设备主要存在以下几个方面的问题。

（1）我国尚处于物流机械设备发展的初级阶段，既缺少行业标准，又缺少行业组织的指导，致使各种物流机械设备标准不统一、相互衔接配套差。

（2）物流企业只重视单一设备的质量与选型，没有通盘考虑整个系统如何达到最优化。

（3）多数物流企业仍将价格作为选择物流机械设备的首要因素，而忽视了对内在品质与安全指标的考察。

（4）部分物流企业对物流机械设备的作用缺乏足够的认识，在系统规划、设计时带有盲目性，造成使用上的不便或资源的浪费。

（5）物流机械设备的管理并没有被广泛纳入物流管理的内容，物流机械设备使用率不高、闲置时间较长。

（6）物流机械设备供应商数量众多，但普遍规模偏小且发展不规范。

其实有关物流机械设备中存在的问题归根结底是关于物流机械设备管理的问题，是关于物流机械设备使用性能、规划设计、配置维护等各方面的问题。

第三节　现代物流机械设备的要求

在现代物流的具体运营中,物流企业在考虑自身效益的同时,还要考虑到社会效益,并实现物流服务绿色化,只有这样才能在持续发展中获得永久效益。

为适应现代物流的需要,对现代物流机械设备提出以下要求。

一、大型化

大型化是指物流机械设备的容量、规模、能力越来越大。物流机械设备大型化,一是为了适应现代社会大规模物流的需要,以大的规模来换取高的物流效益;二是因为现代科学技术的发展和制造业的进步为制造大型物流技术装备提供了可能。例如,油轮最大载量达到65.7万吨,集装箱船为21413标准箱(TEU)。在铁路货运中出现了装载82 000吨矿石的列车,载重量超过500吨的载货汽车也已研制出来,管道运输的大型化体现在大口径管道的建设上——目前管道最大的口径为1 220毫米。这些运输方式的大型化基本满足了基础性物流需求量大、连续和平稳的特点。大型化还体现在航空货机的大型化上。正在研制的货机最大可载300吨,一次可装载30个40英尺(12.2米)的标准集装箱,比现有的货机运输能力(包括载重量和载箱量)高出50%~100%。

二、高速化

高速化是指物流机械设备的运转速度、运行速度、识别速度、运算速度大大加快。在运输方面,提高运输速度一直是各种运输方式努力的方向,如正在发展的高速铁路就有三种类型,即传统的高速铁路、摇摆式高速铁路和磁悬浮铁路。在航空运输中,正在研制双音速(亚音速和超音速)货机,超音速化成为民用货机的发展方向。在水运中,水翼船的速度已达70公里/时,而飞机冀船的速度可达170公里/时。在管道运输中,高速化体现为高压力,美国阿拉斯加原油管道的最大工作压力达到了8.2兆帕。在仓储方面,仓储规模日益扩大,物流作业量不断增加,客户响应时间越来越短,要在极短的时间内完成拣选、配送任务,只有不断提高物流机械设备的运行速度和处理能力。因此,堆垛机、拣选系统、输送系统等物流机械总是朝着高速运转方向而努力。例如,日本冈村、KITO、村田、大福等公司都推出了走行速度为300米/秒、升降速度在100米/秒以上的超高速堆垛机,三星、范德兰德等公司开发出高速分拣系统。三星公司的高速分拣系统的效率比普通输送线高2~5倍;而范德兰德公司推出的交叉皮带分拣机,不仅可处理球等不稳定性产品,而且其最高速度可达2.3米/秒,每小时处理量达27 000件。

三、信息化

未来社会将是一个完全信息化的社会,信息和信息技术在物流领域的作用将会更加明显,条形码技术、数据库技术、电子订货系统、电子数据交换、快速反应、有效客户反应、企业资源计划等将在物流中得到广泛应用。物流信息化将表现为物流信息收集的数据库化和代码化、物流信息处理的电子化和计算机化、物流信息传递的标准化和适时化、物流信息存储的数字化等。随着人们对信息的重视程度日益提高,要求物流与信息流实现在线或离线的高度集成,使信息技术逐渐成为物流技术的核心。

目前,越来越多的物流机械设备供应商已从单纯提供硬件设备,转向提供包括控制软件在内的总体物流系统,并且在越来越多的物流装备上加装计算机控制装置,实现了对物流机械设备的实时监控,大大提高了物流机械设备的运作效率。随着物流机械设备与信息技术的完美结合,控制装置将发展成为全电子数字化控制系统,可提高单机综合自动化水平;公路运输智能交通系统(ITS)、GPS等技术在物流中的应用,实现了物流的适时、适地、适物、适量、适价。现场总线、无线通信、数据识别与处理、互联网等高新技术与物流机械设备的有效结合运用,成为越来越多的物流系统的发展模式。无线数据传输设备在物流系统中发挥着越来越大的作用。通过全球定位系统,可以实现对汽车、飞机、船舶等物资运载工具的精确定位跟踪,了解在途物资的所有信息。运用无线数据终端,可以将货物接收、储存、提取、补货及运输的全过程,货物品种、数量、位置、价格等信息及时传递给控制系统,实现对库存的准确掌控,借由联网计算机指挥物流机械准确操作,几乎完全消灭了差错率,缩短了系统反应时间,使物流机械得到了有效利用,整体控制提升到更高效的新水平。将无线数据传输系统与客户计算机系统连接,实现共同运作,则可为客户提供实时信息管理,从而极大地改善客户的整体运作效率,全面提高客户的服务水平。

四、多样化

为满足不同行业、不同规模的客户对不同功能的要求,物流机械设备的形式越来越多,专业化程度日益提高。许多物流机械设备厂商都致力于开发生产多种多样的产品,以满足客户的多样化需求作为自己的发展方向,所提供的物流机械设备也由全行业通用型转向针对不同行业特点设计制造,由不分场合转向适应不同环境、不同工况要求,由一机多用转向专机专用。例如,世界著名叉车企业永恒力叉车(上海)有限公司就拥有580多种不同叉车车型,以满足客户的各种实际需要。此外,自动化立体仓库、分拣设备、货架等也都有按行业、用途、规模等不同标准划分的多种形式的产品。

五、标准化

当前,经济全球化特征日渐明显,中国入世更加快了企业的国际化进程。物流机械设备也需要走向全球化,而只有实现了标准化和模块化,才能与国际接轨。因此,标准化、模块化成为物流机械发展的必然趋势。标准化既包括硬件设备的标准化,也包括软件接口的标准化。物流机械设备、物流系统按照统一的国际标准设计与制造,才能适应各国各地区之间相互实现高效率物流的要求。例如,运输工具与装卸储存设备的标准化,可以满足国际联运和"门对门"直达运输的要求;推进通信协议的统一和标准化,可以满足电子数据交换的要求。通过实现标准化,可以轻松地与其他企业生产的物流机械或控制系统对接,为客户提供多种选择和系统实施的便利。模块化可以满足客户的多样化需求,可按不同需要自由选择不同功能模块,灵活组合,增强了系统的适应性。同时模块化结构能够更好地利用现有空间,可以根据货物存取量的增加和供货范围的变化进行调整。物流标准化有助于实现物流机械的通用化。以集装箱运输为例,国外的公路、铁路两用车辆与机车,可直接实现公路、铁路运输方式的转换,极大地提高了作业效率。公路运输中,大型集装箱拖车可运载海运、空运、铁路运输的所有尺寸的集装箱。通用化的运输工具为物流系统供应链保持高效率提供了基本保证。通用化设备还可以实现物流作业的快速转换,极大地提高了物流作业效率。

六、系统化

物流系统化是指组成物流系统的设备成套、匹配,达到高效、经济的要求。在物流机械设备单机自动化的基础上,计算机将各种物流机械设备集成系统,通过中央控制室的控制,与物流系统协调配合,形成不同机种的最佳匹配和组合,以取长补短,发挥最佳效用。物流机械设备供应商应当按客户实际情况制定系统方案,将不同用途的物流机械设备进行有机整合,达到最佳效果。自动化立体仓库、无人搬运车、分拣系统、机器人系统等各种设备功能各异、各有所长,只有在整体规划下,选择最合适的产品综合利用,才能使其各显其能,发挥最大效益。为使系统容易整合且效果最佳,物流机械最好选择同一家公司的产品。同时,客户对物流系统的投入往往不是一步到位、预留能力,而是按需配置,因此要考虑今后系统的可扩展性。

七、智能化

智能化是物流自动化、信息化的更高层次,物流作业过程中大量的运筹和决策,如库存水平的确定、运输(搬运)路径的选择、自动导向车的运行轨迹和作业控制、自动分拣机的运行、物流配送中心经营管理的决策支持等问题都需要借助大量的知识才能解决。智能化已成为物流技术与装备发展的新趋势。科技的进步使物流机械设备越来越重视智能化与人性化设计,应用人工智能技术,以降低人工的劳动强度,改善劳动条件,使操作更轻松自如。目前,人们在人工智能和有关物料储运领域中的专家系统技术方面进行了大量研究。例如,将专家系统应用于自动导引车和单轨系统,使它们具有确定在线路线和合理的运行决策。在接收物料入库和装运出库方面,专家系统能控制机器人进行物料入架和出架操作,能控制堆垛机的装卸,以及指定物料储存点。

八、绿色化

绿色化就是要达到环保要求。随着全球环境的恶化和人们环保意识的增强,对物流机械设备提出了更高的环保要求,有些企业在选用物流机械时会优先考虑对环境污染小的绿色产品或节能产品。因此,物流机械设备供应商也开始关注环保问题,采取有效措施达到环保要求,如尽可能选用环保型材料,有效利用能源,注意解决设备的振动、噪声与能源消耗等问题。更多的企业已经通过或正在进行 ISO 14000 认证,借此保证所提供产品的"绿色"特性,例如电动叉车的大量应用。

第四节 物流机械设备的分类

物流机械设备的分类方法很多,可以从不同的角度、按不同的标准对物流机械设备进行合理的划分。物流机械设备按功能可以划分为以下七大类。

(1)物流仓储机械设备。物流仓储机械设备是指在仓库进行生产和辅助作业以及保证仓库作业安全所必需的各种物流机械设备的总称。物流仓储机械设备是仓库进行保管维护、搬运装卸、计量检验、安全消防和输电用电等各项作业的劳动手段。物流仓储机械设备是在储存区进行作业活动所需要的设备工具,主要有各种类型的货架、自动化立体仓库、巷道堆垛机以及其他附属机械设备等。

(2)物流装卸搬运机械设备。物流装卸搬运设备是指用来搬移、升降、装卸和短距离输送物料或货物的物流机械设备。装卸是一种以垂直方向移动为主的物流活动,包括物品装入、卸出、分拣、备货等作业行为。搬运则是指在同一场所内,对物品进行的以水平方向移动为主的物流作业。装卸搬运是对运输、保管、包装、流通加工等物流活动进行衔接的中间环节,包括装车

（船）、卸车（船）、堆垛、入库以及连接以上各项作业的短程搬运。物流装卸搬运机械设备是物流系统中使用频率最大、数量最多的一类机械设备，主要配置在厂房、仓库、配送中心、物流中心以及车站货场和港口码头等，主要有起重机械、叉车、自动导引搬运车、轻型装卸搬运设备等。

（3）物流连续输送与分拣机械设备。输送机械是指以连续的方式沿着一定的线路从装货点到卸货点均匀输送散料或成件包装货物的机械。在现代化货物搬运系统中，大量物料或货物的进出库、装卸、分类、分拣、识别和计量等工作均由输送机系统来完成，输送机发挥着重要的作用，主要有带式输送机、链式输送机、螺旋输送机、气力输送机和斗式提升机等。分拣机械可以实现货物根据不同种类和需求在分拣口完成自动分拣的作用，是提高物流配送效率的一个主要设备，它本身需要建设一条机械传输线，还有配套的机电一体化控制系统、计算机网络及通信系统等，主要有挡板式分拣机、浮出式分拣机、倾斜式分拣机、滑块式分拣机、钢带式分拣机、胶带式分拣机、滚柱式分拣机和悬挂式分拣机等。

（4）物流运输机械设备。物流运输机械设备是指用于较长距离货物运输的装备。运输是物流的主要功能之一，通过运输活动，物品会发生场所、空间移动的物流活动，解决了物资在生产地点和需要地点之间的空间距离问题，创造商品的空间效用，并把各物流环节有机地联系起来，使物流目标得以实现，满足了社会需要。物流运输机械设备主要包括公路运输机械设备、铁路运输机械设备、水路运输机械设备、航空运输机械设备和管道运输机械设备。

（5）物流流通加工机械设备。物流流通加工机械设备是指用于物品包装、分割、计量、分拣、组装、价格贴附、商品检验等作业的专用物流机械设备。物流流通加工机械设备种类繁多，按照不同的分类方法可分成不同的种类。例如，按照流通加工形式，物流流通加工机械设备可分为剪切加工设备、开木下料设备、配煤加工设备、冷冻加工设备及分选加工设备、精制加工设备、分装加工设备、组装加工设备；按照加工对象的不同，物流流通加工机械设备可分为金属加工设备、水泥加工设备、生产延续的流通加工设备及通用加工设备等。

（6）物流信息处理机械设备。物流信息处理机械设备是指用于物流信息的采集、传输、处理等的物流机械设备。信息采集与处理设备主要涉及条形码技术、射频识别技术、GPS技术、GIS技术等。

（7）集装单元化存储机械设备。集装单元化存储机械设备是指用集装单元化的形式进行储存、运输作业的物流机械设备，主要包括集装箱、托盘、滑板、集装袋、集装网络、货捆、集装装卸设备、集装运输设备、集装识别系统等。

复习思考题

1. 物流机械设备的作用是什么？
2. 我国物流机械设备的发展现状和存在的问题是什么？
3. 为适应现代化物流的需要，对物流机械设备提出哪些要求？
4. 物流机械设备分类有哪几种？

第二章
物流自动化立体仓库机械设备

WULIU
JIXIE
SHEBEI

第一节 自动化立体仓库概述

物流自动分拣系统、巷道堆垛机等通常是在自动化立体仓库中使用的配套机械。自动化立体仓库又称自动仓储系统（AS/RS, automatic storage/retrieval system），它是为了适应社会经济对物流高效化、准确化、信息化以及储存大容量化的要求而产生的一种现代化物流技术，是物流现代化的主要标志，在物流领域正在逐渐得到应用和普及推广。

一、有关概念

仓库是指保管、储存物品的建筑物和场所的总称；而自动化仓库则是指由电子计算机进行管理和控制的，不需要人工搬运作业而实现收发作业的仓库。

立体仓库是指采用高层货架配以货箱或托盘储存货物，用巷道堆垛机及其他机械进行作业的仓库，因而自动化立体仓库可以认为是自动化仓库与立体仓库的有机结合，它是由高层货架系统、巷道堆垛机系统、自动分拣系统、入出库自动输送系统、自动控制系统、计算机管理系统及其周边设施与设备组成的，可对集装单元货物实现自动仓储过程的一个综合系统。

世界上第一座自动化立体仓库于1959诞生于美国，并于1963年实现了对自动化立体仓库的计算机控制和管理。此后，自动化立体仓库在欧美一些发达国家和日本迅速发展起来。据有关资料介绍，日本的自动化立体仓库拥有量最多，其数量接近世界总量的一半。进入20世纪80年代以来，自动化立体仓库在世界各国发展迅速，使用范围几乎涉及所有行业。随着科技的不断发展，先进的技术手段在自动化立体仓库中得到广泛应用，实现了信息自动采集、物品自动分拣、物品自动输送、物品自动存取，库存控制实现了智能化，从而大大提高了仓库作业效率，同时也大大高了作业质量。

2001年3月中国海尔国际物流中心正式启用自动化立体仓库。该物流中心高22 m、拥有18 056个标准托盘位，拥有原材料和产成品2个自动化立体仓库系统。它采用了激光导引无人运输车系统、巷道堆垛机、机器人、穿梭车等，实现了物流过程的自动化和智能化。其中海尔配件自动化立体仓库存货区面积为7 200 m²，但它的吞吐量相当于300 000 m² 普通平面仓库的储存量。整个物流中心只有10名叉车司机，而一般仓库完成同样的工作量至少需要上百人。海尔通过建设自动化立体仓库并围绕它的运转改造业务流程，使海尔物流在很短时间内发挥出了最大效益。据介绍，目前海尔集团每个月平均接到6 000多个销售订单，这些订单的定制产品品种有2 000多个，需要采购的材料品种有15万余种，在如此复杂的情况下，海尔不仅没有造成大量的物资积压，两座自动化立体仓库基本上满足了海尔在青岛所有工厂生产物流的需要，而实际仓库面积减小50%，库存资金减少了67%。

由于自动化立体仓库的作业效率及自动化的技术水平可以使得企业物流效率大幅提升，自动化立体仓库的基本技术也日益成熟，因此越来越多的企业开始采用自动化立体仓库。很多企业不仅建设中大型的自动化立体仓库，也根据需要建设了很多中小型自动化立体仓库。2012年是中国自动化立体仓库得到较快发展的一年。2012年初，由于众多物流系统工程项目纷纷开工，自动化立体仓库项目建设市场一片繁荣。据不完全统计，2012年建设的具有较大规模的自动化立体仓库在建项目有130多座。随着国家经济的持续向好和对自动化立体仓库需求较高的烟草、医药、机械等行业的持续快速发展，未来自动化立体仓库面临着较大的市场需求。根据中国物流技术协会信息中心调研情况，未来几年的自动化仓储市场需求将每年有17%的增长,截止到2017年底,自动化立体仓库的市场规模已经超过500亿元。

二、自动化立体仓库的特点

自动化立体仓库技术是仓储领域的最新技术,它的使用能够产生巨大的社会效益和经济效益。其主要优点如下。

(1) 大大提高了仓库的单位面积利用率。自动化立体仓库使用高层货架存储货物,存储区可以最大限度地向三维空间发展,大大提高了仓储空间的利用率,因而提高了仓库的单位面积利用率。

(2) 提高了劳动生产率,降低了劳动强度。自动化立体仓库运用机械化和自动化设备进行作业过程,运行和处理速度很快,大大提高了劳动生产率,同时降低了操作人员的劳动强度,改善了作业人员的劳动条件。

(3) 减少了货物处理和信息处理过程中的差错。计算机始终准确无误地对各种信息进行存储和管理,因此能减少货物处理和信息处理过程中的差错;而利用人工管理,由于受人为因素影响大,很难做到这一点。

(4) 能合理有效地进行库存控制。利用计算机进行管理,可有效地充分利用仓库的储存能力,随时掌握库存情况,比较容易实现先入先出等库存原则,防止货物自然老化、变质、生锈或发霉等情况的发生,从而实现了对库存实行有效的控制,加快了资金周转,提高了仓库管理水平。

(5) 能较好地满足特殊仓储环境的需要。采用自动化技术,能较好满足黑暗、低温、污染、有毒和易爆等特殊条件下物品的存储需要。例如冷冻自动化立体仓库和存储胶片自动化立体仓库,在低温和完全黑暗的库房内,由计算机自动控制,实现货物的出入库作业。

(6) 提高了作业质量,保证了货品在整个仓储过程的安全运行。自动化立体仓库一般采用集装单元化存储,搬运过程中搬运机械不直接与货物接触,因此有利于防止货物搬运过程中的破损。

(7) 便于实现系统的整体优化。自动化立体仓库信息系统可与其他管理系统集成,从系统的角度对各作业环节进行优化,从而达到系统最优的目的。

采用自动化立体仓库以后,企业主管人员可以及时获得仓储过程的准确信息,随时掌握库存动态情况,便于对企业规划做出及时调整,从而可以提高企业应变和决策能力。另外,采用自动化立体仓库要求工作人员必须提高自身业务素质,只有这样才能适应工作需要。与此同时,采用自动化立体仓库后,能树立良好的企业形象,将会对企业的长远发展带来潜在的经济效益和社会效益。

采用自动化立体仓库的优点是非常显著的,但它也存在着以下缺点。

(1) 结构复杂,配套设备多,需要的基建和设备投资很大。

(2) 货架的安装精度要求很高,施工比较困难,而且施工周期长。

(3) 储存货品的品种受到一定限制,不同类型的货架储存的物品品种有限,因此自动化立体仓库一旦建成,系统的更新改造比较困难。

(4) 一次性投资和运行费用都比较大,需要有雄厚的资金做保障。

三、自动化立体仓库的适用条件

作为一种现代化物流技术,自动化立体仓库技术的应用必须符合一定技术经济条件。在规划组建和使用自动化立体仓库时,应具备以下基本条件。

(1) 货品的出入库频率较大,且物流量比较稳定。货品的仓储总量必须足够大,而且出入库作业频繁、物流量稳定,否则就会出现仓储空间浪费、仓储设施闲置等不良状况,不利于发挥自动化立体仓库的优势。

(2) 需要有较大的资金投入。自动化立体仓库除了建筑投资外,还必须有相应的配套设施与设备投入,这不仅要求有较大的初期投入,而且要考虑设施与设备的使用维修费用。所以,自动化立体仓库的资金投入是相当大的,拟建自动化立体仓库的企业必须具备雄厚的资金实力。

(3) 需要有一支高素质的专业技术队伍。从自动化立体仓库的规划设计到投入运营的整个过程中,组成自动化立体仓库的各个子系统的正常运行和维修均需要相应的专业知识,由专业人员来进行。因此,自动化立体仓库的运转不仅要求工作人员具有较高的专业技术素质,而且要求其具有高度的责任心。

(4) 对货品包装要求严格。自动化立体仓库采用巷道堆垛机和高层货架来搬运和储存货品,采用自动化输送设备进行货品的输送,因此要求货品的包装必须符合有关标准要求,且要求外包装要统一规格尺寸,以便于自动仓储作业的顺利进行。

(5) 建筑地面应有足够的承载能力。由于自动化立体仓库的仓储容量和单位面积利用率都比较大,因此要求仓库的单位面积承载能力必须大于仓库设计要求的单位面积承载能力。

总之,自动化立体仓库的建设必须综合考虑各方面的因素,紧密结合实际,不能盲目投资兴建,否则将会造成很大的损失。

第二节 自动化立体仓库的类型

自动化立体仓库目前尚无统一的分类标准,常见的有以下几种分类方法。

一、按高层货架与建筑物之间的关系分类

按高层货架与建筑物之间的关系,自动化立体仓库可分为整体式和分离式两种形式,如图 2-1 所示。

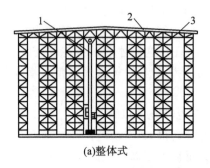
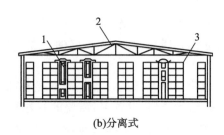

(a)整体式　　　　　　　　　(b)分离式

图 2-1　自动化立体仓库结构示意图

1—堆垛机;2—仓库建筑物结构;3—货架

整体式自动化立体仓库是指货架除了具有储存货物的基本功能以外,还作为建筑物的支承结构,成为建筑物的一个组成部分,即货架与建筑物形成一个整体,如图 2-1(a)所示。这种仓库形式仓库建筑费用低、抗震,适合作储存物品品种相对稳定的大型自动化立体仓库。

分离式自动化立体仓库是指货架与建筑物是相互独立的,如图 2-1(b)所示。这种仓库形式适用于储存物品种不固定,对货架有一定柔性要求的中小型自动化立体仓库。

二、按货架的结构形式分类

按货架的结构形式,自动化立体仓库可分为单元货格式、贯通货架式、旋转货架式、移动货架式四种类型。

1. 单元货格式自动化立体仓库

这种仓库形式是应用最广泛、适用性较强的一种结构形式。单元货格式自动化立体仓库的基本结构特点是货架沿仓库宽度方向分为若干排,每两排货架为一组,各组货架之间留有堆垛机进行存取作业需要的巷道;沿仓库长度方向分为许多列;沿高度方向分为若干层,因而整个货架形成了大量储存货物的基本储存单元,一个储存单元称为一个货格,货格的开口面向巷道。单元货格式自动化立体仓库结构示意图如图 2-2 所示。

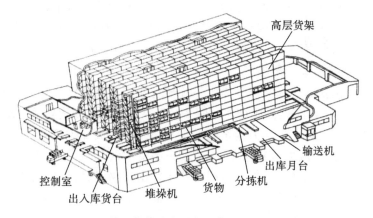

图 2-2 单元货格式自动化立体仓库结构示意图

在进行入库作业时,入库货物经验收后,以一定的搬运方式将货物放在出入库货台上,堆垛机接受控制系统的指令,从出入库货台上取走货物,将货物运送到与目的地址相对应的货格中。出库过程则相反,堆垛机根据控制系统的指令,到相应的货格取货,然后将货物运送到出入库货台。堆垛机始终不断地接受控制系统的存取货指令,在巷道内来回穿梭,实现存取货作业。

2. 贯通货架式自动化立体仓库

贯通货架式自动化立体仓库是在单元货格式自动化立体仓库的基础上发展而来的,它是为了提高仓库的面积利用率,将货架合在一起,使同一层、同一列(或排)的货物互相贯通,形成沿仓库长度(或宽度)方向贯通的通道,因此称为贯通货架式自动化立体仓库。在这种仓库中,出库和入库作业区分开并设置在货架的两端,在通道的一端进行入库作业,由起重堆垛机将货物单元装入通道,货物沿着通道移动到出库端。在进行出库作业时,由起重堆垛机在出库端取出货物,并将其堆放在出库暂存区做好出库准备工作。根据货物单元在通道内的移动方式不同,贯通货架式自动化立体仓库又可进一步划分为重力货架式自动化立体仓库和梭式小车式自动化立体仓库两种类型。

(1) 重力货架式自动化立体仓库。图 2-3 所示为重力货架式自动化立体仓库结构示意图,存货通道具有一定的坡度。装入通道的货物单元在自重作用下,自动地从入库端向出库端移动,当到达通道的出库端或者碰上已有的货物单元时停住。当位于通道出库端的第一个货物单元被取走之后,位于它后面的各个货物单元便在重力作用下依次向出库端移动一个货位。由于重力货架式自动化立体仓库中每个存货通道只能存放同一种货物,所以这种类型的仓库适用于品种较少而数量较多的货物存储。

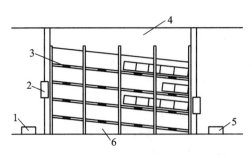

图 2-3　重力货架式自动化立体仓库结构示意图

1—入库台；2—堆垛机；3—中间制动器；4—上死角；5—出库台；6—下死角

(2) 梭式小车式自动化立体仓库。梭式小车式自动化立体仓库是在重力货架式自动化立体仓库的基础上发展而来的另一种结构形式。存放货物的通道是水平的，由梭式小车在存货通道内往返穿梭，进行货物的搬运。需要入库的货物由起重机械送到存货通道的入库端，然后由梭式小车将货物运送到出库端。出库时，由出库起重机从存货通道的出库端叉取货物。

3. 旋转货架式自动化立体仓库

旋转货架式自动化立体仓库又可分为水平旋转货架式和垂直旋转货架式两种结构形式。

(1) 水平旋转货架式自动化立体仓库。图 2-4 所示为水平旋转货架式自动化立体仓库结构示意图。这种货架的各层均可在动力输送机的带动下沿着固定的环形路线运行。需要提取某种货物时，操作人员给出相应的取货指令，相应的一组货架便开始运转，当装有该货物的货位到达拣选位置时，货架便停止运转，操作人员即可从中拣出货物，然后给出回位指令，使货架回位。

这种形式的仓库对小件物品的储存和拣选非常合适，特别适用于作业频率要求不高的场合。

(2) 垂直旋转货架式自动化立体仓库。图 2-5 所示的自动货柜就是垂直旋转货架式自动化立体仓库的一种具体结构形式。垂直旋转货架式自动化立体仓库的结构原理与水平旋转货架式自动化立体仓库的结构原理相似，垂直旋转货架式自动化立体仓库只是改变了旋转方向，将货架在水平面内的旋转运动改为在垂直面内的旋转运动。操作人员通过操作盘向货架系统发出指令，货架系统则根据操作命令既可以正转也可以反转，使需要提取的货物降落到最下面的取货位置上。这种垂直循环式货架特别适用于储存小件物品。

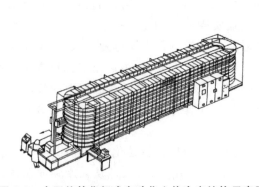

图 2-4　水平旋转货架式自动化立体仓库结构示意图

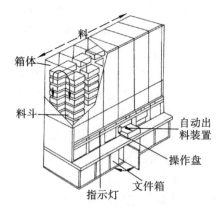

图 2-5　自动货柜结构示意图

4. 移动货架式自动化立体仓库

移动货架又称为动力货架或流动货架。图 2-6 所示为移动货架式自动化立体仓库的工作

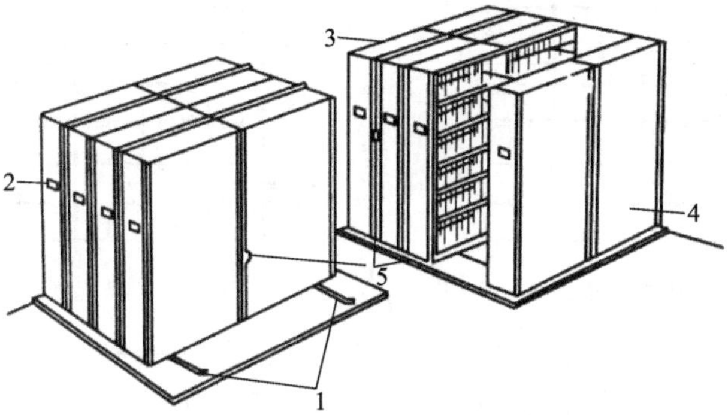

(a)闭合时　　　(b)取货时

图 2-6　移动货架式自动化立体仓库的工作示意图
1—轨道；2—标牌夹；3—固定货架；4—移动货架；5—锁紧螺栓

示意图。它是将货架本身放置在移动导轨上，在货架底部设有驱动和传动装置，使货架沿着导轨移动。当存取货物时，使相应的货架移动，腾出存取作业用的通道，以便进行存取作业。

三、按仓库所提供的储存条件分类

按仓库所提供的储存条件不同，自动化立体仓库可分为常温自动化立体仓库、低温自动化立体仓库和防爆型自动化立体仓库。

常温自动化立体仓库的温度一般控制在 5~40 ℃，相对湿度控制在 90% 以下。

低温自动化立体仓库又包括恒温仓库、冷藏仓库和冷冻仓库等形式。恒温仓库是按照物品所要求的储存条件（主要指温度和湿度条件）而设计的。它可根据物品的特性，自动调节仓储的环境温度和湿度。冷藏仓库的温度一般控制在 0~5 ℃ 范围内，主要用于蔬菜和水果的储存，要求有较高的湿度。冷冻仓库的温度一般控制在 -2~-35 ℃ 范围内。这种仓库由于温度较低，普通的钢材在低温条件下性质会发生变化，导致使用性能下降，因此在考虑系统的总体设计及材料选择时都应慎重。

防爆型自动化立体仓库主要以存放易燃易爆等危险货物为主，系统设计应严格按照防爆要求进行。从系统的角度看，自动化立体仓库既是一个由多个子系统相互作用、相互协调而组成的自动化仓储系统，又是整个物流系统的一个子系统，用来完成物流过程的仓储作业和活动。仓储活动是物流领域的一个中心环节，它包括入库、库存控制和管理、出库等基本作业环节。

四、按高度分类

按高度，自动化立体仓库分为以下几类。
(1) 低层库：货架高度低于 5 m 的库。
(2) 中层库：货架高度为 5~12 m 的库。
(3) 高层库：货架高度超过 12 m 的库。

五、按堆垛机的行走方式分类

堆垛机的行走方式主要有三种。
(1) 直线行走方式。堆垛机在巷道内仅有水平方向的直线运动，如图 2-7 所示。
(2) 转弯行走方式。堆垛机可以从一个巷道转弯进入另一个巷道，不仅可以作直线运动，还可以转弯行走，如图 2-8 所示。

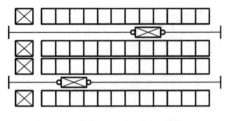   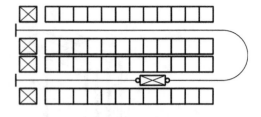

　　图 2-7　堆垛机的直线行走方式　　　　　图 2-8　堆垛机的转弯行走方式

（3）转道车行走方式。堆垛机在巷道内仅有水平方向的直线运动,转弯采用转移车。在其他巷道转移时,转移车开到该堆垛机所在的巷道口,然后堆垛机行至转移车上,由转移车运送至需要作业的巷道口,堆垛机再进入该巷道,此方式也称为摆渡,如图 2-9 所示。

相应地,按照堆垛机的行走方式,自动化立体仓库可分为堆垛机直线行走式、堆垛机转弯行走式和堆垛机转道车行走式三类。

六、按出入库方式分类

由于物流的方式日趋复杂,因此自动化立体仓库的出入库方式也越来越多样化。自动化立体仓库的出入库通常有以下方式。

（1）单端出入库方式：出入库仅在巷道的一端进行,如图 2-10 所示。

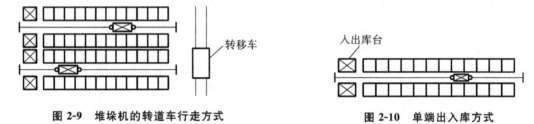

　　图 2-9　堆垛机的转道车行走方式　　　　　图 2-10　单端出入库方式

（2）双端出入库方式：出入库可以在巷道的两端进行,如图 2-11 所示。

（3）中间出入库方式：出入库除端部外还需在巷道中间进行,如图 2-12 所示。

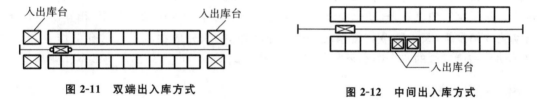

　　图 2-11　双端出入库方式　　　　　　　图 2-12　中间出入库方式

（4）单层出入库方式：出入库在同一平面进行,如图 2-13 所示。

（5）多层出入库方式：出入库在两层或两层以上的楼面进行,如图 2-14 所示。

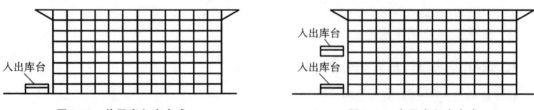

　　图 2-13　单层出入库方式　　　　　　　图 2-14　多层出入库方式

相应地,按出入库方式,自动化立体仓库分为单端出入库式、双端出入库式、中间出入库式、单层出入库式和多层出入库式五种类型。

七、按货架纵向货位数分类

随着堆垛机技术的发展,为了提高工作效率和存储率,常使堆垛机在同一列的货格中进行多货位取存操作。因此,货架的货格也就产生了多种多样的形式,通常采用的有以下几种形式。

(1) 单货位:一个货格仅有一个货位,此方式下的堆垛机采用单货位货叉配置。单货位如图 2-15 所示。

(2) 双货位:一个货格有两个货位,此方式下的堆垛机可以采用单货位货叉配置,也可以采用双货位货叉配置。双货位如图 2-16 所示。

(3) 多货位:一个货格有两个以上货位,此方式下的堆垛机可以采用单货位货叉配置,也可以采用双货位货叉配置。多货位如图 2-17 所示。

相应地,按货架纵向货位数,自动化立体仓库分为单货位式、双货位式和多货位式三种类型。

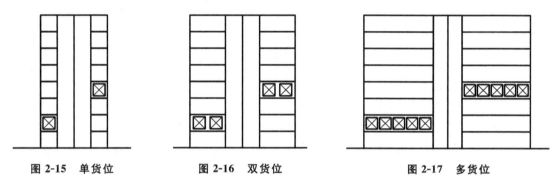

图 2-15　单货位　　　　图 2-16　双货位　　　　图 2-17　多货位

八、按存放的货物特征分类

(1) 杆料库:存放如圆钢之类的杆型材料。

(2) 板材库:存放板型材料,如钢板、塑料板等。

(3) 小型物件库或轻负荷库:存放小型物件,如半导体器材、螺钉、螺母、冰箱压缩机等。

第三节　自动化立体仓库的总体构成

自动化立体仓库一般由土建工程及配套设施、仓储管理信息系统、自动控制系统、自动输送系统、自动存取系统等组成,是多个子系统相互协作而完成自动仓储功能的综合系统。

一、土建工程及配套设施

土建工程应根据仓库的规模、仓储系统的功能要求等,由建筑设计师根据厂房的地理环境,按照国家有关标准规定进行规划设计。与此同时要考虑相应的配套设施,如消防系统、照明系统、通风及采暖系统、给排水系统等。

自动化立体仓库一般采用自动安全监控系统,能够对仓库内部的安全进行实时监控,一旦出现火灾或盗窃等事故时,系统会自动报警并启动相应的执行机构。

为了使仓库内的管理、操作和维护人员能正常地进行生产活动,必须有一套较好的照明系统,尤其是在外围的工作区和辅助区更要注意照明器材的配置。一般情况下,自动化立体仓库的照明系统应由日常照明、维修照明和应急照明三个部分组成。对存储感光材料的黑暗库来说,由于不允许储存物品见光,因此照明系统应做特殊考虑。

通风和采暖要求是根据所存物品的条件提出的。自动化立体仓库内部的环境温度一般为-5~45 ℃即可,通常由厂房屋顶及侧面的风机、顶部和侧面的通风窗、中央空调、暖气等设施来实现。对储存散发有害气体的物品的仓库,要考虑环保要求,对有害气体进行适当处理后再排入室外。

自动化立体仓库一般只需动力电源即可,总的电容量要综合考虑用电设备的负荷来确定。

在自动化立体仓库中,必须配备消防系统。因为仓库面积较大,工作人员少,内部设备多,高密度地存储着大量的货物,所以自动化立体仓库中的消防系统大都采用自动消防系统。自动化立体仓库中的消防系统的形式如图2-18所示。

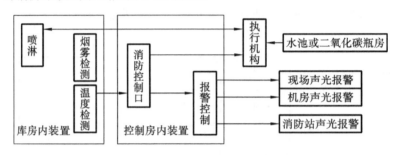

图2-18　自动化立体仓库中的消防系统的形式

自动消防系统主要包括烟雾和温度检测装置,以及覆盖所有库区的喷淋群。当温度及烟雾超过规定的范围值时,控制执行机构,使水或二氧化碳从喷淋头喷出,并被送至起火的部位进行灭火。同时,现场声光报警器报警,向机房及消防站报警。

如果执行机构采用水喷淋,则启动高压水泵将蓄水池的水打入喷淋头;如果执行机构采用二氧化碳喷淋,则打开喷淋阀喷出二氧化碳。现在灭火的介质多种多样,但消防系统的结构基本类似。我国消防系统的设计主要根据《建筑设计防火规范》,一般消防系统根据所存物品的防范等级、规范等级及规范要求设计具体的消防方案及措施。

其他设施包括给排水设施、避雷设施和环境保护设施等,这些都是一个综合建筑系统中要考虑的基本问题。总之,在规划设计自动化立体仓库时,应将以上各组成部分加以统筹考虑,以达到较好的施工效果。

二、仓储管理信息系统

仓储管理信息系统是整个自动化立体仓库的核心,它相当于一个管理指挥中心,仓库内的一切作业和活动都由仓储管理信息系统来指挥和控制。

一个先进的仓储管理信息系统能够充分利用现代科学技术如条形码技术、物联网技术、计算机技术等,将硬件和软件系统有机集成起来,实现商流、物流、信息流、资金流的有机结合,从而提高作业效率,实现物流各环节的科学管理。一个仓储管理信息系统的基本功能模块如图2-19所示。

1. 货物自动识别模块

货物信息的自动识别是自动化立体仓库运行的基础。货物一进入仓库,首先要识别它的基本信息。自动识别是指在没有人工干预的情况下对货物关键特性的确认。这些关键特性包括货物的名称、数量、质量、来源、体积、外形尺寸等。这些数据被采集处理后,就可作为对货物进行管理的依据。因此,对于自动化立体仓库储存的所有物品都必须进行科学编码,并用条形码或电子标签等进行标识。入库时,由自动识别系统快速而准确地自动读取物品信息,并根据货物的关键特性确定存储位置,并发出入库指令。

条形码自动识别系统在仓储领域内得到广泛应用。它根据应用场合的不同有以下三种应用模式。

(1) 固定采集模式。固定采集模式如图 2-20 所示。它主要应用于出入库频率较高的大型自动仓储系统中。条形码识读器安装于某一固定位置,当货品通过时,条形码识读器自动扫描货品上的条形码信息,并通过有线电缆将其实时传输给后台计算机系统。

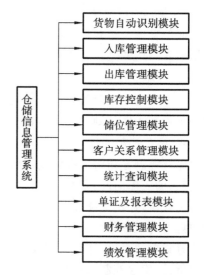

图 2-19 仓储管理信息系统的基本功能模块

(2) 批处理信息采集模式。批处理信息采集系统如图 2-21 所示。批处理信息采集模式适用于采集工作范围较大而系统对数据的实时性要求不高的场合。批处理信息采集系统由计算机系统、数据通信座和便携式数据采集器组成,工作人员可携带便携式数据采集器,在仓库的任何作业区域根据作业指令采集有关数据,待数据采集结束后,再将便携式数据采集器与数据通信座连接,将采集到的数据传输给计算机系统。

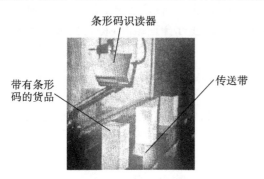

图 2-20 固定采集模式

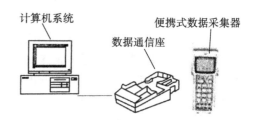

图 2-21 批处理信息采集系统

(3) 实时信息采集模式。实时信息采集系统如图 2-22 所示。它由计算机系统、无线数据采集器、无线登录点等设备组成。无线数据采集器可在一定范围内随处移动进行数据采集,并通过无线传输方式与计算机系统进行实时通信。无线登录点的作用是实现无线网络与计算机有线局域网之间的信息转接。当有多个仓库时,为了实现信息的统一管理,各仓库之间通过无线网桥进行信息传输,所有仓库的业务信息均由统一的数据库管理系统进行管理,因此通过仓储管理信息系统可以随时掌握仓库运营的动态情况。

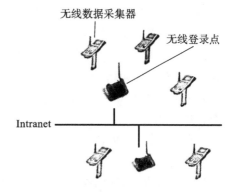

图 2-22 实时信息采集系统

2. 储位管理模块

储位管理是指对货物储存位置的管理。对于自动化立体仓库来说,储位管理模块的任务是根据事先制定的储位管理原则,为需要入库或出库的货物单元完成位置的自动指派。

3. 入库管理模块

入库管理是仓储管理的基本业务,是仓储业务过程的起点,其信息必须完整准确。入库管理一般包括入库计划的制定、入库作业活动的安排、入库信息的处理等。

4. 库存控制模块

库存控制是指将库存货物的实时信息,如货物的种类、货物的数量、货物的单价、货物的来源、货物的入库时间、货物的货位地址、货物的性质等必要的数据都存储起来,并根据库存物品的需求规律,提供库存控制策略。例如,在定量订货方式下,库存控制模块可向管理人员提供最佳的订货时机和订货批量,当库存数量低于订货点时,库存控制模块自动发出订货提示,并自动生成订货单。另外,库存控制模块还可实现对库存物品有效期的自动控制。针对易失效或易变质的货品,库存控制模块自动跟踪货品的有效期,并提前一定时间段进行预警等。

5. 出库管理模块

出库管理模块应具有订单资料处理、发货排程、指派拣货等功能。进行出库业务时,出库管理模块应首先进行订单资料的处理,然后根据订单信息生成拣货信息,这些拣货信息以一定的方式传递给拣货人员,拣货人员就可按照这些拣货信息高效地完成相关的拣货作业。

为了使现场操作人员能够进行多个订单同时出货,节约操作时间,提高生产效率,出库管理模块应具有订单分组与规划功能,即应能够按照多种不同的条件(客户名称、货运公司、时间范围、订单号码范围、订单时间等)对需要进行出库操作的订单进行合理组合,将它们分成不同的组别,向现场操作人员发出拣货信息。

6. 客户关系管理模块

客户是企业的重要资源。将客户的基本资料运用该模块进行系统化的管理,可帮助企业进一步了解老客户的需求,并为企业开发新客户提供决策辅助。仓储管理信息系统可以建立货品与客户的联系,以便将来轻松地进行售后服务跟踪。

7. 统计查询模块、单证及报表模块

这两个模块分别用来完成各种信息的统计查询和实现打印输出功能。

8. 财务管理模块

利用该模块可实现企业所有财务会计应具备的以下基本功能。

(1) 人事薪资管理:包括人事档案、工资统计和打印以及银行转账等项目。

(2) 应收账款管理:主要把订单资料和发货资料转入应收账款系统,可实现已收款项统计、到期管理、催款管理和用户信用记录分析等功能。

(3) 应付账款管理:主要把采购资料和进货资料转入应付账款系统,可实现已付账款统计和到期管理等功能。

(4) 成本分析:分析各项业务成本,并根据历史资料进行成本差异分析,从而加强对物流成本的控制和管理。

(5) 计费管理:根据成本分析快速准确地形成用户计费账单。

9. 绩效管理模块

该模块主要包括以下两项内容。

(1) 营运日志,即对每一作业活动情况等信息进行收集和管理。

(2)业绩指标管理,即根据收集到的各项运营数据,对各项业务的运营情况进行比较分析,并将比较分析结果作为下一步的决策依据。

利用该模块可对企业的运作情况进行全面的业绩考核,从而对各项业务的工作情况做出客观公正的评价,形成一套完整的绩效考核管理体系。

三、自动控制系统

为了实现整个自动化立体仓库的高效运转,自动化立体仓库内的各种设备都需要配备相应的控制装置,用以接受并执行控制系统发来的指令,实现各自的作业功能。例如,巷道堆垛机上配置的控制器能够接受控制系统的指令,实现对堆垛机本身的位置控制、速度控制、货叉控制及方向控制等。

自动控制系统的布局方式通常可分为集中式控制方式和分布式控制方式两大类。

集中式控制系统的硬件拓扑结构图如图 2-23 所示,仓储过程中的所有自动化机械设备均由一台可编程序控制器(PLC)进行统一控制。这种系统在 20 世纪 70 年代末 80 年代初用得较多。对于规模较小的自动化立体仓库,由于其数据量少,功能要求低,实时控制易于实现,可考虑采用集中式控制方式。采用这种控制方式要求所选用的关键设备(如主计算机、控制器等)的可靠性必须很高,因为一旦设备发生故障,将会影响整个集中式控制系统的运行。

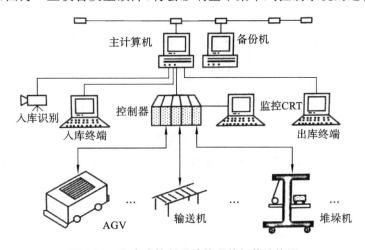

图 2-23 集中式控制系统的硬件拓扑结构图

分布式控制方式是目前的主流控制方式,它一般采用三级控制模式,即分布式控制系统由上位管理级计算机系统、中央控制级计算机系统和直接控制级计算机系统组成,各级之间组成一个整体联网系统进行联网控制,如图 2-24 所示。上位管理级计算机系统是整个系统的管理指挥核心;中央控制级计算机系统中的主计算机和监控器对各作业终端(如入库终端、出库终端等)和输入/输出设备(如入库识别器、出库识别器、打印机等)、单机控制器等进行监控;直接控制级计算机系统中的单机控制器(输送机控制器、堆垛机控制器、AGV 控制器)分别控制各自的设备运行并向中央控制级计算机系统反馈执行情况。采用这种控制方式的自动化立体仓库的一大优点就是,全部系统功能不集中在一台控制器上,因此即使某台控制设备发生故障,也不会对其他设备的运行产生影响或影响较小,而且控制也是分层次的,系统既可在高层次上运行,也可在低层次下运行。

(1)上位管理级计算机系统。上位管理级计算机系统可对整个自动化立体仓库进行在线或离线管理,它是整个自动化立体仓库的管理核心,其主要功能是储位管理和库存动态管理,并

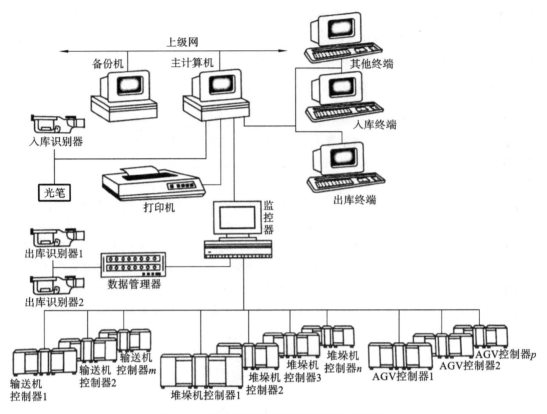

图 2-24 分布式控制系统的硬件拓扑结构图

具有信息实时输入、打印和显示功能以及各种查询统计功能。

（2）中央控制级计算机系统。中央控制级计算机系统对通信、流程进行控制,并进行实时图像显示,它是整个自动化立体仓库的自动监控中心,沟通并协调与上级管理级计算机系统、各作业系统的联系,控制和监视整个自动化立体仓库的运行。中央控制级计算机系统应具有以下基本功能。

①根据上位管理级计算机系统或自身的控制命令组织流程。

②监视现场设备情况、货物流向及实现收发货显示。

③与上级管理级计算机系统、堆垛机及其他设备通信联系。

④对设备进行故障检测及查询显示。

中央控制级计算机系统除具备计算机的基本配置（主机、硬盘、显示器和打印机）外,一般还配置大屏幕显示器、远程数据交换器以及工业环境的接口等。

（3）直接控制级计算机系统。直接控制级计算机系统由 PLC（可编程序控制器）对现场的各个自动化设备进行单机控制,如直接控制堆垛机或输送机等设备,完成单机的自动控制以及与中央控制级计算机系统的通信联系。

四、自动输送系统

自动化立体仓库中广泛采用各种自动输送系统,如连续输送机械和自动导引车系统等,来完成各作业环节的搬运任务。

五、自动存取系统

在自动化立体仓库中,自动存取系统是必不可少的重要组成部分,其主要功能是根据储位管理原则完成货物的自动存取任务。图 2-25 所示为单元货格式自动化立体仓库的货架布置示意图。

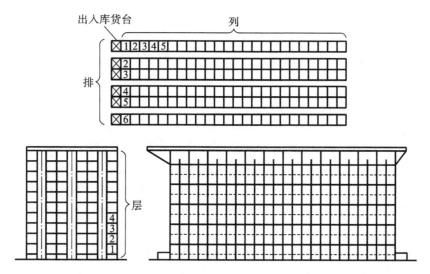

图 2-25　单元货格式自动化立体仓库的货架布置示意图

在货架区内,排与排之间留有通道,称为巷道。巷道的作用是供巷道堆垛机在其间来回穿梭,实现对货物的自动存取作业。在进行入库作业时,自动输送系统将货物送到货架区的入库货台上,自动控制系统向堆垛机发出入库指令,告知其货物的存放位置,于是堆垛机自动到入库货台上取出货物,并将货物送入相应货格中。出库作业程序与入库作业程序相反,当堆垛机接到出库指令时,到相应的货位处取出货物,将其送到出库货台上,通过一定的转换方式(人工或自动方式)将其从出库货台上取走,搬运到自动分拣机上,最后送到相应的出库理货区域,准备出库。

以上所述是构成自动化立体仓库的各个子系统,各子系统之间紧密配合,相互协作,共同完成了自动仓储系统的各项作业任务。

第四节　自动化立体仓库的规划

一、规划的步骤

自动化立体仓库是一个由彼此相互作用的诸多因素和各个作业环节所构成的综合系统,因此在进行自动化立体仓库的总体规划时,必须认真研究自动仓储系统由哪些要素构成,并弄清各要素之间的相互关系。在进行自动化立体仓库规划时,一般按图 2-26 所示的步骤进行。

首先在进行广泛调研的基础上,做出可行性分析,提出多种可行性方案;其次对各种可行性方案进行综合分析与评价;最后,根据评价结果选定一种最佳方案。现将规划工作的主要内容简述如下。

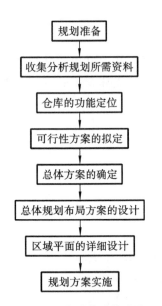

图 2-26 自动化立体仓库规划的一般步骤

1. 项目立项

为了保证规划工作的顺利进行,自动化立体仓库的规划设计通常以项目的形式进行,首先要进行项目的立项工作,成立项目小组,确定项目的实施进度等。

2. 基础资料的收集

规划初期的首要工作是收集所需的基础资料,并进行需求调查和需求分析,为规划工作提供详细和准确的第一手资料。具体应了解和掌握以下情况。

(1) 调查企业的发展战略,明确自动化立体仓库未来的营运目标。

(2) 投资情况调查,了解投资额度、人员配置等,以确定自动化立体仓库的规模和机械化、自动化水平。

(3) 库存物资的基本情况调查,如需要存储的货物的种类、基本属性、外形和尺寸、包装质量、平均库存量、最大库存量、每日入出库数量、入库频率和出库频率等,以便确定仓库的形式、库容量和相应的设施设备等。

(4) 建库现场的环境条件调查,包括气象条件、地形条件、地质条件、地面承载能力、交通条件以及其他环境因素等。

(5) 调查了解与仓库有关的其他方面的资料,包括货源组织及仓库所服务的客户的情况,如运输方式、入库作业方式、装卸搬运方式等,以及出库货物的去向和运输方式等。

通过以上调研,确定规划设计的总目标,并确定设计原则。另外,设计者还应认真研究工作的可行性、时间进度、组织保证措施以及影响设计过程的其他因素。

3. 功能定位

对调查收集的资料进行需求分析,然后进行自动化立体仓库的功能定位,即确定除了基本的仓储功能外,是否还需要具备其他增值功能,如配送、流通加工等,这是首先要搞清楚的一个基本问题,它将影响到后续各环节的工作内容。

4. 地点选择

在充分考虑自动化立体仓库运营的经济性原则后,根据所服务客户群的地理分布和需求特征,确定合理的仓库地点。

5. 仓库建筑及配套设施规划

自动化立体仓库的建筑设计应符合建筑通用规范要求,并同时考虑与仓库配套的安全系统、照明系统、给排水系统、动力系统等。

6. 业务流程规划

以客户为中心,建立起满足 ECR(有效客户反映)的业务流程,以便提高业务效率和企业的竞争力。

7. 物流动线和功能区域位置规划

根据业务流程确定所需要的功能区域(如业务信息处理区、入库暂存区、验货区、储存区、分拣区、流通加工区等),规划物流动线,确定各功能区域之间的相互位置。物流动线是指货物按照业务流程在各业务环节之间的具体流动过程(或方向)。一个良好的仓库平面布置方案和合理的设备配置可以使企业物流更加合理化,避免内部运输迂回重复而造成浪费。在其他条件相同的情况下,占地面积越小,总平面布置越紧凑,建造时的土方工程量就越小,各种道路和路线将越短,建设投资费用也越低。投入生产后,由于库区布置合理,因而物料运输路线短,物流通畅。

8. 仓储机械设备配置

在进行系统总体规划设计时,仓储机械设备的配置主要应根据仓库的规模、货物的品种、出入库频率等选择合适的设备类型,并提出主要性能参数要求。例如,根据出入库频率确定各个机构的工作速度;根据货物单元的质量选定起重、装卸和堆垛设备的额定起重量;根据货物单元尺寸确定输送机的宽度,并确定使整个系统协调工作的输送机速度。各机械设备的类型和性能参数确定以后,根据作业量及作业的时间性和均衡性原则确定各种机械设备的数量。

9. 区域平面规划

根据每项作业所要完成的任务及所用的机械设备,具体确定每个区域的面积及空间大小。

10. 信息系统规划

信息系统规划是总体规划阶段必须进行的一项重要工作内容。在进行信息系统规划时,必须遵循以下基本原则。

(1) 完整性原则。完整性原则主要指信息系统应能满足自动化立体仓库运行的信息化要求,并要保证系统开发的完整性,制定出相应的管理规范,保证系统开发和操作的完整性和可持续。

(2) 可靠性原则。可靠性一方面是指信息系统在正常情况下运行的可靠性,即要求信息系统具有准确性和稳定性;另一方面是指信息系统在非正常情况下的可靠性,也就是信息系统的灵活性,即要求信息系统在软、硬件环境发生故障的情况下仍能部分使用和运行。对于一个优秀的信息系统,在设计时就必须针对一些紧急情况做出应对措施。

(3) 经济性原则。在保证信息系统质量的情况下,尽量压缩投资,包括开发费用和后续的维修费用。

根据上述规划原则,在对信息系统需求分析的基础上,提出一个符合实际需要的功能框架,包括信息系统的基本功能和系统逻辑结构方案。

二、自动化立体仓库的工作能力

1. 堆垛机的工作模式

在自动化立体仓库中,利用堆垛机进行货品的存取有两种基本模式,即单一作业模式和复合作业模式。

(1) 单一作业模式。这种模式的运作过程是:堆垛机从入库货台取一个货物单元并将其送到指定的货位,然后返回巷道口,即完成一次入库作业;或者从巷道口出发到某一指定的货位取出需要出库的货品,返回巷道口,将货物放入出库货台上,完成一次出库作业。

(2) 复合作业模式。这种模式的运作过程是:堆垛机从入库货台取一个需要入库的货物单元送到指定的货位 A,然后直接转移到另一个给定的货位 B,取出需要出库的货物单元,再返回巷道口,将取出的货品放在出库货台上。采用复合作业模式,能够大大提高作业效率。

2. 堆垛机的作业循环时间

自动化立体仓库的总体尺寸确定之后,便可对货物出、入库的平均作业周期进行计算,以验证自动化立体仓库是否能满足出入库作业要求。

(1) 平均单一循环时间。采用单一作业模式时,单一作业时间是指堆垛机完成一次单入库或单出库作业所需要的时间。堆垛机从出入库货台完成向所有货格进行出入库作业循环所需要的总时间除以总货格数的值,称为平均单一循环时间。

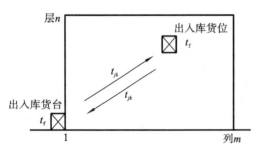

图 2-27 单一作业模式工作示意图

图 2-27 所示为单一作业模式工作示意图,平均单一作业循环时间 T_S 为

$$T_S = \frac{\sum_{j=1}^{m}\sum_{k=1}^{n} t_{jk} \times 2}{m \times n} + 2t_f + t_i \qquad (2-1)$$

式中:T_S——平均单一循环时间(s);

j——货架列数,为 $1 \sim m$;

k——货架层数,为 $1 \sim n$;

t_{kj}——堆垛机从出入库货台到第 j 列第 k 层货位的单程运行时间(s);

t_f——堆垛机叉取货物所需时间(s);

t_i——堆垛机作业的附加时间(s)。

(2) 平均复合循环时间。常见的复合作业模式如图 2-28、图 2-29 所示。平均复合循环时间 T_D 为

$$T_D = \frac{\sum_{j=1}^{m}\sum_{k=1}^{n} t_{jk} \times 2}{m \times n} + 4t_f + t_t + t_s + t_i \qquad (2-2)$$

式中:T_D——平均复合循环时间(s);

j——货架列数,$1 \sim m$;

k——货架层数,$1 \sim n$;

t_t——货格间的平均移动时间,即随机确定入库货格和出库货格,做适当次数货格间移动求得所需时间的平均值(s);

t_s——出入库货台之间的移动时间,即入库货台和出库货台不在同一位置时的移动时间(s);

t_i——停机时间,即控制延迟时间等堆垛机作业所需的附加时间(s)。

其他符号含义同式(2-1)。

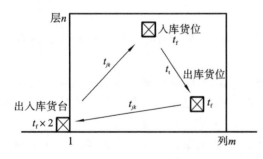

图 2-28 出入库货台为一个工作台时的复合作业模式工作示意图

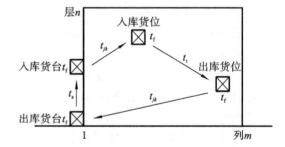

图 2-29 出入库货台位于不同楼层时的复合作业模式工作示意图

3. 自动化立体仓库的出入库能力

自动化立体仓库的出入库能力是指仓库单位时间内能够完成的平均出入库的货物单元数。它主要由堆垛机的基本出入库能力决定。

堆垛机的基本出入库能力是指堆垛机每小时平均出入库的货物单元数。

（1）单一作业模式下堆垛机的基本出入库能力 N_S 为

$$N_S = \frac{3\,600}{T_S} \tag{2-3}$$

（2）复合作业模式下堆垛机的基本出入库能力 N_D 为

$$N_D = \frac{3\,600}{T_D} \times 2 \tag{2-4}$$

自动化立体仓库的出入库能力是堆垛机的基本出入库能力与堆垛机数量的乘积；而自动化立体仓库系统工作能力受到组成自动化立体仓库的各要素运转情况的限制，是考虑各因素平衡后的综合能力。

第五节　货架结构

自动化立体仓库中使用的立体货架，主要以单元货格式钢货架为主，其他的重力式货架、贯通式货架等形式都是在单元货架式钢货架的基础上发展起来的。单元货格式货架结构通常可根据其功能及连接方式分成组装式、焊接式和库架合一式等形式。

组装式货架的横梁与立柱之间采用机械式锁紧装置连接，可随时根据使用状况进行拆卸与拼装，且与库房主要承重结构分离；焊接式货架是指组成货架的结构构件均采用焊接连接，可与库房主要承重结构分离，也可库架合一，货架兼作库房承重结构，这类货架除承受活货载外，还作为库房的主要承重结构。

最初的组装式货架主要和叉车配合使用，货架的高度取决于叉车的提升能力。通常，对于 6 m 以下的库房建议采用此类货架。但是，近年来组装式货架已与有轨堆垛机配合使用，高度在 15 m 以上。焊接式货架主要适用于储存外形相对固定（长度、宽度一定，高度有最高限制）、重量有所限制的托盘式货架。这类货架在自动化立体仓库中使用最多，高度一般为 5~15 m，国外最高达 50 m。库架合一式货架与焊接式货架基本一致，结构构件采用焊接连接和螺栓连接。

所以，货架的基本结构是一致的，都是由货架片与横梁、牛腿或搁板组成横梁式货架、牛腿式货架、搁板式货架。

一、组装式货架

组装式货架通常由若干个货架片及若干层与各货架片相连接的横梁（或搁板）组成。为了便于拆装或变更货格高度，立柱与横梁之间采用机械式锁紧装置连接，并在货架立柱的翼缘腹板上开有等间距的连接孔。常用孔形有方形、圆形、菱形、椭圆形等，孔形主要取决于机械式锁紧装置连接件的类型。机械式锁紧装置图如图 2-30 所示。

货架片的宽度由货箱或托盘的尺寸决定，一般为 0.8~1.5 m。货架的高度根据储运机械的提升能力确定，用普通叉车时一般不超过 3~5 m；无轨堆垛机（高货位叉车）的提升高度可增加到 7~14 m，货架高度也相应增加到同样高度。近年来，组装式货架已在自动化立体仓库中普遍使用。为适应有轨巷道堆垛机的使用，当货架高度在 10 m 以上时，必须对货架片的设计计算做特殊处理。

货架横梁的长度取决于货格尺寸，通常取 1~3 个货箱或托盘的宽度加上适当的间距，横梁

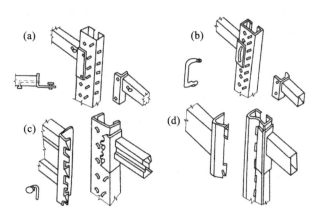

图 2-30 机械式锁紧装置图

截面尺寸取决于承重大小及受力后的形变。

为了确定组装式货架安装后结构的稳定性,对于横梁式货架一般都需要在货架顶部上下垂直支承交点处设纵向水平支承及纵向垂直支承,但柱脚处一般可不设纵向水平支承。结构上称这种有支承的货架为无侧移的组装式货架,称未设纵向水平支承和纵向垂直支承的货架为有侧移的组装式货架。有侧移的组装式货架整体稳定性稍差,一般用于三层以下的低位货架。

组装式货架货架片底部通常焊有承压底板,轻型货架、货架片承受存取货时的水平力小于底板与地面之间摩擦力,承压底板可以不锚固。用叉车、堆垛机等仓储机械存取货物时,承压底板与地面之间需用膨胀螺栓固定,高低要求可按技术进行调整。

一般用途的组装式货架的最大垂直偏差不应大于全高的 1/120。对于用于自动化立体仓库的组装式货架,其最大垂直偏差等精度指标必须达到自动化立体仓库规定的技术指标。

二、焊接式货架

焊接式货架包括分离式货架和整体式(又称库架合一式)货架。分离式货架可与库房同步建设,也可在已有库房内架设,是目前常用的货架形式之一。整体式货架结构是一种货架兼作库房承重结构的固定式结构,除了应考虑储运功能方面的要求外,设计时尚需考虑一般库房建筑的功能,要求兼顾采光、照明、电气以及采暖通风等方面的需要,如须留通风百叶窗的位置,设置排烟口、天窗等。库架合一式自动化立体仓库,造价比一般仓库高,不易修复。因此,其防火等级要比一般仓库高。此外,钢货架结构表面应加涂防火涂料或采用相应的保护措施。

焊接式货架主要适用于保存外形相对固定(长度、宽度一定,高度有最高限值)、重量有所限制的托盘或货箱。一旦货格大小确定后,通常不能随意变动,所以又称固定式货架。焊接式货架的货架片一般采用焊接连接,横梁主要有牛腿及搁梁两种,横梁与货架片之间可采用螺栓连接或焊接连接。

焊接式货架结构适用于自动化、半自动化、手动或混合型等多类立体仓库。通常自动化立体仓库多配用有轨巷道堆垛机,此时用于自动化立体仓库的焊接式货架的经济高度为 15～20 m,最高可在 40 m 以上,一般不宜低于 12 m;用于半自动或人工操作的立体仓库的焊接式货架的高度多为 6～12 m。存放大件、长件和毛坯件的贯通式货架多配用桥式堆垛机,大跨度重力式货架多配用高位叉车,10 m 以下的货架多配用无轨堆垛机。

焊接式货架立柱和腹杆可采用冷弯薄壁型钢或热轧型钢制作。通常采用冷弯薄壁型钢可比采用热轧型钢节约 20% 以上,设计中应优先采用冷弯薄壁型钢。

要使货架具有良好的稳定性,焊接式货架结构也应在沿巷道方向设置纵向垂直支承和纵向水平支承。纵向垂直支承应设在货架片边到柱外侧和中列柱货架片内侧。纵向垂直支承的布置与货架横梁的形式有关,对牛腿式货架要控制货架的变形,可采用沿巷道全长设置满堂红的十字交叉纵向垂直支承并在另一侧根据货架高度加若干道水平拉杆。

若采用横梁式货架,因货架纵向刚性较好,可仅在货架两端各3榀货架片立柱间设置纵向垂直支承。支承杆件可用角钢、两头打扁的圆管或附有花篮螺栓张紧装置的圆钢制成。

对于用于有轨巷道堆垛机的焊接式货架,在巷道顶部要用槽钢或角钢将两排货架片连起来,这样便于固定天轨、滑动导线,并可大大提高整个货架的稳定性。巷道的底部安装地轨,便于满足堆垛机行驶中天轨与地轨的安装精度,货架安装的精度直接影响到设备的正常运转。我国制定了国家标准《自动化立体仓库 设计规范》(JB/T 9018—2011)、《立体仓库焊接式钢结构货架 技术条件》(JB/T 5323—2017),对设计、制造、安装有着一系列规定,这些规定是保证货架长期正常使用的条件。

整个货架区由若干排货架组成,两排货架之间称为巷道,巷道宽度根据堆垛机等储运机械正常运行所需尺寸决定,一般取设备宽度+200 mm(设备与货架上各留100 mm间隙)。每排货架沿巷道方向的货架间距、横梁间距根据货格尺寸(取决于托盘或货箱尺寸)及堆垛机作业工况确定。

货架底层的高度及最上层的高度与货物高度、堆垛设备有关。采用有轨巷道堆垛机时,一般底层不放置货物,因为有轨巷道堆垛机的下部有下横梁,堆垛机载货平台上货叉面能降到的最低高度受下横梁影响,还有下降到最低时要有安全级缓冲距离,所以货架底层高度一般为600~750 m。采用叉车、无轨堆垛机时,最底层可放置货物,第一层横梁只要比货物(包括托盘)高度高出横梁的高度加110~130 mm间隙,最上层横梁只需比无轨堆垛机将货物升举的最高高度降85~125 mm即可。

第六节 货架的选用

货架是用来放置成件物品的保管设备,使仓库的存储面积得到了扩大和延伸。与将货物直接放置在地面上相比,货架可以成倍或几十倍地扩大实际的储存面积,成为提高仓库储存能力的非常重要的手段。因此,仓库中货架的选用是否得当将直接影响仓储效果和经济效益。

一、货架品种的选用

在仓库的货架选择过程中,必须对不同的储存对象根据储存要求选择不同的货架。通常根据货物的外形及重量并结合仓库实际情况作业要求选择货架。

1. 轻小型货物的储存

用人工进行存货、取货作业要求货物的外形尺寸和重量与人工搬运能力相适应。在这种情况下,一般首选高度在2.4 m以下、深度在0.5 m以下的组装式轻型货架。这种轻型货架又称层架,层与层之间用隔板分隔,结构简单、省料、适用性强,便于收发,但存放物资数量有限,多用于小批量、零星收发的小件物品的储存。一般来说,层架原则上每格放一种物品,物品不易混淆,但存放数量不大。其缺点层间光线暗,存放数量少,如果物品品种多,货架占地面积就比较大,查找就比较费时。为了实现快捷查询,可以采用电子标签。采用电子标签后虽然成本有所增加,但是作业效率将大大提高。

如果要存放比较贵重的小件物品或怕尘土怕湿等的精密物品,可采用垂直旋转式货架(又称柜库)或水平旋转式货架,也可以采用小型带抽屉的移动式货架。如果存放的小型物品品种较多,而仓库场地较小,空间有效高度在4.5 m以上,可以采用搁板式轻型货架,每层的高度控制在2.2 m以内。

如果小件物品品种多,出入库也较频繁,可将人工拣选式堆垛机与单元拣选型货架相配合,工作人员乘坐有轨或无轨堆垛机进入货架,此种堆垛机一般不带货叉,由工作人员直接从货架里存取货物,因为用人的手臂工作,所以这种货架的深度也较浅,一般不超过0.6 m。

轻小型物品可选用以下货架。

(1) 重力式货架。从正面看,重力式货架与一般层架基本相似,但其深度比一般层架深得多,每一层前端(出货)低、后端(入货)高,货架层有一定坡度。重力式货架可制成滑道形式,也可制成滑轨形式、辊子形式或滚轮形式,与一般货架相比大大缩小了作业面,也有利于进行拣选作业,因而普遍应用于配送中心、转运中心仓库拣选配货操作中。

(2) 抽屉式货架。这种货架适用于存放小件物品和齿轮、标准件、刀具等,每抽屉承重重量在30~100 kg范围内。一般在货架前端布置拣选台,货架配用抽拉式堆垛机将抽屉取出送到前端进行拣选,拣选完成后,抽屉重新入库,这套系统一般采用全自动操作,效率相当高。

(3) 轻型自动化立体仓库系统。轻型自动化立体仓库系统中的货架的货格存放在塑料周转箱或纸箱中。堆垛机上带有特殊的存取货装置,作业速度相当快捷,运行速度最高可达320 m/min。

2. 中型单元货物的储存

单元货格式自动化立体仓库是一种标准格式的通用性较强的自动化立体仓库。其特点是每层货架都由同一尺寸的货格组成,货格开口面向货架之间的通道,装取货机械在通道中行驶,并能对左右两边货架进行存取作业,每个货格存放一个货物单元或组合货物单元。

(1) 叉车自动化立体仓库货架。叉车自动化立体仓库中所用的叉车有三种,即高货位三向叉车(又称无轨巷道堆垛机)、前移式叉车和侧面式叉车。高货位三向叉车所占巷道宽度较小,货架高度一般可达12 m。后两者所占的巷道相对较宽,且最大起升高度一般不超过6 m。叉车对地面的承重位置不固定,因而对中低层自动化立体仓库可采用叉车进行作业。为了减小叉车转弯所需通道宽度,可采用侧面式叉车进行作业。为了提高叉车作业单元货物储存量,当货物品种比较少时,可采用贯通式货架。在这种货架立柱上的一定位置处有向外伸出的水平突出物件。当托盘送入时,水平突出物件将托盘底部两条边托住,使托盘本身起架子横梁的作用。货架没有放托盘时,货架正面便处于无横梁状态,这时就形成了若干通道,可方便叉车出入作业。也可以采用叉车配移动式货架的方法来提高储存容量,只需留出一个3~4 m叉车作业通道。还可以采用叉车配重力式货架的方法来提高仓库的储存能力。

(2) 有轨巷道堆垛机式自动化立体仓库。这是最常用的自动化立体仓库,也是货架最主要的形式,常用的货架高度为7~50 m,货架主要采用横梁式、牛腿式等类型。

3. 长大物料的储存

(1) 存放量大的管料、型材、棒材等大型长尺寸金属材料或建材等,可采用U形架。其外形呈U字形,组合叠放后呈H形,在架子两边上端形成吊钩形角顶,便于重叠码放和吊装作业。U形架结构简单,强度高,价格低,码放时可叠高,因而是常用的货架,可用起重机进行作业。

(2) 存放长形材料还常用悬臂架。悬臂架由3~4个塔形悬臂和纵梁相连而成,分为单面和双面两种。悬臂架用金属材料制造,为防止材料碰伤和产生刻痕,在金属臂上垫以木质或橡胶衬垫。轻质的长形材料可用人工存取,重型的长形材料可用吊车存取。

(3) 对于尺寸一致的长大物料的储存,可以采用长大物料货架,堆垛设备可采用桥式堆垛机、长大物料堆垛机或侧叉式无轨巷道堆垛机。

(4) 对于特重物件的存放,如果存放量少,最简单的方法是在仓库里设立少量专用钢架,用起重机将物件吊到钢架上。对于数量较大的特重物件,可用有轨巷道堆垛机将物料存放在特殊的单元货架中。特殊的单元货架国外已在16.8 t铝卷材仓库中有应用。

二、货架结构型式选择

1. 货架横梁选择

我国早期的自动化立体仓库货架横梁一般都采用牛腿式搁梁。1987年引进西马克集团技术并在宝钢自动化立体仓库中采用的横梁式货架已在国内普遍采用。现在推荐使用横梁式货架的结构性能比牛腿式货架优越。在横梁式货架的一个货格内可存放1至3个单元托盘,减少了货架的立柱,减小了立柱占有的空间,从而减小了货架纵向长度尺寸,也减少了整体货架的重量。但横梁式货架一个货格存放的托盘大于3个是不合理的,因为托盘承重引起载荷变形增大,使得水平承重梁的结构加大,这是不经济的。

2. 立柱截面形式选择

在自动化立体仓库中,货架无论是在重量方面还是在造价方面,都占有相当的比例。货架中货架片以立柱为主要构件,所以立柱又占有重要地位。多年来人们很重视立柱截面形式的选择。组装式货架立柱常见的截面形式如图2-31所示。

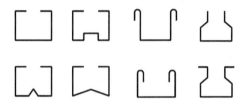

图2-31 组装式货架立柱常见的截面形式

三、自动化立体仓库单元式货架结构尺寸的选择

单元式货架结构用于采用堆垛机的自动化立体仓库,堆垛机在地轨上运行,由上导轨导向,用伸缩式货叉存取货物。单元式货架结构原则上也适用于采用悬挂式结构的堆垛机,仅需在个别尺寸公差上有所改变。

堆垛机的定位方式通常有以下几种。

(1) 人工操纵定位。

(2) 以坐标定位,进行半自动或全自动操纵。

(3) 以坐标定位,同时以货格标志辅助定位,进行半自动或全自动操纵。

不同操纵方法对货格结构公差的要求不同。

1. 货架公差

(1) 在无载状态下,由于立柱脚的压凹、倾斜及偏差,引起的立柱在x、z方向的公差为$k=\pm 10$ mm,横梁的同层高度(就一个巷道的系统平面而言,所有同层货格的横梁高度)公差应该是一致的,但由于制造、安装有误差,必须规定一个范围,一般要求货架:在y方向,$k=\pm 10$ mm(Ⅰ级货架),$k=\pm 5$ mm(Ⅱ级货架);在z方向,$k=\pm 10$ mm。

此外,巷道一侧的横梁(后横梁)在y方向,可比前横梁低一些,但不大于4 mm。

(2) 外力(如风压)及有轨载荷使整个货架立柱倾斜,一般要求:对于Ⅰ级货架和Ⅱ级货架,$k=H/1\ 000$(H为立柱高度);对于Ⅲ级货架,$k=H/2\ 000$。

(3) 在有效载荷作用下,在货架长度方向对横梁的变形要求是:对于Ⅰ、Ⅱ级货架,$k=$

$0.7L/200$(L 为货架长度);对于Ⅲ级货架,$k=0.7L/300$。

2. 地坪底板的公差

(1) 地坪尚无载荷时的施工公差要求。货架及地轨安装在仓库地坪上,地坪的施工质量直接影响货架及地轨的安装质量,但对地坪也不能提出过高要求,否则技术上难以达到,经济上支出太大,效果不明显。在开始安装前,当地坪的货架安装面尚无载荷时,相对于理想的水平面公差,表 2-1 中给出的数值在技术上及经济上是适用的。

表 2-1 地坪施工公差

地坪面长度及宽度 /m	<50	150	>150
纵向及横向允许不均匀度 /mm	±10	±15	±20

(2) 沉降要求。仓库货架地坪在垂直荷载下产生变形,由于这些变形,产生了货架结构的附加应力及偏斜,有时产生的变形可达到厘米级,影响货架的使用。为此,在进行地坪设计时,要采用相应的措施。例如,在货架立柱受力点及地轨基础处采用打桩等方法。另外,一般要求地坪的不均匀沉降等于 $L/1\,000$。

3. 地轨安装与制造公差

对于自动化立体仓库而言,地轨的安装与制造质量直接影响到堆垛机运行的平稳度及精度。地轨的起伏变化不仅会影响到堆垛机立柱倾斜的变化,而且会导致堆垛机货叉上下存取货位置不一致。因此,自动化立体仓库越来越重视地轨的质量,对其安装与制造的质量要求越来越高。下述技术要求是地轨安装与制造基本要求。

(1) 水平方向公差(相对于理想的垂直系统平面而言)。

当测量长度等于整个导轨长度时,极限偏差为 ±3.0 mm。

当测量长度等于堆垛机水平导向轮的轮距时,极限偏差为 ±1.5 mm。

以上两个要求必须同时满足。

在轨道接头部位,当测量长度等于 100 mm 时,极限偏差为 ±0.5 mm。

(2) 垂直方向公差(相对于理想水平系统平面而言)。

当测量长度小于 100 m 时,极限偏差为 ±2.0 mm。

当测量长度等于 100 m 时,极限偏差为 ±3.0 mm。

当测量长度等于堆垛机水平导向轮的轮距时,极限偏差为 ±0.5 mm。

在轨道接头部位,当测量长度等于 100 mm 时,极限偏差为 ±0.1 mm。

4. 上导轨的安装与制造公差

堆垛机上部一般都采用水平导向轮夹住上导轨运行,因此对上导轨主要检查水平方向的公差。

(1) 在无载荷状态下。

①当测量长度等于 100 mm 时,极限偏差为 ±3.0 mm。

当测量长度大于 100 mm 时,极限偏差为 ±4.0 mm。

②当测量长度等于上导轨的紧固距离(最小为 2 000 mm)时,极限偏差为 ±2.0 mm。

以上两个条件应同时满足。

在轨道接头部位,当测量长度等于 200 mm 时,极限偏差为 ±0.5 mm。

(2) 在货叉承受最大荷载并完全伸出时,水平方向产生的载荷造成最大变形。

上导轨支承距离＝1 500 mm±2.0 mm。

上导轨支承距离＝3 000 mm±6.0 mm。

上导轨支承距离＞3 000 mm±8.0 mm。

此条款在我国货架制造中不作为检查项目。

(3) 地轨顶面与上导轨底面之间的距离公差为±10 mm。

四、货格间隙及货叉之间间隙的选择

货架的基本单元为货格。货格尺寸根据货物单元(装有货物的托盘及货箱)的大小来选择。为了顺利地存取货物单元,必须使货物单元与货格之间留有间隙。叉入间隙如图 2-32 所示。对图 2-32 中的符号释义如下。

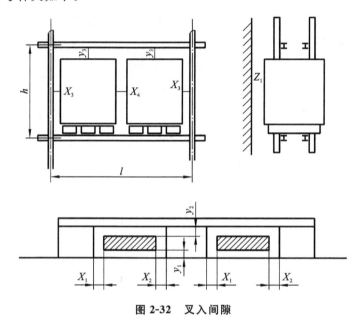

图 2-32 叉入间隙

X_1:货叉离开立柱一侧的间隙。

X_2:货叉接近立柱一侧的间隙,对于双立柱堆垛机两侧均取 X_2。

y_1:货叉与横梁之间的间隙。

y_2:货叉与装载用具之间的间隙。

X_3:载荷单元与立柱之间的最小距离。

X_4:载荷单元相互之间的最小距离。

y_3:载荷单元的上边与货架结构的下边之间的最小距离。所谓货架结构的下边,就是指干扰边缘,如自动灭火装置、水管等。

Z_1:载荷单元与货架结构(即干扰边缘之间的横向最小距离)。

货叉叉入装载工具(托盘或货箱)时,叉脚与装载工具(托盘或货箱)底插口之间要留有适当间隙,如图 2-33 所示。

在任何情况下均应注意货叉叉入装载工具的最大截面。

货格间隙及货叉之间间隙的大小是设计货架与装载工具时必须考虑的尺寸,直接影响货架与装载工具的尺寸大小。

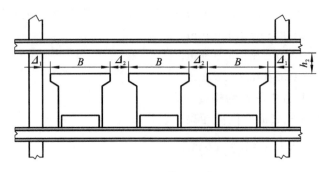

图 2-33 单元尺寸

货格间隙与货叉之间间隙的大小与许多因素有关,如仓库地面质量、运行轨道的安装与制造质量、上导轨的安装与制造质量、托盘或货箱制造质量、载荷单元外形控制尺寸精度、货物单元定位、堆垛机制造质量及货架制造质量等。综合以上多种影响因素,可以计算出适当的间隙,表 2-2 所示为某单位推荐的货格间隙尺寸。

表 2-2 货格间隙推荐尺寸

货格托盘数×托盘尺寸/mm	货架等级								
	Ⅰ 级			Ⅱ 级			Ⅲ 级		
	Δ_1/mm	Δ_2/mm	h_2/mm	Δ_1/mm	Δ_2/mm	h_2/mm	Δ_1/mm	Δ_2/mm	h_2/mm
1×840	70	—	100	95	—	120	85	—	100
1×1 240	70	—	100	95	—	120	85	—	100
2×840	70	90	100	95	140	120	85	120	100
2×1 240	70	90	100	100	140	120	85	120	100
3×640	70	90	100	100	140	120	85	120	100
3×840	70	90	100	100	140	120	85	120	100

第七节 货架设计计算

目前国内货架基本上根据《自动化立体仓库 设计规范》(JB/T 9018—2011)、《立体仓库焊接式钢结构货架 技术条件》(JB/T 5323—2017)及《钢结构设计标准》(GB 50017—2017)、《冷弯薄壁型钢结构技术规范》(GB 50018—2002)中有关规定进行设计。

一、货架设计计算基本原则

(1) 采用以概率理论为基础的极限状态设计法,以分项系数设计表达式进行设计。

(2) 货架结构的承重构件应按承载能力极限状态和正常使用极限状态设计,非承重构件应按构造要求设置。

(3) 按承载能力极限状态设计货架结构时,应采用荷载设计值和强度设计值进行计算。荷载设计值等于荷载标准值乘以荷载分项系数;强度设计值等于材料强度的标准值除以抗力分项系数。按正常使用极限状态设计货架结构时,应采用荷载标准和允许变形进行计算。

(4) 货架结构构件受拉强度、受压强度及稳定性应按有效净截面计算,变形和各种稳定系统可按毛截面计算。

(5) 货架结构安全等级一般取Ⅱ级,有特殊要求的货架另行确定。

(6) 若货架结构设计无适当计算方法可以利用,则可进行模型试验加以确定。

二、设计强度

冷弯薄壁型钢的强度设计值按表 2-3 采用。

热轧型钢和圆钢的强度设计值按表 2-4 采用,焊缝的强度设计值按表 2-5 采用。

表 2-3 冷弯薄壁型钢的强度设计值   单位:N/mm²

钢材牌号	抗拉、抗压和抗弯 f	抗剪 f_v	端面承压(磨平顶紧)f_{cc}
Q215	185	105	275
Q235	205	120	310
16Mn	300	175	425

表 2-4 热轧型钢、圆钢的强度设计值   单位:N/mm²

钢材 牌号	厚度或直径/mm	抗拉、抗压和抗弯 f	抗剪 f_v	端面承压(磨平顶紧)f_{cc}
Q215	圆钢:40	195	110	290
Q235	型钢:15	215	125	320
16Mn	16	315	185	445

表 2-5 焊缝的强度设计值   单位:N/mm²

构件钢材牌号	对接焊缝			角焊缝
	抗压 f_c^w	抗拉 f_t^w	抗剪 f_v^w	抗拉、抗压、抗剪 f_f^w
Q235	205	175	120	140
16Mn	300	255	175	195

设计货架时,遇到下列货架结构构件和连接时,强度应取上述规定的设计强度值与相应的折减系数的乘积。

(1) 采用焊接方管的竖向立柱,折减系数为 0.95。

(2) 单面连接的单角钢构件。

按轴心受力计算强度和连接,折减系数为 0.85;

按轴心受力计算稳定性,折减系数为 $0.6+0.000\ 14\lambda$(λ 为按最小回转半径计算的杆件长细比)。

(3) 无垫板的单面对接焊接,折减系数为 0.85。

(4) 搭接连接,填垫板的连接及单盖板的不对称连接,折减系数为 0.90。

上述几种情况同时存在,应连乘折减系数。

三、货架受力分析

作用在钢货架结构上的荷载有恒载、货架活荷载、竖向冲击荷载、水平荷载等,作用在整体货架上的荷载有风载、屋面活荷载(或雪荷载)以及地震作用引起的附加荷载(简称地震荷载)。货架结构应按作用在其上的荷载效应的最不利组合进行设计。

（1）恒载。恒载主要是自重，还应包括附于货架上的管道、设备及其他附件的重量。对于库架合一的整体式货架，还应包括屋面和墙面引起的重力。

（2）货架活荷载。货架活荷载是指存储于货架结构上的货物的重量（包括货箱或托盘的重量）。对于库架合一的整体式货架，应包括屋面活荷载或雪荷载（计算时取两者中的较大值）。

（3）竖向冲击荷载。在往货架上存货物或从货架上取货物时会产生冲击力，冲击力的大小取决于叉车司机的操作水平或堆垛机的使用情况。设计时，考虑正常操作、正常使用情况下的冲击作用，为使横梁能承受此冲击作用，应使竖向冲击荷载大于静力承载值的安全储备。通常取竖向冲击荷载为一个载满货物的货箱（或托盘）静载的50%。

（4）水平荷载。货架在使用过程中，构件的初弯曲、安装的偏差、荷载偏心及叉车的轻度碰撞等因素，将对货架结构产生水平荷载。在货架立柱设计时要考虑到这些水平荷载，水平荷载分别沿组装式货架结构的纵横两个方向作用于托盘横梁与立柱连接节点处。对有侧移的组装式货架结构，水平荷载可取为由横梁传至该节点的全部恒载和最大货架活荷载之和的1.5%。对无侧移的组装式货架结构，此值可取为由横梁传至该节点的全部恒载和最大货架活荷载之和的1%。

（5）风载。对室外用货架和库架合一的整体式货架进行设计时要考虑风载。风载值可按《建筑结构荷载规范》(GB 5009—2012)的规定选取。

在设计货架时，通常不考虑风载与地震荷载同时发生作用。因为，这两种瞬间荷载同时出现，并且作用叠加的可能性非常小。但风载和堆垛机水平制动力可能同时存在，因此设计时需考虑这两种水平荷载同时作用的情况。

（6）地震荷载。对于货架结构的抗震设计，可不计竖向地震荷载，仅考虑水平地震荷载的影响，根据国家标准《建筑抗震设计规范》(GB 50011—2010)中有关规定确定。

四、荷载效应组合

设计钢货架时一般应考虑的荷载效应组合。
（1）恒载＋货架活荷载。
（2）恒载＋货架活荷载＋水平荷载。
（3）恒载＋货架活荷载＋竖向冲击荷载。
（4）恒载＋货架活荷载＋风载。
（5）恒载＋货架活荷载＋风载＋水平荷载。
（6）恒载＋货架活荷载＋水平地震荷载。

并不是每个货架结构都要同时考虑上列六种荷载效应组合。例如，室内的组装式货架、焊接式货架设计时不需考虑风载影响，设计库架合一的整体式货架应考虑风载影响。在具体设计时，应根据各自的特定使用要求和条件来确定其荷载效应组合的类别和形式，并按荷载的最不利位置确定货架结构的内力和变形。一般来说，对所有作用于货架上的荷载进行合理的组合很重要，这不但能保证结构设计符合安全可靠、经济合理原则，还可避免烦冗重复，加快设计进度。

五、组装式货架结构设计

组装式货架通常由若干个竖向框架以及若干层与竖向框架相连接的横梁（或搁板）组成。为了便于拆装货架或变更货架高度，横梁与立柱采用机械式锁紧装置或螺栓连接。

组装式货架用于在高度较低、承载物较轻的情况下，不必在货架背后加垂直交叉支承，货架顶部水平交叉支承。这种未设纵向垂直支承、纵向水平支承的组装式货架称为有侧移的组装式货架,未设支承的组装式货架称为无侧移的组装式货架。组装式货架设计主要是托盘横梁设计及竖向框架(货架片)设计。

1. 托盘横梁设计

组装式货架结构的托盘横梁通常可按简支梁计算,其跨中最大弯矩 M_0 和最大强度 f_0 为

$$M_0 = \frac{ql_b^2}{8} \tag{2-5}$$

$$f_0 = \frac{5q_k l_b^4}{384EI_b} \tag{2-6}$$

式中:q——作用在一根托盘横梁上的均布线载荷(包括自重、货架活荷载和竖向冲击荷载);

q_k——作用一根托盘横梁上的均布线荷载标准值,不计竖向冲击荷载的影响;

l_b——托盘横梁净跨度值;

E——钢材的弹性模量;

I_b——托盘横梁截面绕弯曲轴的惯性矩。

托盘横梁与框架立柱之间采用机械式锁紧装置连接,此时要计入半刚性连接节点的部分嵌固影响。此横梁跨中最大变矩 M_{max} 和最大摆度 f_{max} 可按下列公式计算:

$$M_{max} = M_0 \gamma_m \tag{2-7}$$

$$f_{max} = f_0 \gamma_d \tag{2-8}$$

式中:γ_m——弯矩嵌固影响系数。

$$\gamma_m = 1 - \frac{I_b F_b}{3EI_b \lambda} \tag{2-9}$$

F_b——横梁端节半刚性连接弹性常数,由试验方法确定。

$$\lambda = \frac{F_b}{E}\left(\frac{l_c}{12I_c} + \frac{l_b}{2I_b}\right) + 1 \tag{2-10}$$

I_c——框架立柱绕弯曲轴的截面惯性矩;

l_c——框架立柱段长度。

γ_d——挠度嵌固影响系数。

$$\gamma_d = 1 - \frac{2l_b F_b}{5EI_b \lambda} \tag{2-11}$$

组装式货架结构梁截面形式如图 2-34 所示。

托盘横梁的最大挠度不宜大于净跨度的 1/200。

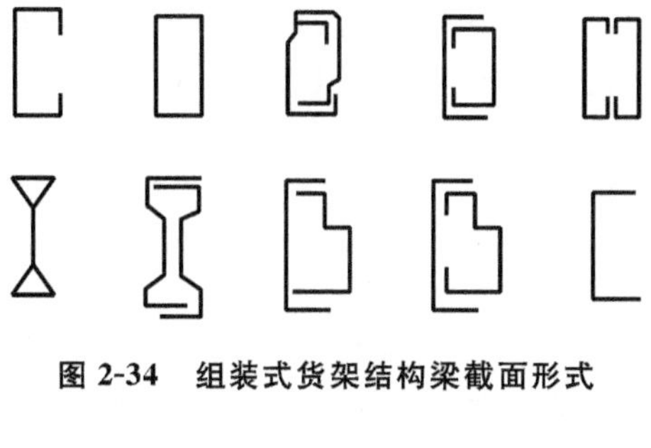

2. 竖向框架设计

组装式货架结构框架立柱通常受压弯曲,其强度和稳定性可按《冷弯薄壁型钢结构技术规范》(GB 50018—2002)有关规定计算。

图 2-34 组装式货架结构梁截面形式

当偏心弯矩作用于非对称平面内时,其稳定性可按下列公式计算:

$$\frac{N}{\varphi_w A_{cf}} + \frac{\beta_{max} M_x}{\left(1 - \frac{N}{N_{Ex}}\varphi_x\right) \cdot W_{cfx}} \leqslant f \tag{2-12}$$

$$\frac{N}{\varphi_y A_{cf}} + \frac{M_x}{\varphi_{bx} W_{cfx}} \leqslant f \tag{2-13}$$

式中：N——某一框架立柱承受的轴心力；

M_x——对截面对称轴（x 轴）的弯矩；

φ_w——轴心受压构件的稳定系数；

$\varphi_x、\varphi_y$——轴心受压构件对 x,y 轴的稳定系数；

φ_{bx}——弯矩作用于非对称平面内时,受弯构件的整体稳定系数；

N_{Ex}——对主轴 x 的欧拉临界力；

β_{max}——等效弯矩系数；

A_{cf}——有效截面面积；

W_{cfx}——对 x 轴的有效截面抗弯矩；

f——钢材设计强度。

简支受弯构件的整体稳定系数 φ_{bx} 可按式（2-14）计算：

$$\varphi_{bx} = \frac{4\,320Ah}{\lambda_y^2 W_x}\xi_1(\sqrt{\eta^2+\xi}+\eta)\left(\frac{235}{f_y}\right) \tag{2-14}$$

$$\eta = \frac{2(\xi_2 a + \xi_3 \beta_x)}{h} \tag{2-15}$$

$$\xi = \frac{4I_w}{h^2 I_y} + \frac{0.156 I_t}{I_y}\left(\frac{l_0}{h}\right)^2 \tag{2-16}$$

式中：λ_y——受弯构件弯矩作用平面外的长细比；

A——受弯构件毛截面面积；

h——受弯构件截面的全高；

W_x——弯矩作用平面内的毛截面抗弯模量；

a——荷载作用点到截面弯心的垂直距离,荷载作用于弯心上侧时为负,荷载作用于弯心下侧时为正；

I_w——毛截面扇形惯性矩；

f_y——钢材的屈服强度；

I_y——弯矩作用平面外的毛截面惯性矩；

I_t——毛截面的抗扭惯性矩；

l_0——受弯构件侧向计算长度, $l_0=\mu_b l$（l 为受弯构件的跨度）；

μ_b——受弯构件的侧向计算长度系数,可按表 2-6 采用；

$\eta,\varepsilon,\xi_1,\xi_2,\xi_3$——系数,其中 ξ_1,ξ_2,ξ_3 按表 2-6 选取。

$$\beta_x = \frac{U_y}{2I_y} - e_0 \tag{2-17}$$

$$U_y = \int_A x(x^2+y^2)dA \tag{2-18}$$

式中：e_0——截面弯心坐标,位于开口一侧时为正,反之为负。

当载荷通过截面弯心且与主轴平行时, $\beta_x=0$。

当竖向框架立柱绕垂直于巷道方向的轴线弯曲时,其弯矩作用平面内的计算长度 l 需要按两种情况考虑：

对有侧移的组装货架结构：

$$l = \mu l_{cl} \tag{2-19}$$

式中：l_{cl}——地面至相邻第一根托盘横梁之间的柱段长度。

μ——计算长度系数,可按下列公式得到 $G_A、G_B$,由图 2-35 查到。

$$G_A = \frac{I_c\left(\dfrac{1}{l_{c1}} + \dfrac{2}{l_{c2}}\right)}{2(I_b/l_b)_{red}} \tag{2-20}$$

表 2-6　两端及跨间侧向均为简支受弯构件的 ξ_1、ξ_2、ξ_3 及 μ_b 值

序号	弯矩作用平面内的荷载及支承情况	跨间无侧向支承 $\mu_b=1.00$			跨中设一道侧向支承 $\mu_b=0.50$			跨间有不少于两个等距离布置的侧向支承 $\mu_b=0.33$		
		ξ_1	ξ_2	ξ_3	ξ_1	ξ_2	ξ_3	ξ_1	ξ_2	ξ_3
1	均布荷载 q	1.13	0.46	0.53	1.35	0.14	0.83	1.37	0.06	0.88
2	跨中集中荷载 F	1.37	0.55	0.41	1.83	0	0.94	1.68	0.08	0.80
3	两端等弯矩 M, M	1.00	0	1.00	1.00	0	1.00	1.00	0	1.00
4	两端弯矩 M, $M/2$	1.32	0	0.99	1.31	0	0.98	1.31	0	0.98
5	一端弯矩 M	1.83	0	0.94	1.77	0	0.88	1.75	0	0.87
6	两端弯矩 M, $M/2$（反向）	2.33	0	0.68	2.13	0	0.53	2.03	0	0.53
7	两端反向等弯矩 M, M	2.24	0	0	1.89	0	0	1.77	0	0

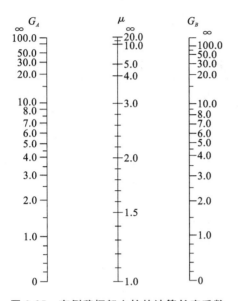

图 2-35　有侧移框架立柱的计算长度系数

$$G_B = \frac{I_c/I_{c1}}{I_f/l_f} \quad (2-21)$$

l_{c2}——地面以上第一根托盘横梁至第二根托盘横梁之间的柱段长度。

I_f/l_f——等效地梁线刚度，可按下列式(2-22)，式(2-23)，式(2-24)计算：

$$I_f/l_f = \frac{bh^2}{720} \quad (2-22)$$

或

$$I_f/l_f = \frac{F_f}{6E} \quad (2-23)$$

$$(I_b/l_b)_{red} = \frac{I_b/l_b}{1 + 6\left(\frac{EI_b}{l_b F_b}\right)} \quad (2-24)$$

$b、h$——分别为框架立柱截面垂直于、平行于巷道方向的宽度和高度(mm)；

F_f——柱脚底板的转动刚度($N \cdot mm/Rad$)，可取：

$$F_f = 1.7 \times 10^3 bh^2 \quad (2-25)$$

对无侧移的组装货架结构，l 通常可取竖向框架平面外支承点之间的距离。

当竖向框架绕平行于巷道方向的轴线弯曲时，其弯矩作用平面内的计算长度 l 可按下列两种情况计算。

(1) 当竖向框架腹杆(斜杆或者水平杆)均与框架相交，如图 2-36 所示，且 $l_2/l_1 = 0.15$ 时，

$$l = l_1 \quad (2-26)$$

(2) 当竖向框架的斜杆与水平杆相交，如图 2-37 所示，且 $l_4/l_3 = 0.12$ 时，l 可取作水平撑杆之间柱段长度。

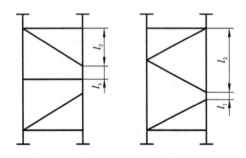

图 2-36　竖向框架腹杆均与框架相交

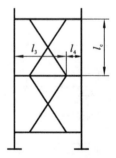

图 2-37　竖向框架的斜杆与水平杆相交

$$l = l_c \quad (2-27)$$

竖向框架腹杆的计算长度通常可取多杆的几何长度。对于高而窄的组装式货架结构的竖向框架，自身平面内的整体稳定性可按格构式构件计算。对于虚轴的计算长度系数 μ，可根据荷载重心位置的不同取值。

①当重心位置低于框架全高的 1/2 时，取 $\mu = 1.1$；
②当重心位置低于框架全高的 2/3 时，取 $\mu = 1.6$；
③当重心位置高于框架全高的 2/3 时，取 $\mu = 2.0$。

六、固定式货架结构设计

固定式货架包括焊接式货架和库架合一式货架。这类货架立柱片采用焊接或螺栓连接,横梁与立柱之间的连接采用螺栓或特殊连接件。固定式货架适用于储存外形相对固定、重量相对确定的托盘或货箱,是自动化立体仓库中最常见的货架形式。固定式货架的高度一般在6 m以上、40 m以下。它通常由用户提出使用要求,设计制造方提出方案,双方研究决定。

固定式货架结构一般由若干排货架组成。两边两排货架单独成排,成为边列柱,边列柱一般采用双肢格构柱;中间排成为中列柱,排与排之间货架片立柱共用,称为三肢格构柱货架,排与排之间货架片立柱不共用称为两列双肢格构柱货架,如图2-38所示。

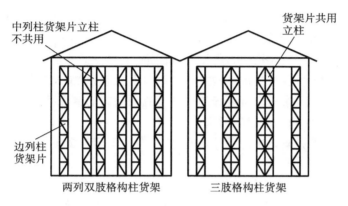

图2-38 固定式货架结构

对于库架合一式货架结构,边列柱外肢兼作库房墙架结构,库房屋顶由设于立柱顶部的横架(或桁架)支承。

对于焊接式(库架分离式)货架来说,货架不受屋面重量及墙体重量。货架设计时要考虑货架基础与库房柱脚基础之间的干涉。货架顶部与屋架下弦之间一般要留有300 mm以上间隙(至少要大于200 mm),以便于货架的安装。货架主要由货架片与用于搁货物的横梁或牛腿组成。货架片由立柱、腹杆和斜杆组成。立柱和腹杆采用冷弯型钢或热轧型材制作。斜杆常用角钢或圆钢制作。横梁和牛腿采用矩形管材或槽钢等制作。

固定式货架货位多、受力复杂,设计时要考虑受力偏载等情况。为了加强货架结构的纵向刚度,保证货架片立柱平面外的稳定性,须在这类货架沿巷道方向设置垂直支承和水平支承。此外,为了不影响货物的存取,垂直支承应设于边列柱外肢间及中列柱中肢间,其设置范围宜根据货架结构的具体使用要求而定,如牛腿式货架一般设纵向满堂红垂直支承,水平横梁式货架一般只需在货架两端的三个货格内设置垂直支承。假设货架长度偏短,货架单元重量不大,可以仅在货架中间货格处设置垂直支承。水平支承的间距则根据立柱分肢的强度和平面外稳定性计算结果确定。此外,水平支承间距的确定还需兼顾货格数和消防等方面的要求。

固定式货架一般比较高大,造价也较高,而且常应用在立体仓库中,对制作精度也提出较高要求,制造和安装都要严格按照《立体仓库焊接式钢结构货架 技术条件》(JB/T 5323—2017)中规定的要求执行。同时,还应根据使用要求,严格规定基础的不均匀沉降,通常宜采用有足够刚度的整体式基础或桩基,立柱基础不均匀沉降的值为1/1 000。

用于自动化立体仓库的固定式货架底角应支承在调平的底板上,所有柱脚底板均应在安装前用螺栓一次调平。调平的柱脚底板下至少预留500 mm二次灌浆层。货架安装后再校正一次,确认达到精度要求后,用细石混凝土浇捣填实。

货架结构形式确定后,要通过计算确定立柱、横梁或牛腿、斜撑等构件的尺寸。

1. 货架横梁计算

若货架为牛腿式结构,计算货架结构的托梁及牛腿的强度和连接时,作用荷载应取荷载自重乘以荷载分项系数的 1.4 倍和荷载自重乘以冲击系数的 50% 之和;计算托梁和牛腿的挠度时,只考虑荷载自重的活载分项系数,不计冲击系数。

若货架为搁栅式结构,其横梁一般以三跨连续梁(即 4 片货架片由一根横梁相连)计算,计算活载时也要考虑活载分项系数及冲击系数,计算挠度时不计冲击系数。允许挠度取横梁长度或牛腿悬挑长度的 1/300。

2. 货架片计算

对于某些配以桥式堆垛机的固定式货架,排与排之间的货架片的顶部无法设置横梁和水平支承,应按下端固定、上端自由的独立柱设计计算;而对于配以桥式堆垛机的货架,排与排之间的货架片的顶部可设横梁与水平支承,可按下端固定、上端铰接的独立柱设计计算。

货架片均为格构式时,通常应按格构式构件计算其强度和整体稳定性,并计算其分肢及腹杆的强度和稳定性。此外,除考虑所验算的立柱两侧均满载的情况外,还要考虑单侧满载、另一侧空载引起货架片平面外偏心荷载的影响。

此外,对库架合一式货架结构进行计算时,应注意以下两种最不利的荷载组合。

(1) 风载起控制作用时的仓库空载。

(2) 考虑水平地震作用时的仓库满载。

以上是一些可供设计时使用的设计方法。目前固定货架片设计可采用有限元法进行计算。

七、货架设计计算实例

货架结构如图 2-39 所示,为焊接式,配有一台高货位叉车,下面以《钢货架结构设计规范》和《钢结构设计规范》为理论依据进行货架的设计计算。

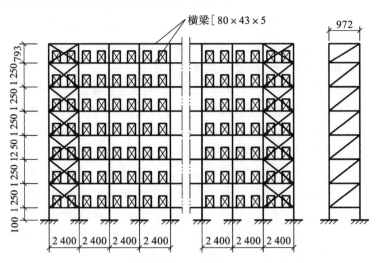

图 2-39 货架结构

1. 荷载计算

(1) 静载(指结构自重或永久荷载)。

①横梁自重,采用[80×43×5 的槽钢,理论质量为 8.04 kg/m。

$$q = \frac{8.04 \times 9.8}{1\,000} \times 1.2 \text{ kN/m} = 0.094\,5 \text{ kN/m}$$

②货架片(立柱)自重 q_1[2×(80×43×5)。

$$q_1 = \frac{2 \times 8.04 \times 9.8}{1\,000} \times 1.2 \text{ kN/m} = 0.189 \text{ kN/m}$$

斜缀条(为角钢∟36×36×3)自重 q_2。

$$q_2 = \frac{1.656 \times 9.8 \times 1.185}{0.945 \times 1\,000} \times 1.2 \text{ kN/m} = 0.024\,4 \text{ kN/m}$$

水平杆(为角钢∟56×36×4)自重 q_3。

$$q_3 = \frac{2.818 \times 9.8 \times 0.99}{0.945 \times 1\,000} \times 1.2 \text{ kN/m} = 0.034\,7 \text{ kN/m}$$

$$q_{自} = q_1 + q_2 + q_3 = 0.189 + 0.024\,4 + 0.034\,7 = 0.248 \text{ kN/m}$$

(2) 活载(即可变荷载,这里取 500 kg)。

①设备重(竖向载荷货重)。

$$p = \frac{500 \times 9.8}{2 \times 1\,000} \times 1.4 \text{ kN} = 2.45 \times 1.4 \text{ kN} = 3.43 \text{ kN}$$

②竖向冲击荷载(放货时产生的冲击)。

$$p' = 2.15 \times 1.4 \times 0.5 \text{ kN} = 1.505 \text{ kN}(冲击系数取 0.5)$$

③水平荷载。

计算货架片时采用,取总荷载的 1.5%。

2. 货架横梁计算

(1) 取三跨连续梁,设计简图如图 2-40 所示。

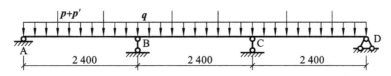

图 2-40　货架横梁计算简图

(2) 内力计算。

①跨中。

$$M_{max} = 0.08 \times 0.094\,5 \times 2.4^2 \text{ kN·m} + 0.289 \times (3.43 + 1.715) \times 2.4 \text{ kN·m}$$
$$= 3.61 \text{ kN·m}$$

②支座。

$$V_{max} = 0.6 \times 0.094\,5 \times 2.4 \text{ kN} + 1.311 \times (3.43 + 1.575) \text{ kN} = 6.70 \text{ kN}$$

$$M_{max} = 0.1 \times 0.094\,5 \times 2.4^2 \text{ kN} + 0.311 \times (3.43 + 1.715) \times 2.4 \text{ kN} = 3.89 \text{ kN}$$

③验算。

支座处承受弯矩最大,并开两个小孔,如图 2-41 所示。计算 B 支座处梁的强度。

[80×43×5　　　　$A = 10.24 \text{ cm}^2$　　$I_1 = 101.3 \text{ cm}^4$

$$W = 25.3 \text{ cm}^3 \quad S_1 = 15.1 \text{ cm}^3$$

开孔处截面特性:

$$I_{zh} = (101.3 - 1.2 \times 0.5 \times 1.8^2) \text{ cm}^4 = 99.356 \text{ cm}^4$$

$$W_{zh} = \frac{99.356}{4} \text{ cm}^3 = 24.839 \text{ cm}^4$$

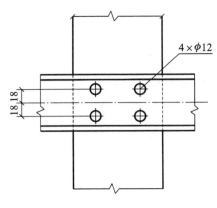

图 2-41 支座结构尺寸

$S_{zh} = (15.1 - 1.2 \times 0.5 \times 1.8) \text{ cm}^3 = 14.02 \text{ cm}^3$

a. 正应力。

$\sigma = \dfrac{M_{max}}{W_{max}} = \dfrac{3.89 \times 10^2}{24.839} \text{ kN/cm}^2 = 15.7 \text{ kN/cm}^2 < f$

$= 21.5 \times 0.8 \text{ kN/cm}^2 = 17.2 \text{ kN/cm}^2$

式中的 0.8 是考虑载荷放置不对称引起的载荷分配不均匀系数。

b. 剪应力(一般可忽略)。

$\tau = \dfrac{V_{max} \cdot S_{zh}}{I_{zh} \cdot \delta} = \dfrac{6.70 \times 14.02}{99.356 \times 0.5} \text{ kN/cm}^2$

$= 1.89 \text{ kN/cm}^2 < f_v = 21.5 \times 0.8 \text{ kN/cm}^2$

$= 17.2 \text{ kN/cm}^2$

c. 折算应力。

$\sigma_1 = 15.5 \times \dfrac{60}{80} \text{ kN/cm}^2 = 11.625 \text{ kN/cm}^2$

$\tau_1 = \dfrac{6.70 \times \left(14.02 - 0.5 \times 3 \times \dfrac{3}{2}\right)}{99.356 \times 0.5} \text{ kN/cm}^2 = 1.59 \text{ kN/cm}^2$

$\sigma_{zh} = \sqrt{11.625^2 + 3 \times 1.62^2} \text{ kN/cm}^2 = 11.96 \text{ kN/cm}^2 < f = 21.5 \text{ kN/cm}^2$

d. 刚度。

验算 AB 跨中挠度,不考虑竖向冲击载荷,也不考虑荷载分项系数,采用标准值。

$\dfrac{f}{I} = 0.677 \times \dfrac{0.0788 \times 240^3}{100^2 \times 20.6 \times 10^2 \times 101.3} + 2.716 \times \dfrac{2.45 \times 240^2}{100 \times 20.6 \times 10^2 \times 101.3}$

$= \dfrac{1}{534} < \left[\dfrac{f}{I}\right] = \dfrac{1}{200}$

e. 连接螺栓强度计算。

对于一个螺栓承载力,按剪切计算,有

$[N_0] = \dfrac{\pi \times 1.2^2}{4} \times 17 \text{ kN} = 19.23 \text{ kN}$

按挤压计算,有 $[N_C] = 1.2 \times 0.5 \times 31 \text{ kN} = 18.6 \text{ kN}$

取 $[N_{min}] = 18.6 \text{ kN}$

$\dfrac{V_{max}}{n} = \dfrac{6.70}{2} = 3.55 \text{ kN} < [N_{min}] = 18.6 \text{ kN}$

3. 货架计算

(1) 计算简图如图 2-42 所示。

(2) 荷载计算。

$N = \alpha q l + \beta p = 1.1 \times 0.0945 \times 2.4 \text{ kN} + 2.533 \times (3.43 + 1.715) \text{ kN} = 13.28 \text{ kN}$

$q_{自} = 0.252 \text{ kN/m}$

$T = 13.28 \times 0.015 = 0.199 \text{ kN}$

(3) 截面几何特性(见图 2-43)。

[80×43×5

$A = 10.24 \text{ cm}^2 \qquad I_y = 16.6 \text{ cm}^4$

$i_y = 1.27 \text{ cm} \qquad I_x = 101.3 \text{ cm}^4$

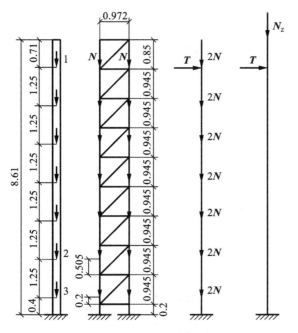

图 2-42 货架计算简图

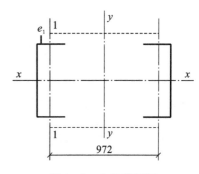

图 2-43 立柱截面图

$$i_x = 3.14 \text{ cm} \qquad e_1 = 1.42 \text{ cm}$$
$$W_y = 5.8 \text{ cm}^2 \qquad W_x = 25.3 \text{ cm}^3$$
$$I_x = \left[16.6 + 10.24 \times \left(\frac{97.2}{2}\right)^2\right] \times 2 \text{ cm}^4 = 48406 \text{ cm}^4$$
$$i_x = \sqrt{\frac{48406}{10.24 \times 2}} \text{ cm} = 48.62 \text{ cm}$$

(4) 第一方案整体稳定计算（绕 y 轴）。
$$l_{0y} = 1.122 \times 8.61 \text{ m} = 9.66 \text{ m}$$
$$\lambda_y = \frac{966}{10.24 \times 2} = 47.17$$
$$\lambda_{0y} = \sqrt{\lambda_y^2 + 27 \times \frac{A_0}{A}} = \sqrt{47.17^2 + 27 \times \frac{10.24 \times 2}{2.109}} = 49.87$$

注：2.109 cm² 为斜缀条截面面积，采用的是等边角钢，型号是 L 36×36×3。
$$P = 7 \times 2N + q_1 \times 2 = 7 \times 2 \times 13.28 \text{ kN} + 0.252 \times 8.61 \text{ kN} = 188 \text{ kN}$$
$$M = T \cdot L = 0.199 \times 8.61 \text{ kN} \cdot \text{m} = 1.71 \text{ kN} \cdot \text{m}$$
$$N_x = \frac{\pi^2 EA}{\lambda_{0y}^2} = \frac{\pi^2 \times 2.06 \times 10^4 \times 10.24 \times 2}{49.87^2} \text{ kN} = 1672.5 \text{ kN}$$
$$W_{y1} = \frac{48406 \times 2}{97.2} \text{ cm}^3 = 966 \text{ cm}^3$$

于是有
$$\frac{188}{0.95 \times 10.24 \times 2} \text{ kN/cm}^2 + \frac{171}{966\left(1 - 0.95 \times \frac{188}{1672.5}\right)} \text{ kN/cm}^2$$
$$= (9.66 + 0.2) \text{ kN/cm}^2 = 9.86 \text{ kN/cm}^2 < f = 21.5 \text{ kN/cm}^2$$

(5) 第二方案整体稳定计算（绕 y 轴）。

$$N_x = \Sigma N_1 \beta_1 = \Sigma N_1 \left(\frac{l_1}{l_x} - \frac{l}{\pi} \sin \frac{\pi l_1}{l_x} \right)$$
$$= 2 \times 13.28 \times (0.838 + 0.565 + 0.335 + 0.165 + 0.060 + 0.011 + 0) \text{ kN}$$
$$+ 0.251 \times 8.61 \times 0.182 \text{ kN}$$
$$= 52.82 \text{ kN}$$
$$M = 1.71 \text{ kN} \cdot \text{m}$$
$$l_{0y} = 2 \times 861 \text{ cm} = 1\,722 \text{ cm}$$
$$\lambda_y = \frac{1\,722}{48.62} = 35.4$$
$$\lambda_{0y} = \sqrt{35.4^2 + 27 \times \frac{10.24 \times 2}{2.109}} = 38.9$$
$$N_x = \frac{\pi^2 \times 2.06 \times 10^4 \times 10.24 \times 2}{38.9^2} \text{ kN} = 2\,752 \text{ kN}$$

于是有

$$\frac{52.82}{0.903 \times 10.24 \times 2} \text{ kN} + \frac{171}{996(1 - 0.903 \times \frac{52.82}{2\,752})} \text{ kN} = (2.86 + 0.18) \text{ kN}$$
$$= 3.04 \text{ kN} < f = 21.5 \text{ kN}$$

(6) 单肢稳定计算。

a. 水平荷载作用在 2 点(见图 2-44)。

由 T 引起:
$$M_T = \frac{0.199 \times 0.505 \times 0.44}{0.945} \text{ kN} \cdot \text{m} = 0.047 \text{ kN} \cdot \text{m}$$

由竖向荷载引起:
$$M_0 = 13.28 \times 0.014\,2 \text{ kN} \cdot \text{m} = 0.189 \text{ kN} \cdot \text{m}$$
$$M = (0.047 + 0.189) \text{ kN} \cdot \text{m} = 0.236 \text{ kN} \cdot \text{m}$$
$$P = 6 \times 13.28 \text{ kN} + 0.252 \times (8.61 - 1.65) \text{ kN} = 81.43 \text{ kN}$$
$$l_{01} = 94.5 \text{ cm}$$
$$\lambda_1 = \frac{94.5}{1.27} = 74.4 \text{(见图 2-45)}$$

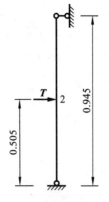

图 2-44 水平载荷作用位置点

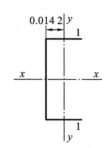

图 2-45 单肢截面形状

$$N_{x1} = \frac{\pi^2 \times 2.06 \times 10^4 \times 10.24}{74.4^2} \text{ kN} = 376 \text{ kN}$$

于是有

$$\frac{81.43}{0.723 \times 10.24} \text{ kN/cm}^2 + \frac{23.6}{5.8\left(1 - \frac{81.43}{376} \times 0.8\right)} \text{ kN/cm}^2$$

$$= (11.00 + 4.92) \text{ kN/cm}^2 = 15.92 \text{ kN/cm}^2 < f = 21.5 \text{ kN/cm}^2$$

近似取

$$l_{0x} = 1.25 \text{ m}$$

$$\lambda_x = \frac{125}{3.14} = 39.8$$

按钢结构中 C 类截面查稳定系数，$\varphi_x = 0.839$。

$$\varphi_b = 1 - 0.002\ 2 \times 39.8 = 0.912$$

于是有

$$\frac{81.43}{0.839 \times 10.24} \text{ kN/cm}^2 + \frac{23.6}{25.3 \times 0.912} \text{ kN/cm}^2 = 9.48 \text{ kN/cm} + 1.02 \text{ kN/cm}^2$$

$$= 10.50 \text{ kN/cm}^2 < f = 21.5 \text{ kN/cm}^2$$

b. 不考虑水平力，验算 3 点。

$$P = 7 \times 2N + q_{自}L = 7 \times 2 \times 13.28 \text{ kN} + 0.252 \times 8.61 \text{ kN} = 188 \text{ kN}$$

$$M = TL = 0.199 \times 8.61 = 1.71 \text{ kN} \cdot \text{m}$$

单肢受力为

$$N_1 = \frac{P}{2} + \frac{M}{h} = \frac{188}{2} + \frac{1.71}{0.972} = 96 \text{ kN}$$

$$M_1 = 13.28 \times 0.014\ 2 \text{ kN} \cdot \text{m} = 0.189 \text{ kN} \cdot \text{m}$$

于是有

$$\frac{96}{0.723 \times 10.24} \text{ kN/cm}^2 + \frac{18.9}{5.8\left(1 - \frac{96}{376} \times 0.8\right)} \text{ kN/cm}^2 = 12.97 \text{ kN/cm}^2 + 4.10 \text{ kN/cm}^2$$

$$= 17.07 \text{ kN/cm}^2 < f = 21.5 \text{ kN/cm}^2$$

$$\varphi_b = 1 - 0.002\ 2\lambda_x = 1 - 0.0022 \times 39.8 = 0.912$$

于是有

$$\frac{96}{0.839 \times 10.24} \text{ kN/cm}^2 + \frac{18.9}{25.3 \times 0.912} \text{ kN/cm}^2 = 11.17 \text{ kN/cm}^2 + 0.82 \text{ kN/cm}^2$$

$$= 11.99 \text{ kN/cm}^2 < f = 21.5 \text{ kN/cm}^2$$

（7）斜缀条计算。

等边角钢 L$36 \times 36 \times 3$、$A = 2.109 \text{ cm}^2$、$i_{\min} = 0.71 \text{ cm}$。

$$l_0 = \sqrt{0.945^2 + 0.88^2} \text{ m} = 1.29 \text{ m}$$

$$\lambda = \frac{129}{0.71} = 182$$

按钢结构中 B 类截面查稳定性系数，$\varphi = 0.22$。

$$V = \frac{10.24 \times 2 \times 21.5}{85} \text{ kN} = 5.18 \text{ kN}$$

斜缀条受力为

$$N' = \frac{5.18}{\cos 47°} \text{ kN} = 7.60 \text{ kN}$$

$$\eta = 0.6 + 0.0015 \times 182 = 0.873$$

$$\frac{7.6}{0.873 \times 0.22 \times 2.109} \text{ kN/cm}^2 = 18.76 \text{ kN/cm}^2 < f = 21.5 \text{ kN/cm}^2$$

斜缀条与水平杆连续焊缝，$h_f = 4$ mm。

$$l_f = \frac{7.6}{0.7 \times 0.4 \times 16 \times 0.85} \text{ cm} < (3 + 3.6 + 6) \text{ cm} = 12.6 \text{ cm}$$

(8) 水平杆计算（见图 2-46）。

$$N_2 = V_{max} \tan 47° = 5.18 \times \tan 47° \text{ kN} = 5.55 \text{ kN}$$

$$M_{2x} = \frac{0.06 \times 0.94 \times 5.55}{1.0} \text{ kN} \cdot \text{m} = 0.313 \text{ kN} \cdot \text{m}$$

水平杆截面为 ∟56×36×4 不等边角钢（见图 2-47）。

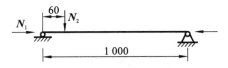

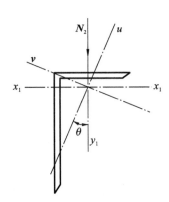

图 2-46 水平杆受力简图　　　　图 2-47 不等边角钢截面图

$$A = 3.59 \text{ cm}^2$$
$$\theta = 22.19°$$
$$\tan\theta = 0.408$$
$$\sin\theta = 0.378$$
$$\cos\theta = 0.926$$

$$M_x = M_y \sin\theta = 0.313 \times 0.378 \text{ kN} \cdot \text{m} = 0.118 \text{ kN} \cdot \text{m}$$
$$M_u = M_y \cos\theta = 0.313 \times 0.926 \text{ kN} \cdot \text{m} = 0.290 \text{ kN} \cdot \text{m}$$
$$I_u = 2.23 \text{ cm}^4$$
$$I_V = I_x + I_y - I_u = (11.45 + 3.76 - 2.23) \text{ cm}^4 = 12.98 \text{ cm}^4$$

$$W_u = 1.13 \text{ cm}^3 \qquad W_v = \frac{12.98}{2.216} = 5.857 \text{ cm}^3$$

$$i_u = 0.79 \text{ cm} \qquad i_v = 1.90 \text{ cm}$$

$$\lambda_u = \frac{100}{0.79} = 126.6 \qquad \lambda = \frac{100}{1.9} = 52.6$$

$$\varphi_u = 0.402 \qquad \varphi_v = 0.842$$

取 $\beta_{Ex} = \beta_{ET} = \varphi_h = 1.0$。

$$N_{EU} = \frac{\pi^2 \times 20.6 \times 10^3 \times 3.59}{126.6^2} \text{ kN} = 45.54 \text{ kN}$$

于是有

$$\frac{5.18}{0.7\times0.402\times3.59}\text{ kN/cm}^2+\frac{11.8}{1.13\times\left(1-0.8\times\dfrac{5.18}{45.54}\right)}\text{ kN/cm}^2+\frac{29.0}{5.857}\text{ kN/cm}^2$$

$$=(5.13+11.49+4.95)\text{ kN/cm}^2=21.57\text{ kN/cm}^2\approx f=21.5\text{ kN/cm}^2$$

于是有

$$\frac{5.18}{0.7\times0.402\times3.59}\text{ kN/cm}^2+\frac{11.8}{1.13}\text{ kN/cm}^2+\frac{29}{5.857\left(1-0.8\times\dfrac{5.18}{263.8}\right)}\text{ kN/cm}^2$$

$$=(5.13+10.44+5.03)\text{ kN/cm}^2=20.6\text{ kN/cm}^2>f_x=21.5\text{ kN/cm}^2$$

水平杆与立柱焊缝计算如下。

$$N=5.18\text{ kN},\quad V=\frac{5.55\times(100-6)}{100}\text{ kN}=5.217\text{ kN}$$

$$l_t=(5.6+3.6)\times2\text{ cm}=18.4\text{ cm}$$

l_t 取 18 cm。

$$\sqrt{\left(\frac{5.18}{0.85\times0.7\times18\times0.5}\right)^2+\left(\frac{5.217}{0.85\times0.7\times0.5\times18}\right)^2}\text{ kN}=1.36\text{ kN}<f_t^0=16\text{ kN/cm}^2$$

4. 纵向货架稳定计算

货架的力学模型如图 2-48 所示。

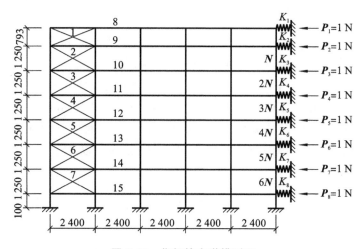

图 2-48 货架的力学模型图

$$\text{斜杆 1 长度}=\sqrt{2\,400^2+793^2}\text{ mm}=2\,528\text{ mm}$$

$$\text{斜杆 2～7 长度}=\sqrt{2\,400^2+1\,250^2}\text{ mm}=2\,706\text{ mm}$$

$P_1=1\text{ N}$ 作用下：

斜杆 1： $$N_{P_1}=\frac{2\,528}{2\times2\,400}\text{ N}=0.526\,7\text{ N}$$

斜杆 2～7： $$N_{P_2}=\frac{2\,706}{2\times2\,400}\text{ N}=0.563\,8\text{ N}$$

类似地，当 $P_2,P_3\cdots,P_8$ 为单位力时，各杆的受力也可通过计算获得。将各杆长度、截面面积和受力列于表 2-7。

表 2-7 杆件受力计算结果

杆号	杆长/mm	杆截面面积/mm²	N_{P_1}/N	N_{P_2}/N	N_{P_3}/N	N_{P_4}/N	N_{P_5}/N	N_{P_6}/N	N_{P_7}/N	N_{P_8}/N
1	2 528	308.6	0.526 7	0	0	0	0	0	0	0
2	2 706	308.6	0.563 8	0.563 8	0	0	0	0	0	0
3	2 706	308.6	0.563 8	0.563 8	0.563 8	0	0	0	0	0
4	2 706	308.6	0.563 8	0.563 8	0.563 8	0.563 8	0	0	0	0
5	2 706	308.6	0.563 8	0.563 8	0.563 8	0.563 8	0.563 8	0	0	0
6	2 706	308.6	0.563 8	0.563 8	0.563 8	0.563 8	0.563 8	0.563 8	0	0
7	2 706	308.6	0.563 8	0.563 8	0.563 8	0.563 8	0.563 8	0.563 8	0.563 8	0.563 8
8～15	9 600	1 024	1	1	1	1	1	1	1	1
$\sum \dfrac{N^2 l}{A}$			56.743	52.198	46.623	41.048	35.474	29.889	24.325	18.75

因为斜杆为双斜杆,横梁前后共两根,所以上表中 $\sum \dfrac{N^2 l}{A}$ 已乘以 2。

弹性系数由 $K = \dfrac{E}{\sum \dfrac{N^2 l}{A}}$ 得,代入表 2-7 中的 $\sum \dfrac{N^2 l}{A}$,可获得各处弹性系数

$K_1 = 3\ 630.4$ N/mm, $K_5 = 5\ 807.1$ N/mm

$K_2 = 3\ 946.5$ N/mm, $K_6 = 6\ 889.9$ N/mm

$K_3 = 4\ 418.4$ N/mm, $K_7 = 8\ 468.7$ N/mm

$K_4 = 5\ 018.5$ N/mm, $K_8 = 10\ 986.8$ N/mm

考虑到左右两半个构架,K 应乘以 2。又考虑到每根柱有两个分肢,对每个分肢,K 应除以 2。每个纵向 K 除以 2。每个纵向构件共有 11 根柱子,K 应除以 11。

计算临界力的公式为

$$K = 2\dfrac{N_1}{l}\left(1 + \cos\dfrac{\pi}{n}\right)$$

得各柱段的临界力如下。

由 $\dfrac{K_2 + K_3}{2 \times 11} = \dfrac{N_1}{l} 2\left(1 + \cos\dfrac{\pi}{7}\right)$ 得 $N_1 = 125.01$ kN

由 $\dfrac{K_3 + K_4}{2 \times 11} = \dfrac{2N_1}{l} 2\left(1 + \cos\dfrac{\pi}{7}\right)$ 得 $N_1 = 70.520$ kN

由 $\dfrac{K_4 + K_5}{2 \times 11} = \dfrac{3N_1}{l} 2\left(1 + \cos\dfrac{\pi}{7}\right)$ 得 $N_1 = 53.930$ kN

由 $\dfrac{K_5 + K_6}{2 \times 11} = \dfrac{4N_1}{l} 2\left(1 + \cos\dfrac{\pi}{7}\right)$ 得 $N_1 = 47.440$ kN

由 $\dfrac{K_6 + K_7}{2 \times 11} = \dfrac{5N_1}{l} 2\left(1 + \cos\dfrac{\pi}{7}\right)$ 得 $N_1 = 45.910$ kN

由 $\dfrac{K_7 + K_8}{2 \times 11} = \dfrac{6N_1}{l} 2\left(1 + \cos\dfrac{\pi}{7}\right)$ 得 $N_1 = 48.460$ kN

各柱段临界力最小值为

$$N_1 = 45.910 \text{ kN}$$

实际受力值为

$$N = 500 \times 9.8 \times 1.4 \text{ N} = 6.860 \text{ kN}$$

$$稳定安全系数 = \frac{45.910}{6.860} = 6.69$$

纵向稳定性满足承载要求。

第八节 其他形式的小型自动化立体仓库设备

随着现代企业控制自动化程度的提高,加工过程系统化、装配自动化以及企业内部物流的综合自动化得到快速发展。由数控设备、机械手、自动搬运设备、自动化立体仓库以及自动化检测系统组成的生产系统使用计算机进行综合管理与控制,企业进入整体自动化阶段。在物流仓储方面,仅采用高架堆垛机式仓库是不够的,已经有越来越多的企业意识到自动化控制仓储设备的重要作用。仓储设备是企业核心的一部分。特别是为了提高土地的有效利用率、降低劳动强度,应用小型自动化立体仓库进行配合,非常适用于小部件、少批量及多品种物品的存取与拣选。

一、垂直升降式柜库

垂直升降式柜库,又称为 V2 形垂直升降式柜库、提升式立体柜库或模块化全自动仓储柜库,如图 2-49 所示。它于 20 世纪 70 年代产生于欧洲,是由瑞士卡迪斯·来姆斯塔国际集团公司最早进行研制和开发的,并且很快进入了欧洲市场。垂直升降式柜库与垂直回转式柜库的差异是:垂直回转式柜库中的全部货位是活动的;而垂直升降式柜库的货位是固定不动的,采用升降式载货平台进行货物存取。垂直升降式柜库可以以模块化结构形式进行自由组合,易于组成小型自动化立体仓库及配送中心。

1. 垂直升降式柜库的主要特点

垂直升降式柜库的主要特点是仓储柜、存储架和控制系统的变换灵活,存取速度快,能够充分利用垂直方向的空间,总体高度可以根据房屋的高度来决定,根据存储物品的高度来选择存储架间隔、高度,存储架易于从柜库中移出,便于在存取口处提取物品。垂直升降式柜库属于低振动型储存设备,对于存储过程中有高灵敏度防振要求的电子元器件尤为重要。另外,垂直升降式柜库还具有防尘效果好、便于与计算机联网、保密性能高等特点。在库房建设过程中,垂直升降式柜库规划时间短,通过增减模块调节存储量,便于对仓储系统进行调整与扩展。

在实际应用中,与垂直回转式柜库一样,垂直升降式柜库可以在需要的位置设置出入库存取口。与全自动生产装配线结合时,当产品种类发生变化时,垂直升降式柜库可以用于缓冲存储,调节生产节奏。图 2-50 所示为垂直升降式柜库与生产装配线相配合。在生产装配线上,零件存储在垂直升降式柜库中,根据生产装配线的需要,通过计算机发布的指令,垂直升降式柜库自动地将零件从存储架上取出,并与存取口接轨的运输小车配合运送零件,将零件自动送达生产装配线上。

目前,垂直升降式柜库应用范围已经相当广泛,如电子元器件厂的零部件及组合件的储存、飞机场的货物存取、高质量的维修工具存放等。为了提高管理效率,仓储系统配有仓储管理软件及条形码识别系统,同时可管理数台垂直升降式柜库物品的存储,保证物流和库存管理的可

图 2-49 垂直升降式柜库

图 2-50 垂直升降式柜库与生产装配线相配合

靠性。

2. 垂直升降式柜库的主要结构和特点

垂直升降式柜库的工作原理图如图 2-51 所示。库内中间为垂直升降提取器通道，通道两边为货物的存储架，货物放置在提取器上的可移动托盘中，当提取器到达货物设定的存储位置时，提取器上的托盘传动机构自动将托盘送入货架内。货物取出时，根据操作键盘上设定的序号，提取器自动达到存储货物的位置时，将托盘移入其内，然后送至取货窗口，托盘移入窗口后，即可进行货物的取出。提取器是通过平台两边的传动链条的带动，在轨道上上下运动的。图 2-52 所示为垂直升降式柜库总体结构示意图。它由箱体（含货架）、存储架、提取器、存取口、机械传动机构、升降机构和控制系统等组成。其中箱体可采用模块化结构形式，如图 2-53 所示。采用模块化结构形式，可以适应不同高度的厂房，特别是需要更换位置及高度发生变化时，对于重新定位或移动物品，通过改变移入或移出物品的参数，可经济快速地完成调整。

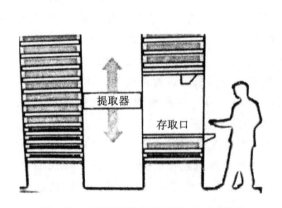
图 2-51 垂直升降式柜库的工作原理图

图 2-52 垂直升降式柜库总体结构示意图

图 2-53 垂直升降式柜库组合式箱体

1) 存储架

垂直升降式柜库内采用的是带槽式存储架,如图 2-54 所示。为了于组装与减小外形尺寸、提高内部空间,通常将存储架与壳体做成一体的形式,如图 2-55、图 2-56 所示。一般每个存储架的单层可承载 250 kg 的货物,货物放置在托盘上,托盘再放置在托架上。存储架采用 1～2 mm 的钢板折边、焊接而成。托盘及托架的宽度和深度通常采用的规格在表 2-8 中示出。

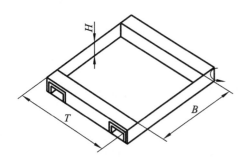

图 2-54 垂直升降式柜库存储架

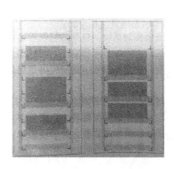

图 2-55 垂直升降式柜库存储架存放形式

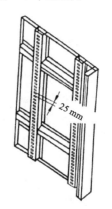

图 2-56 高度调节槽

表 2-8 常用垂直升降式柜库存储架的标准规格

标 准 规 格	有效存储面积＝宽×深/(mm×mm)
1	1 250×825
2	825×825
3	1 250×622
4	825×622
5	1 650×825

对于特殊规格的货物或有载重量要求时,可根据用户需要另行设计存储架。为了充分利用垂直方向的空间存储能力,存储架可按照物品高度设置间距,以便适应密集型存储。存储架上的高度调节按最小间距为 25 mm 设置,可以灵活地改变存储货物的范围。无论在任何时候,当用户改变托架的位置时,在货物的存放过程中,高度传感器将自动检测货物的高度,大大提高存储空间利用率。

2) 提取器

提取器由升降式载货平台及链式推拉装置组成。垂直升降式柜库是采用货架与托盘进行存储作业的。但是,为了使内部结构紧凑、提高存储率,垂直升降式柜库提取器的载货平台未采用自动化堆垛机的货叉式结构,而是采用链驱动的推拉式结构,在货物进行存取时,不需要将货叉伸到存储架底下去叉取存储架的托盘,而是采用链条与滚轮的推拉机构,深入存储架两端部的沟槽内,完成存储架的推拉,如同抽屉的推进与拉出,从而实现对货物的存取作业,如图 2-57 所示,在存储架(货箱)的前后端头带有槽式滑道结构。

提取器的升降同样采用链传动机构。根据载荷的不同,链传动机构通常分为双链条传动机构和四链条传动机构。提取器还配有高度传感器、自动寻址装置,对于定位精度要求较高。

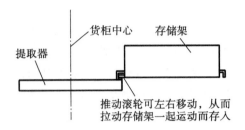

图 2-57 推拉式提取器存取方式示意图

3）存取口

根据人体工程的要求，存取口通常设置在离地面高度 650～750 mm 处，存取口窗口的高度为 850 mm，内部存储物品的最大高度为 750 mm。存取口处还安装有辅助托架。

4）控制系统

垂直升降式柜库控制系统有三种：一是以微处理器为基础的，用于存储选址控制的控制系统；二是以智能微处理器为基础的，用于通过识别码进行存储选址控制的控制系统；三是用于仓储管理的控制系统。

以微处理器为基础的，用于存储选址控制的控制系统的功能包括通过键盘选择所需要的存储架、将选定的架号通过显示器显示、显示当前柜内状况等。它与条形码阅读器连接，执行数据扩展，如指令号、指令位置、物品代码及物品描述等。

以智能微处理器为基础的，用于通过识别码进行存储选址控制的控制系统的主要功能有对柜库、普通货架等进行多用途、多用户扩展与管理，仓库管理，库存管理，空位管理，原料清单管理，库存监视，先进先出管理，共享资源等。

用于仓储管理的控制系统的主要功能有对柜库、普通货架等进行多用途、多用户扩展与管理，自由选择仓储柜的划分形式，不同货物的智能寻址，如先进先出、随机定址存储、空位管理、指令管理、库存预订、丢失零部件管理、独立命令、非计划存取等。

此外，控制系统还可以提供特殊准则的列表打印，通过数字/字母识别码选择，提供更高级别的 EDP 接口以与网络连接，通过键盘或条形码识读器进行输入，对多台仓储设备进行单机控制，也可联入通信数据网络等。

3. 垂直升降式柜库的基本技术参数和柜库总体设计的基本要素

1）垂直升降式柜库的基本技术参数

通常垂直升降式柜库内的最大载重量为 20 000（2×10 000 kg）～30 000 kg（2×15 000 kg）；单个存储架的承载重量约为 250 kg，高度为 2 800～23 000 mm，存储架间隔为 100 mm。存储架一般的宽度与深度尺寸为 1 580 mm×2 674 mm、1 156 mm×2 674 mm、1 580 mm×2 064 mm、1 156 mm×2 064 mm、1 980 mm×2 674 mm 等 5 个规格。所以，存储架相应的规格有 1 250 mm×825 mm、825 mm×825 mm、1 250 mm×622 mm、825 mm×622 mm、1 650 mm×825 mm 等 5 个。内部存储物品的最大高度一般不超过 750 mm。升降式载货平台的垂直升降速度在 0.70 m/s 左右。在进出货架与存取口窗口处提取时，存储架进出速度在 0.30 m/s 左右。

2）垂直升降式柜库总体设计的基本要素

垂直升降式柜库的最大高度按式(2-28)进行计算

$$H=H_1+H_2+H_3+H_4+H_5 \tag{2-28}$$

式中：H——垂直升降式柜库的最大高度，一般到屋顶处留有 1～1.5 m 的距离，以供安装与检修用；

H_1——托架间距的总和，一般托架间距的标准尺寸系列为 75 mm、150 mm、180 mm、240 mm、320 mm、420 mm；

H_2——提取器最低取物高度，一般为 450～500 mm，应考虑载货平台本身链传动空间的需要；

H_3——提取器上升至最高位置时,存放物品的高度(mm);

H_4——提取器上升至最高位置时,所存放物品与保护顶板之间的距离(mm);

H_5——保护顶板与柜库顶板之间的距离(mm),应考虑上链轮传动的空间。

存取口窗口高度应根据存放物品的最高高度来决定,一般为 700~850 mm。存取口窗口外的辅助托架面高度一般与提取器最低取物高度一致。

柜库的宽度主要取决于存放物品的最大宽度或存储架的宽度。柜库的标准宽度为 1 156 mm、1 580 mm、1 980 mm。自行设计时,按式(2-29)计算柜库的宽度:

$$B = B_1 + 2B_2 + 2B_3 + 2B_4 + 2B_5 \tag{2-29}$$

式中:B——柜库的最大外形宽度尺寸;

B_1——根据存放物品的最大宽度所确定的存储架的有效存储宽度,其标准系列为 825 mm、1 250 mm、1 650 mm,对于有特殊要求的,可根据需要进行确定;

B_2——柜库壳体板的结构宽度,一般为 40~50 mm;

B_3——装置托架凸缘板的宽度,一般为 10~20 mm;

B_4——托架本身的宽度,一般为 50~60 mm;

B_5——托架与存放物品之间的安全距离,一般为 45 mm 左右,这主要是对于能够充分利用垂直方向空间的存放而言,同时要保证存储架与托架间的安全距离,一般为 25 mm。

确定柜库的深度时既要考虑存放物品的大小,又要考虑提取器链式推拉传动结构的需要。柜库的标准深度为 2 064 mm、2 674 mm。在设计时,可按式(2-30)对柜库的深度进行计算:

$$T = T_1 + 2T_2 + 2T_3 + 2T_4 \tag{2-30}$$

式中:T——柜库的最大深度;

T_1——存储架的有效存储深度,其保证系列有 825 mn 和 622 mm 两种规格;

T_2——柜库壳体板的结构厚度,一般为 30~40 mm;

T_3——存储架与柜库壳体板之间的安全距离,一般为 10 mm;

T_4——提取器与存储架之间的传动结构距离(mm)。

关于载货平台与提升链传动的设计计算,可以参照堆垛机的载货平台及其链传动的设计计算,这里不再重复。

二、水平回转式自动化立体仓库

在连续化生产的自动化组装线的车间内,为了提高土地的有效利用率以及降低劳动强度,在物流方面采用高架堆垛机式的仓储方式对于组装线来说是不能满足生产工艺要求的。为满足多品种、少批量、多规格部件的生产、管理以及快速自动拣选的需要,采用控制自动化技术的物流搬运设备——水平回转式自动化立体仓库应运而生,并且已经逐步成为电气电子行业的核心组成部分之一。

1. 水平回转式自动化立体仓库的特点

水平回转式自动化立体仓库又称为 S 形水平回转自动化立体仓库,如图 2-58 所示。它具有节约空间、降低人工费、拣选错误率低、拣选时间少、仓库管理水平高、环境设备费低等特点。

在节省空间方面的比较,以平置型货架堆放储存仓库为例进行说明。平面型货架存放货物如图 2-59 所示。存放货物以体积计算,单个货物的体积为 0.022 4 m³ 时,存储 5 000 个货物的货架结构形式如图 2-60 所示,布置形式如图 2-59 所示,在库房中共需要 239 个货架。

当采用水平回转式自动化立体仓库时,单斗承载 25 kg,单斗尺寸为 300 mm×410 mm×

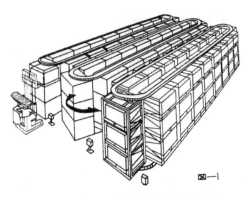

图 2-58 水平回转式自动化立体仓库

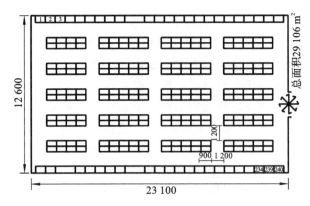

图 2-59 平面型货架存放货物

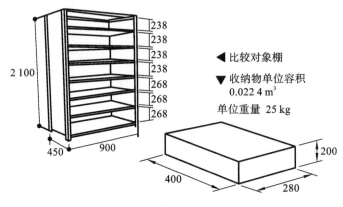

图 2-60 比较图

410 mm,整机长度为 19 600 mm,单层有 100 个存储斗,机体宽度为 1 620 mm,高度为 9 100 mm,共 25 层。自动出入库专用装置采用高层、高速型,设置在机体两端,起升速度为 50 mm/min。因此单机可以存储 100×25 个=2 500 个货物,双机可以存储为 5 000 个货物,如图 2-61 所示,与图 2-59 比较,可以节约占地面积 67%。

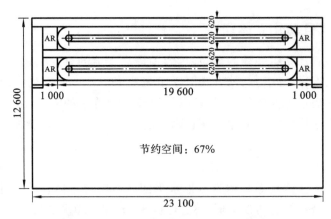

图 2-61 水平回转式自动化立体仓库存放物品

在节约人力方面,使用自动化立体仓库最大的希望是降低人工费用,特别是拣选人员的费用。从图 2-59 中的排列可以看出,采用这样的设置方式,在进行拣选作业时,工作人员必须根据订单在库内来回行走及寻找,才能收集到订单中的各种货物,当然行走时间根据作业内容有所差异,但是可以根据一定的基准来推算。

例如,假设规定的工作时间为 8 h,为了进行拣选,实际拣选时间(推定)为 4.5 h,实际拣选工作中的行走时间约为 1.6 h,占实际工作时间的 20%。使用水平回转式自动化立体仓库后,拣选行走时间全部省略,因此人工费用大大降低,采用合理的拣选作业组合,可以降低 30%~40% 的人工费用。另外,此类的工作,即使是临时工或者工作不熟练者也能够胜任(临时工的工资低),所以人工费用又被大幅度降低。这个分析结果由图 2-62 可以看出:租赁费降低 14%,拣选行走时间节约 14%,节省劳动力 30%。

拣选作业过程中,拣选差错是各种各样的,已经成为配送中心现场作业中最为难以解决的问题。为了防止差错的产生,通常在一次拣选完成后,必须进行二次检查,拣选人员工作很认真,很辛苦,但是不能因此而原谅错误。水平回转式自动化立体仓库可以非常合理地解决这样的问题。为了对此予以证明,日本札幌大学医学部的高桥长雄教授进行过实际调查,他在视觉感官方面的研究说明,在图像通过眼睛反映在大脑中,然后转换为感知的时间里,图像是暗淡的,动作是长时间的,最短需要 0.04 s,最长需要 0.3 s,儿童与老人相对青壮年要慢,女人比男人慢。例如棒球击球手打击球的准确率就是衡量技术的标准,这个差异也是不同的。另外,我们对着镜子用一只眼睛看另外一只眼睛时,眼睛的动作是看不见的,在此瞬间的动作,短时间内意识呈现出空白特征。所以,在灰暗的现场中来回行走寻找东西的拣选作业,发生错误以及货物掉落现象是当然的。但是,在水平回转式自动化立体仓库中,像这样的寻找与拣选的工作是不存在的,不需要工作人员来回走动、寻找货物,仅根据指令,货物即可被送到跟前,错误拣选率当然大大降低,拣选的工作量当然大大减少。图 2-63 示出的是日本两个公司在使用水平回转式自动化立体仓库拣选的结果分析:N 社在 1 月便开始使用了水平回转式自动化立体仓库,Y 社从 11 月开始使用水平回转式自动化立体仓库,可以看出差错率均大幅度降低。

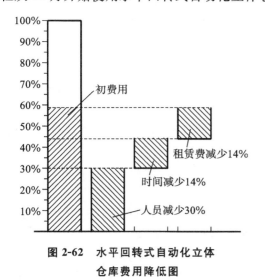

图 2-62　水平回转式自动化立体仓库费用降低图

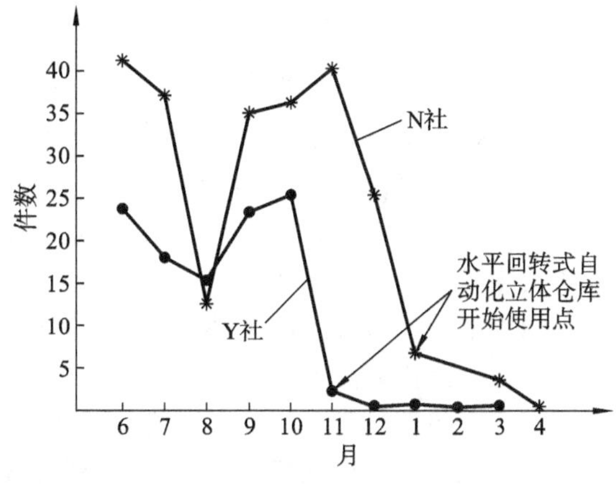

图 2-63　水平回转式自动化立体仓库错误率急降状况图

由于拣选时间可以大大缩短,对水平回转式自动化立体仓库而言,虽然在每一个出入库处必须有一位工作人员,但可以一人管理多机,节约人工和时间。

提高在库管理水平,成为自动化立体仓库系统的优点。水平回转式自动化立体仓库的在库物品完全依靠计算机进行管理,可以正确地把握仓库状况,可以做到对库存物资保证随时都很明确,工作人员在拣选时不需要知道货物存放地以及自己拣选时的位置,完全由计算机进行提示。对于有缺陷的货物,在进入库房的传送线上时,实时监视与检测系统会提前报警,可以将库存量控制在最低限度内,提高周转资金率。水平回转式自动化立体仓库实行先进先出的原则,对于积压产品以及发生变质的产品容易查找与发现。水平回转式自动化立体仓库货物出入库速度相对普通自动化立体仓库有所提高,可以同时进行出入库作业,特别是对于"入库即出库"的作业能够同时进行。正确地把握水平回转式自动化立体仓库中的存储状况,可避免库中有东西、可是账目中没有的事情发生。水平回转式自动化立体仓库环境设备费的节约效果更为显著,库房完全实现无人化管理,仅仅需要少量的工作人员,降低了照明与空调费。另外,在宽广的水平回转式自动化立体仓库内,其他设备运行费以及能源费也大大缩减。

2. 水平回转式自动化立体仓库的系统构成

水平回转式自动化立体仓库由多列排货架连接,每列货架又由多层货格组成,货架作整体水平式旋转,每旋转一次,便有一列排货架到达拣货面,供人工对这一列排货架进行拣选。

这种货架每排可存放同一品种货物,也可以在一列货架不同货格层放置互相配套的货物,一次拣选时,可在同列上将相关的货物拣出。水平回转式自动化立体仓库作为小型分货式仓库,每列不同的货架放置同种货物,旋转到拣选面后,可将货物按各用户的要求进行分货,并且存放到指定货位。所以,水平回转式自动化立体仓库主要用作小型拣选型分货仓库。

图2-64示出了水平回转式自动化立体仓库的系统构成。该系统包括水平回转机构、存储货架列、传动链、电气控制箱等。

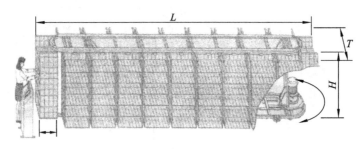

图2-64 水平回转式自动化立体仓库的系统构成

水平回转机构由电动机、减速箱、上下导轨和机架组成。在链轮和链条的带动下,每列货架作水平回转运动,货物的回转速度可达22 m/min。

传动链结构如图2-65所示。它为双立轴结构,电动机-减速箱采用立式安装,两级传动链带动货架作直线和回转运动。

存储货架列(排)有固定式(见图2-66)和分离式(见图2-67)。一般单个水平回转式自动化立体仓库的存储货架为16~50列。

固定式存储架与传动链滚轮连接,下部由滚轮支承,并在上下导轨中作滚动运行。每排货架分为6~7层,每层承载量为30 kg。每列排货架最大承载量为200 kg。

因此,单个水平回转式自动化立体仓库最多可有50×7个=350个存货单元。

分离式存储架本身是一辆手推式存储车,可以单独行驶。带动分离式存储架运行的是L形托盘架,托盘架与导轨中传动链滚轮连接,下有两个滚轮在支持,并在下导轨上作直线和水平回转运动。每台车最大承载量为200 kg。分离式存储架的标准规格为800 mm×600 mm×1 450 mm。

水平回转式自动化立体仓库的主要技术参数与安装要求如下。

(1) 货架的最佳长度:10~25 m。

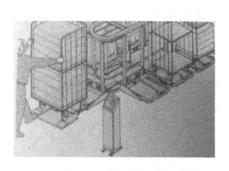 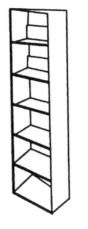 

图 2-65　传动链结构　　　图 2-66　固定式存储架　　　图 2-67　分离式存储架

(2) 仓库宽度:1 400～3 000 mm。

(3) 仓库高度:1 700～2 500 mm。

(4) 每货格承载量:30 kg。

(5) 每列最大承载量:200 kg。

(6) 回转速度:22 m/min。

(7) 电动机功率:存储货架列为 16～30 列时,为 2.5～4.5 kW;存储货架列为 32～50 列时,为 4.5～5.5 kW。分离式取大值。

(8) 仓库顶面距离梁的高度在 100 mm 以上。

(9) 仓库侧面、后部与建筑物以及其他仓库之间距离在 200 m 以上。

(10) 安装时,距地面高度不少于 100 mm。

(11) 应具备电动机异常报警、全机停止报警、安全检测报警、联机异常报警和紧急停车等功能。

(12) 可以联机控制以及根据需要进行联网扩充。

(13) 控制方式有顺序式设定方式、列层设定方式、指定层格方式、手动方式(点动和原点复零)等。

(14) 检测方式有初期设定和微动操作等。

(15) 安全指示有仓库回转运行正常灯显示、运行严禁进入报警和取货位置指示等。

三、水平回转式自动化立体仓库的基本设计方法

水平回转式自动化立体仓库的基本机构与组成如图 2-68 所示。

工作时,动力经主电动机 9(带电动机的摆线针轮减速机)、一级传动链轮 10 带动主拖动轴 4,再由主拖动轴 4 经二级传动链 8 带动从拖动轴 5。在二级传动链上悬挂着整体式货架,它作水平回转运动。货物存放在货架的货格 2 中,整体式货架靠支承滚轮 1 支承在水平导轨面上,靠导向滚轮 3 在导向导轨中运行。主电动机可由计算机及位置传感器进行控制,也可以用手动进行控制。在设计中主要是电动机的选择、六边形链轮的设计。限于篇幅,下面仅以一具体的水平回转式自动化立体仓库为例进行简单介绍。

(1) 水平回转式自动化立体仓库的主要技术参数。根据上面的一般选择方法,电动机型号选定为 XLD3-6 型,功率为 3 kW,与摆线针轮减速机连接后的输出轴转速为 17 r/min;主动链

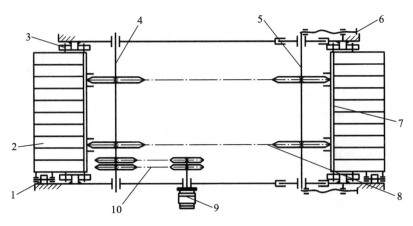

图 2-68 水平回转式自动化立体仓库的基本机构与组成
1—支承滚轮;2—货格;3—导向滚轮;4—主拖动轴;5—从拖动轴;6—中心距调整螺杆;
7—整体式货架;8—二级传动链;9—主电动机;10——级传动链轮

速度为 0.36 m/s;货格层数为 15 层;每层货格数为 70~100 个;传动链型号为 16A-1×60;拖动链型号为 2-C212A(双节距精密滚子链,带附件)。

(2) 电动机及减速器的校核计算。电动机初选 XLD 系列摆线针轮减速机。

电动机所需功率 P_w 为

$$P_w = \frac{Tn}{9\,550} = 2.73 \text{ kW}$$

其中,主动轴转速 $n=13.7$ r/min,主动轴输出扭矩 $T=1\,896$ N·m。

电动机功率 P_d 为

$$P_d = \frac{P_w}{\eta_a} = 2.96 \text{ kW}$$

其中,η_a 为两级链传动的效率。

电动机的输出转速为

$$n_d = \frac{nz_1}{z_2} = 17 \text{ r/min}$$

其中,拖动轴转速 $n=13.7$ r/min。

传动链主从动链轮齿数 z_1、z_2 分别为 25、31,因此选用 XLD3-6 型摆线针轮减速机较为合适。

(3) 传动链的选择计算。

① 链条型号的确定。

选用套筒精密短节距滚子链。

初定:$z_1=25$,$z_2=31$,$i=1.24$。

计算功率 $P_d = K_A P = 3.9$ kW,其中名义功率 $P=3$ kW,工况系数 $K_A=1.3$。

取双排链:

$$P_0 = \frac{P_d}{K_z K_p} = 1.712 \text{ kW}$$

其中,小链轮齿数系数 $K_z=1.34$,排数系数 $K_p=1.7$。

根据 $n_d=17$ r/min、$P_0=1.712$ kW,按《机械设计手册》查链条节距图选定滚子链型号为 16A。

② 传动链中心距的确定。

初定中心距 $a_0 = 400$ mm, $a_{0p} = 15.748$ mm。

$$L_p = \frac{z_1 + z_2}{2} + 2a_{0p} + \frac{k}{a_{0p}} = 59.57 \text{ mm}$$

圆整后取 $L_p = 60$。

其中:$k = (\frac{z_1 - z_2}{2\pi})^2$。

链长:$L = \frac{L_p p}{1\ 000} = 1.524$ m。

计算中心距:$a_e = p(2L_p - z_1 - z_2)k_a = 405.63$ mm,其中 k_a 根据 $\frac{L_p - z_1}{z_2 - z_1} = 5.833$ 取为 0.249 53。

验算链速:

$$v = \frac{z_1 n_1 p}{60 \times 1\ 000} = 0.179\ 9 \text{ m/s} \leqslant 0.6 \text{ m/s}$$

须进行静强度计算。

③ 链条静强度计算。

安全系数 $n = \frac{Q}{F_t} = 5.2 \geqslant [n]$,安全。

其中链条极限拉伸载荷 $Q = 111\ 200$ N。

有效圆周力 $F_t = 21\ 678$ N。

④ 主拖动链传动的计算。

链条型号的确定:选用双节距精密滚子链,初定 $z_1 = z_2 = 42$(节线为正六边形)。

传动比 $n_1 = 13.7$ r/min。

计算功率 $P_d = K_A P = 3.9$ kW,其中名义功率 $P = 3$ kW,工况系数 $K_A = 1.3$。

$$P_0 \geqslant \frac{P_d}{K_z K_p} = 1.764\ 7 \text{ kW}$$

选取 2-C212A(两排带附件)。

根据结构要求,拖动链传动中心距可根据需要分别取:$a = 9\ 467.85$ mm、$10\ 001.25$ mm、$10\ 534.65$ mm、$11\ 068.05$ mm、$11\ 601.46$ mm、$12\ 134.85$ mm

验算链速:

$$v = \frac{z_1 n_1 p}{60 \times 1\ 000} = 0.36 \text{ m/s} \leqslant 0.6 \text{ m/s}$$

须进行静强度校核。

⑤ 静强度校核。

安全系数 $n = Q/F_t = 5.8 \geqslant [n]$,安全。

其中链条拉伸极限 $Q = 2 \times 31\ 100$ N $= 62\ 200$ N。

有效圆周力 $F_t = 10\ 673.8$ N。

(4) 结构设计要求。主动链安装时对主从链轮的相位是有一定要求的,在本设计中主动链轮节线采用正六边形,传动的动力特性与普通链传动的动力特性相比区别较大,具体设计方法请参考机械零件的设计,这里不做详细讨论。为了使传动具有较好的动力特性,中心距不变,整体式货架的尺寸与六边形链轮的边距长度相等。在安装过程中,为了保证在运行过程中中心距不变,主从动链轮的安装可参考图 2-68。由于拖动采用两条双节距套筒滚子链同时拖动,链轮制造和安装时须保证同轴两链轮相位完全一致。最好同时加工,保证两链轮定位销孔位置完全一致。

在使用过程中,链条由于磨损而增长,为了保证中心距,必须对中心距进行调整,调整机构安装在从动链轮的轴上,在从动轴的上下轴承座上分别有两对手动螺旋张紧机构,当链条伸长时,随时对中心距进行调整。

四、多层水平回转式自动化立体仓库

1)多层水平回转式自动化立体仓库的发展过程与特征

多层水平回转式自动化立体仓库又称为 H 形自动化立体仓库,它是在水平回转式自动化立体仓库基础上发展起来的。与水平回转式自动化立体仓库及垂直回转式柜库相比,它发展的速度相当快。1975 年前后,各层可以同时回转的水平回转式自动化立体仓库在日本产生,当时的拖动采用钢丝绳进行牵引,并且为了使每个载重的货格能够运动,采取分段、分层来进行。多层水平回转式自动化立体仓库于 1978 年开始推向市场,并与计算机控制技术相结合,很快地融入工厂自动化生产的柔性系统。此后,多层水平回转式自动化立体仓库采用了抽屉式,存取实现了自动化。多层水平回转式自动化立体仓库使生产规模不断扩大,输送时间大大缩短,并与带式或辊道式传输机、AGV 搬运车形成高度的小型自动化物流系统。现在随着装配线联动等新技术的不断推出、机电一体化技术的提高、检测方式的完善,多层水平回转式自动化立体仓库能在数秒间内完成指定位置存取作业,并且具有了堆垛机自动化立体仓库的特征。多层水平回转式自动化立体仓库如图 2-69 所示。

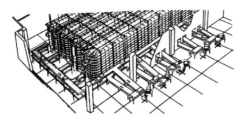

图 2-69 多层水平回转式自动化立体仓库

多层水平回转式自动化立体仓库非常适合产生于小型物品存放和拣选的自动化设备的需求。高度的实用性,使多层水平回转式自动化立体仓库很快发展成为行之有效的另一种形式的小型自动化立体仓库,成为现代化工业生产的自动控制柔性系统中不可缺少的设备,使得自动化立体仓库发生了根本的变化。在工厂内,为了提高土地以及空间的利用率和仓库管理水平,降低或消除自动线生产过程中不稳定因素的影响,适应及时调整以及临时插入等变化,要求多层水平式回转式自动化立体仓库具备缓冲与调整机能,以实现与生产自动线紧密结合,适应越来越高的、随时变化的自动线上的柔性化生产系统的要求。

多层水平回转式自动化立体仓库的特点是:在应用中易于操作,不需要熟练的技能;检索速度快,查询时间短,查询手续简洁;具有分拣机能,形成一种存储与拣选相配合的系统;对存储量的变化适应性高,能够根据存储物品的尺寸随时进行变化,效率高,经济性能好;能够针对多数货物,同时进行自动化处理,形成货物与信息一体化的管理;配置有多种安全机能,即使发生故障,也有解决方法,安全性可靠;可以安装在生产线附近处,当对生产线进行调整时,具备缓冲机能,根据负荷进行调整,及时提供生产线所需物品。

在仓库功能与结构的演变过程中,通过对大、中、小型自动化立体仓库需求的调查,独立型自动化立体仓库在向小型化方面发展,特别是过渡型、信息型自动化立体仓库已呈现快速增长的趋势。多层水平回转式自动化立体仓库虽然不属于以往的全自动化立体仓库的范畴,但也是由计算机控制,具备信息管理等机能的高密度保管系统,进一步丰富了中、小型全自动化立体仓库的类型。它的关键技术有机械、电气控制与计算机联网三个部分。

2）多层水平回转式自动化立体仓库的功能及系统构成

（1）多层水平回转式自动化立体仓库的主要功能。多层水平回转式自动化立体仓库能够根据用户的要求，实现自动拣选机能，平均拣选时间在 10 s 左右；而堆垛机自动化立体仓库平均拣选时间在 100 s 左右。

多层水平回转式自动化立体仓库各层可以根据不同的命令同时转动，互不干扰，实现复数要求的自动处理，因此拣选方便、灵活。

相对货架而言，存储货物放置的位置、出入口的位置以及作业性质是不同的。对于每一列回转货架来说，可以是盒式的，也可以用托盘，但是必须在同一处进行存入、取出，这与水平回转式自动化立体仓库的工作效率及搬运、传送系统有着一定的相互关系。多层水平回转式自动化立体不受此影响，在任何地方都可以设置出入口，易于设置搬运与传输系统。

在相同的多条装配线上同时工作时，多层水平回转式自动化立体仓库可防止配送差错。

与堆垛机自动化立体仓库比较，多层水平回转式自动化立体仓库不需要专门仓房。特别是小型货物的拣选多层水平回转式自动化立体仓库，能与生产线紧密结合，发挥着极大的作用。

（2）多层水平回转式自动化立体仓库的系统构成。图 2-70 示出了多层水平回转式自动化立体仓库的系统构成，该系统包括多层水平回转机构、存储斗、传动牵引链、自动移载机、计算机控制台和电气控制箱等。

传动主结构为双立轴多层链传动结构，带动存储斗按照一定的轨迹作水平回转运动，如图 2-70 所示，其适宜长度为 10～30 m。

多层水平回转式自动化立体仓库每层能够独立运行，由计算机进行分别控制。各层可以同时运动，也可以单独运动，不影响其他层的运动，保证连续出入库作业。

在计算机控制下，各层根据要求自动选择最近路线到达出货口，在不同的位置高度设置多个出入口，使拣选人员的等待相当短。多层回转示意图如图 2-71 所示。计算机控制图如图 2-72 所示。当层数为 10 层时，出货时间为 25 s，平均出货时间仅为 2.5 s。

多层水平回转式自动化立体仓库最多可达到 40 层，最大高度可达 15 m，单存储斗载荷重量为 3～130 kg，最大回转速度可达 30 m/min，可以存放数万种零部件。

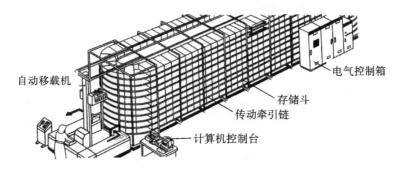

图 2-70 多层水平回转式自动化立体仓库的系统构成

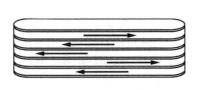

图 2-71 多层回转示意图

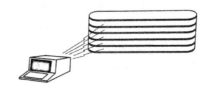

图 2-72 计算机控制图

(3) 多层水平回转式自动化立体仓库的应用。多层水平回转式自动化立体仓库是现场生产中的供应链系统的中枢系统。对于多品种、少批量生产的自动化设备的电子应用装置，由于部件的种类繁多，产品更新换代快，库存物品的清理以及重新登记多，在这样的生产环境中，为了能够非常确切地、柔性化地完成全部零部件的供应工作，保持最低限度的在库与管理是非常必要的。并且有必要结合装配线的短期计划安排，提前将全部装配线所用的各种零部件进行集中整理，按照要求提供给装配线。

多层水平回转式自动化立体仓库是保证装配线正常运行的重要基础设施，易于与周边设备组成小型物流供应系统，如将辊道式输送机、AGV搬运车等与多层水平回转式自动化立体仓库一起组成自动化立体仓库自动供应的物流运送系统。

自动控制与自动化的物流中，不仅包括物品移动，还包括各种信息与控制、加工设备的具体数据管理。同时自动化立体仓库中的安全、保管、保密系统是非常重要的。故障的诊断、发生的部位及原因，系统运行中的连续监视、防止系统突然停止等都是依靠计算机控制来完成的。

五、各类小型拣选式自动化立体仓库的比较

综上所述，各种小型拣选式自动化立体仓库是在不同的环境和需要下而产生的，表2-9列出了各种小型拣选式自动化立体仓库应用特征，并做了横向的比较。

表2-9 各种小型拣选式自动化立体仓库比较表

结构形式	H	S	V1	M	P	V2
适应长度/m	10～30	10～20	—	3～10	10～20	—
层数	2～40	1	12～46	1	2～4	20～50
层高/m	～15	2～3.5	2～8	3～5	3～9	2～9
单列载荷/kg	30～130	200～450	100～400	30～100	200～1 000	30～100
输送速度/(m/min)	～30	～20	8～9	～6	～12	30
自动存取机构	要	不要	不要	不要	要	不要
可否堆放	可	可	不可	不可	可	不可
复数拣选机	可	不可	可	可	可	可

1) H形多层水平回转式自动化立体仓库

H形多层水平回转式自动化立体仓库中两轴、多层形式的居多，并且各层可以独立运行，每层可以30 m/min的高速运行，以秒为单位进行货物的出入库作业。因此，通常系统配备有堆垛机、辊道式输送机等，可以与大型自动化立体仓库媲美。H形多层水平回转式自动化立体仓库及其所用存储架的形式如图2-73所示。H形多层水平回转式自动化立体仓库内配备有专用的输送机械等设备，保证各个回转库同时进行物品的出入库，库内管理的货物种类为1 000～10 000种。

2) S形水平回转式自动化立体仓库

S形与H形基本相同，也采用两轴式，不同的是其各层同时回转，主要用于出入库频率较

低的场合,属于经济型设备。其单列可以承载 200～450 kg 甚至更大,大承载能力的 S 形水平回转式自动化立体仓库应用较为广泛。另外,其存储形式是多种多样的,有网架式、隔板式、盒式、书架式、抽屉式、通长式、衣服架式等。它具有由多台计算机控制附加仓库的管理机能,对用户而言是经济的小型自动化立体仓库。

3) V1 形立式垂直回转自动化立体仓库

V1 形立式垂直回转自动化立体仓库占地面积小,多用于小型物品的存储,单层承载能力一般为 100～400 kg,具体根据使用要求进行选择。就特征而言,货物存取口在 2 m 左右,如果将每层的隔板去掉,可以将较长货物横放,实现存储。由于拣选处保持在固定高度,所以 V1 形立式垂直回转自动化立体仓库操作性良好,可以背靠背进行排列组合,还可以实现两面均存取货物。操作时,只需要送入层的编号即可将货物传递

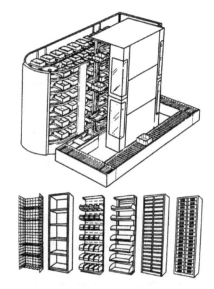

图 2-73　H 形多层水平回转式自动化立体仓库及其所用存储架的形式

到出入口处。另外,与计算机进行联网控制,将多个 V1 形立式垂直回转自动化立体仓库连接在一起进行操作,可形成完整的在库管理系统。

4) M 形回转自动化立体仓库

这种自动化立体仓库形式为多轴式,每一列用钢丝绳或者链条连接成为 S 状,如图 2-74 所示。存取口在 2 m 左右,存储方式与立式柜库极为相似,但是存储量非常大。由于拣选货物的出入库时间长,它只能采用顺序存取方式。

5) P 形回转自动化立体仓库

P 形回转自动化立体仓库也采用两轴式,与立式柜库不同的是,立式柜库的两轴上下布置,P 形回转自动化立体仓库的两轴前后布置。它主要用于存储大型箱式货物。P 形回转自动化立体仓库如图 2-75 所示。由于属于隔层式,托盘可以在正面出入,也可以长侧面出入。在托盘上放置货箱,直接对货箱进行拣选,并且能够使用叉车进行。叉车将货物取出后,不必在空开处再放置托盘,可以连续进行作业,节约了时间。

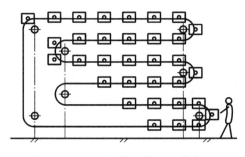

图 2-74　M 形回转自动化立体仓库

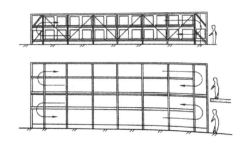

图 2-75　P 形回转自动化立体仓库

P 形回转自动化立体仓库属于用托盘存储型自动化立体仓库,与叉车式自动化立体仓库相比,可以大大地节约空间。图 2-76 示出了其与叉车式自动化立体仓库的比较,从图 2-76(a)中可以看出,由于为了保证叉车的存取货物,叉车式自动化立体仓库需要留有 2.8～3 m 的通道。对图 2-76(b),其存储效果不言而知,货架之间没有空隙,并且两端均可以存取货物。

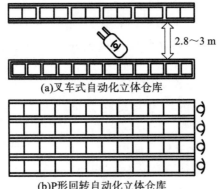

(a)叉车式自动化立体仓库

(b)P形回转自动化立体仓库

图 2-76　P形回转自动化立体仓库与叉车式自动化立体仓库的比较

6) V2形垂直升降式柜库

V2形垂直升降式柜库如图2-49所示,其主要特点是具有模块化结构和推拉式的提取器,既可适应不同的厂房高度,又能充分利用垂直方向的空间;既实现了将存取的货物直接送达操作者手中,又能够灵活地调整货物的存储高度,并保证高性能运转和快速存取。

 复习思考题

1. 自动化立体仓库的特点有哪些？其应用优势主要有哪些？
2. 自动化立体仓库的基本类型有哪些？
3. 自动化立体仓库的总体构成主要包括哪些部分？
4. 简述自动化立体仓库的规划步骤。
5. 自动化立体仓库的出入库能力如何计算？
6. 简述货架的基本结构及主要特点。
7. 简述货架设计计算的基本原则。
8. 简述垂直升降式柜库的主要特点。
9. 简述 H 形、S 形、V1 形、M 形、P 形、V2 型等小型自动化立体仓库的应用特征。

第三章
物流常用装卸搬运机械设备

WULIU
JIXIE
SHEBEI

第一节　装卸搬运机械概述

一、装卸搬运机械的概念与作用

装卸搬运是在货物运输、储存等过程中发生的作业,贯穿物流作业过程的始末。装卸搬运机械是指用来搬移、升降、装卸和短距离输送物料或货物的机械。装卸搬运机械不仅用于完成船舶与车辆货物的装卸,而且用于在库场、货栈、舱内、车厢内完成货物的堆码、拆垛和短距离运输等作业。常用的装卸搬运机械有叉车、单斗车、牵引车、平板车、工业搬运车辆等。

装卸搬运机械是装卸搬运作业的重要技术设备,是实现装卸搬运作业机械化的基础。大力推广和应用装卸搬运机械,并进行科学化管理,对于加快现代化物流的发展有着十分重要的作用。这主要体现在以下几个方面。

(1) 提高装卸效率,节约劳动力,改善劳动条件,减轻装卸工人的劳动强度。

(2) 缩短作业时间,加速车辆周转,加快货物的送达和发出。

(3) 提高装卸质量,保证货物的完整和运输安全。特别是长大笨重货物的装卸,依靠人力根本无法完成,且不能保证装卸质量,容易发生货物损坏,危及行车安全。采用机械作业,则可避免这种情况发生。

(4) 降低装卸搬运作业成本。装卸搬运机械的应用,势必会提高装卸搬运作业效率,而效率提高使每吨货物摊到的作业费用相应减少,从而降低了作业成本。

(5) 充分利用货位,加速货位周转,减小货物堆码的场地面积。采用机械作业,堆码高度大,装卸搬运速度快,可以及时腾空货位。因此,应用装卸搬运机械可以提高场地面积利用率。

为适应货物装卸搬运作业要求,装卸搬运机械将向多样化、专用化方向加快发展。为了科学地使用好、管理好装卸搬运机械,应采取以下措施。

(1) 全面规划,合理布局,按需配置装卸搬运机械设备。

(2) 建立一套行之有效的运用、维修和管理制度,并通过采用新技术、新材料、新设备,逐步实现装卸搬运机械的系列化、标准化、通用化。

(3) 建立装卸搬运技术专业队伍,配备必要的维修力量。

(4) 积极发展集装化,增大装卸搬运机械作业范围,提高机械化作业比重。

(5) 做好各种装卸搬运机械的配套工作,实现一机多能。

二、装卸搬运机械的特点

装卸搬运作业要求装卸搬运机械结构简单,作业稳定,造价低廉,易于维修,操作灵活方便,生产率高,安全可靠,能最大限度地发挥其工作能力。装卸搬运机械的技术性能对整个物流的作业效率影响很大。装卸搬运机械的主要工作特点如下。

(1) 适应性强。由于装卸搬运作业受货物品类、作业时间、作业环境等影响较大,装卸搬运活动各具特点,因此要求装卸搬运机械具有较强的适应性,能在各种环境下正常工作。

(2) 工作能力强。装卸搬运机械起重能力大,起重量范围大,生产作业效率高,具有很强的装卸搬运作业能力。

(3)机动性较差。大部分装卸搬运机械都在设施内完成装卸搬运任务,只有个别装卸搬运机械可在设施外作业。

三、装卸搬运机械的分类

由于装卸搬运机械的作业对象为货物,而货物的种类繁多,来源广,外形和特点各不相同,如箱装货物、袋装货物、桶装货物、散货、易燃易爆品及剧毒品等,因而产生了各种不同种类的装卸搬运机械。为了使用和管理方便,常按以下方法对装卸搬运机械进行分类。

1. 按主要用途或结构特征进行分类

按主要用途或结构特征不同,可将装卸搬运机械分为起重机械、连续输送机械、装卸搬运车辆、专用装卸搬运机械等。其中,专用装卸搬运机械是指带有专用取物装置的装卸搬运机械,如托盘专用装卸搬运机械、集装箱专用装卸搬运机械、船舶专用装卸搬运机械、分拣专用装卸搬运机械等。

2. 按作业性质进行分类

按作业性质不同,可将装卸搬运机械分为装卸机械、搬运机械及装卸搬运机械三大类。有些装卸搬运机械功能比较单一,只满足装卸或搬运一个功能。单一作业功能的机械结构简单,专业化作业能力较强,作业效率高,作业成本低,但应用范围受到很大局限。加之由于其功能单一作业前后需要烦琐衔接,整个系统的效率较低。单一装卸功能的机械有手动葫芦固定式起重机等;单一搬运功能的机械主要有各种工业搬运车辆、带式输送机等。装卸、搬运两种功能兼有的机械可将两种作业操作合二为一,有较好的效果。这类机械主要有叉车、跨运车、龙门起重机、气力装卸输送机械等。

3. 按装卸搬运货物的种类进行分类

按装卸搬运机械所能装卸搬运货物种类的不同,可将装卸搬运机械分为以下四种类型。

(1)长大笨重货物的装卸搬运机械。长大笨重货物在质量、体积和形状方面差别较大。常见的长大笨重货物有大型机电设备、各种钢材、大型钢梁、原木、混凝土构件等。通常采用起重机械进行装卸搬运作业,常用的起重机械主要有轨道式起重机和自行式起重机两种类型。轨道式起重机主要有龙门起重机和桥式起重机。在长大笨重货物和集装箱的运量较大,且货流量稳定的货场,可配置轨道式起重机。轨道式起重机的优点是作业效率高,占地少,驾驶员视野好;缺点是需要固定的地面轨道或高架轨道。自行式起重机主要有汽车起重机、轮胎起重机和履带起重机等类型。在运量不大或作业地点经常变化的场合,一般配备自行式起重机。自行式起重机的最大优点是机动性好,作业场地可以快速变化,非常适合在港口、车站等货场内对轮船、火车、汽车等运载工具进行长大笨重货物的装卸搬运作业。

(2)散装货物的装卸搬运机械。散装货物简称为散货,通常是指成堆搬运不计件的货物,如煤、焦炭、沙子、白灰、矿石等。散装货物在交通运输货运量中占60%以上,因此对该类货物装卸搬运机械的选择是一项很重要的工作。一般来讲,装卸这类货物应多考虑选择使用装载机、抓斗起重机、链斗式装车机等进行机械装车;机械卸车主要用链斗式装车机、螺旋式装车机和抓斗起重机等。散装货物的搬运主要用连续作用输送机。

(3)成件包装货物的装卸搬运机械。成件包装货物简称为件货,一般是指怕湿、怕晒、需要在仓库内存放并且多用棚车装运的货物,如日用百货、五金器材等。这种货物的包装方式很多,主要有箱装、筐装、桶装、袋装、捆装等。该类货物一般采用叉车,并配以托盘进行装卸搬运作业,也可使用带式输送机等机械进行成件包装货物的搬运。

(4) 集装货物的装卸搬运机械。集装是指采用集装单元器具,将货物集中起来的一种方式。常见的集装器具主要有托盘和集装箱。小吨位的集装货物一般采用相应吨位的叉车进行装卸搬运;大吨位的集装货物一般采用龙门起重机或旋转起重机进行装卸搬运作业,也可采用叉车、集装箱跨运车、集装箱牵引车、集装箱搬运车等进行装卸搬运作业。

第二节 叉 车

叉车是一种能把水平运输和垂直升降有效结合起来的装卸搬运机械,具有装卸、起重和运输等方面的综合功能。它具有工作效率高、操作使用方便、机动灵活、标准化和通用性很高等优点,被广泛应用于物流系统的各个节点,用以对成件、成箱或散装货物进行装卸、堆垛以及短途搬运、牵引和吊装工作。

一、叉车的特点和作用

图 3-1 所示的平衡重式叉车,是装卸搬运机械中应用最广泛的一种。它由自行的轮胎底盘和能垂直升降的货叉、门架等组成,主要用于件货的装卸搬运,是一种既可做短距离水平运输,又可拆垛和装卸货车、铁路平板车的机械。在配备其他取物装置以后,它还能用于散货和其他多种规格品种货物的装卸作业。

图 3-1 平衡重式叉车

1. 叉车的特点

叉车在物流装卸搬运作业中除了和港口的其他起重运输机械一样,能够减轻装卸工人的劳动强度、提高装卸效率、缩短船舶与车辆在港的停留时间、降低装卸成本以外,还具有它本身的一些特点。

(1) 机械化程度高。在使用各种自动取物装置或货叉与货板配合使用的情况下,叉车可以实现装卸工作的完全机械化,不需要工人的辅助。

(2) 机动灵活性好。叉车外形尺寸小,重量轻,能在作业区域内任意调动,适应货物数量及货流方向的改变,可机动地与其他起重运输机械配合工作,提高机械的使用效率。

(3) 可以"一机多用"。在配备与使用各种工作属具如倾翻叉、钢管夹、软包夹、桶夹、推出器、圆木夹、纸卷夹、起重吊臂(见图 3-2)等以后,叉车可以适应品种、形状和大小各异的货物的装卸作业,扩大对特定物料的装卸范围,并提高装卸效率。

(4) 可提高仓库容积的利用率,堆码高度一般可达 5 m。

(5) 有利于开展托盘成组运输和集装箱运输作业。

(6) 与大型起重机械比较,它的成本低、投资少,能获得较好的经济效果。

2. 叉车的作用

叉车是一种无轨、轮胎行走式装卸搬运车辆。它主要用于厂矿、仓库、车站、港口、机场、货场、流通中心和配送中心等场所,并可进入船舱、车厢和集装箱内,对成件、包装件以及托盘和集

(a)侧翻叉　　(b)钢管夹　　(c)软包夹　　(d)桶夹
(e)推出器　　(f)圆木夹　　(g)纸卷夹　　(h)起重吊臂

图 3-2　叉车的工作属具

装箱等集装件进行装卸、堆码、拆垛、短途搬运等作业,是托盘运输、集装箱运输必不可少的设备。

叉车的主要工作属具是货叉。在换装其他工作属具后,叉车还可用于对散堆货物、非包装货物、长大件货物等进行装卸作业以及对其进行短距离搬运作业。叉车的用途非常广泛,它不仅广泛应用于公路运输、铁路运输、水路运输各部门,而且在物资储运、邮政以及军事等部门也有应用。

叉车作业时,仅依靠驾驶员的操作就能够使货物的装卸、堆垛、拆垛、搬运等作业过程机械化,而无须装卸工人的辅助劳动。由于成件货物的品种多、规格杂、外形不一、包装各异,所以对这些货种很难实现装卸作业机械化。叉车的问世使这一难题得到了解决。使用叉车进行成件货物的装卸搬运作业不但保证了安全生产,而且使占用的劳动力大大减少,劳动强度大大降低,作业效率大大提高,经济效益十分显著。

(1) 叉车作业可使货物的堆垛高度大大增加(可达 5 m)。因此,船舱、车厢、仓库的空间位置可得到充分利用(利用系数可提高 30%~50%)。

(2) 叉车作业可缩短装卸、搬运、堆码的作业时间,加速车船周转速度。

(3) 叉车作业可减少货物破损,提高作业的安全程度,实现文明装卸。

叉车作业与大型装卸搬运机械作业相比,具有成本低、投资少的优点。所以,在物流装卸作业中应优先选用叉车。

二、叉车的分类

叉车按照动力装置的不同,可分为内燃机式叉车和蓄电池式叉车;按照其结构和用途的不同,可分为平衡重式叉车、插腿式叉车、前移式叉车、侧面式叉车以及其他形式的叉车等;按照用途不同,可分为通用叉车和专用叉车,如堆垛式叉车、集装箱叉车、箱内作业叉车等。

1. 平衡重式叉车

平衡重式叉车以内燃机或蓄电池作为动力源,车体自身较重,依靠自身重量与货叉上的重量相平衡来防止叉车装货后向前倾翻。平衡重式叉车由于适应性强而成为叉车中应用最广泛的一种，占叉车总数的80%以上，具有操作简单、机动性强、效率高等特点。平衡重式叉车的前轮为驱动轮，后轮为转向轮。

2. 插腿式叉车

插腿式叉车如图3-3所示，它的特点是叉车前方带有小轮子的支腿（插腿）能与货叉一起伸入货垛叉货，然后由货叉提升货物。由于货物重心位于前、后车轮所包围的底面积之内，插腿式叉车的稳定性好。插腿式叉车一般采用蓄电池作动力源，起重量在2 t以下。插腿式叉车比平衡重式叉车结构简单，自重和外形尺寸小，适合在狭窄的通道和室内进行堆垛、搬运作业，但速度低，行走轮直径小，对地面要求较高。

3. 前移式叉车

前移式叉车的货叉可沿叉车纵向前后移动。它有两条前伸的支腿，与插腿式叉车比较，其前轮较大，支腿较高，作业时支腿不能插入货物的底部。前移式叉车与插腿式叉车一样，作业时货物的重心落到车辆的支承平面内，因此前移式叉车的稳定性很好。前移式叉车分为门架前移式叉车（见图3-4）和叉架前移式叉车（见图3-5）两种。前者的货叉和门架一起移动，叉车驶近货垛时，门架可能前伸的距离受外界空间对门架高度的限制，因此它只能对货垛的前排货物进行作业。叉架前移式叉车的门架不动，货叉借助伸缩机构单独前伸。如果地面上具有一定的空间允许插腿插入，叉架前移式叉车能够超越前排货架，对后一排货物进行作业。

图3-3 插腿式叉车

图3-4 门架前移式叉车

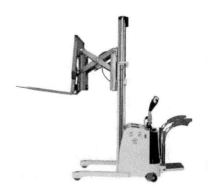

图3-5 叉架前移式叉车

前移式叉车一般以蓄电池作为动力源，起重量在3 t以下。其优点是车身小，重量轻，转弯半径小，机动性好，适用于通道较窄的室内仓库作业。

4. 侧面式叉车

侧面式叉车的门架和货叉在车体的侧面，侧面还有一个货物平台，如图3-6所示。当货叉叉取货物时，货叉沿门架上升到大于货物平台的高度后，门架沿着导轨缩回，降下货叉，货物便放在叉车的货物平台上。侧面式叉车主要用于搬运长大货物，由于货物沿叉车纵向放置，可减少长大货物对道路宽度的要求，同时货物重心位于车轮支承底面之内，叉车行驶时稳定性好，速度快，视野开阔。

5. 其他形式的叉车

为了适应各种用途的需要，叉车还有很多其他形式。下面介绍的两种叉车属于正叉平衡重式叉车，其工作装置的结构和性能与普通叉车不同。

(1) 三节门架叉车(见图 3-7)。普通叉车的门架是由内外门架两节组成的。当要求叉车的起升高度很大(4 m 以上)时,可采用三节门架叉车。它的特点是:门架全伸时,起升高度比普通叉车的高;门架全缩时,叉车的全高比普通叉车的小。它适用于高层货物的装卸、堆垛作业,起升高度可达 8 m。

图 3-6 侧面式叉车

图 3-7 三节门架叉车

(2) 自由起升叉车(见图 3-8)。它适于在低矮的场所如船舱、车厢内进行装卸或堆垛作业。自由起升叉车是指能够全自由起升的叉车。当叉架起升到内门架的顶端时,其内门架仍不上升,因此它可以在叉车总高不变的情况下将货物堆码到与叉车总高大致相等的高度。

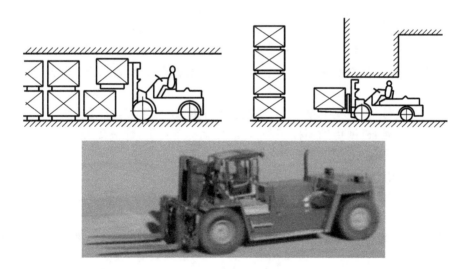
图 3-8 自由起升叉车

三、叉车的型号及主要技术参数

(一) 叉车的型号

叉车的型号可按类、组、型号原则编制。叉车的类型如表 3-1 所示。

表3-1 叉车的类型

类	组	型号		类组型代号	主参数代号	
		名称	代号		名称	单位
装卸搬运车辆	叉车	平衡重式叉车	P(平)	CP	起重量	t
		侧面式叉车	C(侧)	CC	起重量	t
		前移式叉车	Q(前)	CQ	起重量	t
		插腿式叉车	T(腿)	CT	起重量	t
		低起升高度插腿式叉车	B(搬)	CB	起重量	t
		跨入插腿式叉车	Z(装)	CZ	起重量	t
		集装箱叉车	X(箱)	CX	起重量	t
		通用跨车	K(跨)	CK	起重量	t
		集装箱跨车	KX(箱)	CKX	起重量	t
		龙门跨车	KM(门)	CKM	起重量	t

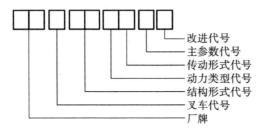

图3-9 叉车型号的编制规则

叉车的型号由厂牌、叉车代号、结构形式代号、动力类型代号(用燃料代号表示)、传动形式代号、主参数代号和改进代号七项内容组成。叉车型号的编制规则如图3-9所示。

(1) 厂牌：有的企业用两个拉丁字母表示，有的企业用两个汉字表示。厂牌由厂家自定。

(2) 结构形式代号：P 表示平衡重式叉车，C 表示侧面式叉车，Q 表示前移式叉车，B 表示低起升高度插腿式叉车，T 表示插腿式叉车，Z 表示跨入插腿式叉车，X 表示集装箱叉车，K 表示通用跨车，KX 表示集装箱跨车，KM 表示龙门跨车。

(3) 动力类型代号：汽油机标字母 Q，柴油机标字母 C，液态石油气机标字母 Y。

(4) 传动形式代号：机械传动不标字母，动液传动标字母 D，静液传动标字母 J。

(5) 主参数代号：以额定起重量(t)×10 表示。

(6) 改进代号：按拉丁字母顺序表示。

例如：CPQ10B 表示平衡重式叉车，以汽油机为动力源，采用机械传动，额定起重量为 1 t，同类同级叉车第二次改进。

CPCD160A 表示平衡重式叉车，以柴油机为动力源，采用动液传动，额定起重量为 16 t，同类同级叉车第一次改进。

CCCD100 表示侧面式叉车，以柴油机为动力源，采用动液传动，额定起重量为 10 t，基型。

(二) 叉车的主要技术参数和性能

1. 叉车的主要技术参数

叉车的基本参数如图3-10所示。叉车的技术参数主要说明叉车的结构特征和工作性能，是选择叉车的主要依据。叉车的技术参数包括性能参数、尺寸参数及质量参数。叉车的性能参数有最大起升高度 H、载荷中心距 C、门架倾角 $\alpha(\beta)$、满载最大起升速度、满载最大运行速度、牵引力、满载爬坡度、最小转弯半径、直角堆垛的最小通道宽度、90°交叉通道宽度等。

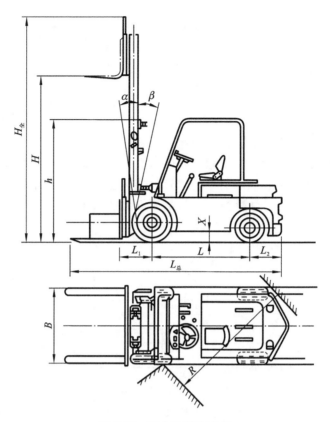

图 3-10 叉车的基本参数

叉车的尺寸参数有最小离地间隙 X、轴距 L、前后轮距、外廓尺寸（$L_总$、$H_全$、B）等。

叉车的质量参数有额定起升质量、整备质量、轴负荷等。

叉车的技术参数主要包括额定起重量 Q、载荷中心距 C、最大起升高度 H、满载最大起升速度 $v_起$、门架倾角等。

1) 额定起重量 Q 和载荷中心距 C

额定起重量是指门架处于垂直位置，货物重心位于载荷中心距范围以内时，允许叉车举起的最大货物重量，单位为 t。载荷中心距是指设计规定的标准货物重心到货叉垂直段前壁的水平距离，单位为 mm。额定起重量和载荷中心距是叉车的两个相关的指标。载荷中心距是根据叉车稳定性设计决定的。对于额定起重量不同的叉车，其载荷中心距是不一样的，具体如表 3-2 所示。

表 3-2 内燃机式叉车性能参数表

参数名称	单位	性能参数							
额定起重量 Q	t	0.5	1	2	3	5	10	16	25
载荷中心距 C	mm	350	500	500	500	600	600	900	900
最大起升高度 H	m	2	3	3	3	3	3	3	3
满载最大起升速度 $v_起$	m/min	20	25	25	20	20	15	15	10
满载最大运行速度 $v_行$	km/h	12	17	20	20	22	25	25	25
满载最大爬坡度	%	15	20	20	22	22	22	20	20
最小外侧转弯半径 R	mm	1 500	1 800	2 150	2 700	3 400	4 000	5 500	6 500

续表

参数名称	单位	性能参数							
门架前倾角 α	°	6	6	6	6	6	6	6	6
门架后倾角 β	°	12	12	12	12	12	12	12	12
最小离地间隙 X	mm	70	90	115	130	200	250	300	300

作业时,当货物体积庞大,或货物在托盘上的位置不当,而使货叉上的货物实际重心超出了规定的载荷中心距范围时,或者当最大起升高度超过一定数值时,受叉车纵向稳定性的限制,起重量应相应减小,否则叉车将有倾翻的危险。货物实际重心超出载荷中心距越远,则允许起重量越小。图3-11所示为额定起重量为3 t、以柴油机为动力源的平衡重式叉车的载荷特性,该叉车的载荷中心距为500 mm。

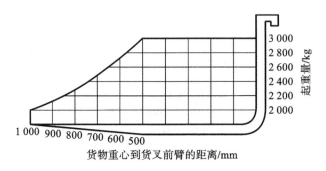

图3-11 额定起重量为3 t、以柴油机为动力源的平衡重式叉车的载荷特性

根据交通运输部制定的叉车标准,港口叉车的额定起重量系列为1 t、2 t、3 t、5 t、16 t、25 t,可根据需要装卸和搬运的货物的重量及货盘的尺寸来选用。随着托盘运输和集装箱运输的发展,大吨位叉车有增多的趋势。从经济的角度来看,为增加每次装卸货物的重量而采用较大吨位的叉车也是比较合适的。据统计,国产3 t内燃机式叉车的价格比国产2 t内燃机式叉车约高7%,营运费用平均高3%。在起升高度、行走距离和速度参数相同的情况下,3 t叉车的生产率理论上比2 t叉车高50%,每吨货物的搬运装卸费约可减少1/3。

2)最大起升高度和自由起升高度

最大起升高度是指门架处于垂直位置,货叉满载起升至最高位置时,从叉面至地面的垂直距离。港口叉车最大起升高度一般为3~4 m,若要求再升高,则要增加门架和起升液压缸的高度,或者采用三节门架和多级作用的液压缸,这样不仅使叉车的自重和外形尺寸增大,而且由于叉车的总重心位置提高,叉车工作时的纵向和横向稳定性都变差,因此当最大起升高度超过一定数值时,必须相应减小叉车的允许起重量。

自由起升高度是指不改变叉车的总高时,货叉可能起升的最大高度。具有自由起升性能的叉车可从净空不小于叉车总高的库门通过或在低矮的船舱或车厢内作业。

3)门架倾角 $\alpha(\beta)$

门架倾角是指无载叉车在平坦、坚实的地面上,门架自垂直位置向前或向后倾斜的最大角度。门架前倾是为了便于叉取和卸放货物;后倾的作用是当叉车带货行驶时,防止货物从货叉上滑落,增加叉车行驶时的纵向稳定性。门架前倾角 α 一般要大于叉车在水平地面上叉卸托盘时的最小前倾角 α_1 与仓库地面的正常坡度角 α_2 之和,即 $\alpha > \alpha_1 + \alpha_2$,如图3-12所示,一般门架前倾角取3°~5°。

增大门架后倾角 β,可使叉车纵向稳定性较好。然而 β 的增大,往往会受到叉车结构上的限制,一般门架后倾角取10°~12°。

门架倾角还与轮胎的变形有关。对于充气轮胎叉车,空车叉货时,后轮负荷大,轮胎变形大;前轮负荷小,轮胎变形小,使实际的门架前倾角小;叉车满载行驶时,前轮负荷大,后轮负荷小,实际的门架后倾角减小。因此,对于充气轮胎叉车,其门架前、后倾角都应适当加大。

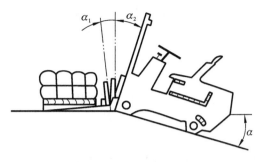

图3-12 门架前倾角 α 与 α_1 和 α_2 关系

4) 起升速度和行驶速度

起升速度是指门架处于垂直位置时货叉满载上升的平均速度。起升速度对叉车作业效率有直接的影响。提高起升速度是叉车发展的趋势,这主要取决于叉车的液压系统。过大的起升速度容易发生货损和机损事故,给叉车作业带来困难。蓄电池式叉车由于受蓄电池容量和电动机功率的限制,起升速度低于起重量相同的内燃机式叉车。对于大起重量的叉车,由于作业安全的要求和液压系统的限制,起升速度比中小吨位的叉车低。当叉车的最大起升高度较小时,过大的起升速度难以充分利用。根据港口装卸作业要求,起升速度以15~20 m/min为宜。

行驶速度是指叉车在平坦的硬路面上满载前进的最大速度。据统计,叉车作业时,行驶时间一般约占全部作业时间的2/3。因此,提高行驶速度、缩短行驶时间对提高叉车作业生产率有很大的意义。但是叉车的作业特点是运距短、停车和起步的次数多,过分提高行驶速度,不仅使原动机功率增大,经济性降低,而且在作业时过高的行驶速度难于经常利用。对于在港口露天货场上工作的内燃机式叉车,其行驶速度可为15~25 km/h。

5) 最大牵引力

牵引力分为轮缘牵引力和拖钩牵引力。

原动机输出的转矩,经过减速传动装置,最后在驱动轮轮缘上产生切向力,称为轮缘牵引力。当原动机输出功率为定值时,轮缘牵引力与叉车行驶速度成反比。当原动机输出最大转矩,叉车以最低挡速度行驶时,轮缘牵引力最大。最大轮缘牵引力不能大于驱动轮与地面的附着力,否则驱动轮将会打滑。叉车的前桥是驱动桥,叉车满载行驶时,前桥负荷大,附着力大,此时,最大轮缘牵引力一般取决于原动机的转矩和总传动比。叉车空车行驶时,附着力小,最大轮缘牵引力又受附着力的限制。

在克服叉车行驶时本身遇到的外部阻力以后,在叉车尾部的拖钩上剩余的牵引力,称为拖钩牵引力。当叉车在水平坚硬的良好路面上以低速挡等速行驶时,叉车的外部阻力仅为数值很小的滚动阻力,此时的拖钩牵引力最大。

牵引力大,则叉车起步快、加速能力强、爬坡能力大、牵引性能好。由于叉车的运距短、停车和起步的次数多,所以其加速能力十分重要。在叉车的技术规格中,通常标出的是拖钩牵引力。当叉车作为牵引车使用时,必须知道它的拖钩牵引力。

6) 最小转弯半径

最小转弯半径是指在平坦的硬路面上,叉车空载低速前进并以最大转向角旋转时车体最外侧所划出轨迹的半径。采用较短的车身、外径较小的车轮以及增大车轮转向时的最大偏转角等,可减小最小转弯半径。三支点叉车的转向车轮具有较大的偏转角(接近或等于90°),在其他条件相同的情况下,所以其最小转弯半径比四支点叉车小。

7) 直角堆垛的最小通道宽度和直角交叉的最小通道宽度

直角堆垛的最小通道宽度是指叉车在路边垂直道路方向堆垛时所需的最小通道宽度;直角

交叉的最小通道宽度是指叉车能在直道交叉处顺利转弯所需的最小通道宽度。转弯半径小、机动性好的叉车要求的通道宽度小。

8）最小离地间隙

最小离地间隙是指除车轮以外，车体上固定的最低点至车轮接地表面的距离。它表征叉车无碰撞地越过地面凸起障碍物的能力。增大车轮直径可以使最小离地间隙增大，但这会使叉车的重心提高，使转弯半径增大。

9）最大爬坡度

最大爬坡度是指叉车在正常路面情况下以低速挡等速行驶时所能爬越的最大坡度，以度或百分数表示，分为空载和满载两种情况。叉车满载时的最大爬坡度一般由原动机的最大转矩和低速挡的总传动比决定。叉车空载时的最大爬坡度通常取决于驱动轮与地面的附着力。由于港口路面场地较平坦，港口叉车最大爬坡度可在10°以内。

10）自重和自重利用系数

自重是指包括油、水在内的叉车总重。

叉车的自重利用系数通常有两种表示方法，一种是指起重量与叉车自重之比，另一种是指起重量和载荷中心距的乘积与叉车自重之比。显然，自重利用系数较大，在起重量和载荷中心距相同的条件下，叉车自重越轻，即材料利用越经济，结构设计越合理。由于叉车的载荷中心距并不相同，故后一种表示方法更为合理。

11）轴距和轮距

轴距是指叉车的前后车桥中心线之间的水平距离。轮距是指叉车的同一车桥左右两个（或两组）车轮中心面之间的距离。

12）叉车的外形尺寸

叉车的外形尺寸用叉车的总长、总宽、总高表示。总长是指叉车纵向叉尖至叉车最后端之间的距离；总宽是指叉车横向左、右最外侧之间的距离；总高是指叉车门架垂直、货叉落地时，叉车最高点到地面的垂直距离。

部分国产叉车的主要技术参数如表3-3所示。

表3-3 部分国产叉车的主要技术参数

型　号		CPC20 CPCD20	CPC25 CPCD25	CPC30 CPCD30	CPC40 CPCD40	CPC50 CPCD50A	CPC60 CPCD60A
额定起重量/载荷中心距(kg/mm)		2 000/500	2 500/500	3 000/500	4 000/500	5 000/500	6 000/500
最大起升高度/mm		3 000	3 000	3 000	3 000	3 000	3 000
自由起升高度/mm		110	110	110	110	160	160
满载最大起升速度/(mm·s^{-1})		450	450	450	400	340	340
门架前倾角/后倾角(°/°)		6/12	6/12	6/12	6/12	6/12	6/12
行驶速度（机械）/(km·h^{-1})	前进	18	18	19	20	—	—
	后退	18	18	19	20	—	—
行驶速度（液力）/(km·h^{-1})	前进	18	18	19	20	24	24
	后退	18	18	19	20	24	24
最小转弯半径/mm		2 170	2 240	2 400	2 750	3 300	3 400

续表

型号		CPC20 CPCD20	CPC25 CPCD25	CPC30 CPCD30	CPC40 CPCD40	CPC50 CPCD50A	CPC60 CPCD60A
最大爬坡度（满载）/（%）	机械	20	20	20	20	—	—
	液力	20	20	18	18	20	20
总长/mm		3 495	3 565	3 755	4 050	4 620	4 685
总宽/mm		1 150	1 150	1 265	1 740	2 000	2 000
门架高度/mm		2 035	2 035	2 100	2 200	2 495	2 495
护顶架高度/mm		2 070	2 070	2 135	2 260	2 450	2 450
轴距/mm		1 600	1 600	1 700	2 000	2 200	2 200
轮距/mm	前轮	960	960	1 030	1 160	1 490	1 490
	后轮	980	980	980	1 110	1 650	1 650
最小离地间隙/mm		110	110	110	125	160	160
自重/kg		3 400	4 000	4 500	6 350	7 980	8 500

2. 叉车的主要性能

叉车的各种技术参数反映了叉车的性能。叉车的主要性能如下。

1) 装卸性

它是指叉车的起重能力大小和装卸快慢的性能。装卸性对叉车的生产率有直接的影响。叉车的起重量大、载荷中心距大、工作速度快，则装卸性好。

2) 牵引性

它主要是指叉车行驶和加速快慢、牵引力和爬坡能力大小等方面的性能。叉车行驶和加速快、牵引力和爬坡度大，则牵引性好。

3) 制动性

它主要是指叉车在行驶中根据要求降低车速及停车的性能，通常以在一定行驶速度下制动时的制动距离来加以衡量。叉车的制动距离小，则制动性好。

4) 机动性

它主要是指叉车机动灵活的性能。叉车的最小转弯半径小、直角交叉的最小通道宽度和直角堆垛的最小通道宽度小，则机动性好。

5) 通过性

通过性是指叉车克服道路障碍而通过各种不良路面的能力。叉车的外形尺寸小、轮压小、最小离地间隙大、驱动轮牵引力大，则通过性好。

6) 操纵性

操纵性是指叉车操作的轻便性和舒适性。需要加于各操作手柄、踏板及转向盘上的力小，驾驶员座椅与各操作件之间的位置布置得当，则叉车的操纵性好。

7) 稳定性

稳定性就是指叉车抵抗倾覆的能力。稳定性是保证叉车安全作业的必要条件。对于正叉平衡重式叉车，由于货叉上的货物重心位于叉车纵向的车轮支承底面之外，叉车满载码垛即货物举高、货叉前倾或在叉车满载全速运行途中紧急制动，叉车受重力和制动惯性力的作用，有可能在纵向丧失稳定，向前倾翻。当叉车高速转弯，或在斜坡上转弯时，叉车受到离心力、侧向力、风力、重力分力等的作用,有可能丧失横向稳定,向一侧翻倒。因此,为了保证叉车的安全作业,必须使叉车具有必要的纵向稳定性和横向稳定性。

叉车的稳定性通过正确的设计即合理确定叉车各部分和平衡重的位置来保证,目前世界各国还通过试验来检查叉车的稳定性。在使用叉车的过程中,必须遵守操作规程,不得超重、超载荷中心距、超速作业。货物举得越高,叉车越易倾覆。因为转弯时离心力与车速的平方成正比,所以叉车不得超速转弯,以免翻倒。此外,稳定性还与叉车的支承形式有关,三支点叉车的横向倾覆边与叉车自重重心作用线比较靠近,使稳定力臂和稳定力矩较小,因而其横向稳定性比四支点叉车差。这些都应在操作使用中注意。

8) 经济性

经济性主要指它的造价和营运费用,包括动力消耗、生产率、使用方便和耐用的程度等。

四、叉车的总体构造

叉车是一种复杂的机器,尽管叉车的吨位大小、型号、式样不同,但都必须具备下述装置和系统,才能在使用中发挥作用。叉车从总体结构上可分为动力系统、传动系统、转向系统、制动系统、起重系统、液压系统、电气系统和行驶系统八大部分。

(1) 动力系统。动力系统是叉车行驶和工作的动力来源。目前在叉车上采用的发动机80%为往复式内燃机。内燃机按使用的燃料不同分为汽油机、柴油机、液化石油气机。动力从两端输出:后端通过飞轮与离合器连接,将动力传递给传动系统;前端通过钢球联轴节,经分动箱,将动力传递给液压齿轮泵。

(2) 传动系统。传动系统的作用是将发动机传来的动力有效地传递到车轮,满足叉车实际工况的需要。传动系统由离合器、变速器、驱动桥等组成。传动系统的传动方式有机械传动、液力传动和静压传动。

(3) 转向系统。转向系统的作用是在驾驶员的操纵下控制叉车的行驶方向。它由转向机构、转向联动机构两个部分组成,转向通过机械转向器、具有液力助力器的机械转向器或全液压转向器来实现。

(4) 制动系统。制动系统的作用是使叉车迅速地减速或停车,并使叉车稳妥地停放,以保证安全。制动系统通常由驻车制动和脚制动两个独立部分组成,它们又均由制动器和制动驱动机构组成。制动驱动方式有机械制动驱动和液压制动驱动两种。

(5) 起重系统。起重系统的作用是通过起重装置实现对货物的装卸、堆垛。它由内外门架、货叉架、货叉(前移叉、油桶挂钩等工作属具)组成。

(6) 液压系统。液压系统利用液压油传递能量,通过液压油把能量传给各执行元件,以达到装卸货物的目的。通常把液压系统的工作过程称为液压传动。

(7) 电气系统。电气系统包括发电机、启动机、蓄电池、扬声器和仪表等。

(8) 行驶系统。行驶系统承受叉车的全部重量,传递牵引力及其他力和力矩,并缓冲对叉车的冲击,以保证叉车平稳地行驶。它由车架、车桥、悬架、车轮等组成。

由于各部分的结构和安装位置有差异,形成了不同种类的叉车。

平衡重式叉车是叉车最普通的一种形式。现以该类叉车为例,讨论叉车各部分的组成。

平衡重式叉车的结构示意图如图3-13所示。

1. 叉车的动力系统

叉车动力装置的作用是供给叉车工作装置装卸货物和轮胎底盘运行所需的动力,一般装于叉车的后部,又起平衡配重作用。

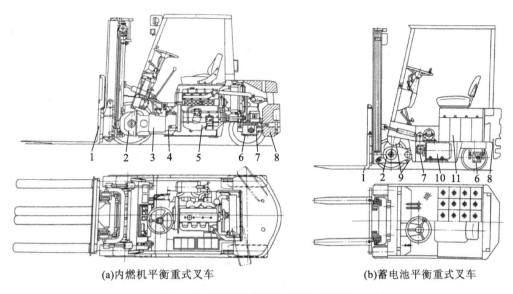

(a)内燃机平衡重式叉车　　　　(b)蓄电池平衡重式叉车

图 3-13　平衡重式叉车的结构示意图

1—工作装置；2—驱动桥；3—变速器；4—离合器；5—发动机；6—转向桥；7—工作液压泵；
8—平衡块；9—牵引电动机；10—工作液压泵电动机；11—牵引蓄电池组

叉车的动力形式分内燃机和蓄电池-电动机两大类。根据燃料的不同，内燃机又分柴油机、汽油机和液化石油气机三种。

选择叉车的动力形式时，主要从性能、使用维护、公害和经济性四个方面权衡比较，但首先必须满足叉车工作的要求。

上述的蓄电池-电动机、柴油机、汽油机、液化石油气机这四种动力形式都具有独立的能源，符合叉车对动力装置的要求，在其他方面则各有优缺点。内燃机平衡重式叉车和蓄电池平衡重式叉车的动力形式及其性能比较如表 3-4 所示。

表 3-4　内燃机平衡重式叉车和蓄电池平衡重式叉车的动力形式及其性能比较

项　目	内燃机平衡重式叉车			蓄电池平衡重式叉车
动力形式	柴油机	汽油机	液化石油气机	蓄电池-电动机
作业效率	高	高	较高	较低
启动性能	差	较好	较好	好
行驶速度	高	高	高	低
合理作业距离	长	长	较长	较短
营运费用	低	较高	较低	高
环保性能	最差	较差	较好	高
噪声	大	较大	较大	小
适用范围	大中搬运量 室外作业	中小搬运量 室内外作业	中小搬运量 室内外作业	中小搬运量 室内外作业

蓄电池平衡重式叉车的动力装置是蓄电池和直流串激电动机，它的驱动特性最接近叉车原动机恒功率软特性的要求，所以蓄电池平衡重式叉车的牵引性优于内燃机平衡重式叉车。蓄电池平衡重式叉车运转平稳无噪声，不排废气，检修容易，操作简单，营运费用较低，整车的使用年

限较长,但需要充电设备,基本投资高,充电时间较长(一般7~8 h,快速充电2~3 h),一次充电后的连续工作时间短,蓄电池怕冲击振动,对路面要求高。由于蓄电池容量的限制,蓄电池平衡重式叉车电动机功率小,车速较低,爬坡能力较弱。因此,由蓄电池-电动机驱动的蓄电池平衡重式叉车主要用于通道狭窄、搬运距离不长、路面好、起重量较小、车速要求不太快的仓库和车间中。在易燃品仓库或要求空气洁净的地方,只能使用蓄电池平衡重式叉车。冷冻仓库中内燃机启动困难,也应采用蓄电池平衡重式叉车。

内燃机的驱动特性不符合对叉车原动机恒功率软特性的要求,它的输出功率随着转速的增加而增大。因此,内燃机必须在装配增大输出转矩的机械变速器、液力变矩器或液压传动装置等以后才能使用。

内燃机平衡重式叉车的主要优点是不需要充电设备,作业持续时间长,功率大,爬坡能力强,对路面要求低,基本投资少,如果采用合适的传动方式,能获得理想的牵引性;缺点是运转时有噪声和振动,排废气,检修次数多,营运费用较高,整车的使用年限较短。内燃机平衡重式叉车适用于室外作业。在路面不平或爬坡度较大以及作业繁忙、搬运距离较长的场合,内燃机平衡重式叉车比较适用。一般起重量在中等吨位以上时,宜优先采用内燃机平衡重式叉车。

在内燃机平衡重式叉车中,采用柴油机最普遍,额定起重量在 3 t 以上的平衡重式叉车基本上全都采用柴油机。这是由于柴油机耗油少,柴油价格较便宜,排出的废气中所含的有害成分较少,但柴油机比较笨重,噪声、振动大。额定起重量较小的内燃机平衡重式叉车可选用汽油机,它体积小、重量较轻,但耗油多,汽油价格贵,废气中有害成分较多,易着火。在国外还有采用液化石油气机的内燃机平衡重式叉车,该类叉车多为双燃料叉车,它的动力装置可采用汽油或柴油作燃料,也可采用液化石油气作燃料,这样不但可避免空气污染,减少公害,而且可减轻发动机磨损,延长发动机寿命,同时还可降低燃料费用。

2. 叉车的传动系统

叉车传动系统的作用是将原动机发出的动力传给驱动轮,并使叉车以不同的行驶速度前进或后退。

由于叉车原动机的转速高、转矩小,而叉车的行驶速度较低、驱动轮的转矩较大,因此在原动机和驱动轮之间必须有起减速增矩作用的传动装置。当叉车在不同负荷和不同作业条件的情况下工作时,传动装置必须保证叉车具有良好的牵引性。对于内燃机平衡重式叉车,由于内燃机不能反转,传动系统中还必须有换向装置,以使叉车能够倒退行驶。因此,传动方式首先取决于动力形式。以蓄电池为动力源的蓄电池平衡重式叉车采用电动机械式传动方式;内燃机平衡重式叉车可采用机械式、液力式和静压式三种传动方式。

1) 蓄电池平衡重式叉车的电动机械式传动

由于蓄电池平衡重式叉车采用直流串激电动机,它可调速、正反转和负载启动,特性能够符合叉车的牵引特性要求,因此传动系统可由电动机直接通过主减速器、差速器、半轴带动车轮旋转。电动机械式传动比较简单,可采用单电动机集中驱动或双电动机分别驱动。后者不需要主减速器和差速器,转弯半径也较小,但电气设备比前者多。

2) 内燃机平衡重式叉车的机械式传动

叉车的发动机纵向安装在叉车的后部,而驱动桥布置在前方,这样不仅可提高叉车的纵向稳定性,而且当叉车承载时,靠近货物的驱动轮轮压大,不易发生打滑,后边的转向轮轮压小,使司机转向轻便,操纵省力。

内燃机平衡重式叉车机械式传动系统如图 3-14 所示。它采用集中传递动力的方式,通过离合器、变速器、换向器、万向传动轴将动力传至驱动桥的主减速器,最后才通过差速器和半轴

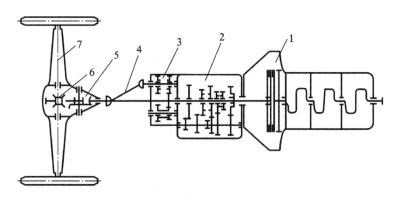

图 3-14 内燃机平衡重式叉车机械式传动系统
1—离合器；2—变速器；3—换向器；4—万向传动轴；5—主减速器；6—差速器；7—半轴

传给左右两侧的车轮。这种传动的优点是传动效率高,结构简单,工作可靠。

内燃机平衡重式叉车机械式传动系统的主要部件如下。

(1) 离合器。离合器是装在发动机与变速器之间,用来使两者分开或接合并传递转矩的部件。由于内燃机不能带负荷启动,在发动机启动时,必须踩下离合器,使发动机与传动装置脱开,电动机启动后再将离合器接合。

改变叉车的运行速度,通过驾驶员操纵齿轮变速器的挡位即换挡来实现。为了减轻换挡或挂挡过程中齿轮之间的冲击和齿面的磨损,并使操纵省力,需要靠离合器把内燃机与变速器暂时分开,中断动力传递。

此外,当叉车制动时,有可能因惯性力过大导致超载和损坏机件,而借助离合器可使主、从动件之间产生相对滑动,避免过载。

因此,离合器的作用是在发动机启动或换挡时,使发动机和传动装置分离,保证叉车平稳启动,顺利地变换速度,防止传动机构超载。

由于叉车经常在狭小的通道或场地上工作,使离合器的接合次数往往比汽车多好几倍,同时叉车的自重也比载重量相同的汽车大得多,所以叉车离合器的工作相当繁重,其摩擦片较易磨损。

在实际操作中,驾驶员要根据起步、换挡、上坡、制动等不同的情况适当地操纵离合器、变速器和制动器,以使工作平稳和避免发动机熄火,因而机械传动的内燃机平衡重式叉车对司机操作的熟练程度要求较高。

(2) 变速器和换向器。变速器的主要功用是改变发动机至驱动轮之间的传动比,使叉车获得其需要的牵引力和行驶速度,以适应各种道路条件下的起步、爬坡和高低速度的要求。

换向器的作用是改变叉车的行驶方向(因内燃机不能逆转)。由于叉车经常低速行驶和后退行驶,因此与汽车相比,叉车需要增大总传动比和增加倒退的排挡数。

在机械式传动中,采用具有几种不同速比的齿轮箱来实现变速,并大多把变速器与换向器结合成一体,以使结构紧凑和操作简便。

(3) 驱动桥。叉车的驱动桥处于传动系统的末端。它包括主减速器、差速器、半轴、桥壳等零部件。对于大型叉车,除主减速器外,有时还装设轮边减速器,以增大传动系统的总传动比。

主减速器的作用是降速增扭,并改变转矩的传递方向。主减速器有单级主减速器和双级主减速器两种,如图 3-15 所示。主减速器的从动锥齿轮装在差速器外壳上,用以把动力传给差速器和半轴。

差速器的功用是当叉车转弯行驶或在不平路面上行驶时,使左右驱动轮以不同的转速滚

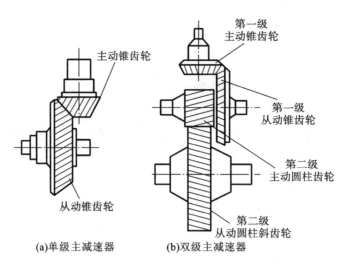

图 3-15 主减速器

动。叉车转弯时,外轮的滚动距离大于内轮。即使叉车直线行驶,轮胎制造误差、气压的差别、磨损不均和道路不平等原因,也可能引起两轮的滚动距离不等。为了保证车轮只滚动而不滑动,防止轮胎滑磨,左右两侧的驱动轮不能由一根整轴驱动,而是靠差速器和两根半轴分别驱动,使两轮能以不同的转速旋转,即保证两侧驱动轮作纯滚动。

在叉车运行的时候,当叉车转弯或左右车轮所受的地面摩擦力不等时,差速器就将根据车轮的受力情况自动调整,不必由司机操纵。

3) 内燃机平衡重式叉车的液力式传动

这种传动方式由于优点突出,因而在港口内燃机平衡重式叉车上获得极其广泛的应用。液力式传动与机械式传动在构造上的主要不同之处是,用液力变矩器代替机械式摩擦离合器,用装有挡位离合器的液压换挡变速器代替机械换挡变速器。

液力式传动的优点是:可根据运行阻力不同而自动无级地变速、变矩;可以在不切断动力的情况下靠拨动液压阀门换挡,不必踏离合器,简化了操作,有利于提高生产率,并且降低了对司机操作熟练程度的要求;可减少冲击,在外载荷突然增大时,可以保护发动机不过载、不熄火,有利于延长部件的使用寿命。

液力式传动的缺点是:传动效率较机械式传动低,液力变矩器和液压换挡变速器制造较复杂,成本较高。

4) 内燃机平衡重式叉车的静压式传动

叉车的静压式传动系统主要由液压泵和液压马达组成。通过将液压泵和液压马达进行组合,可以使叉车获得各种不同的牵引特性。图 3-16 所示为内燃机平衡重式叉车静压式传动系统。该图中的发动机 7 带动液压泵 2,液压泵 2 输出的压力油驱动两个液压马达 4,再经行星齿轮减速器 5,驱动车轮 6 旋转。

静压式传动可使传动系统大为简化,它能取消机械式和液力式两种传动装置中的传动轴和差速器、变速器等,使机械零件大为减少。因而,静压式传动可使传动系统体积小、重量轻,而且使传动系统容易操纵,可在较大范围内无级变速,牵引性好。静压式传动系统的缺点是传动效率较低,对制造和维修的精度要求高,价格较贵和寿命较短。

3. 叉车的转向系统

叉车转向系统的作用是改变叉车的行驶方向或保持叉车直线行驶。

叉车是依靠转向轮的偏转来实现转向的。在叉车转弯时,为了使所有的车轮都在地面上滚动而不发生滑动,各个车轮的轴线必须通过叉车的瞬时转动中心。

叉车转向有机械式转向、液压助力转向和全液压转向三种方式。转向方式的选择取决于转向桥负荷的大小。转向桥负荷与叉车的额定起重量和自重有关,一般额定起重量在 1 t 以下的叉车都采用构造简单的机械式转向;额定起重量大于 2 t 的叉车,为了操纵轻便,多数采用液压助力转向或全液压转向。

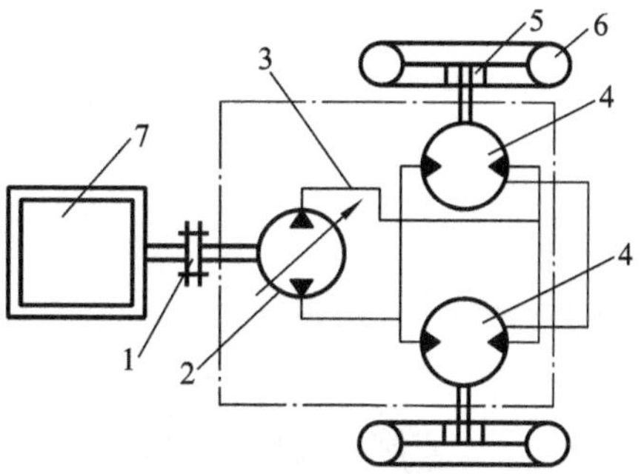

图 3-16　内燃机平衡重式叉车静压式传动系统
1—联轴器;2—液压泵;3—油管;4—液压马达;
5—行星齿轮减速器;6—车轮;7—发动机

4. 叉车的制动系统

叉车制动系统的作用是使叉车在行驶过程中减速或停车,以及防止叉车在下坡时超过一定的速度和保证叉车在停车地点静止不动。

叉车的制动系统由制动器和制动操纵装置组成。一般叉车都有两套制动系统。一套是行车制动系统。它是经常使用的,用来在行驶过程中降低速度或停车。行车制动系统采用车轮制动器,每个驱动轮都装有车轮制动器,车轮制动器的操纵装置可为机械式、液压式和气压式。另一套是驻车制动系统。它是辅助性的,用于叉车停车后使叉车保持不动。驻车制动系统的制动器称为中央制动器,采用手柄和杠杆的机械式操纵装置,且在手柄上装有锁住装置,使得在驾驶员的手离开手柄后,制动器仍处于制动状态,直到需要行驶时,才用手将锁住装置打开。驻车制动系统还可在紧急制动时与行车制动系统同时应用,或当行车制动失灵时紧急使用。

液压式制动装置如图 3-17 所示。在车辆行驶时,制动装置不工作,与车轮 14 连接在一起的制动鼓 8 的内表面与制动蹄摩擦片之间存在一定的间隙,使车轮和制动鼓可以自由旋转。当制动时,驾驶员踏下制动踏板 1,通过推杆 2 和主缸活塞 3,使制动主缸 4 内的制动液在一定压力下流入制动轮缸 6,并通过它的两个轮缸活塞 7 推动制动蹄 10,将其压紧在制动鼓 8 的内表面上,于是蹄和鼓间产生摩擦力矩,使车轮转速降低或停车。当放开制动踏板 1 时,制动蹄回位弹簧 13 把制动蹄 10 从制动鼓 8 上拉回,制动作用即停止。制动时,车速降低的程度和快慢由驾驶员作用于路板上的力来决定,驾驶员可根据实际情况对制动器作用的时间和作用的猛烈程度加以控制。

气压式制动装置以压缩空气作为制动的动力源,由驾驶员踏下制动踏板,经杠杆机构操纵控制阀,使空压机储气瓶内的压缩空气推动制动气室推杆而使制动蹄张开,实现制动。

为了减轻驾驶员的劳动强度,还可在液压式制动装置中加装空气增压器。当驾驶员踩下制动踏板后,空气增压器能使制动轮缸的油压升高,促使制动蹄张开,达到使驾驶员省力的目的。

5. 叉车的起重系统

叉车的起重系统由直接进行装卸作业的工作装置及操纵工作装置动作的液压传动系统组成。

1) 工作装置

叉车的工作装置用来叉取、卸放、升降、堆码货物。叉车通常采用货叉取货。为了实现一机多用,除货叉外,叉车还可配备多种取物工具(见图 3-2)。

图 3-18 所示为无自由起升的叉车工作装置。它由货叉、叉架、门架、链条、链轮、起升液压缸、倾斜液压缸等主要部分组成。

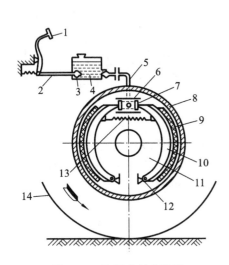

图 3-17 液压式制动装置

1—制动踏板；2—推杆；3—主缸活塞；4—制动主缸；
5—轴管；6—制动轮缸；7—轮缸活塞；8—制动鼓；
9—摩擦片；10—制动蹄；11—制动底板；12—支承销；
13—制动蹄回位弹簧；14—车轮

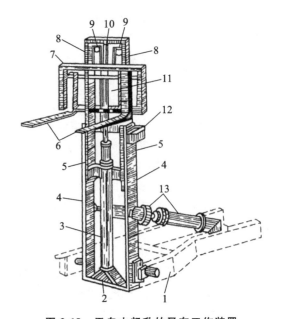

图 3-18 无自由起升的叉车工作装置

1—车架；2—外门架下横梁；3—起升液压缸；
4—外门架；5—内门架；6—货叉；7—叉架；
8—链条；9—链轮；10—内门架上横梁；
11—柱塞；12—外门架上横梁；13—倾斜液压缸

门架是叉车工作装置的骨架，门架支承着起升液压缸，同时要承受货物的垂直作用力和纵向弯矩。根据工作的需要，门架可做成两节门架或三节门架。两节门架由不能升降的外门架和可沿外门架升降的内门架组成。叉车在未工作以前，内门架和外门架的高度是一样的。

叉车是一个垂直运动的承载小车，用来安装货叉或其他工作属具并带动货叉或其他工作属具沿着内门架升降。货物的重量通过滑架传给链条，货物的重量产生的力矩也通过滑架传递给门架。

根据结构的不同，叉架可分为挂钩式叉架和轴套式叉架。

货叉是承载货物的装置，由水平段和垂直段两个部分组成。垂直段与滑架连接，连接的方式有挂钩式和轴套式两种形式。水平段用于支承货物，水平段的前端做成叉形以利于叉取货物。货叉是关系到作业安全的重要部件，因此从材料和制造工艺上对其均有特殊的要求。

滚轮是叉架与门架或门架与门架之间导向和传力的部件，分为纵向滚轮、横向滚轮以及复合滚轮三种。

起升液压缸和倾斜液压缸分别控制门架的起升和倾斜。起升时，起升液压缸首先带动货叉升至极限位置，然后带动内门架上升。倾斜液压缸可使门架前倾和后倾一定的角度，带动货叉前俯或后仰，以便叉起或卸下货物。

链条带动滑架上升并承受滑架、货物及货叉的重量。叉车一般采用两套滑轮链条组。如果是安装一个起升液压缸，便在起升液压缸的两侧各布置一套滑轮链条组；如果是采用两个起升液压缸，起升液压缸分别立于门架两侧的立柱后方，滑轮链条组也分两侧贴近立柱布置。

另外，叉车的总体结构还应包括叉车的车架、护顶架和平衡块（也称平衡重）等。

车架是叉车的基本骨架，是支承各个零部件的基础，承受的负载较大。同时车架还要承受较大的纵向弯矩和转矩。因此，要求制成车架的材料必须具有足够的强度和刚度。车架一般有板式和箱式两种形式。

护顶架的作用是避免驾驶员因货物跌落而受伤害。在结构及性能上对护顶架都有一定的要求。

平衡块的作用是平衡叉车前部的荷载,它由铸铁铸造而成。

工作装置的工作原理如下:两个货叉6装在叉架7上,货叉的间距可根据货物尺寸进行调整。门架通常由内外两节组成伸缩式结构,以便满足码垛作业对起升高度的要求和减小叉车自身的高度。链条8的一端与叉架7相连,中间绕过固定在内门架上横梁10上的链轮9,另一端固定在外门架上横梁12上。起升液压缸3的柱塞11与内门架上横梁10相连,起升液压缸通过链轮和链条,使叉架沿着内门架5升降。内门架5又以外门架4为导轨上下伸缩。外门架4的下部铰接在车架1上,借助倾斜液压缸13的作用,门架可以前后倾斜一定的角度。外门架4置于叉车前部两驱动轮之间,故其宽度受到前轮轮距的限制。门架的宽度对驾驶员观察叉车前方的装卸情况有重大的影响。门架越宽,则门架支柱与起升液压缸、链条之间的间隙也越大,驾驶员的驾驶视野就越好,为此,现在许多叉车的工作装置都把采用单个中央布置的起升液压缸,改为采用可获得宽视野的布置在门架两侧的双起升液压缸结构。

叉车进行装卸作业时,首先由倾斜液压缸的活塞推动门架前移,同时叉车向货堆运行。货叉把货物叉上,然后由倾斜液压缸的活塞将门架后倾,叉车携带货物快速向卸货处运行。卸货时,倾斜液压缸使门架恢复到垂直位置,起升液压缸将内门架随同叉架、货叉、货物一起起升到所需的高度卸载,叉车后退,叉架从货物中抽回,起升液压缸回油,在自重作用下,内门架缓缓下降。叉车的起升机构采用增速滑轮组。

叉车的门架由内门架和外门架组成基本形式。外门架主要起支承内门架的作用,要具有较高的刚性和强度,通常用槽钢焊成框形结构。外门架下端铰接在车架上,并由倾斜液压缸活塞推动绕铰点前倾和后倾。

内门架与起升液压缸、导向滑轮叉架相连,当内门架沿外门架作上下滑动时,带动叉架、货叉升降,从而使货叉上的货物也随之升降。内门架立柱形式有槽形、工字形和其他形式。内门架和外门架的组装形式有重叠式、并列式和综合式三种,如图3-19所示。

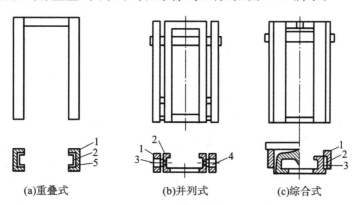

图3-19 内门架和外门架的组装形式

1—外门架;2—内门架;3—纵向滚轮;4—侧向滚轮;5—铜衬板

重叠式门架具有驾驶员视野好的优点,但内门架的刚性较弱,不适用于起重量大的叉车;综合式门架驾驶员视野差,但内门架刚性大,适用于大起重量的叉车;并列式门架介于重叠式门架和综合式门架之间。

在无自由起升的两节门架装置中,柱塞行程、内门架行程和叉架沿内门架移动的距离三者相等,都等于货叉最大起升高度的一半。由于链条绕链轮的滑轮组倍率为2,所以货叉速度是柱塞速度的2倍。只要起升液压缸进油、柱塞运动,叉架和内门架就同时起升。当柱塞全部伸出时,内门架起升到顶,叉架也到达内门架的上端(见图3-20(a))。

有部分自由起升的两节门架的构造与无自由起升的两节门架的构造基本相同,区别在于起升液压缸的柱塞全部缩进以后,柱塞头与内门架的上横梁之间存在一段距离S。

从柱塞开始起升到柱塞头与内门架上横梁接触,叉架沿内门架上升,而内门架不动。此时货叉起升高度$h=2S$(见图3-20(b))。由于这一段起升高度只占货叉总起升高度的一部分,所以称为部分自由起升。部分自由起升叉车的货叉起升速度为柱塞速度(内门架上升速度)的2倍,如图3-20(b)所示。当柱塞全部伸出时,内门架和叉架可同时升到各自的顶点。

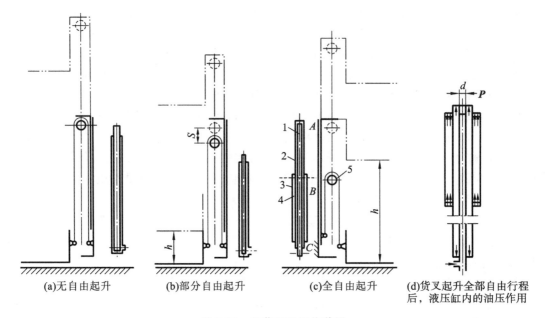

(a)无自由起升　　(b)部分自由起升　　(c)全自由起升　　(d)货叉起升全部自由行程
　　　　　　　　　　　　　　　　　　　　　　　　　　　　　后,液压缸内的油压作用

图3-20　两节门架工作装置
1—柱塞杆;2—空心活塞杆;3—外缸筒;4—活塞;5—链轮

两节门架全自由起升的一种结构形式如图3-20(c)所示。它采用的是双级起升液压缸。起升液压缸柱塞杆1的下端固定在外门架下横梁上,空心活塞杆2的头部和内门架上横梁相连,活塞4装在空心活塞杆的中部。链条一端固定在内门架下横梁上,链轮5装在起升液压缸的外缸筒3上。货叉起升时,从液压泵输来的压力油经C进入柱塞杆的空心油道后,再从A处流入空心活塞杆2的内腔,并从B处进入外缸筒3内。由于外缸筒3的油压作用面积大于空心活塞杆2的油压面积,而且作用在活塞4上的油压力阻止空心活塞杆2上升,因此外缸筒3首先运动,通过链轮5和链条带动叉架和货叉起升。货叉上升速度等于外缸筒速度的2倍。在叉架沿着内门架移动全部行程h时,内门架静止不动,叉车总高度不变,因此称为全自由起升。当叉架沿内门架走完全部行程以后,外缸筒3的下缸盖与活塞4贴靠,自此以后,在空心活塞杆2内腔上、下端的油压差$p\pi d^2/4$的作用下(见图3-20(d)),空心活塞杆2和内门架一起起升。当空心活塞杆2向上移动,作用在外缸筒上缸盖的油压力就推动外缸筒3紧随空心活塞杆2一同运动。这样,货叉与叉架、内门架、空心活塞杆、外缸筒四者一体同速起升,直到内门架起升到顶。

三节门架叉车的工作装置特点是有内、中、外三节门架和三级液压缸。三节门架叉车也有部分自由起升和全自由起升等结构形式。

2) 液压传动系统

起重部分液压传动系统的作用是把原动机的能量传递给叉车的工作装置,以便实现货物的起升和门架的前后倾。图 3-21 所示为叉车起重部分的液压传动原理图。液压泵 4 由原动机带动,从油箱 2 经油管 3 吸入低压油,将其变成高压油,并将高压油压入液压分配器 5。当液压分配器 5 的两个操纵滑阀 6 和 7 都处于中间位置时,工作油液沿液压分配阀 5 的溢流通道经溢流管 8 流回油箱 2 中。当起升液压缸操纵滑阀 7 向里推时,其上部凸肩堵住液压分配器 5 内部的溢流通道,从而起升货物;当起升液压缸操纵滑阀 7 向外拉时,起升液压缸 9 的下腔经液压分配器 5 与油箱相连,在柱塞、内门架、叉架和货物等的重力作用下,高压油排出起升液压缸 9,实现货物的下降。有的叉车在液压分配器与起升液压缸之间的油管中装有起单向作用的节流阀,用以限制柱塞下降时自起升液压缸排出的工作油液的流量和油压的大小,使货物平稳下降,保证安全。

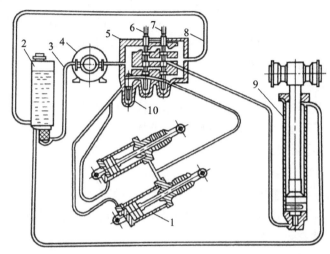

图 3-21 叉车起重部分的液压传动原理图
1—倾斜液压缸;2—油箱;3—油管;4—液压泵;5—液压分配器;6—倾斜液压缸操纵滑阀;
7—起升液压缸操纵滑阀;8—溢流管;9—起升液压缸;10—安全阀

同样,当倾斜液压缸操纵滑阀 6 往里推时,由液压泵 4 来的高压油经油管 3 进入两个倾斜液压缸 1 的前腔。与此同时,倾斜液压缸 1 的后腔经液压分配器 5 与液压缸沟通,于是活塞在倾斜液压缸 1 的作用下使门架后倾;如果倾斜液压缸操纵滑阀 6 向外拉,则活塞的运动使门架前倾。

在叉车液压传动系统中,液体流量一般不大、压力较高,但要求泵的结构紧凑轻便,因而叉车的起升液压泵主要采用齿轮泵。这种泵是容积式液压泵,是通过一个封闭空间的容积变化实现吸油和压油的:封闭容积从小变大时将油从吸油口吸入,封闭容积从大变小时将油从压油口压出,每转所输出的工作油液体积由泵的几何尺寸来决定。

大多数叉车的起升液压缸都采用单向作用柱塞式液压缸,这是因为起升液压缸是垂直布置的,只需利用油压实现起升的单向动作,而复位可以靠重力,将油压输回油箱中。倾斜液压缸要靠油压实现前倾、后倾的双向动作,故采用双作用活塞式液压缸。倾斜液压缸一般采用两个,装在工作装置两侧,这样可使每个倾斜液压缸外形尺寸减小,有利于总体布置和工作安全。由图 3-21 可见,两个倾斜液压缸的前腔或后腔都分别由油管相连,因而保证了两个倾斜液压缸的协同动作。

目前叉车采用滑阀式液压分配器,驾驶员操纵手柄,通过杠杆系统来控制滑阀的移动。液压分配器的壳体有部分式和整体式两种。整体式自重轻、尺寸小、外泄漏少,应尽可能采用,但它的铸造及加工较困难,故障也不易检查。

6. 叉车的液压系统

叉车的液压系统用于控制工作装置和转向装置，即由发动机或电动机带动齿轮泵并通过多路阀控制门架和货叉的升降或倾斜，通过转向器控制转向轮的转角。内燃机平衡重式叉车的液压系统不包括其传动装置中的控制油路。

1) 叉车对液压系统的要求

叉车对液压系统的要求是：不允许液压油外漏而污染工作环境；防止内漏，以避免叉车工作时货叉自行改变起升高度和倾角；货叉起升要有微动控制，即起升操纵手柄要有一段明显的行程使货叉缓慢起升或下降，以便对准货位；货叉的最大下降速度在机构上能自动限制；要有超载安全保护。通常在液压系统中装有高灵敏度的溢流阀。溢流阀在叉车承受额定负荷时不开启，而在超载 25% 时要全开，使货叉不能起升。另外，叉车的液压系统通常还具有门架倾斜自锁性能，即当发动机熄火没有液压油供应时，叉车的液压系统能通过操纵多路阀到前倾位置，使门架不能靠荷重或自身重力前倾，以确保安全。

2) 叉车的液压系统

内燃机平衡重式叉车的液压系统有单泵系统、转向负荷传感单泵系统和双泵系统。电动叉车均采用双泵系统，由不同的电动机分别带动工作泵和转向泵，且只有在起升、门架倾斜时或转向时各自的电动机才运转带动泵工作。

7. 叉车的电气系统

叉车的电气系统主要由蓄电池、叉车照明装置、各种警告和警报信号装置以及其他电气元件和线路组成。蓄电池平衡重式叉车装有直流串激电动机，内燃机平衡重式叉车装有启动机，汽油机平衡重式叉车装有点火装置。

8. 叉车的属具

叉车的属具是一种安装在叉车上以满足各种物料搬运和装卸作业特殊要求的辅助机构。它使叉车成为具有叉、夹、升、旋转、侧移、推拉、倾翻等多用途和高效能的物料搬运工具。由于货物形状和尺寸的差异，叉车需要配备多种属具以提高通用性。叉车的属具可以扩大叉车的使用范围，保证作业安全，减轻工人的劳动强度，提高叉车的作业效率。常用的叉车属具有货叉、侧移器、夹持器、悬臂吊、串杆和推出器等。

(1) 货叉。货叉是叉车最常用的属具，是叉车重要的承载构件，如图 3-22 所示。它呈 L 形，水平段用来叉取并承载货物。水平段的上表面平直、光滑，下表面前端略有斜度；叉尖较薄较窄，两侧带有圆弧。货叉水平段的长度一般是载荷中心距的 2 倍左右。如果需要搬运体积大、重量轻的大件货物，需换用加长货叉或在货叉上套装加长套。

货叉的垂直段与滑架连接。根据连接方式的不同，货叉有挂钩型和铰接型两种。中小型叉车一般采用挂钩型货叉，大型叉车一般采用铰接型货叉。

在物流领域，为了提高叉车的作业效率，货叉经常与托盘配合使用，以便于货叉插入托盘底部。

(2) 侧移叉。侧移叉是一种横向移动属具。与标准叉车相比，带侧移叉叉车在结构方面主要增加了侧移叉架导轨与液压缸。工作时驾驶员操纵侧移叉阀杆的控制手柄，侧叉液压缸就产生收缩运动，进而带动装有货叉的侧移叉左右移动，以使货叉对准或者叉取侧面紧靠障碍物的货物。

用侧移叉叉取货物时，应使货叉处于最有利的位置，按照指定地点正确卸放，以减少叉车的倒车次数，提高叉车的作业效率。

(3)夹持器。夹持器是一种以夹持方式搬运货物的叉车属具,如图3-23所示。搬运装卸比重较小、外形规则、不怕挤压的货物时常使用这种属具。

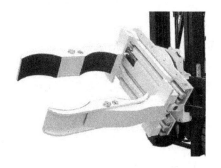

图3-22 货叉　　　　　　　　　图3-23 夹持器

夹持器的形式有很多,常用的有旋转式和移动式。旋转式夹持器一般在平行货叉架的平面内旋转。横向移动式夹持器主要由夹板、导轨副、液压缸等部件组成。当液压缸使夹板相向移动时,夹板就对货物产生夹持力,这样依靠货物与夹板的摩擦力就能搬运货物。夹板可以两块同时进行等距离运动;也可以一块固定不动,另一块作左右移动。

旋转式夹持器是在移动式夹持器结构中增加旋转机构而构成的,它由液压马达、蜗杆副、回转齿轮副等组成。

(4)悬臂吊。悬臂吊又称起重臂,叉车上使用的悬臂吊的结构形式有很多,常见的为单臂式。吊钩可根据需要在臂上移动以调节卸载距离,但是为了保证叉车的纵向稳定性,使用时必须根据制造厂提供的载荷特性曲线,使吊运货重不超过吊钩所在位置的额定起重量。

(5)串杆。串杆主要用来装卸环状货物,如钢丝圈、空心的筒状货物等。

(6)推出器。推出器是可以将货物从货叉上推出的属具。推出器有液压式和重力作用式两种。液压式推出器的推出动作由多路换向阀控制。

五、叉车的运用管理

(一)叉车的选用

1. 选择叉车的影响因素

传统的仓库设计,通常是先有了建筑物,再考虑其中的布局规划及机械设备,这常常造成投资上的浪费。通过对生产计划的分析及预测,选择合适的物流形式及存储方式,再进行土建的设计规划,或者二者同步进行,才能达到最佳的投资收益。叉车的选择与存储形式的设计是密不可分的,设备选型的失误往往会造成实际操作中效率低下或者容易发生事故,严重的须拆除重建。因此,在仓储系统初期设计及设备选型时,除了要考虑叉车车型所适用的高度与巷道空间外,还要结合自身条件,进行其他因素的综合考虑。选择叉车的影响因素很多,以下仅举例说明。

(1)托盘。大部分叉车都是以托盘为操作单位的,所以托盘的尺寸与形式往往影响叉车车型及规格的选择。操作不同深度与宽度的托盘,所需要的巷道空间不同。如果托盘及所载货物的重心超过了叉车的设计荷载中心,叉车的载重能力将下降。因此,通常都建议采用标准规格的托盘,目前使用较普遍的是欧洲标准800 mm×1 200 mm和1 000 mm×1 200 mm的四向叉入型平托盘。它可适用于各种叉车车型。

(2)地坪。地坪的光滑度及平整度等状况极大地影响叉车的使用,尤其是使用高提升的室内叉车时。假设叉车的起升高度为 10 m，如果在叉车的左右轮之间有 10 mm 的高低差，那么在高 10 m 处就会造成将近 800 mm 的倾斜，造成货架使用的危险。地坪的表面状况通常有三种情况，影响最大的锯齿状起伏的地面，应尽量避免；地面呈波浪状起伏，在一定的距离外有一定的高度差，是可以允许的；最好的地面是平整光滑的地面，通常是经过表面处理的混凝土地坪。地坪需考虑的因素还包括承载能力、叉车轮压等。

（3）电梯、集装箱的入口高度。如果叉车需要进出电梯，或者要在集装箱内部作业，则需要考虑电梯、集装箱的入口高度。叉车有几种门架形式可供选择，通常此时需要选择带大自由行程的门架。

（4）日作业量。仓库的进出货频繁度、叉车每天的作业量关系到叉车蓄电池容量或叉车数量的选择。

选择叉车时，还要考虑仓库作业高峰期、叉车车轮材质、建筑限制等。

2. 叉车选用的原则

叉车的种类有很多，不同的叉车结构特点和功能也各不一样。因此，在使用叉车时，应根据物料的重量、状态、外形尺寸及叉车的操作空间、动力、驱动方式进行合理选择，同时应考虑选择适当的托盘配合使用，这样才能充分发挥叉车的使用价值。选用叉车时有以下两点原则。

（1）应首先满足使用性能要求。选用叉车时，应合理地确定叉车的技术参数，如起重量、工作速度、起升高度、门架倾角等。如果需要的起重量是非标准系列，则最好选用大于所需起重量的标准系列，这样较经济。选用叉车时还要考虑叉车的通过性是否满足作业场地及道路要求，如最小转弯半径、最小离地间隙，以及门架最高位置时的全高、最低位置时的全高等。除此之外，选用的叉车要求工作安全可靠，跑得快，停得下，无论在何种作业条件下，都具有良好的稳定性。

（2）选择使用费用低、经济效益高的叉车。选用叉车时，除考虑叉车应具有良好的技术性能外，还应考虑叉车应有较好的经济性，使用费用低、燃料消耗少、维护保养费用低等。可用自重利用系数和比功率的大小定量比较叉车的经济性。

自重利用系数 $K=Q/G$，即它是叉车载重量 Q 和叉车自重 G 的比值，表明叉车制造、设计的综合水平。减轻叉车自重 G，不但可节省原材料，降低生产成本，而且可减少燃料的消耗、减轻轮胎的磨损。

比功率 $f=N/(Q+G)$（N 表示发动机功率），表明叉车单位总重量（自重与载重量之和）所需耗用的功率。它是叉车动力性能的综合指标，直接影响燃料消耗。

（二）叉车在仓库中的维护

叉车是属于通用的机械产品，需求最大、产量多。在流通过程中，一般要经过仓库存放这一环节；存放时，叉车的性能不能受影响，因此要对叉车进行维护。叉车也可露天存放，但要有防雨、防锈措施。通常叉车的技术维护措施分为以下三级。

1. 日常维护

检查库房内的温度、湿度，清洗叉车上的污垢、泥土等，对叉车进行外表维护。

2. 一级维护

叉车在库房存放一个时期（3～6 个月）后，要对其进行一级维护：检查气缸压力或真空度，调整气门间隙，检查节温器、液压系统各元件以及变速器的换挡工作是否正常；检查制动系统，调整制动片与制动鼓间隙；检查发电机及启动机的安装是否牢固，电刷和换向器有无磨损，以及风扇胶带的松紧程度是否符合要求；检查曲轴和通风接管是否完好，清洗滤油器；检查车轮的安装是否牢固,轮胎的气压是否符合要求等。对于那些因进行维护而拆卸的某些零部件,重新装配后,要进行路试,使之达到技术要求。

3. 二级维护

叉车存放半年以上时,要对其进行二级维护:除了按以上日常维护和一级维护项目进行外,增添拆卸工作,更换生锈不能用的零部件,如拆卸散热器、柴油箱盖、水泵及气缸盖等;清除锈蚀;检查叉车的性能是否可靠等。如果叉车长期存放,要用木材顶住平衡块,以避免两个后轮长期受载。

(三) 叉车的运输

叉车是用于装卸和短途运输的机械,不适于作长途运输工具。因此,叉车从生产厂出厂后,需用运载车辆、轮船和火车进行运输,并用钢丝绳进行吊装。对叉车吊装位置的规定是:钢丝绳一端系在门架上,另一端系在尾端的平衡块吊环上。

第三节 自动导引搬运车

一、自动导引搬运车概述

1. 自动导引搬运车基本概念

自动导引搬运车是指装有自动导引装置,能够沿规定的路径行驶,在车体上还具有编程装置、停车选择装置、安全保护装置以及各种物料移载装置的搬运车辆。自动导引搬运车系统是由若干辆沿导航路径行驶,在计算机系统的统一管理下有条不紊地运行,从而完成货物运送任务的柔性系统。自动导引搬运车系统广泛应用于柔性制造系统(FMS)、柔性搬运系统和自动化仓库中。自动导引搬运车在英国、美国被称为自动导向车(automatic guided vehicle,简称AGV);在日本被称为无人搬运车;在我国物流术语中被称为自动导引车,是指能够自动行驶到指定地点的无轨搬运车辆。

自动导引搬运车作为一种现代化的先进物料搬运技术装备,目前已广泛应用于各个领域,引起了工业界和物流行业的普遍关注。多台自动导引搬运车在计算机系统的统一控制下,形成一个具有一定柔性的自动输送系统。自动导引搬运车的外形如图3-24所示。

图 3-24 自动导引搬运车的外形

根据日本工业标准,自动导引搬运车可分为无人搬运车、无人牵引车和无人叉车三类。这里所述的无人搬运车,实际上是指能装载、运输货物的自动化台车,它也是目前使用最多的一类自动导引搬运车。据日本通产省的调查,在现在使用的自动化导引搬运车中,无人搬运车占84%,无人牵引车和无人叉车则分别占10%和6%,因此通常在述及自动导引搬运车时,一般以自动化台车为主。

自动导引搬运车的载重量为 50 kg～20 t，载重量在中等以下的自动导引搬运车占多数。根据日本通产省的调查，目前使用的自动导引搬运车载重量在 100 kg 以下的占 19%，载重量为 100～300 kg 的占 22%，载重量为 300～500 kg 的占 9%，载重量为 500～1 000 kg 的占 18%，载重量为 1 000～2 000 kg 的占 21%，载重量为 2 000～5 000 kg 的占 8%，而载重量为 5 000 kg 以上的较少。

2. 自动导引搬运车的优点

（1）自动化程度高。自动导引搬运车由计算机、电控设备、激光反射板等控制。当车间某一环节需要辅料时，由工作人员向计算机终端输入相关信息，计算机终端再将信息发送到中央控制室，由专业的技术人员向计算机发出指令，在电控设备的合作下，这一指令最终被自动导引搬运车接受并执行，自动导引搬运车将辅料送至相应地点。

（2）充电自动化。当自动导引搬运车的电量即将耗尽时，它会向系统发出请求指令，请求充电（一般技术人员会事先设置好一个值），在系统允许后自动到充电的地方"排队"充电。另外，自动导引搬运车的电池寿命与采用电池的类型和技术有关。使用锂电池时，其充放电次数达 500 次时仍然可以保持 80% 的电能存储。

（3）美观，提高观赏度，从而提高企业的形象。

（4）方便，减小占地面积，用于生产车间的自动导引搬运车可以在各个车间穿梭往复。

3. 自动导引搬运车的技术发展历史

1913 年，福特汽车公司的底盘装配线上用自动搬运车代替了原来的输送机，使装配时间由 12 小时 28 分钟缩短了 1 小时 33 分钟，体现了采用自动搬运车的优越性。但当时自动搬运车是有轨道（起导引作用）的。到了 20 世纪 50 年代中期，出现了无人驾驶搬运车，美国物料搬运研究所将其定义为 AGV。这是一种可充电的无人驾驶小车，可根据路径和定位情况编程，而且行走的路线可以改变和扩展。1959 年，AGV 已用到仓库自动化和工厂作业上。据报道，到 1960 年，欧洲就安装了各种型号、不同水平的自动导引搬运车系统，使用了 13 000 多台 AGV。日本也从这时开始引进 AGV 技术。日本是使用这种车辆最多的国家。在 20 世纪 80 年代末，日本拥有各种类型的自动导引搬运车超过 1 万台，AGV 生产厂家 50 余家。在日本，AGV 广泛应用于汽车制造、机械、电子、钢铁、化工、医药、印刷、仓储、运输业和商业等领域。

20 世纪 60 年代开始把计算机技术应用到 AGV 的管理和控制上。斯坦福大学机械工程系设计并制造了一台机器人拖车，首次用计算机进行控制，从而使遥控月球车成为现实。20 世纪 70 年代，AGV 作为生产组成部分进入生产系统，使 AGV 得到了迅速发展。1973 年，瑞典 VOLVO 公司在 KALMAR 轿车厂的装配线上大量采用 AGV 进行计算机控制装配作业，扩大了 AGV 的使用范围，AGV 随机装置增加了许多功能，如附加工作台、移载装置、物流信息接收以及转换和控制部件等。

1975 年，我国北京起重运输机械研究所研制出第一台 AGV，建成第一套 AGVS(automatic guided vehicle system)——滚珠加工演示系统，随后又研制出单向运行、载重量为 500 kg 的 AGV，双向运行载质量为 500 kg、1 000 kg、2 000 kg 的 AGV，开发研制出几套较简单的 AGV 应用系统。1999 年 3 月 27 日，由昆明船舶设备集团有限公司研制生产的激光导引无人搬运车系统在红河卷烟厂投入试运行，这是在我国投入使用的首套激光导引无人搬运车系统。该无人搬运小车由于体积小、重量轻、运转灵活，在烟草行业得到广泛应用。

20 世纪 80 年代初，我国上海石油化工总厂从日本大富公司引进第一套 AGVS。该套 AGVS 用于涤纶长丝作业，共包括 4 台单向运行、载重量为 1 000 kg 的牵引式 AGV 和一台双向运行、载重量为 1 000 kg 的托盘式 AGV，运行在一条简单环路上，费用共计 57 万美元。20

世纪 80 年代末,无线式导引技术被引入 AGVS 中,如利用激光和惯性进行导引,提高了 AGVS 的灵活性和准确性,而且当需要修改路径时,也不必改动地面或中断生产。这种导引技术的引入,使得导引方式更加多样化了。

从 20 世纪 80 年代以来,AGVS 已经发展成为生产物流系统中最大的专业分支之一,并呈现出产业化发展的趋势,成为现代化企业自动化装备不可缺少的重要组成部分。在欧美国家,AGV 发展最为迅速,应用最为广泛;在亚洲的日本和韩国,AGV 也得到迅猛的发展和应用,尤其是在日本,AGV 产品已经达到标准化、系列化、流水线生产的程度。在我国,随着物流系统的迅速发展,AGV 的应用范围也在不断扩展,如何能够开发出能够满足用户各方面(功能、价格、质量)需求的 AGV 系统技术是我们必须面对的现实问题。

综合分析 AGV 技术的发展,国内外 AGV 主要有两种发展模式。第一种是以欧美国家为代表的全自动 AGV 技术,这类技术追求 AGV 的自动化,几乎完全不需要人工的干预,路径规划和生产流程复杂多变,AGV 能够运用在几乎所有的搬运场合。这类 AGV 功能完善,技术先进。同时为了能够采用模块化设计、降低设计成本、提高批量生产的标准,欧美国家的 AGV 放弃了对外观造型的追求,采用大部件组装的形式生产 AGV,AGV 系列产品的覆盖面广,各种驱动模式、各种导引方式、各种移载机构应有尽有,系列产品的载重量从 50 kg 到 60 000 kg(60 t)不等。由于技术和功能的限制,此类 AGV 的销售价格居高不下。此类 AGV 在国内有为数不多的企业可以生产,这些企业的技术水平与国际水平相当。第二种是以日本为代表的简易型 AGV 技术,或只能称其为 AGC(automated guided cart)技术。该技术追求的是简单实用,极力让用户在最短的时间内收回投资成本。这类 AGV 在日本和中国台湾地区应用十分广泛。从数量上看,日本生产的大多数 AGV 属于此类产品(AGC)。该类产品完全结合简单的生产应用场合(单一的路径,固定的流程),只是用来进行搬运,并不刻意强调 AGC 的自动装卸功能;在导引方面,多数只采用简易的磁带导引方式。由于日本的基础工业发达,AGC 生产企业能够为其配置上几乎简单得不能再简单的功能器件,使 AGC 的成本几乎降到了极限。AGC 在日本 20 世纪 80 年代就得到了广泛应用,2002 到 2003 年达到应用的顶峰。由于该产品技术门槛较低,我国已有多家企业可生产此类产品。

在 2014 年之后,我国 AGV 企业纷纷进入市场。随着用户消费需求向定制化发展,拥有复杂生产线的制造企业尤其是离散型制造企业对 AGV 有着更为迫切的需要,尤其是柔性化程度越高的制造企业,对 AGV 的需求很大。对于流程型制造企业而言,在生产大批量同质化产品的流水线上,AGV 仅仅能够承担物流搬运等最基本的工作,与人工相比并无差异;而对于拥有更加柔性化的制造和更为复杂的生产环节的离散型制造企业而言,除了点对点的物料搬运之外,迫切需要能够实现多个生产环节对接的物流运输设备,这正是 AGV 的用武之地。但制造企业引入 AGV 并不能一蹴而就,高度标准化和完备的信息系统对 AGV 企业与制造企业而言都意味着新的挑战。只有当制造企业的工艺达到符合标准的精确程度,AGV 才能顺利纳入生产流程并发挥应有的效率。只有达到精确到分钟的标准化流程,AGV 才能和生产线融合在一起。与之相匹配的信息系统在对企业的信息化水平提出要求的同时,也检验着 AGV 企业的端口匹配能力。

4. 自动导引搬运车的类型

自动导引搬运车可按以下方式进行分类。

(1)按照导引方式不同,自动导引搬运车可分为固定路径导引搬运车和自由路径导引搬运车。

固定路径导引是指在固定的路线上设置导引用的信息媒介物,自动导引搬运车通过检测出它的信息而受到导引的导引方式,如电磁感应导引、光学导引、磁带导引。自由路径导引是指自动导引搬运车可根据要求随意改变行驶路线。这种导引方式的原理是在自动导引搬运车上储存好作业环境的信息,通过识别车体当前的方位,并与环境信息相对照,自主地决定路径的导引方式,如推算导引、惯性导引、环境映射法导引、激光导引。

(2) 按照运行的方向不同,自动导引搬运车可分为向前运行自动导引搬运车、前后运行自动导引搬运车和万向运行自动导引搬运车。

(3) 按照充电方式不同,自动导引搬运车可分为交换电池式自动导引搬运车和自动充电式自动导引搬运车。

二、自动导引搬运车的简单工作过程

自动导引搬运车的简单工作过程如下:地面控制站(台)通过计算机网络接受仓储管理信息系统下达的 AGV 输送任务,无线局域网通信系统实时采集各 AGV、拆箱机器人的状态信息;根据输送任务和当前 AGV 运行情况,调度命令被传递给选定的 AGV;AGV 接受并执行命令,完成一次运输任务后,在规定地点等待下次任务。

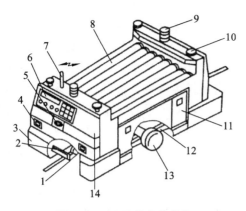

图 3-25　AGV 的总体结构
1—随动轮;2—导向传感器;3—接触缓冲器;
4—接近传感器;5—警示音响;6—操作盘;
7—外部通信装置;8—自动移载机构;9—警示灯;
10—急停按钮;11—蓄电池组;12—车体;
13—差速驱动轮;14—电控装置

三、AGV 的结构

AGV 的总体结构如图 3-25 所示。

四、自动导引搬运车系统的结构组成

AGVS 通常具有 4 个子系统,即自动导引系统、动力系统、控制与通信系统及安全系统。

1. 自动导引系统

目前自动导引搬运车有 9 种常用导引方式(见表 3-5),可根据不同的使用环境来选择。

表 3-5　AGV 的 9 种常用导引方式

导引方式	注　释
电磁感应导引	沿预定的运行路线埋设地下电缆,电缆在地下 30～40 mm 处,上面覆盖有环氧树脂层,对导线通以低压电流,使导线周围产生交变电磁场,在 AGV 上的一对探头可以感应出与 AGV 运行偏差成比例的误差信号,该误差信号经放大处理后可驱动导引电动机,由此带动 AGV 的转向机构始终使 AGV 沿预定的路线运行
惯性导引	使用车载计算机控制 AGV 按预定程序设定的路径行驶,利用声呐探测障碍物,使用陀螺仪来检查方向变化
红外线导引	发射红外线光源,红外线光源从车间屋顶上的反射器中反射回来,像雷达那样的探测器把信号中转给计算机,由计算机和测量仪确定 AGV 行走的方向

续表

导引方式	注　释
激光导引	激光扫描墙壁上安装的条码反射器,通过已知距离和 AGV 前轮行走距离的测量,AGV 可精确地运行和定位
光学导引	光敏器(摄像机)读出并跟踪墙壁或地面上涂刷或粘贴的无色荧光粒子。这是 AGV 常选择的导引方式,采用此种导引方式要求环境清洁
示教型导引	程控 AGV 沿着要求的路径行走一次,即记住行走路线。它实际上可记住新的行走路径,并通知主控计算机所学到的东西,主控计算机可通知其他的 AGV 这条新的路径信息
磁性式导引	在地面上连续铺设一条金属磁带,在 AGV 上装有磁性传感器,磁性传感器检测磁场强度并将其偏差作为导引信号,从而达到调整车辆行驶方向的目的。采用这种导引方式,AGV 地面系统较为简单,施工也较为方便,且可靠性好,因此这种导引方式得到了普及
直线感应电动机导引	采用这种导引方式的自动导引搬运车是一种具有特殊形式的、有固定路线的自动导引搬运车。直线感应电动机是将一般的旋转式电动机展伸为直线状,使电能变换为直线机械能的推力发生装置
反射式导引	在地面上连续铺设一条用发光材料制作的带子,或者用发光涂料涂抹在规定的运行路线上,AGV 底部装有检测反射光的传感器,它测定光强度并将其偏差作为导引信号,从而达到不断调整 AGV 前进的方向的目的,以保持 AGV 沿着规定的路线行驶。反射式导引用的反射光带粘贴在地面上,故又称贴附式导引,属于受动式。采用这种导引方式,AGV 路线的布置比较容易,但易受外界光源的干扰

上述这些现代的 AGV 导引方式已经被采用,并越来越受欢迎。其中电磁感应导引方式被认为是可靠的和令人满意的导引方式,大约 80% 以上的 AGV 采用这种导引方式。

2. 动力系统

AGV 由电动机驱动,以工业上常用的铅酸蓄电池作为动力源,因此应有自动电源状况报告装置,以便通过与主控计算机通信,在电源用完以前到充电站充电或到维修台更换电源。由于需要实现连续生产方式,AGV 充电可以采用在线自动快速充电方式。AGV 根据电池容量表的数据,在需要充电时报告控制台;控制台根据 AGV 系统运行情况,及时调度需要充电的 AGV 执行充电任务,AGV 进入充电站自动完成充电作业。

3. 控制与通信系统

(1) 地面控制台。AGVS 采用集中控制方式,地面控制台是 AGVS 的核心。地面控制台与自动化立体仓库的计算机管理系统通信,接受调度任务。作为 AGVS 的控制中心,地面控制台实时采集各 AGV 的运行状态信息。地面控制台计算机满足工业现场环境要求,有足够的运算速度和管理能力。地面控制台主要包括通信管理设备和 AGV 运行状态数据采集系统。地面控制台计算机在实时调度在线 AGV 的同时,显示系统工作状态,包括在线 AGV 的数量、位置、状态。地面控制台计算机负责 AGV 运行中的交通管理。AGV 在运行中清楚地知道自身所处的位置,并及时报告地面控制台,为地面控制台进行交通管理和任务调度提供数据。

(2) 地面控制台与 AGV 间的通信。地面控制台与 AGV 之间采用定点光导通信和无线局域网通信两种通信方式。采用无线局域网通信方式时,地面控制台和 AGV 构成无线局域通信网,地面控制台和 AGV 在网络协议的支持下交换信息。在出库站和拆箱机器人处移载站都设有红外光通信系统,红外光通信系统的主要功能是完成移载任务的通信。无线通信要完成 AGV 的调度和交通管理。当 AGV 需要和系统中其他装置接口时,还需配有物料自动装卸与定位机构,其定位精度可达到 3 mm。定位精度也是由主控计算机控制的。图 3-26 所示为 NDC 激光导引控制系统的结构框图。

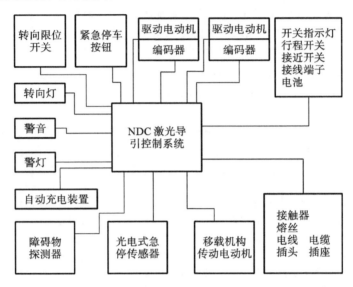

图 3-26　NDC 激光导引控制系统的结构框图

4. 安全系统

为确保 AGV 在运行过程中的安全,特别是现场人员及各类设备的安全,AGV 采取了多级硬件、软件的安全措施。在 AGV 的前面设有红外光非接触式防碰传感器和接触式防碰传感器(保险杠)。红外光非接触式传感器在预定距离内检测障碍物,并控制 AGV 减速直至停止。

在最大工作速度 70 m/min 的情况下,AGV 刹车距离不大于 2.5 m。如果红外光非接触式防碰传感器未检测到障碍物,则由保险杠检测,保险杠受到一定的压力后报警并控制 AGV 立即停止运行。在 AGV 四角设有急停开关,任何时间按下急停开关,AGV 立即停止运行。AGV 装有醒目的信号灯和声音报警装置,以提醒周围的操作人员。一旦发生故障,AGV 自动用声光报警,同时通过无线通信系统通知 AGV 监控系统。另外,AGV 还有其他一些安全措施。

(1) AGV 准备启动或运行时,安装在其前后的警示灯不断闪亮。

(2) AGV 有可调的多声调的发声警示信号。

(3) 当电源切断时,安装在每个车轮上的制动器自动接合。

(4) 操作人员可将小车上的控制插头接入一个控制装置中,以导引 AGV 完成各种作业并脱离导引路径。

(5) 电压不足的信息可显示在系统主控计算机控制台屏幕上。

(6) 安装在车下的扫地刷可保持通路清洁。

五、自动导引搬运车的主要技术参数

自动导引搬运车的技术参数是指反映其技术性能的基本参数,是选择自动导引搬运车的主要依据。自动导引搬运车的主要技术参数如下。

1. 额定载重量

额定载重量是指自动导引搬运车所能承载的最大重量。

2. 自身重量

自身重量是指自动导引搬运车本身的重量(包括电池重量)。

3. 车体尺寸

车体尺寸是指自动导引搬运车车体的外形尺寸。这一尺寸应该与所承载货物的尺寸和作业场地相适应。

4. 停位精度

停位精度是指自动导引搬运车作业结束时所处的位置与程序设定的位置之间的差距。

5. 最小转弯半径

最小转弯半径是指自动导引搬运车在空载低速行驶、偏转程度最大时,瞬时转向中心与自动导引搬运车纵向中心线之间的距离。

6. 运行速度

运行速度是指自动导引搬运车在额定载重量下行驶的最大速度。

7. 工作周期

工作周期是指自动导引搬运车完成一次工作循环所需的时间。

第四节 物流轻型装卸搬运设备

一、手推车

手推车(见图3-27)是一种以人力为主,在地面上水平运送物料的搬运车。在物流系统的工艺过程中,手推车的作用还是很重要的:一方面,由于物流活动的复杂性和多样性,常需要人力作业来衔接机械化的工艺流程;另一方面,在没有基础设施的地方需要搬运物料时,难以实现机械化操作,需要通过手推车完成作业。

1. 手推车的类型

手推车是有手推扶手的单轮车、双轮车或四轮车。市场上的手推车各种各样,类型很多。手推车根据层数的不同可分为单层、双层和三层,根据手柄的不同可分为单手柄、双手柄、固定式手柄、折叠式手柄和带挡板手柄等,根据底板的不同可分为整板平底式和骨架式。

2. 手推车的应用

手推车因为轻巧灵活、回转半径小、易于操作、适用于轻型物料的短距离搬运,所以广泛应用于车间、超市、食堂、办公室、仓库等场所。手推车每次运量为5~500 kg,搬运速度在30 m/min以下,水平搬运距离在30 m以下。

3. 手推车的选型

在选购和使用手推车时,第一要考虑所选手推车的额定载重量,手推车在使用过程中不能超载运行,以免出事故;第二要考虑所要搬运的货物的品种和类型,品种多时选通用型手推车,品种单一时尽量选专用型手推车;第三要考虑搬运量和距离,距离较远时装货要轻,货物较轻时手推车上装货体积不要太大;第四要考虑路面状况,路况较好时可选用小轮子的手推车,路况较差时以选用稍大轮子的手推车为宜。

图 3-27 手推车

4. 双轮杠杆式手推车

双轮杠杆式手推车(见图 3-28)是最古老、最实用的人力搬运车,它轻巧、灵活、转向方便,但因靠体力装卸、保持平衡和移动,所以仅适用于装货较轻、搬运距离较短的场合。目前双轮杠杆式手推车多采用自重轻的钢型材和铝型材制造车体,选用阻力小和耐磨的车轮。双轮杠杆式手推车的主要性能参数如表 3-6 所示。

图 3-28 双轮杠杆式手推车

表 3-6 双轮杠杆式手推车的主要性能参数

项　目	性 能 参 数
车轮直径/mm	150、220
额定载重量/kg	60、150、250、300
车体(宽×长)/(mm×mm)	(300～400)×(180～200)
高度/mm	1 000、1 070、1 240

二、手动液压升降平台车

手动液压升降平台车(见图3-29)是以手压或脚踏为动力,通过液压驱动使载重平台作升降运动的手推平台车。它可调整货物作业时的高度差,减轻操作人员的劳动强度。手动液压升降平台车有有安全轮保护的牢固小脚轮和位于两个旋转脚轮的制动器,这是为了使平台车装载和卸载时轮子不滑动,使操作更安全。手动液压升降平台车的主要性能参数如表3-7所示。

图 3-29　手动液压升降平台车

表 3-7　手动液压升降平台车的主要性能参数

型 号	额定载重量/kg	最大起升高度/mm	最低高度/mm	工作台尺寸(长×宽×高)/(mm×mm×mm)	自重/kg
TF-15	150	730	210	700×450×35	37
TF-30	300	900	270	815×500×50	72
TF-50	550	900	280	815×500×50	84
TF-75	500	900	295	1 600×500×50	135
TF-35	350	1 300	345	905×512×55	113
TF-100	750	1 000	410	1 000×512×55	110
TF-50B	750	1 500	450	1 220×610×55	170
TF-75S	1 000	1 000	410	1 000×512×55	114

三、手动液压托盘搬运车

手动液压托盘搬运车(见图3-30)是一种轻小型的搬运设备。它有两个货叉似的可直接插

图 3-30　手动液压托盘搬运车

入托盘底部的插腿和能承受重载的 C 形截面货叉,强度更高,更加持久耐用。它的货叉最大载重量为 3 t。两个尼龙导向轮或双轮可节省操作人员的体力,并能保护载重轮与托盘。手动液压托盘搬运车还有全密封液压缸,内装安全阀。货叉可以通过手动液压缸抬起,使托盘或货箱离开地面,然后用手拉或电动驱动使之行走。手动液压托盘搬运车广泛应用于仓库、商店、码头或车间内各工序间不需堆垛的搬运作业。

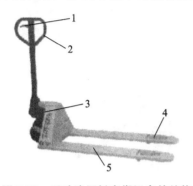

图 3-31　手动液压托盘搬运车的结构
1—小手柄;2—舵柄;3—液压起升系统;
4—车轮及承载滚轮;5—架体与机身

1. 手动液压托盘搬运车的结构

手动液压托盘搬运车的结构如图 3-31 所示。

(1) 小手柄。小手柄是控制手动液压托盘搬运车状态的控制柄。

(2) 舵柄。舵柄是操纵手动液压托盘搬运车架体与机身起升、下降和行走的控制杆。舵柄来回上下压,可使手动液压托盘搬运车机身慢慢上升;握紧舵柄上的小齿,可使手动液压托盘搬运车机身下降;拉住舵柄前进,可使手动液压托盘搬运车行走。

(3) 液压起升系统。密封的液压起升系统能满足大多数的起升要求。液压缸装在重载保护座上,缸筒镀铬,柱塞镀锌,低位控制阀和溢流阀确保操作安全并延长手动液压托盘搬运车的使用寿命。

(4) 车轮及承载滚轮。前后车轮均由耐磨尼龙做成,滚动阻力很小。车轮上装有密封轴承,运转灵活。

(5) 架体与机身。架体与机身采用抗扭钢焊接而成;货叉由高抗拉伸槽钢做成;货叉叉尖做成圆头楔形,以便插入托盘且不损坏托盘;滚轮引导货叉顺利地插入托盘。

2. 手动液压托盘搬运车的操作方法

手动液压托盘搬运车的操作方法如下。把小手柄抬起,架体与机身会自动下降,架体与机身下降到适当的位置时,把小手柄调至水平位置,架体与机身就会停止下降。此时手动控制舵柄,将手动液压托盘搬运车推或拉至货物的下方装货,或者人工将货物码放在架体上。等货物堆放好后,把小手柄压下,手动控制舵柄使其上下来回运动,架体与机身就会上升,架体与机身下降到适当的位置后,停止来回上下压舵柄,架体与机身就会停止上升。此时把小手柄调至水平位置,再拖拉舵柄,使手动液压托盘搬运车至卸货的位置卸货。卸货时,把小手柄抬起,当架体下降至适合位置时把小手柄调至水平位置再卸货。

注意:推或拉手动液压托盘搬运车时,一定要使小手柄处于水平位置,只有在这种状态下操作舵柄,架体与机身才不会上升或下降;使用过程中不要随意拨动小手柄,以免货物翻倒发生危险。

液压系统和轴承一般无须维护,使用费用很低。但在特殊情况下,如在潮湿的环境下使用,可用高压软管对液压系统和轴承进行冲洗。所有轴承均备有加油孔,使用一段时间后必须加润滑油。

3. 手动液压托盘搬运车的分类

手动液压托盘搬运车可分为超低托盘搬运车(见图 3-32(a))、不锈钢托盘搬运车、普通托盘搬运车(见图 3-32(b))、半自动液压托盘搬运车(见图 3-32(c))、全自动液压托盘搬运车(见图 3-32(d))、电动(手动)剪叉搬运车(见图 3-32(e))。

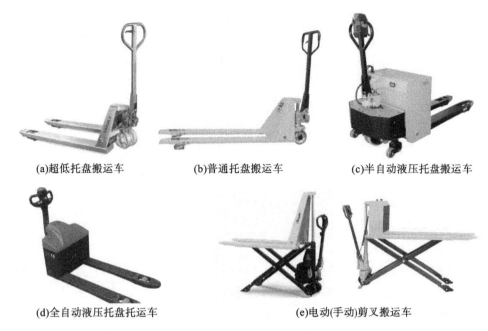

(a)超低托盘搬运车　　(b)普通托盘搬运车　　(c)半自动液压托盘搬运车

(d)全自动液压托盘托运车　　(e)电动(手动)剪叉搬运车

图 3-32　手动液压托盘搬运车类型

4．手动液压托盘搬运车的性能参数和性能特点

手动液压托盘搬运车的主要性能参数如表 3-8～表 3-12 所示。

表 3-8　超低托盘搬运车的主要性能参数

型　号	额定载重量 /kg	货叉最低高度 /mm	货叉长度 /mm	货叉外挡宽度 /mm	单叉宽度 /mm	净重 /kg
HPL20S	2 000	55、35	1 150	540	160	72
HPL20L	2 000	55、35	1 150	680	160	77

表 3-9　不锈钢托盘搬运车的主要性能参数

型　号	额定载重量 /kg	货叉最低高度 /mm	货叉长度 /mm	货叉外挡宽度 /mm	单叉宽度 /mm	净重 /kg
HP20S	2 000	85	1 150	540	160	75
HP20L	2 000	85	1 150	680	160	78

表 3-10　普通托盘搬运车的主要性能参数

型　号	HP20S	HP20L	HP25S	HP25L	HP30S	HP30L
额定载重量/kg	2 000	2 000	2 500	2 500	3 000	3 000
货叉最高高度/mm	200(或 190)					
货叉最低高度/mm	85(或 75)					
货叉长度/mm	1 150	1 220	1 150	1 220	1 150	1 220
货叉外挡宽度/mm	540	680	540	680	540	680
单叉宽度/mm	160					

续表

型号	HP20S	HP20L	HP25S	HP25L	HP30S	HP30L
载重轮直径/mm	φ80(或φ70)					
转向轮直径/mm	φ200(或φ180)					
净重/kg	75	78	77	80	85	88

表 3-11　半自动液压托盘搬运车的主要性能参数

项　目	车　型		
	CBD-1.2A	CBD-1.5A	CBD-2.0A
额定起重量/kg	1 200	1 600	2 000
货叉最低高度/mm	85	85	85
货叉最高高度/mm	205	205	205
货叉宽度/mm	520～680	520～680	520～680
载荷中心距/mm	650	650	650
轮距/mm	1 390	1 390	1 390
净重/kg	250	260	280
外形尺寸(长×高×宽)/(mm×mm×mm)	1 785×680×1 310	1 785×680×1 310	1 785×680×1 310

半自动液压托盘搬运车有以下特点：电动行走，液压起升；自重轻，车身低，操作轻巧，视野开阔；车架设计坚固，承载能力强；起步平稳，电动机输出轴采用电磁制动；采用大容量牵引蓄电池，可确保长时间工作。

表 3-12　CBD-2.0 全自动液压托盘搬运车的主要性能参数

名　称	参　数	名　称	参　数
额定载重量/kg	2 000	转弯半径/mm	1 600
载荷中心距/mm	600	行走电动机功率/kW	1 200
货叉最低高度/mm	85	提升电动机功率/kW	800
货叉最高高度/mm	205	自重(不含蓄电池)/kg	324
货叉长度/mm	1 150	行走速度(满载/空载)/(km/h)	3.6/5.4
货叉宽度/mm	530～680	最小转弯半径/mm	1 525

全自动液压托盘搬运车有以下特点：电动行走，电动起升；车身低，操作轻巧，视野开阔；车架设计坚固，承载能力强；无级调速，起步平稳；采用大容量牵引蓄电池，可确保长时间工作。

四、手动液压堆高车

手动液压堆高车是利用人力推拉运行的简易式叉车。根据起升机构的不同，手动液压堆高车分为手动液压堆高车(见图 3-33(a))、半自动堆高车(见图 3-33(b))、全自动堆高车(见图 3-33(c))和前移式电动堆高车(见图 3-33(d))四种。它们适用于工厂车间和仓库内对效率要求不高但需要有一定堆垛和装卸高度的场合。手动液压堆高车 CTY50 的主要性能参数如表 3-13 所示，手摇机械式堆高车 CSG50 的主要性能参数如表 3-14 所示。

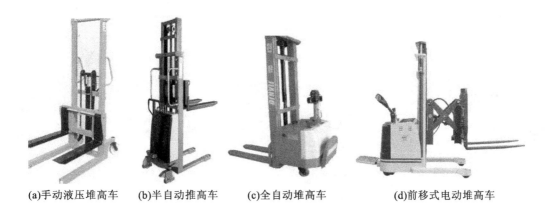

(a)手动液压堆高车　(b)半自动推高车　(c)全自动堆高车　(d)前移式电动堆高车

图 3-33　手动液压堆高车

表 3-13　手动液压堆高车 CTY50 的主要性能参数

名　称	参　数	名　称	参　数
最大起升高度/mm	1 500	起升速度/(mm/次)	32
载荷中心距/mm	415	下降速度	可控
货叉长度/mm	830	货叉调节最大宽度/mm	485
最小离地间隙/mm	30	前轮直径/mm	$\phi 80 \sim \phi 100$
后轮直径/mm	$\phi 180$	自重/kg	140

表 3-14　手摇机械式堆高车 CSG50 的主要性能参数

名　称	参　数	名　称	参　数
额定载重量/kg	500	前轮(直径×厚度)/(mm×mm)	$\phi 80 \times 45$
货叉最高高度/mm	1 500	转向轮直径/mm	$\phi 150$
货叉最低高度/mm	50	总长/mm	1 060
货叉宽度/mm	70	总宽/mm	725
货叉长度/mm	600	总高/mm	2 030
货叉外挡宽度/mm	690	净重/kg	133

五、牵引车和平板车

1. 牵引车

牵引车和平板车是港口件货水平运输的主要机型,如图 3-34 所示。牵引车(见图 3-35)用于拖带载货平板车进行水平运输,一般都用内燃机驱动,基本构造与汽车相似,但结构紧凑,外形小,具有更好的机动性,以适应在狭窄的场所工作。牵引车的最大牵引力由其功率及驱动轮的附着力决定。当功率及轮压一定时,牵引车的最大牵引力就取决于路面条件。

根据动力的大小,牵引车可分为普通牵引车和集装箱牵引车。普通牵引车可以拖挂平板车,用于装卸区内的水平搬运;集装箱牵引车用于拖挂集装箱挂车,长距离搬运集装箱。根据动力源的不同,牵引车可分为内燃牵引车和电动牵引车。按车轮与地面接触方式不同,牵引车可分为有轨牵引车和无轨牵引车。按操作方式不同,牵引车可分为人工驾驶车和无人驾驶车(自动导向)。

图 3-34 牵引车和平板车

图 3-35 牵引车

内燃牵引车一般采用经济性较好的柴油机进行驱动。只有小型牵引车才采用汽油机进行驱动。内燃牵引车的底盘结构形式与普通汽车类似,它主要适用于室外的牵引作业。电动牵引车采用蓄电池和直流电动机进行驱动,主要适用于室内的牵引作业。

为了适应牵引与顶推平板车的需要,在牵引车车体前面装有坚固的护板,在牵引车尾部装有半自动拖挂机构。该拖挂机构有一个喇叭形开口,当平板车的拖挂杆伸入其中时,驾驶员可在驾驶室内通过扳动操纵杠杆,将销轴插入拖挂杆孔中,从而完成与平板车的挂钩接合动作。当牵引车与平板车分离时,驾驶员只需扳动操纵杠杆,把销轴拔出,将牵引车往前开动,则可使两者脱钩分开。牵引车的主要性能参数如表 3-15 所示。

表 3-15 牵引车的主要性能参数

项　目		车　型				
		DQ-2 型	DQ-3 型	DQ-5 型	DQ-7 型	DQ-10 型
额定牵引重量/kg		2 000	3 000	5 000	7 000	10 000
满载牵引车速/(km/h)		10	11	12	12	12
爬坡能力/(%)		10	10	10	10	10
最小转弯半径/mm		3 300	3 300	3 500	3 500	3 700
最小离地间隙/mm		120	120	120	120	120
驱动功率/kW		3	3	4.5	5	6.3
电压/kV		40	48	48	48	48
蓄电池容量/(A·h)		250	250	330	440	440
轮胎型号(前-后)		7.00-9	7.00-9	7.00-9	7.00-9	6.50-10
轴距/mm		1 620	1 620	1 620	1 620	1 700
前轮中心距/mm		1 100	1 100	1 140	1 140	1 140
后轮中心距/mm		1 160	1 160	1 190	1 190	1 190
踏脚高度/mm		500	500	350	350	350
外形尺寸/mm	长	3 200	3 200	3 200	3 200	3 300
	宽	1 450	1 450	1 450	1 450	1 450
	高	1 380	1 380	1 500	1 500	1 500
自重/kg		1 700	1 850	1 960	2 100	2 450

2. 平板车

平板车(见图 3-36)有载货平台,自己不能行走,需由普通牵引车拖带。通常由几辆平板车和一辆牵引车组成一列车组来进行搬运工作。这列车组可在平整的路面上搬运各种货物。为了正常工作,平板车在结构上应满足下述要求。

(1) 结构轻便但要有足够的强度和刚度。
(2) 行驶平稳、转弯灵活。
(3) 能随牵引车沿同一车辙行驶,以便于驾驶员控制和减小行驶阻力。
(4) 便于接挂和脱开。

图 3-36 平板车

根据这些要求,平板车的车身一般都用钢材焊接而成,车轮全部做成转向轮,各车轮间用连杆相连以使动作协调一致。平板车的摘挂钩大多做成自动式或半自动式的,以便随时挂脱。

平板车按轮胎形式不同可分为气胎式和硬胎式两种,按转向形式不同可分为全轮转向和前轮转向。全轮转向的平板车具有较小的转弯半径,且遵循牵引车的运行轨迹行驶,但在多台拖挂车情况下直线行驶易产生蛇行现象。

复习思考题

1. CPQ10B 型、CPC3B 型叉车的字母和数字各代表什么意义?
2. 叉车由哪几大部分组成?各部分起什么作用?
3. 什么是额定起重量和载荷中心矩?它们之间有什么关系?
4. 门架前后倾角的作用是什么?
5. 叉车的性能技术参数是怎样分类的?
6. 叉车为什么要限定起重量?超载工作对叉车有什么影响?
7. 叉车属具有哪些?它们的主要用途分别是什么?
8. AGV 的工作原理是什么?它主要有哪些导引方式?
9. AGV 的结构主要包括哪些部分?
10. 如何根据不同的使用条件来选择手推车?
11. 半自动液压托盘搬运车有什么特点?它的主要性能参数有哪些?
12. 半自动堆高车有什么主要特点?它的主要性能参数有哪些?
13. 牵引车有什么作用?
14. 平板车的结构有什么特点?

第四章 物流输送机械设备

WULIU
JIXIE
SHEBEI

第一节 连续输送机械概述

一、连续输送机械的概念

连续输送机械是指以连续、均匀、稳定的输送方式,沿着一定的路线从装货点到卸货点输送散料和成件包装货物的机械装置,简称为输送机。

连续输送机械由于能在一个区间内连续搬运大量货物,搬运成本较低,搬运时间容易控制,因此被广泛应用于现代物流系统中。自动化立体仓库和货场的搬运系统一般都是由连续输送机械组成的,如进出库输送机系统、自动分拣输送机系统等,整个搬运系统由中央计算机统一控制,形成了一个完整的货物输送与搬运体系,可以完成货物的自动分类、自动搬运、自动堆码和自动装卸等工作。此外,在生产物流过程中,在车间的流水作业线上,也常常用连续输送机械完成半成品或成品的搬运作业,以保证生产工艺过程的正常进行。

二、连续输送机械的特点及应用

连续输送机械也称连续运输机械,是以连续的方式沿着一定的路线从装货点到卸货点均匀输送货物的机械。与间歇动作的起重机械相比,连续输送机械的特点是:可以沿一定的路线不停地连续输送货物;工作构件的装载和卸载都是在运动过程中完成的,无须停车,即启动、制动少;被输送的散货以连续的形式分布在承载构件上,被输送的成件货物同样按一定的次序以连续的方式移动。

1. 连续输送机械的优点

连续输送机械的优点如下:可采用较高的运动速度,且速度稳定;具有较高的生产率;在同样的生产率下,自重轻,外形尺寸小,成本低,驱动功率小;传动机械的零部件负荷较低且冲击小;结构紧凑,制造和维修容易;输送货物路线固定,动作单一,便于实现自动化控制;工作过程中负载均匀,所消耗的功率几乎不变。

2. 连续输送机械的缺点

连续输送机械的缺点如下:只能按照一定的路线输送,每种机型只能用于一定类型的货物的输送,一般不适于输送质量很大的单件物品,通用性差;大多数连续输送机械不能自行取货,因而需要采用一定的供料设备。

总的来说,连续输送机械是以搬运为主要功能的载运设备。连续输送机械能够实现沿同一方向连续搬运散货或重量不大的件货的功能,输送路线确定,作业效率高。

3. 连续输送机械的应用

连续输送机械由于在一个区间内能沿一定的路线不停地连续输送大量货物,搬运成本非常低廉,搬运时间准确,货流稳定,因此被广泛用于现代化的物流搬运系统中。大量的自动化立体仓库、物流配送中心、大型货场除使用起重机械外,大部分都采用连续输送机械系统,如进出库输送机系统、自动分拣输送机系统、自动装卸输送机系统等。整个搬运系统均由中央计算机控制,形成了一整套复杂完整的货物输送与搬运体系。大量货物或物料的进出库、装卸、分类、分拣、识别、计量等工作均由输送机系统来完成。连续输送机械配置得是否合理,参数选择得是否符合实际,自动化性能的优劣,将直接决定着货物或物料搬运作业的成本。因此,在现代化货物搬运系统中,连续输送机械起着重要的作用。可以说,到目前为止,还没有找到一种具有运费低廉、能大量搬运货物,易于实现自动化、无人化的设备来代替它。连续输送机械是机械化、连续化、自动化流水作业运输线不可缺少的组成部分,是自动化立体仓库、物流配送中心、大型货场所需要配置的主要机械。连续输送机械也是生产物流中的重要设备。在生产车间,连续输送机械起着衔接人与工位、工位与工位、加工与储存、加工与装配的作用,具有物料的暂存和缓冲功能。通过对连续输送机械的合理运用,可使各工序之间的衔接更加紧密,提高生产效率。连续输送机械是生产物流中必不可少的调节手段。

三、连续输送机械的分类

在物流中心,使用最普遍的连续输送机械就是单元负载式输送机及立体输送机。单元负载式输送机的构件包括滚筒、链条等。这些输送机主要是用来做固定路线的输送。输送的单元负载包括托盘、纸箱或其他固定尺寸的物品。输送机类型的选择主要基于物品的特性及系统的需求。

连续运输机械由于在作用原理、结构特点、输送物料的方法和方向以及其他一系列特性上各有不同,因此种类特别繁多,要对它们做出一般性的分类是比较困难的。

1. 按安装方式不同分类

(1) 固定式输送机。固定式输送机是指整个设备固定安装在一个地方,不能再移动的一种输送机。它主要用于固定输送场合,如专用码头、仓库、工厂专用生产线等,具有输送量大、效率高、单位电耗低等特点。

(2) 移动式输送机。移动式输送机是指整个设备固定安装在车轮上,可以移动的一种输送机。它具有机动性强、利用率高和调度灵活等特点,主要适用于输送量不太大、输送距离不长的中小型仓库。

2. 按机械结构特点分类

(1) 具有挠性牵引构件的输送机械。它的工作特点是利用挠性牵引构件的连续运动使货物向一个方向输送。挠性牵引构件是往复循环的一个封闭系统,通常一部分挠性牵引构件输送货物,另一部分挠性牵引构件返回。常见的具有挠性牵引构件的输送机械有带式输送机、链式输送机、斗式提升机、悬挂式输送机等。

(2) 无挠性牵引构件的输送机械。它的工作特点是利用工作构件的旋转运动或振动,使货物向一定方向输送。它的输送构件不具有往复循环形式。常见的无挠性牵引构件的输送机械有气力式输送机、螺旋式输送机、振动式输送机等。

3. 按照输送货物种类分类

连续输送机械按照输送货物的种类可分为件货输送机和散货输送机。

4. 按照输送货物力的形式分类

连续输送机械按照输送货物力的形式可分为机械式、惯性式、气力式和液力式。

连续输送机械的形式、构造和工作原理是多种多样的。由于生产发展的要求,新机型正在不断增加。物流装卸搬运系统常用的连续输送机械主要有带式输送机、链式输送机和斗式提升机等。

四、具有挠性牵引构件的输送机械的主要组成部分

1. 挠性牵引构件

连续输送机械所用的挠性牵引构件有输送带、链条及钢绳。输送带广泛用于带式输送机及

一部分斗式提升机中。此外，链条也用得很广泛，钢绳用得较少。

1）输送带

输送带可以用各种材料制成，如橡胶、帆布、钢等。橡胶输送带在实际中应用最广。橡胶输送带由若干层棉织物相互黏合，并在外面覆以橡胶制成。覆有橡胶的上、下两面称覆面。上覆面是输送带的承载面，即与被运物料接触的一面，其橡胶厚度为 2~6 mm。下覆面是输送带与支承辊接触的一面，厚度为 1.5~2 mm。

按照衬垫层的形状和材料不同，橡胶输送带可分为以下几类。

（1）棉织物及塑料平衬垫普通输送带。

（2）具有以合成材料为核心外包橡胶所形成的绳芯衬垫的输送带。

（3）具有细钢绳芯（直径为 1.2~9.5 mm）的钢丝绳芯输送带。

另外，还有以钢丝绳作为牵引机构的钢丝绳牵引输送带。

2）链条

与其他挠性牵引构件相比较，链条的优点是：能够绕过小直径的链轮或滑轮；易于在其上固定工作构件——料斗、刮板等；链条通过啮合驱动能可靠地传递牵引力；承受载荷时的伸长量小。链条的缺点是：重量较大，价格较高；链条关节处容易沾污和磨损；运动不均匀，会引起动载荷，因而不宜采用高的运动速度。在连续输送机械中所用的链条有各式各样的结构。焊接链条结构简单，但是它由于有较多的缺点，因此较少应用。片式链条应用最广。

2. 张紧装置

在具有挠性牵引构件的连续运输机械中，必须设张紧装置。张紧装置的作用是使挠性牵引构件获得必要的初张力，以保证连续输送机械正常工作。张紧装置的作用具体如下。

（1）补偿挠性牵引构件在工作过程中的伸长。

（2）在偶然因动力作用而使挠性牵引构件张力下降时，也能保证挠性牵引构件张紧。

（3）在使用摩擦传动的驱动装置上，初张力应该足够大，以使挠性牵引构件在滚筒或滑轮之间产生传递牵引力（圆周力）所必需的摩擦力。

（4）在使用啮合传动的驱动装置上，挠性牵引构件在驱动链轮绕出分支的张力，必须保证挠性牵引构件能顺利地从驱动链轮上绕出。

（5）防止挠性牵引构件在支承间过分下垂。

张紧装置可分为螺杆式、重锤式、弹簧螺杆式、绞车式和液压式等。

3. 驱动装置

驱动装置（又称为驱动站）一般包括电动机、传动机构、驱动轴、驱动滚筒（或驱动链轮等）。驱动装置的用途是带动具有挠性牵引构件的输送机械中的挠性牵引构件和工作构件或者将无挠性牵引构件输送机械的工作构件。按照传递牵引力的方法，驱动装置可分为两种，即通过摩擦传递牵引力的摩擦驱动装置和通过啮合传递牵引力的啮合驱动装置。摩擦驱动装置用于驱动输送带、钢丝绳及焊接链条，啮合驱动装置用于驱动链条。啮合驱动装置又有采用链轮的驱动装置和具有特种推头的履带式驱动装置。按照组成构件的不同，驱动装置可分为开式传动机构式、减速式、综合式、特种装入式。驱动装置还可分为恒速驱动装置和变速驱动装置两种。按驱动数量分，驱动装置可分为单驱动装置和多驱动装置。采用多驱动时，在连续输送机械挠性牵引构件的闭合轮廓上装设多个驱动单元，它们能较大地降低挠性牵引构件的总张力，从而可以使挠性牵引构件的尺寸减小，这对于长距离带式输送机、螺旋式输送机等更具有重要意义，这也是当前发展的一个动向。

第二节 连续输送机械的主要技术参数

连续输送机械是一种可以将物资在一定的输送路线上从装货点到卸货点以恒定的或变化的速度进行输送,形成连续或脉动物流的机械。连续输送机械的基本参数表示连续输送机械的技术特征。它不仅是各种使用要求的反映,而且是设计计算的前提,同时还是选择、配置连续输送机械的重要依据。

一、生产率

生产率是指连续输送机械在单位时间内输送货物的质量,用 Q 表示,单位为吨/时(t/h)。它是反映连续输送机械工作性能的主要指标,它的大小取决于连续输送机械单位长度承载构件上货物或物料的质量 q 和输送速度 v,所有的连续输送机械的生产率均可用下式计算:

$$Q = 3.6qv \tag{4-1}$$

式中:q——单位长度承载构件上货物或物料的质量(kg/m);
v——输送速度(m/s)。

最大生产率是指连续输送机械在满足货物或物料性能要求,以最大充填系数,在最有利的输送布局和工艺路线的条件下,在短时间内所能达到的生产率。

二、输送速度

输送速度是指被运货物或物料沿输送方向的运行速度,包括带速、链速、主轴转速等。其中带速是指输送带或牵引带在被输送货物前进方向上的运行速度,链速是指牵引链在被输送货物前进方向上的运行速度,主轴转速是指传动滚筒转轴或传动链轮轴的转速。

三、充填系数

充填系数是指连续输送机械承载构件被物料或货物填满程度的系数。

四、输送长度

输送长度是指连续输送机械装货点与卸货点之间的展开距离。

五、提升高度

提升高度是指连续输送机械将货物或物料在垂直方向上进行输送的距离。

此外,连续输送机械的技术参数还有电动机功率、轴功率、安全系数、制动时间、启动时间、单位长度挠性牵引构件的质量、传入点张力、最大动张力、最大静张力、预张力、拉紧行程等。

第三节 典型连续输送机械

在现代化的物流装卸搬运系统中,典型的连续输送机械主要有带式输送机、链式输送机、滚筒输送机、斗式提升机、辊道式输送机、螺旋式输送机、气力输送机等类型。

一、带式输送机

带式输送机是一种应用最广泛的连续输送机械,它是以封闭无端的输送带作为牵引构件和承载构件连续输送货物的机械。带式输送机主要用于在水平方向或坡度不大的倾斜方向连续输送散粒物料,也可用于输送重量较轻的大宗成件货物。它具有生产率高、适用范围广、输送距离远、工作噪声小、结构和操纵简单等特点,广泛用于仓库、港口、车站、工厂、煤矿、矿山、建筑工地等场所。实际应用结果表明,一般情况下使用带式输送机可比人力作业减轻60%的劳动强度,减少40%人工,提高工作效率3.5倍。

(一)带式输送机的结构和特点

带式输送机是用连续运动的无端输送带输运货物的机械。用胶带作为输送带的带式输送机称为胶带输送机,简称胶带机。

带式输送机的结构特征和工作原理是:输送带既是承载货物的承载构件,也是传递牵引力的牵引构件,依靠输送带与滚筒之间的摩擦力平稳地进行驱动;输送带绕过驱动滚筒和张紧滚筒,并支承在许多托辊上;工作时,由电动机通过减速装置使驱动滚筒转动,依靠驱动滚筒与输送带之间的摩擦力使输送带运动,货物随输送带运送到卸货点。

带式输送机可用于输送散货或件货。根据工作需要,带式输送机可制成工作位置不变的固定式、装有轮子的移动式、输送方向可改变的可逆式和通过机架伸缩改变输送距离的伸缩式等各种形式。固定带式输送机的结构如图4-1所示,移动带式输送机如图4-2所示。

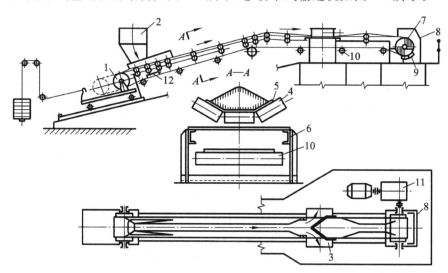

图4-1 固定带式输送机的结构

1—张紧滚筒;2—装载装置;3—犁形卸载挡板;4—槽形托辊;5—输送带;6—机架;7—驱动滚筒;
8—卸载装置;9—清扫装置;10—平托辊;11—减速箱;12—空段清扫器

带式输送机按其结构形式和所用输送带可分为通用带式输送机、移动带式输送机、钢绳芯带式输送机、波状挡边带式输送机、大倾角带式输送机、钢绳牵引带式输送机、压带式输送机、气垫带式输送机、磁性带式输送机、钢带输送机、网带输送机、圆管带式输送机、线摩擦带式输送机等。

图4-2 移动带式输送机

带式输送机主要用于在水平方向或坡度不大的倾斜方向连续输送散粒物料,它可用于输送重量较轻的大宗成件货物。带式输送机的优点是:输送货物量大、品种多、输送距离长;输送能力强,生产率高;结构简单,基建投资少,营运费用低;输送路线可以呈水平、倾斜布置或在水平方向、垂直方向弯曲布置,受地形条件限制较小;工作平稳可靠;操作简单,安全可靠,易实现自动控制。正是由于这些优点,带式输送机遍及仓库、港口、车站、工厂、煤矿、矿山、建筑工地。但带式输送机不能自动取货,当货流变化时,需要重新布置输送路线。另外,它不密闭,当用它输送轻质粉状物料时,在装货点、卸货点和与两台带式输送机的连接处,易扬起粉尘,需采取防尘措施。带式输送机系统便于联网作业,特别是在大型库房,更能充分发挥作用。在库区地面平坦、有铁路专用线站台、仓库库房面积在 800 m² 以上且库房比较集中的条件下使用带式输送机系统,从火车车厢、站台装卸、库区输送到库房内上下垛可形成机械连续作业网;库区无铁路专用线或库区专用线距库房较远的,可使用汽车或牵引车等作为输送工具,并在库房门口与库房内的水平带式输送机系统连接,形成连续作业线。

(二) 带式输送机的工作过程

工作时无端输送带绕过驱动滚筒和张紧滚筒,利用输送带与驱动滚筒之间的摩擦力来驱使输送带运动,物料通过装载装置被输送到输送带上,随着输送带的运动一起被输送到卸货点,通过卸载装置,物料从输送带上卸出,清扫装置清除黏附在输送带上的物料后,使输送带返回进料处,如此不断地循环进行。

(三) 带式输送机的布置

1. 带式输送机的基本布置形式

带式输送机的布置有水平式、倾斜式、带凸弧曲线式、带凹弧曲线式、带凸凹弧曲线式等五种形式。在具体使用时,应根据输送工艺的需要进行选择。带式输送机的基本布置形式如图 4-3 所示。图 4-3 中,(a)、(g)、(h)所示布置形式适用于水平输送,(b)所示布置形式适用于长距离倾斜输送,(i)、(j)所示布置形式适用于倾斜输送,(c)、(d)、(e)、(f)所示布置形式适用于水平和倾斜输送。港口装卸工作主要采用水平输送或倾斜输送的布置形式。为了减轻对输送带的磨损,提高生产率和便于布置装、卸载装置,装货点和卸货点宜布置在水平段内。对于输送带较短的或者倾斜向上的带式输送机,张紧装置可布置在尾部;对于较长的水平带式输送机,应在头部驱动装置附近张力较小的一侧设张紧装置,以保证启动时驱动点的输送带处于张紧状态。

2. 带式输送机的最大允许倾角

带式输送机可用于水平或倾斜输送。倾斜向上运输时,不同物料所允许的最大倾角不同,当超过允许的最大倾角时,由于物料与输送带间的摩擦力不够,物料在输送带上将产生滑动,从而影响运输生产率,甚至不能输送货物。

如图 4-4 所示,根据物料在输送带斜面上的平衡条件可知:欲使物料不沿斜面下滑,物料的下滑分力不得大于物料与带面间的摩擦力(此摩擦力是物料下滑的阻力),即

$$G\sin\beta \leqslant G\cos\beta \cdot \mu \tag{4-2}$$

从而得出 $\tan\beta \leqslant \mu = \tan\rho$,即

$$\beta \leqslant \rho$$

式中:G——物料的重力;

β——输送机倾角;

μ——物料对输送带的摩擦系数;

ρ——物料对输送带的摩擦角;

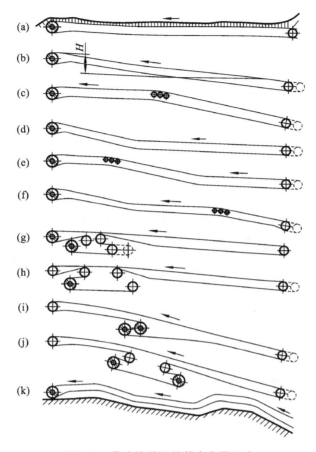

图 4-3　带式输送机的基本布置形式

R——合力。

由上述分析可知，避免物料下滑现象的必要条件是带式输送机的倾角不得大于物料对输送带的摩擦角。但实际工作情况较之静止的输送带斜面要复杂得多。第一，输送带在相邻支承点间有一定的垂度，这就使其个别区段的倾角 β_1 大于带式输送机倾角 β，如图 4-5 所示；第二，输送过程中物料有跳动，表面圆滑的块状物容易发生滚动。所有这些因素将促使物料更早地发生下滑现象。

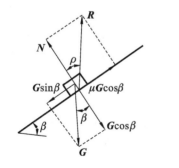

图 4-4　物料在斜面上的受力

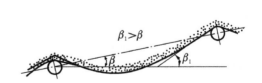

图 4-5　带式输送机倾角 β 和托辊间输送带的实际倾角 β_1

另一方面，供料情况对物料是否容易下滑也有影响。连续均匀地供料，使运送在前面的物料经常受到后来物料的支托，从而增加物料的下滑阻力。在水平段装料，由于水平段物料有对倾斜段物料的承托作用，因而可取较大的倾角；周期性地装料会引起物流的间断，则要取较小的倾角。

考虑到上述种种实际因素，为保证正常输送，避免物料下滑，带式输送机的最大允许倾角应该较物料对输送带的摩擦角小 7°～10°，部分物料的最大允许倾角列于表 4-1 内，可供参考。

表 4-1　带式输送机的最大允许倾角 β_{max}

物料名称	$\beta_{max}/°$	物料名称	$\beta_{max}/°$
块煤	18	湿砂	23
原煤	20	干砂	15
筛分后的焦炭	17	未筛分的石块	18
水泥	20	盐	20
混有砾石的砂	18～20	谷物	18

（四）带式输送机的主要部件

带式输送机主要包括以下几个部分。

1. 驱动装置

驱动装置有开式和闭式两种。

开式驱动装置由电动机、高速联轴器（或液力耦合器）、制动器、减速器、低速联轴器、逆止器等组成。

在闭式驱动装置（电动滚筒）中，电动机、减速器均放置在滚筒空腔内。

2. 滚筒

滚筒有传动滚筒和改向滚筒两类。

传动滚筒一般采用光面滚筒，但长距离带式输送机多采用胶面滚筒。它是传递动力的主要部件。

改向滚筒用来改变输送带的运行方向和增加传动滚筒的围包角。

3. 输送带

输送带是物料的承载构件和牵引构件。输送带承受物料的区段叫作承载段，输送带的返回区段叫作空载段。常用的带芯材料有棉帆布、尼龙帆布、钢丝绳。

4. 托辊

托辊可分承载托辊、空载托辊、过渡托辊、调心托辊及缓冲托辊等几类。承载托辊用来支承输送带和物料，使之稳定运行；空载托辊用来支承空载段输送带；过渡托辊设置在滚筒与第一组承载托辊之间，使输送带从槽形过渡到平形，以减小输送带的附加应力；调心托辊能调节输送带的跑偏程度；缓冲托辊安装在装料处，以减小物料对输送带的冲击，从而提高输送带的使用寿命。

5. 张紧装置

常用的张紧装置有螺杆拉紧、重锤拉紧、自动绞车张紧和固定绞车张紧等几种。张紧装置作用是使输送带保持必要的张力，以防止输送带与传动滚筒打滑，并控制输送带的挠度。

6. 清扫器

清扫器有承载面清扫器和空载段清扫器两类。承载面清扫器用来清扫粘在输送带承载面上的物料，空载段清扫器用来防止物料卷入滚筒。

7. 机架

机架包括头架、尾架、中间架、支腿、拉紧装置架、驱动装置架等几大部分。它是带式输送机的骨架。

8. 溜槽（料斗）、导料板

溜槽（料斗）起着物料转接和储存的作用。它可容纳停机时堆积的物料。物料通过溜槽下方的导料板落到输送带上，以防外溢。

9. 制动器、逆止器

对上运带式输送机，为防止在有载状态下停车时输送带逆行，输送机上设有逆止器或制动器。另外在工艺流程有需要时，也设有制动器。

为确保带式输送机系统的安全运行，带式输送机设有电流保护装置、输送带纵向撕裂检测装置、速度检测装置、溜槽堵塞开关、跑偏保护装置、输送带打滑检测装置、紧急停机开关、拉紧重锤限位开关、金属检测装置、清除混入物料中铁件的带式除铁器、各种行程限位开关以及启动电铃等多种电气保护装置。

现代化的带式输送机系统对防尘提出更高的要求。为此，在各转接处设有洒水集尘装置。带式输送机沿线设有防风罩或挡风板。

（五）带式输送机基本参数的确定

带式输送机的基本参数主要有生产率、带速、带宽等。

1. 生产率的确定

带式输送带的生产率常常用质量生产率和容积生产率来表示。

（1）质量生产率。质量生产率是指带式输送机单位时间内输送物料的质量。连续输送机械质量生产率的计算通式为

$$m = \frac{3.6qv}{g} \tag{4-3}$$

式中：m——质量生产率（t/h）；

q——输送带线载荷（N/m）；

v——输送带速度（m/s）；

g——重力加速度（m/s²）。

带式输送机质量生产率的计算过程如下。

带式输送机输送散粒物料和成件货物示意图如图 4-6 所示。当连续输送的散粒物料堆放在输送带上时，如图 4-6（a）所示，输送带线载荷（单位为 kN）为

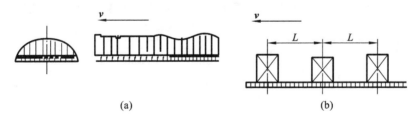

图 4-6 带式输送机输送散粒物料和成件货物示意图

$$q = 1\,000F\gamma = 1\,000F\rho g \tag{4-4}$$

式中：F——散粒物料堆积的断面面积（m²）；

γ——散粒物料重度（kN/m³），是指在松散堆积状态下单位体积散粒物料的重力；

ρ——散粒物料堆密度（t/m³），是指在松散堆积状态下单位体积散粒物料的质量。

所以带式输送机的质量生产率为

$$m = 3.6 \times 10^3 \frac{F\gamma v}{g} = 3.6 \times 10^3 F\rho v \tag{4-5}$$

当运送成件货物时,如图 4-6(b)所示,输送带线载荷 q 为

$$q = \frac{G}{L} \tag{4-6}$$

式中:G——所运每件货物的重力(N);

L——成件货物的间隔距离(m)。

因而质量生产率为

$$m = 3.6 \frac{Gv}{Lg} \tag{4-7}$$

(2)容积生产率。容积生产率是指带式输送机单位时间内输送物料的体积。由于 $m=V\rho$,将其代入式(4-5)中,得出输送散粒物料的容积生产率 V 为

$$V = 3.6 \times 10^3 Fv \tag{4-8}$$

在运送成件货物时,设每件货物之间的时间间隔为 $t=L/v$(单位为 s),则以件数计的生产率 Z(单位为件/时)为

$$Z = 3.6 \times 10^3 \frac{v}{L} \tag{4-9}$$

综上所述可知,在运送散粒物料时,其堆积的断面面积越大,工作速度越高,生产率越高;对于成件货物,工作速度越大,货物间距离越小,生产率越高。

由上述各式计算所得的生产率仅是理论值,实际工作中,由于物料供应情况不一定全部是均匀输送,因此质量生产率计算值要大于或等于平均的实际质量生产率 m_0。m 与 m_0 的关系为

$$m = km_0 \tag{4-10}$$

式中:k——物料供应的不均匀系数,$k \geq 1$。

2. 带速的确定

输送速度是指被运货物或物料沿输送方向的运行速度。其中带速是指输送带或牵引带在被运货物或物料前进方向上的运行速度。由生产率的计算可知,带速是提高输送机生产率的主要因素。在同样生产率条件下,带速越大,单位长度输送带上的负荷越小,即可以减少输送带衬层的层数,降低输送带的成本;同时,带速增加,也可以为采用较窄的输送带创造条件,从而使整个输送装置结构紧凑。但是带速太大,会使输送带产生较大的横向摆动,加速输送带的磨损,降低输送带的使用寿命。因此,通常情况下,带速与带宽要同时考虑,推荐的带速如表 4-2 所示。

表 4-2 带宽与带速的关系

带宽 B/mm	500	650	800	1 000	1 200	1 400
带速 v/(m/s)	1.25	1.25	2.0	2.5	3.15	4.0

3. 带宽的确定

带式输送机输送散粒物料的质量生产率 $m=3.6\times10^3 F\rho v$,式中 F 为散粒物料在输送带上堆积的断面面积。通常情况下,输送带有平带和槽式带两种类型,散粒物料在其上的断面面积如图 4-7 所示。

散粒物料在平带上堆积的断面面积 F_P(单位为 m²)为

$$F_P = \frac{b^2}{4}\tan\rho_a \tag{4-11}$$

式中:b——散粒物料在平带上的堆积宽度,一般取 $b=(0.9B \sim 0.05 \text{ m})$;

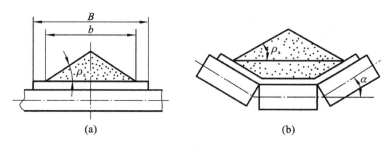

图 4-7　输送带上散粒物料堆积断面示意图

ρ_a——堆积角。

故

$$F_P = \frac{(0.9B - 0.05)^2}{4} \tan\rho_a = k_P (0.9B - 0.05)^2 \qquad (4-12)$$

式中：ρ_a——堆积角。

散粒物料的堆积角分为静堆积角和动堆积角。静堆积角是指在静止状态下堆积的散粒物料的自由表面与水平面所形成的最大夹角。当振动堆放散粒物料的底面时，静堆积角随振动频率的增加而减小，此时的堆积角称为动堆积角。在实际应用中，常采用物料的动堆积角作为计算依据。动堆积角的大小为静堆积角的 0.65～0.80。散粒物料在槽式带上的堆积断面面积 F_C 为三角形与梯形截面面积之和（见图 4-7(b)），即

$$F_C = \frac{(0.9B - 0.05)^2 - L^2}{4} \tan\alpha + \frac{(0.9B - 0.05)^2}{4} \tan\rho_a = k_C (0.9B - 0.05)^2 \qquad (4-13)$$

式中：L——槽形托辊组中间托辊长度。

将 F_P 和 F_C 代入 $m = 3.6 \times 10^3 F\rho v$，于是得到带宽 B（单位为 mm）的计算公式为

$$B = 1.1 \left(\sqrt{\frac{m}{3.6 \times 10^3 k\rho v}} + 0.05 \right) \qquad (4-14)$$

系数 k 值按表 4-3 取值。

表 4-3　系数 k 值

槽角 α	堆积角 ρ_a		
	10°	20°	30°
	k		
0°	0.029 2	0.059 1	0.090 6
20°	0.096 3	0.124 5	0.153 8
30°	0.128 4	0.148 8	0.175 7
45°	0.148 5	0.168 9	0.191 5

对于所确定的带宽 B，还应根据所运散粒物料的颗粒大小，按下列各式进行校核。对于未分选的散粒物料，设它的最大粒度尺寸为 $a_{\max}$，则

$$B \geqslant 2a_{\max} + 200 \qquad (4-15)$$

对于已分选的散粒物料，设其平均粒度尺寸为 a，则

$$B \geqslant 3.3a + 200 \qquad (4-16)$$

在按上述情况确定带宽以后，应根据计算结果将带宽尺寸圆整为标准数值。

另外，在选择和使用带式输送机时，应该注意以下问题。输送带的长度受到输送带本身强度和运动稳定性的限制。输送距离越长，所需驱动力越大，输送带所承受的张力也越大，输送带

的强度要求就越高。当输送距离较长时,若安装精度不够,则输送带运行时很容易跑偏成蛇形状,使输送带的使用寿命降低。所以采用普通带式输送机,单机长度一般不超过 40 m;采用高强度带式输送机,单机长度可达 10 km。带式输送机工作时,首先要检查输送带的松紧程度,并进行空载启动以降低启动阻力。其次,所有托辊都应回转,托辊不转将造成带运动阻力增大、功率消耗增大,同时还将造成输送带和托辊严重磨损。因此,应经常检查托辊回转情况,及时消除故障。再次,带式输送机的进料必须保持均匀,且输送机必须在停止进料且待机上物料卸完后才能停机。如果中途突然停机,在事故排除后,卸下带上的物料再启动。多台带式输送机联合工作时,开机时应从卸料端那台输送机开始启动,停机时先停止进料,从进料端那台输送机开始关机,然后逐一向前停机。如果中间某台输送机发生故障,则应先停止进料端和进料端的输送机,进行维修,否则就会造成物料的堵塞。最后,带式输送机不使用时,应盖上油布,防止日晒、夜露和雨淋,以防输送机腐蚀和生锈。若带式输送机较长时间不使用,应调松输送带,入库保存。

(六) 新型带式输送机

(1) 压带式带式输送机。为了充分发挥带式输送机的优点,克服其不能实行垂直方向输送的缺点,近年来出现了一种压带式带式输送机。这种带式输送机与一般带式输送机构造相同,只是在垂直区段增加一台并列的带式输送机,两台带式输送机的输送带夹持着散粒物料或成件货物同步提升。

(2) 波形挡边带式输送机。波形挡边带式输送机近年在世界各国广泛应用,它已成功地用于散货连续卸船机和散货自卸船中。波形挡边带式输送带是在普通平股带两侧装上波形挡边,两挡边之间每隔一定距离有一块横隔板,挡边和横隔板使输送带上形成格状料斗,既增大了物料装载量,又可在大倾角以至垂直方向上输送物料。

(3) 中间带驱动的带式输送机。这种带式输送机的驱动方式是在一条长距离的带式输送机中间安装几台较短的驱动带式输送机,借助两条紧贴在一起的输送带产生摩擦力来驱动长距离带式输送机。

采用中间带驱动形式,可以大幅度降低长距离输送带的计算张力,从而降低对输送带强度的要求,使驱动带的厚度、自重和传动装置尺寸减小,使驱动带的价格降低,并且使长距离带式输送机可以采用普通标准输送带来实现无转载的物料输送,使输送带寿命显著提高。但是,它也存在着一些缺点。例如,输送带用量大;空载或间断供料时,中间摩擦驱动装置的牵引能力降低,一旦过载易打滑;电气控制较复杂等。

(4) 气垫带式输送机。气垫带式输送机是在普通带式输送机的基础上发展而来的,其工作方式主要是用气室代替托辊组,当鼓风机将空气压入气室后,空气从气室上部的弧形盘槽上的若干小孔喷出,在盘槽和承载带之间形成一薄层气膜,用来支承输送带,使其不与盘槽接触,传动滚筒驱动输送带,使空气在气垫上运行,达到运送货物和变托辊的滚动摩擦为气垫的流体摩擦的目的。

气垫带式输送机继承了普通带式输送机的优点。它有以下特点:气垫带式输送机克服了普通带式输送机输送带在托辊间波浪式运行的缺点,使物料在运行中非常平稳,不撒料,不产生温升,故障率低,提高了运行可靠性;气垫带式输送机运行阻力小,运行平稳,带速较快,这样可以减小输送带张力,减小带宽,减少层数,使输送带总体投资减少;气垫带式输送机除头尾段外,中间无旋转部件,可实现密闭输送,粉尘污染少;气垫带式输送机以气垫支承代替众多的托辊支承,转动部件大大减少,输送带寿命可提高 3~4 倍;气室中的槽盘一般不需要维修,所以气垫带式输送机的维修费用一般可比普通带式输送机的维修费用节约 60%～70%，也减少了营运费用。

气垫带式输送机可输送袋物和散粒物料，其中散料包括轻散粒物料、中等散粒物料、重散粒物料甚至特重散粒物料（如重矿石）等。

二、链式输送机

图 4-8 所示为链式输送机结构示意图。链条是用金属环或金属片等连接而成的挠性构件。链条上装有支承物品的滚子，滚子的材料一般为钢。为了降低噪声，有的也采用工程塑料。这种输送机输送速度较慢，构造简单、易维护，因而在物流领域得到了广泛应用。

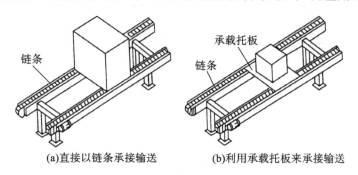

(a)直接以链条承接输送　　(b)利用承载托板来承接输送

图 4-8　链式输送机结构示意图

（一）链式输送机的特点及其分类

链式输送机的特点是：用绕过若干链轮的无端链条作牵引构件，由驱动链轮通过轮齿与链节的啮合将圆周牵引力传递给链条，在链条上或固接着的一定的工作构件上输送货物。

链式输送机的类型很多，用于港口、仓库货物装卸的链式输送机主要有链板输送机、刮板输送机和埋刮板输送机。

最简单的链式输送机由两根套筒辊子链条组成，其输送链示意图如图 4-9 所示。链条由驱动链轮牵引，链条下面有导轨，支承着链节上的套筒辊子。货物直接压在链条上，随着链条的运动而向前移动。

用特殊形状的链片制成的链条，可以用来安装各种附件，如托板等。用链条和托板组成的链板输送机是一种广泛使用的连续输送机械。如果辊子支承力的方向垂直于链条的回转平面，则可以制成水平回转的链板输送机。如果托板铰接在链条上，可以侧向倾翻，则可以制成自动分选机。在需要把货物卸出的地点使托板倾翻，即可使货物滑到相应的输送分选溜槽内。

链板输送机（见图 4-10）的结构和工作原理与带式输送机相似，它们的区别在于：带式输送机用输送带牵引和承载货物，靠摩擦驱动传递牵引力；而链板输送机用链条牵引货物，用固定在链条上的托板承载货物，靠啮合驱动传递牵引力。链板输送机主要用于在部分仓库或内河港口中输送件货。与带式输送机相比，它的优点是托板上能承放较重的件货，链条挠性好、强度高，可采用较小直径的链轮传递较大的牵引力；缺点是自重、磨损、消耗功率都较带式输送机大。而且，链板输送机与采用其他啮合驱动形式的输送机和提升机一样，在链条运动中会产生动载荷，使工作速度受到限制。

刮板输送机（见图 4-11）是利用相隔一定间距固定在牵引链条上的刮板沿敞开的导槽刮运干散货的机械。刮板输送机的工作分支可采用上分支或下分支。前者供料比较方便，可在任一点将物料供入敞开的导槽内；后者卸料比较方便，可打开槽底任一个洞孔的闸门，从而让物料在

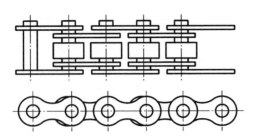

图 4-9 最简单的链式输送机输送链示意图

图 4-10 链板输送机

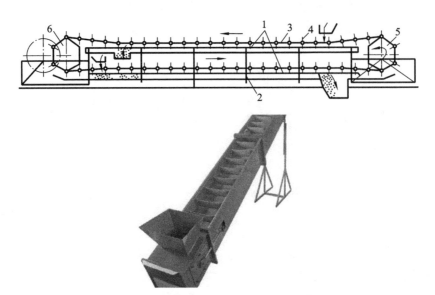

图 4-11 刮板输送机

1—导槽；2—机架；3—链条；4—刮板；5—驱动链轮；6—张紧链轮

不同位置流出。当需要向两个方向输送物料时，则上下分支可同时作为工作分支。

刮板输送机适于在水平方向或小倾角方向上输送煤炭、砂子、谷物等粉粒状和块状物料，它的优点是结构简单、牢固，对被运物料的块度适应性较强，改变输送机的输送长度较方便，可在任意点装货或卸货；缺点是由于物料与料槽和刮板与料槽的摩擦，料槽和刮板的磨损较快，输送阻力和功率消耗较大。因此，刮板输送机常用于生产率不大的短距离输送，在港站（或库场）可用于干散货堆场或装车作业。

（二）埋刮板输送机

埋刮板输送机（见图 4-12）是由刮板输送机发展而来的一种链式输送机，但其工作原理与刮板输送机不同。在埋刮板输送机的机槽中，物料不是一堆一堆地被各个刮板刮运向前输送的，而是以充满机槽整个断面或大部分断面的连续物料流形式进行输送。工作时，与链条固接的刮板全埋在物料之中，刮板链条可沿封闭的机槽运动，可在水平和垂直方向输送粉粒状物料。物料可由加料口供入机槽内，也可在机槽的开口处由运动着的刮板从料堆取料。因此，埋刮板输送机在港口不仅可用于散货输送，还常用作散货卸船设备。

1. 埋刮板输送机的主要部件

埋刮板输送机主要由封闭断面的机槽（机壳）、刮板链条、驱动装置及张紧装置等组成。

机槽分成两个部分，一部分为工作分支，另一部分为非工作分支，通常采用矩形断面。机槽的头部设有驱动链轮，驱动链轮由电动机和传动装置带动。机槽的尾部设有张紧链轮和螺旋式张紧装置。机槽还开有加料口和卸料口。

刮板链条既是牵引构件,又是承载构件,通常由不同形式的刮板和链条焊接而成。链条可用套筒滚子链或叉形片式链。叉形片式链由于其关节的特殊形式可以防止物料颗粒进入链条板片之中。刮板的结构形式有为 T 形、U 形、O 形、H 形、L 形等。常用刮板的结构形式如图 4-13 所示。其中 U 形刮板使用最普遍,可用于水平、倾斜和垂直方向输送,而 T 形刮板、L 形刮板适用于水平输送。在选用刮板结构形式的时候,输送一般物料可选结构较简单的形式;输送黏性较大的物料也可选用结构较简单的形式,以减少物料在刮板上黏附,便于卸料和清扫;物料的悬浮性及流动性越大和机槽越大,所选用的刮板结构形式也越复杂(如 H 形、O4 形);在大机槽中输送堆密度大的物料时,为增加刮板的刚性,可采用带斜撑的 O4 形刮板。U 形刮板有外向和内向两种布置方式,两者相比较,外向刮板链条较为平稳,有利于卸料,但输送机头部和尾部的尺寸较大。

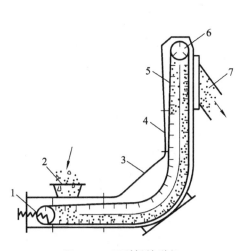

图 4-12 埋刮板输送机

1—张紧装置;2—加料斗;3—弯道;4—机槽;
5—刮板链条;6—驱动链轮;7—卸料口

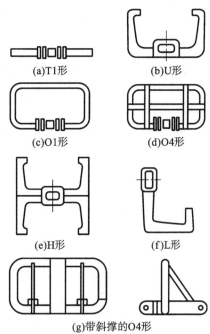

图 4-13 常用刮板的结构形式

2. 埋刮板输送机的工作原理

埋刮板输送机是利用散粒物料具有内摩擦力和侧压力等特性来工作的。水平输送物料时,由于刮板链条在槽底运动,刮板之间的物料被拖动向前成为牵引层。当牵引层物料对其上的物料层的内摩擦力大于物料与机槽两侧壁间的外摩擦力时,上层物料就随着刮板链条向前运动。

刮板以上的料层受到内摩擦力和外摩擦力的作用。内摩擦力带动物料层运动,它由重力作用在物料层与牵引层之间产生。

在垂直输送物料时,机槽内的物料受到刮板向上的推力和下部不断供入的物料对上部物料的支承作用,同时物料的侧压力会使运动物料对周围的物料产生向上的内摩擦力。此外,物料还有起拱的特性,有利于随刮板运动。当以上的作用能够克服物料与槽壁间的外摩擦力及物料自身的重力作用时,物料就形成连续整体的料流随刮板链条向上输送,但刮板链条在运动中有振动,料拱会时而破坏时而形成,使物料在输送过程中相对链条产生一种滞后现象,影响生产率。

3. 埋刮板输送机的特点和应用

埋刮板输送机的优点是：构造简单，体积小，重量较轻；密封好，输送易扬尘的物料时可防止环境污染；输送路线布置灵活，安装维修比较方便，可多点加料、多点卸料。此外，它的机槽具有足够的刚度，往往不必另加支架；用于港口卸船时，可采用吊装式垂直输送的结构。

埋刮板输送机的缺点是：链条埋在物料层中，工作条件恶劣，因而磨损严重，机槽也易磨损；不宜输送黏性、磨琢性很大和易结块的、怕碎的物料。此外，埋刮板输送机的输送速度和生产率较低，功率消耗较大。

三、滚筒输送机

滚筒输送机是由一系列以一定间距排列的辊子组成的用于输送成件货物或托盘货物的输送机械。图4-14所示为重力式滚筒输送机工作简图。采用这种输送机输送货物时，货物和托盘的底部必须有沿输送方向的连续支承面。为保证货物在辊子上移动时的稳定性，该支承面的长度至少应该保持支承面与四个辊子同时接触，即辊子的间距应小于货物支承面长度的1/4。滚筒输送机有很多，通常可分为无动力式和有动力式两种类型。

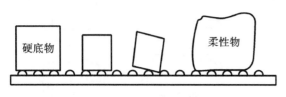

图4-14 重力式滚筒输送机工作简图

（一）无动力式滚筒输送机

这类滚筒输送机自身无驱动装置，滚筒的转动是被动的，物品依靠人力、重力或外部推拉装置移动。无动力式滚筒输送机有水平和倾斜两种布置形式。水平布置形式主要依靠人力或外部推拉装置移动物品。其中，人力推动用于物品重量较轻、输送距离较短、工作不频繁的场合；外部推拉形式则采用链条牵引、胶带牵引、液压气动装置推拉等方式，可以按要求的速度移动物品，便于控制物品的运行状态，用于物品重量大、输送距离长、工作比较频繁的场合。倾斜布置形式依靠物品重力进行输送，优点是结构简单，不消耗能源，经济实用；缺点是不易控制物品的运行状态，物品之间易发生撞击，输送机的起点和终点要有高度差，如果输送距离较长，必须分成几段，在每段的终点设一个升降台，把物品提升至一定的高度，使物品再次沿重力式辊道移动。

（二）有动力式滚筒输送机

这种滚筒输送机本身有动力装置，滚筒转动是主动的。有动力式滚筒输送机可以严格控制物品的运行状态，按规定的速度精确、平稳、可靠地输送物品，便于实现输送过程的自动控制。按照动力装置的不同，可将有动力式滚筒输送机分为以下几种类型。

1. 平带驱动滚筒输送机

图4-15所示为平带驱动滚筒输送机结构示意图。在平带上安装了许多承载滚筒，下方装有调整平带松紧的压力滚筒。承载滚筒的选择和间隔大小与承载物品的尺寸、重量有关。位于两承载滚筒之间的压力滚筒可上下调整，从而达到调整平带驱动力的目的。

2. 锥齿轮驱动滚筒输送机

图4-16所示为锥齿轮驱动滚筒输送机结构示意图。这种有动力式滚筒输送机负载能力强，但由于输送机侧面安装有驱动锥齿轮，故输送机在宽度方向所占空间较大；在需要转弯输送的情况下，转弯处驱动锥齿轮之间的连接需采用万向节。

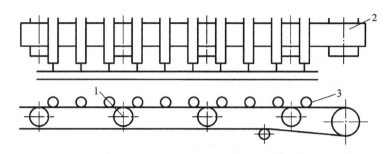

图 4-15　平带驱动滚筒输送机结构示意图

1—压力滚筒；2—平带；3—承载滚筒

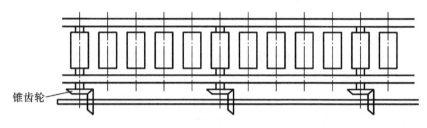

图 4-16　锥齿轮驱动滚筒输送机结构示意图

3. 链条驱动滚筒输送机

图 4-17 所示为链条驱动滚筒输送机结构示意图。这种有动力式滚筒输送机使用广泛，根据传动方式不同，它可分为连续式链条驱动滚筒输送机和接力式链条驱动滚筒输送机两种。

4. 电动机驱动滚筒输送机

电动机驱动滚筒输送机的每个驱动滚筒都配备一台电动机和一台减速机单独驱动。由于每个驱动滚筒自成系统，故更换、维修比较方便，但费用较高。图 4-18 所示为电动机驱动滚筒输送机结构示意图。

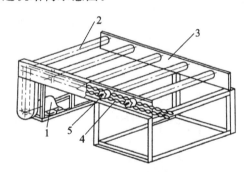

图 4-17　链条驱动滚筒输送机结构示意图

1—驱动装置；2—主动滚筒；3—框架；
4—传动链条；5—从动链条

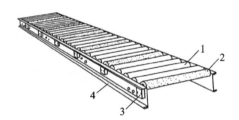

图 4-18　电动机驱动滚筒输送机结构示意图

1—被动滚筒；2—驱动滚筒；
3—电动机；4—滚筒支架

（三）滚筒输送机有关参数的确定

在物流领域中，尤其是在物流自动化过程中，滚筒输送机应用非常广泛。为了选择出符合实际需要的滚筒输送机型号、规格，管理者需要在需求调查的基础上认真确定滚筒输送机的有关技术参数。

1. 原始数据的确定

在进行滚筒输送机基本参数选择之前，首先需要搞清楚一些基本的原始参数。这些原始参数如下。

(1) 滚筒输送机的形式、长度以及布置形式。

(2) 输送量(单位时间内输送物品的件数)、输送速度、载荷在滚筒输送机上的分布情况。

(3) 单个物品的质量、外包装形式、材质、外形尺寸等。

2. 基本参数的确定

1) 滚筒长度

(1) 滚筒输送机直线段滚筒长度。圆柱形滚筒输送机直线段滚筒长度可按下列方法确定。图4-19所示为单滚筒输送机直线段横断面示意图。

图中 l(单位为 mm)为滚筒长度,B(单位为 mm)为被输送物品的宽度,滚筒长度为

$$l = B + \Delta B \tag{4-17}$$

式中:ΔB——宽度裕量,一般取 $\Delta B = 50 \sim 150$ mm。

对于底部刚度很大的物品,在不影响正常输送和安全的情况下,物品的宽度可大于滚筒长度,如图4-19(c)所示,一般可取 $l \geq 0.8B$。

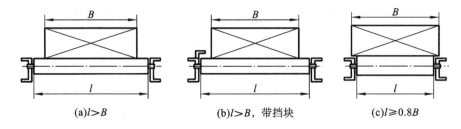

图 4-19 单滚筒输送机直线段横断面示意图

对于采用短滚筒的多辊输送机,输送机宽度的确定可参照图4-20。图中 W(单位为 mm)为输送机宽度,其值为

$$W = B + \Delta B \tag{4-18}$$

式中符号含义同上。一般可取 $\Delta B = 50$ mm。当多辊筒少于4列时,如图4-20(b)所示,滚筒输送机只适于输送刚度大的平底物品,物品宽度应大于输送机宽度(可取 $W = (0.7 \sim 0.8)B$)。

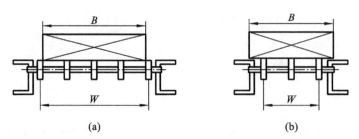

图 4-20 采用短滚筒的多辊输送机横断面示意图

(2) 滚筒输送机圆弧段滚筒长度。滚筒输送机在转弯处,即圆弧段的滚筒应采用圆锥形滚筒。圆锥形滚筒输送机圆弧段如图4-21所示,其滚筒长度 B 的计算公式为

$$B = \sqrt{(R+W)^2 + (L/2)^2} - (R - 50) \tag{4-19}$$

式中:L——物品的长度(mm);

R——转弯曲率半径(mm);

W——输送机宽度(mm)。

2）滚筒间距

滚筒间距的大小应保证被输送物品的平稳。如前所述，滚筒输送要保证平稳地输送物品，至少应保证 4 个以上的滚筒支承着物品。因此，滚筒间距可按下式计算：

$$p = \left(\frac{1}{4} \sim \frac{1}{5}\right)L \tag{4-20}$$

式中：p——滚筒间距(mm)；

L——物品的长度(mm)。

对于柔性大的物品，要适当缩小滚筒间距。另外，当滚筒输送机在承载物品段承受冲击载荷时，也需要缩小滚筒间距或增大滚筒直径。

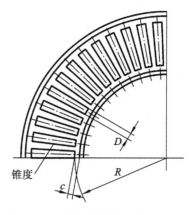

图 4-21 圆锥形滚筒输送机圆弧段

3）滚筒直径

滚筒直径的确定主要考虑滚筒的承载能力，可按下式选取滚筒直径：

$$F \leqslant [F] \tag{4-21}$$

式中：F——作用在单个滚筒上的载荷(N)；

$[F]$——单个滚筒上的允许载荷(N)。

作用在单个滚筒上的载荷与物品的质量、支承物品的滚筒数量和物品底部特性有关，可按下式计算：

$$F = \frac{mg}{K_1 K_2 n} \tag{4-22}$$

式中：m——单个物品的质量(kg)；

K_1——单列滚筒有效支承系数，一般取 $K=0.7$，对于底部刚度很大的物品，可取 $K_1=0.5$；

K_2——多列滚筒不均衡承载系数，对双列滚筒取 $K_2=0.7\sim 0.8$，对单列滚筒取 $K_2=1$；

n——支承单个物品的滚筒数；

g——重力加速度，取 $g=9.81$ m/s²。

单个滚筒的允许载荷 $[F]$ 与滚筒直径和滚筒长度有关，可从产品技术说明书中查取。在确定了单个滚筒上的允许载荷及滚筒长度以后，即可选择适当的滚筒直径 D。

4）圆弧段半径

一般情况下，滚筒输送机的圆弧段半径可从产品技术资料中查得。如果是定制产品，需要根据场地情况自行设计圆弧段。滚筒输送机圆弧段半径的计算方法如下。

一般情况下，圆弧段的滚筒为圆锥形滚筒。图 4-21 所示为圆锥形滚筒输送机圆弧段。图中 R 为圆弧段内侧半径，可按下式计算：

$$R = \frac{D}{K} - c \tag{4-23}$$

式中：R——圆弧段内侧半径(mm)；

D——圆锥形滚筒小端直径(mm)；

K——滚筒锥度，常用的有 $\frac{1}{16}$、$\frac{1}{30}$、$\frac{1}{50}$，锥度越小，物品在圆弧段运行越平稳，布置空间比较宽裕时，K 值可取得小些，否则 K 值取得大些；

c——圆锥形滚筒小端端面与机架内侧的间隙(mm)。

圆弧段的滚筒也可采用圆柱形滚筒。当采用圆柱形滚筒时，滚筒一般采用单列布置形式，但如果滚筒长度大于 800 mm,应该考虑采用双列布置形式。圆弧段内侧半径 R 一般可参考表 4-4 选取。

表 4-4　圆柱形滚筒输送机圆弧段内侧半径

滚筒直径/mm	25	40	50	60	76	89	108	133	159
圆弧内侧半径 R/mm	630	630	800	800	800	1 000	1 000	1 250	1 250
			900	900	900				
	800	800	1 000	1 000	1 000	1 250	1 250	1 600	1 600

5) 输送机高度

滚筒输送机的高度 H 应根据物品装卸搬运工艺要求确定,一般取 $H=500\sim 800$ mm。

6) 输送速度

滚筒输送机的输送速度 v 应根据装卸搬运工艺要求和输送方式确定。一般情况下,无动力式滚筒输送机可取 $v=0.2\sim 0.4$ m/s,有动力式滚筒输送机可取 $v=0.25\sim 0.5$ m/s,并尽量取较大值,以满足不同情况下的生产率要求。当工艺上对输送速度做出严格规定时,应按工艺要求确定滚筒输送机的输送速度。但在一般情况下,无动力式滚筒输送机的输送速度不宜大于 0.5 m/s,有动力式滚筒输送机的输送速度不宜超过 1.5 m/s,其中链传动滚筒输送机的速度不宜大于 0.5 m/s。

7) 输送能力的确定

滚筒输送机的输送能力是一个重要的使用性能参数,一般用质量生产率和件数生产率来表示。滚筒输送机的质量生产率用下式计算:

$$I_m = \frac{3.6 q_G v}{g} \tag{4-24}$$

式中:I_m——滚筒输送机的质量生产率(t/h);

q_G——滚筒输送机单位长度上的载荷量(N/m);

v——滚筒输送机的输送速度(m/s);

g——重力加速度(m/s²)。

单位长度上物品的质量 q_G 可用下式计算:

$$q_G = \frac{G}{a} \tag{4-25}$$

式中:G——单件物品的重力(N);

a——滚筒输送机上物品的间距(m)。

滚筒输送机的件数生产率 Z(单位为件/时)按下式计算:

$$Z = \frac{3\ 600 v}{a} \tag{4-26}$$

式中:v——滚筒输送机的输送速度(m/s);

a——滚筒输送机上物品的间距(m)。

3. 重力式滚筒输送机倾角的确定

图 4-22 所示为重力式滚筒输送机工作示意图。物品在自身质量的作用下自高处被输送到低处。图中 β 为输送机的倾角。通常情况下,无动力式滚筒输送机的倾角多取 $\tan\beta=0.02\sim 0.04$。表 4-5 列出了输送常用物品时重力式滚筒输送机倾角的参考数值,可供在布置重力式滚筒输送机时参考。

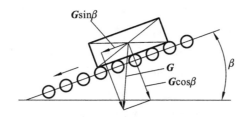

图 4-22 重力式滚筒输送机工作示意图

表 4-5 输送常用物品时重力式滚筒输送机倾角的参考数值

物 品 名 称	物品质量/kg	输送机倾角 β
木箱	9～22	2°18′
木箱	23～65	2°
木箱	68～110	1°43′
纸板	1.4～3.0	4°
纸板	3.5～7.0	3°26′
纸板	8.0～23.0	2°52′
结构木	—	2°18′
低辊		1°09′
钢板		0°55′
铸件	—	0°52′

四、斗式提升机

这种设备虽然是升降机,但是它其实是输送机的一种。斗式提升机(简称斗提机)的工作方式为:装在链条或胶带上的料斗从机架下部进入散粒物料中抄取散粒物料,再从上端将其卸出。

斗式提升机基本上是垂直式的,但是也有倾斜成 60°～70°的。

斗式提升机设备费较少,但动力费较高,又有不能装运大块物料的缺点,同时被输送的物料对料斗有较大的磨损。

斗式提升机有倾斜和垂直两种结构形式。倾斜斗式提升机便于改变物料的运送高度,以适应不同要求,机上装有装拆方便的链节,使提升机可以随意伸长与缩短,支架也相应设计成可伸缩式的,并在底部安装滚轮,便于灵活移动。

(一) 斗式提升机的特点及其分类

斗式提升机是在垂直或接近垂直的方向上连续提升粉粒状物料的输送机械,它的牵引构件(胶带或链条)绕过上部和底部的滚筒或链轮,牵引构件上每隔一定距离装一料斗,料斗由上部滚筒或链轮驱动,形成具有上升的有载分支和下降的无载分支的无端闭合环路。物料从有载分支的下部供入,由料斗把物料提升至上部卸料口卸出。

散状物料通过装料槽装入斗式提升机的底部。大块物料的装载常对料斗产生冲击、造成料斗阻塞,不宜使用斗式提升机输送。斗式提升机的优点是结构紧凑,横向尺寸小,占地面积小,有罩壳,不扬灰尘,有利于环保。必要时,还可把斗式提升机底部插入货堆中自行取货。斗式提升机的缺点是:对过载较敏感;料斗和链条易磨损;被输送的物料受到一定的限制,只适于输送粉粒状和中小块状的散货,如粮、煤、砂等。此外,斗式提升机不能在水平方向上输送货物。

斗式提升机的生产率变化范围很大,但一般小于 600 t/h;提升高度受牵引构件强度的限制,一般在 80 m 以下。近年来,由于夹钢绳芯胶带的发展,牵引构件的强度大大提高。国外有采用夹钢绳芯胶带作牵引构件并以小斗式提升机对大斗式提升机进行定量供料,使斗式提升机的生产率达到 2 000 t/h、提升高度达到 350 m 的例子。

斗式提升机按牵引构件不同可分为由链条牵引的链条斗式提升机和由胶带牵引的胶带斗式提升机两种。前者又可分为单链式和双链式,但单链式用得很少。

（二）斗式提升机的主要部件

斗式提升机实物图如图 4-23 所示。它主要由牵引构件、承载构件（料斗）、驱动装置、张紧装置、上下滚筒（或链轮）、机架与罩壳等组成。图 4-24 所示为链条斗式提升机结构示意图,图 4-25 所示为胶带斗式提升机结构示意图。

图 4-23 斗式提升机实物图

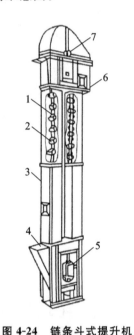

图 4-24 链条斗式提升机结构示意图

1—牵引构件（链条）；2—料斗；
3—罩壳；4—供料口；5—张紧装置；
6—卸料口；7—驱动装置

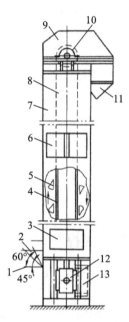

图 4-25 胶带斗式提升机结构示意图

1—低位装载套管；2—高位装载套管；
3,6,13—孔口；4,8—胶带；
5—料斗；7—罩壳；9—上鼓轮外壳；
10—鼓轮；11—下料口；12—张紧装置

1. 料斗

料斗是斗式提升机的承载构件。常用的料斗有深斗、浅斗、导槽斗（又称三角斗）和组合斗四种,如图 4-26 所示。料斗以背部（后壁）固接在牵引带（或链条）上。双链斗式提升机的链条也可固接在料斗的侧壁上。根据斗式提升机的运转速度和载运物料特性的不同,可采用不同的料斗形式。深斗（见图 4-26(a)）的斗口成 65°,深度较大,适用于干燥、流动性好、易倾出的粒状和小块状物料的输送；浅斗（见图 4-26(b)）的斗口成 45°,深度较浅,适用于潮湿、流动性较差的粒状物料的输送。深斗与浅斗在牵引构件上均呈疏散式排列,斗距为 2.3～3.0 h（h 为斗深）。导槽斗（见图 4-26(c)）是具有导向侧边的三角形料斗。这种料斗在斗式提升机中采用密集排列方式,斗间不留间隔。当绕过上滚筒卸料时,前一个料斗的两导向侧边和前壁形成后一个料斗的卸载导槽（见图 4-27）。它适用于工作速度不高的斗式提升机输送沉重的块状物料和怕碰碎的物料的场合。图 4-26(d)所示是组合斗。它用于装卸流动性好的粮食和粉末状物料。料斗中有深斗区和浅斗区,当中的隔板可以防止装满的料斗在绕上驱动滚筒时过早地卸空。

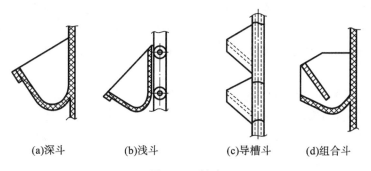

(a)深斗　　　(b)浅斗　　　(c)导槽斗　　　(d)组合斗

图 4-26　料斗

料斗的安装方法有料斗之间保持一定距离的间断料斗型安装和料斗之间无间隔的连续料斗型安装两种。料斗可采用后壁固定或侧面固定的方法与牵引构件连接。当牵引构件为胶带时,一般需在胶带上打孔,然后用螺钉将料斗后壁连接在胶带上。料斗可以单排布置在胶带上,也可双列交错地布置在胶带上。当牵引构件为链条时,可在斗背(单链)或料斗的侧壁(双链)进行固接。在料斗的侧壁进行固接可使牵引链条既能向一个方向弯曲,又能向反方向弯曲,装有导向链轮的斗式提升机如图 4-28 所示。

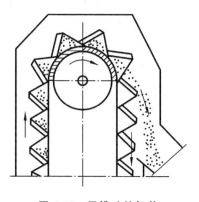

图 4-27　导槽斗的卸载

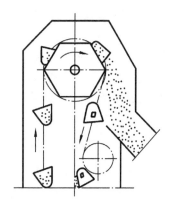

图 4-28　装有导向链轮的斗式提升机

料斗要根据物料的特性、使用场合以及装卸料的方法来选定。料斗是采用 2～6 mm 厚的不锈钢板或铝板焊接、铆接或冲压而成的。

2. 牵引构件

斗式提升机的牵引构件有胶带和链条两种。胶带和带式输送机的相同。料斗用特种头部的螺钉和弹性垫片固接在牵引带上,带宽比料斗的宽度大 30～40 mm。

链条常用圆环链或套筒滚子链。料斗的宽度较小(160～250 mm)时,用一根链条与料斗后壁固接;料斗的宽度较大时,用两根链条固接在料斗两边的侧板上,即借助于角钢把料斗的侧边和链条相连。

链条的啮合驱动会产生动载荷,而胶带较链条轻便、工作平稳、噪声小,能采用较快的运动速度而达到较高的生产率。在同样生产率条件下,胶带因线载荷较小而可减小它的尺寸、自重,降低它的造价。同时,胶带还具有弹性,在料斗进行装载时有减振作用。所以,胶带比链条应用广泛。但是胶带的强度不如链条,而且在与料斗连接的地方要打孔,这使胶带的强度削弱。因此，对于提升高度大、生产率高、被运物料比较沉重、温度高于150℃或可能对胶带产生不良影响的情况下，或者在装卸难以挖取的物料时，宜采用链条作为牵引构件。

牵引构件的选择取决于斗式提升机的生产率、提升高度和物料的特性。用胶带作牵引构件主要适用于中小生产率及中等提升高度场合，适用于体积和相对密度小的粉状、小颗粒等物料的输送。用链条作牵引构件适用于大生产率及运送高度大和输送较重物料的场合。

3. 驱动装置

斗式提升机上部的驱动装置包括电动机、传动装置（可为减速器或齿轮传动机构、带传动机构、链传动机构等）、驱动滚筒（或链轮）。此外，为防止突然断电等情况下由于料斗里物料重力的作用而使斗式提升机逆转导致损坏，斗式提升机必须装设制动器或滚柱逆止器。

4. 张紧装置

斗式提升机底部有张紧滚筒（或链轮）和螺旋式张紧装置。斗式提升机靠两个张紧螺杆把牵引构件张紧。

5. 机架与罩壳

为防止粉尘污染环境，斗式提升机通常装在密封的罩壳之内。罩壳的上部与驱动装置、驱动滚筒组成提升机头部。为使物料能够卸出，设有卸料槽。提升机头部罩壳应做成使得由料斗中抛出的物料能够完全进入卸料槽中的形状。罩壳的下部与张紧装置、张紧滚筒组成提升机机座。机座罩壳形式应和物料装载过程相适应，为进行供货应开装料口。为对装卸料过程进行观察以及便于检修，罩壳上可开观察孔和检查孔。对于从货堆上直接挖取物料的斗式提升机，机部做成敞开式的。斗式提升机的中部罩壳，是整段或分段的方形罩壳，用薄钢板焊成。分段罩壳的螺栓连接处应加衬垫密封。低速的斗式提升机可采用上升分支与下降分支共用的中间罩壳。对于高速的斗式提升机，如果两分支放在同一个罩壳内，上升分支和下降分支上料斗的双向运动，会引起罩壳中的粉尘发生涡流现象，容易导致爆炸，因而总是将上升分支和下降分支分别装入一个中间罩壳中。

（三）斗式提升机的装料与卸料方式

1. 斗式提升机的装料方式

斗式提升机的装料方式分为挖取式装料、注入式装料及混合式装料三类。

（1）挖取式装料。如图4-29所示，挖取时，斗式提升机底部充满物料，料斗前边插入其中切割取料，因此挖取阻力显著增大。采用挖取式装料的带式斗提机的底部应设与料斗运转轨迹相配合的挖取槽底；在装料处的料斗旁用侧挡板罩住，可防止物料跑出。挖取式装料适用于输送粉末状、散粒状等磨损性较小的物料，输送速度高（可达2 m/s），料斗间隔排列。

（2）注入式装料。如图4-30所示，为减轻注入时的冲击，避免物料从料斗弹出，散料应以微小速度均匀地落入迎面而来的料斗中，以形成比较稳定的连续料流。如果不能保证均匀供料，需加装给料器，如往复式给料器。装料口的下边位置要有一定的高度。注入式装料适用于输送大块和磨损性较大的物料，输送速度较低（<1 m/s），料斗密接排列。

（3）混合式装料。料斗在牵引构件上稀疏布置时，注入在两料斗间的物料将跌落并集结于斗式提升机的底部。该部分物料将被料斗挖取，于是形成兼有挖取与注入的混合式装料方式。

2. 斗式提升机的卸料方式

斗式提升机的卸料方式有重力式卸料、离心式卸料及混合式卸料三种，如图4-31所示。采用哪一种卸料方式取决于驱动滚筒（链轮）的转速、半径和料斗的尺寸。为了了解它们之间的关系，先对料斗中物料的受力情况进行分析。

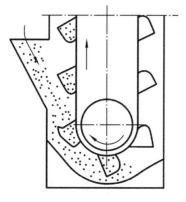
图 4-29 挖取式装料

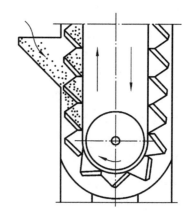
图 4-30 注入式装料

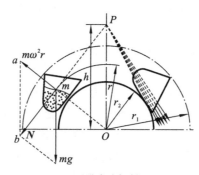
(a)重力式卸料

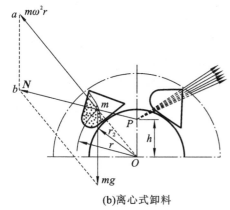
(b)离心式卸料

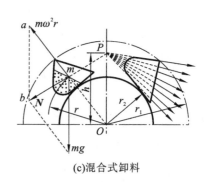
(c)混合式卸料

图 4-31 斗式提升机的卸料方式

当料斗在直线段作等速运动上升时,物料只受到重力 mg 的作用,而料斗绕上驱动滚筒以后,料斗绕回转中心(驱动滚筒轴心)运动,物料就同时受到重力 mg 和离心力 $m\omega^2 r$ 的作用。如图 4-31 所示,重力和离心力的合力 N 的作用线与滚筒中心垂直线交于一点,称为极点 P。极点 P 到回转中心的距离称为极距 h。

由 $\triangle mab$ 与 $\triangle mOP$ 相似得

$$\frac{mg}{m\omega^2 r} = \frac{h}{r}$$

将 $\omega = \pi n/30$ 代入得

$$h = \frac{g}{\omega^2} = \frac{30^2 g}{\pi^2 n^2} = \frac{895}{n^2}$$

式中：h——极距(m)；

r——物料到回转中心的距离(m)；

ω——驱动滚筒的角速度(rad/s)；

n——驱动滚筒的转速(r/min)。

可见，极距的大小只与驱动滚筒的转速有关，驱动滚筒的转速增大，极距减小。极距 h 的实际意义在于它可以判别斗式提升机的卸料方式。反之，当决定了卸料方式后，即可根据极距的大小来决定驱动滚筒转速 n 和驱动轮半径 r_2 的范围，所以极距是决定斗式提升机驱动滚筒转速 n 及驱动轮半径 r_2 的主要参数。

当 $h>r_1$（料斗的外接圆半径），即极点在料斗的外部边缘轨迹以外时（见图 4-31(a)），重力大于离心力，料斗内的物料颗粒向料斗内边缘移动并向下卸出。这种卸料方式称为重力式卸料。重力式卸料适用于粒状大、磨损性大、提升速度较慢的场合，利用重力将物料抛出。

当 $h<r_2$（驱动轮半径），即极点在驱动滚筒的圆周以内时（见图 4-31(b)），离心力大于重力，所以料斗内的物料颗粒向料斗外边缘移动并从外缘抛出，这种卸料方式称为离心式卸料。离心式卸料适用于粒状小、磨损性小、提升速度较快的场合，利用离心力将物料抛出。料斗与料斗之间保持一定的距离。

当 $r_2<h<r_1$，即极点在驱动滚筒的圆周以外和在料斗的外部边缘轨迹以内时（见图 4-31(c)）时，料斗内的物料同时按离心式和重力式的混合方式进行卸料，部分物料从料斗的外缘卸出，这种卸料方式称为混合式卸料。它适用于输送潮湿的、流动性较差的粉状或小颗粒物料，斗式提升机可取中速(0.6～1.5 m/s)，牵引构件可采用胶带或链条。为了将物料卸净，可采用间隔布置的浅斗。对于采用混合式卸料、料斗侧壁固接的链条斗式提升机，可在空载分支上方装设导向链轮，以使物料基本上是在重力的作用下自由卸出。

由于不同的卸料方式适用于不同类型的物料，为了获得最佳的卸料方式，必须正确选择下列参数：①料斗速度；②驱动轮直径；③卸料管安装位置；④料斗间距。

由此可见，要确定卸料方式，必须按上式计算并确定驱动滚筒转速和驱动轮半径的范围。

从料斗内抛出的物料，在上部罩壳内沿抛物线运动，随后落入卸料管料槽内，因此卸料管的位置应适当，以保证物料不致撒落机内造成太多破碎。

（四）斗式提升机的使用与维护

(1) 提升机进料必须均匀，卸料管应畅通无阻，以免因进料过多而排料不畅引起堵塞。如果堵塞现象发生，应立即停止供料，并将机座底部插板拉开，排出物料，直到料斗带重新正常运行，再把插板插上，并打开进料闸门。注意，在排除堵塞时，不能将手伸到机器里去扒，以免发生危险。

(2) 在提升作业中，若提升机回料太多，势必降低生产效率，增大动力消耗和物料的破碎率。造成回料多的原因，往往是料斗运行速度过快或提升机头部出口的舌板装得不合适。应查清回料多的原因并排除。

(3) 严格防止大块异物落入机座，要提升未经清理的毛粮时，在进料斗上应加装钢丝网，才防止稻草、麦秸和绳子等进入机内，缠住机件，影响提升机正常运行。

(4) 定期检查料斗与胶带的连接是否牢固，发现螺钉松动脱落及料斗歪斜和破损等现象时，应及时检修和更换，以防发生大的事故。

(5) 在提升机运行中，若发现料斗跑偏和带松弛导致料斗与机壳摩擦或碰撞，应及时调节张紧调整螺杆，使提升机正常运行。

(6) 若发生突然停机情况,再开机时必须先将机座内的存积物料排出。

(7) 定期检查润滑部位,及时加注润滑油、润滑脂,每年对提升机全面检修一次,更换易损件并对关键部位进行调整。

五、辊道式输送机

(一) 辊道式输送机的特点及应用

这是一种结构比较简单、使用较为广泛的连续输送机械。它由一系列以一定的间距排列的辊子组成,如图4-32所示,用于输送成件货物或托盘货物。与其他输送成件货物的输送机相比,它的结构简单,运转可靠,布置灵活,输送平稳,使用方便、经济、节能,而且最突出的是它与生产过程和装卸搬运系统能很好地衔接,并有功能的多样性,易于组成流水线作业,可并排组成大宽度的输送机,以输送大型成件物品。它由于具有这些特点,因而在仓库、港口、货场得到了广泛的应用。为了方便输送货物,货物和托盘的底部都必须有沿输送方向的连续支承面。为保证货物在辊子上移动时的稳定性,该支承面至少应该接触4个辊子,即辊子间距应小于货物支承面长度的1/4。

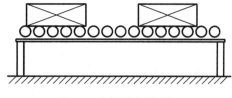

图 4-32 辊道式输送机

(二) 辊道式输送机的类型

辊道式输送机按结构形式可分为无动力辊道式输送机和动力辊道式输送机等。

1. 无动力辊道式输送机

无动力辊道式输送机靠物品自身的重力或人力使物品在辊子上进行输送,如图4-33所示。物品与辊子接触的表面应平整坚实,物品至少应具有跨过3个辊子的长度。略向下倾斜,依靠物品的自重进行输送的重力式辊道输送机,多用在输送机械的尾端或始端以及重力式储存和短距离输送等场合。水平或略向上倾斜的外力式辊道输送机依靠人力推动物品运行,多用于半自动化生产线,也可单独使用。

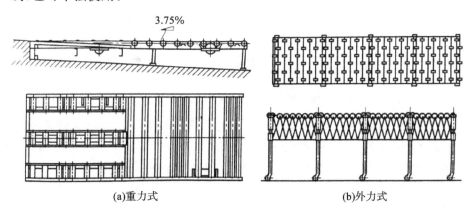

图 4-33 无动力辊道式输送机

2. 动力辊道式输送机

它本身有动力装置,辊子的转动是主动的。动力辊道式输送机可以严格控制物品的运行状态,按规定的速度精确、平稳、可靠地输送物品,便于实现输送过程的自动控制。

无动力辊道式输送机的主要缺点是输送机的起点和终点要有高度差,而且移动速度无法控制,有可能发生碰撞,导致货物的破损。为了获得稳定的输送速度,可以采用动力辊道式输送机。动力辊道有多种实施方案。

(1) 单辊驱动。单辊驱动,即每个辊子都配备一个电动机和一个减速机单独驱动。它采用行星传动或谐波传动减速机;每个辊子自成系统,更换维修比较方便,但费用较高。

(2) 链轮传动。链轮传动示意图如图 4-34 所示。每个辊子轴上装两个链轮,电动机、减速机和链条传动装置驱动第一个辊子,然后由第一个辊子通过链条传动装置驱动第二个辊子,逐次传递,实现全部辊子成为驱动辊子。

(3) 链条传动。链条传动示意图如图 4-35 所示。它用一根链条通过张紧轮驱动所有辊子。当货物尺寸较长、辊子间距较大时,这种方案才能实现。

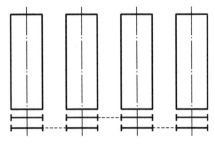

图 4-34 链轮传动示意图

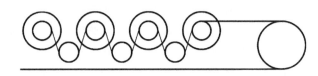

图 4-35 链条传动示意图

(4) 传动带分别传动。传动带分别传动示意图如图 4-36 所示。它有一根纵向的通轴,通过扭成"8"字形的传动带驱动所有的辊子。在通轴上,对应每个辊子的位置开有凹槽,每个辊子的边上也开有凹槽。将传动带套在通轴和辊子上,呈扭转 90°的"8"字形布置,即可传递驱动力,使所有的辊子转动。如果货物较轻,对驱动力的要求不大,这种方案结构简单,较为可取。

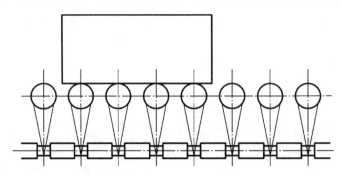

图 4-36 传动带分别传动示意图

(5) 传动带摩擦传动。传动带摩擦传动示意图如图 4-37 所示。在辊子底下布置一条传动带,用压辊顶起传动带,使之与辊子接触,当传动带向一个方向运行时,在摩擦力的作用下,辊子的转动使货物向相反方向移动。把压辊放下使传动带脱开辊子,辊子就失去驱动力。有选择地控制压辊的顶起和放下,即可使一部分辊子转动,而另一部分辊子不转动,从而实现货物在辊道上的暂存,起到工序间的缓冲作用。

辊道式输送机可以直线输送,也可以改变输送方向,为此要用锥形辊子按扇形布置实现。

链传动辊道式输送机是最常用的动力辊道式输送机,它承载能力大,通用性好,布置方便,对环境适应性强,可在经常接触油、水及湿度较高的地方工作。但在多尘环境中工作时,链条容易磨损,高速运行时噪声较大。

辊道式输送机的一种变型是采用多辊单元辊子,它将每个辊子用多个辊轮代替,具有质量

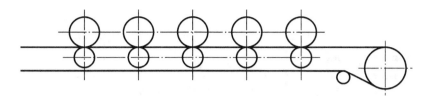

图 4-37　传动带摩擦传动示意图

轻、使用灵活的特点。

3. 限力式辊道式输送机

它内部具有轮向摩擦环或径向摩擦环,物品停止输送或积存时摩擦环打滑。它除具有一般动力辊道式输送机的性能外,还允许在驱动装置照常运行的情况下,物品在辊道式输送机上停止输送和积存,而运行阻力无明显增加。限力式辊道式输送机适用于辊道式输送机路线中需要物品暂时停留和积存的区域。

4. 超越式辊道式输送机

它带有离合器,当物品进入辊道式输送机的速度与辊道式输送机的运行速度不一致时也不产生滑动,适合作为物品的承接段与机动式辊道式输送机配套使用。

5. 圆柱形辊道式输送机

它通用性好,可以输送具有平直底部的各类物品,允许物品的宽度在较大范围内变动,一般用于输送机路线的直线段。

6. 圆锥形辊道式输送机

它用于输送机路线的圆弧段,多与圆柱形辊道式输送机直线段配套使用,可以避免物品在圆弧段运行时发生滑动和错位现象,保持正常方位。

7. 轮型辊道式输送机

轮型辊道式输送机的辊子自重轻,运行阻力小。它多用于立体仓库金属货架的辊道和专用生产流水作业中。

六、螺旋式输送机

螺旋式输送机是一种没有挠性牵引构件的辊道式输送机。它是依靠带有螺旋叶片的轴在封闭的料槽内旋转,利用螺旋面的推力将散料物资沿着轴向输送的一种连续输送机械。

(一) 普通螺旋式输送机的组成

普通螺旋式输送机(见图 4-38)由一个头节、一个尾节和若干个中间节等组成,每节长 2～3 m,以便于制造和运输。中间由固定的料槽与在其中旋转的、由螺旋叶片和轴组成的旋转体构成。轴由两端轴承和中间的悬挂轴承支承,螺旋体通过传动轴由电动机驱动。物料由进料口进入机槽以滑动方式作轴向运动,直至从卸料口卸出。

料槽为 U 形截面,各节间用螺栓连接。螺旋叶片的形状有三种,如图 4-39 所示。

在水平螺旋式输送机中,料槽的摩擦力是由物料的重力引起的;而在垂直螺旋式输送机中,输送管壁的摩擦力主要是由物料的离心力引起的。

(二) 螺旋式输送机的特点及分类

1. 螺旋式输送机的特点

螺旋式输送机的优点是:结构简单、紧凑,没有空返分支,因而横断面尺寸小,可在多点装货

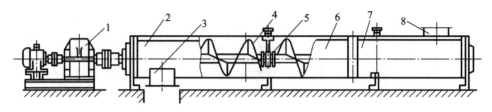

图 4-38 普通螺旋式输送机
1—驱动装置；2—头节；3—卸料口；4—螺旋轴；5—吊轴承；6—中间节；7—尾节；8—进料口

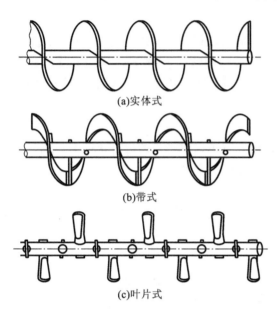

(a)实体式

(b)带式

(c)叶片式

图 4-39 螺旋叶片的形状

和卸货；装、卸货点选取灵活，随处可取；工作可靠，易于维修，造价低；输送散货时能在料槽内实现密闭输送，对环境污染小。

螺旋式输送机的缺点是：由于物料对螺旋叶片和料槽的摩擦及物料的搅拌，运送过程中的阻力大，使单位功率消耗较大；螺旋叶片和料槽容易磨损，物料也可能破碎；螺旋式输送机对超载较敏感，易产生堵塞现象。因此，一般来说，螺旋式输送机输送距离不长，生产率较低，适于输送摩擦性较小的物料，不宜输送黏性大、易结块及大块的物料。

螺旋式输送机的输送量一般为 20～40 m^3/h，最高可达 100 m^3/h。螺旋式输送机广泛应用于各行业，主要用于输送各种粉粒状、小块状物料，如谷物、豆类、面粉等粮食产品，水泥、黏土、砂子等建筑材料，盐类、碱类、化肥等化学品，以及煤、焦炭、矿石等大宗散货。

2. 螺旋式输送机的分类

螺旋式输送机按料槽的走向可分为直线螺旋式输送机和曲线螺旋式输送机两种。前者可在水平方向、倾斜方向（≤20°）、垂直方向对散堆物料和成件、包装件进行输送，可细分为水平螺旋式输送机和垂直螺旋式输送机；后者可对这些货物进行空间多维可弯曲输送。

水平螺旋式输送机用于水平方向或倾角小于 12°（最大不超过 20°）的物料输送。它的结构特点是：螺旋轴处于水平或稍有倾斜的位置，螺旋节距 S 与螺旋直径 D 之比为 $S/D=0.8～1.0$；机壳呈槽形，上平下圆，结构较简单。

垂直螺旋式输送机的结构特点是：螺旋轴做垂直或接近垂直的布置，螺旋节距与螺旋直径之比为 $S/D=0.5～0.6$，比水平螺旋式输送机的小；机壳呈圆筒形，结构比较紧凑，垂直方向的横断面尺寸很小，能在其他输送设备无法安装或操作困难的地方使用，尤其适用于高度不大的垂直输送；运动阻力大，单位能量消耗高，螺旋叶片和管槽容易磨损，限制了该机的应用范围。垂直螺旋式输送机通常用于港口装卸料。

按所运货物的性质，螺旋式输送机可分为散粒货物螺旋式输送机和成件包装件螺旋式输送机两种。

根据结构不同，螺旋式输送机可分为双螺旋式输送机和单螺旋式输送机两种。后者使用较多。螺旋式输送机的安装方式有固定式和移动式两种，大部分螺旋式输送机采用固定式安装方式。

螺旋式输送机的组代号为 L(螺);型代号分别为水平式 S(水)、垂直式 C(垂)、双螺旋式 E(二)、移动式 Y(移);主参数一般是螺旋直径,以 mm 表示。采用移动式安装方式的螺旋式输送机的主参数是螺旋直径-机长,用 mm-m 表示。

螺旋式输送机的型号标注形式如图 4-40 所示。

例如,LS-250 表示螺旋直径为 250 mm 的水平螺旋式输送机。

图 4-40　螺旋式输送机的型号标注形式

(三) 螺旋式输送机的主要构件

1. 螺旋叶片

螺旋叶片可以采用右旋或左旋,可以制成单线、双线或三线,但以单线最为常用。螺旋叶片的形状可分为实体式、带式和叶片式等三种。

输送干燥的小颗粒或粉状物料时,宜采用实体式螺旋叶片。输送块状或黏滞性物料时,宜采用带式螺旋叶片。输送韧性和可压缩性物料时,宜采用叶片式或成型式螺旋叶片。这两种螺旋叶片在运送物料的同时,还可以对物料进行搅拌、揉捏、混合等工艺操作。

螺旋叶片因形状各异,故制造和安装方法不尽相同,其中大多数由 4～8 mm 厚的薄钢冲压成形,然后焊接或铆接到轴上。带式螺旋叶片需利用径向杆柱固定在轴上。有些成型式螺旋叶片采用宽钢带经链形轧辊,轧成一个没接头的整螺旋体,再安装到轴上。在一根螺旋轴上,有时可以将一半螺旋叶片做成右旋,将另一半螺旋叶片做成左旋,这样可以把物料同时从中间输送到两边或从两端输送到中间,便于简化设计。

由螺旋式输送机的工作原理可知,应使物料在料斗内被螺旋叶片向前平稳推进,而不应被抛起,否则输送机将无法正常工作,因此螺旋叶片转速不宜过高。

若将物料即将被抛起时的螺旋叶片的转速称为临界转速,则螺旋轴允许的转速应低于临界转速,并与其保持一定的关系。

2. 螺旋轴

螺旋轴可以是实心轴或空心轴,一般由长 2～4 m 的轴段组装而成。比较常用的螺旋轴是用钢管制成的空心轴,它便于连接,且重量轻。

3. 轴承

螺旋式输送机中的轴承分为头部轴承和中间轴承。头部轴承除了径向轴承外,还有止推轴承。止推轴承用来承受由于推送物料所产生的轴向力,一般装在输送物料的前方,以使螺旋轴处于受拉状态。螺旋轴较长时,应在中部设置悬吊轴承。悬吊轴承用于支承螺旋轴,使整个螺旋轴处于较好的工作状态下。悬吊轴承一般采用对开式滑动轴承。

4. 料槽

料槽一般用 3～8 mm 厚的不锈钢板或薄钢板制成,截面呈 U 形。为了便于连接和增加刚性,在料槽各段的端口连接处焊有角钢,各段之间以螺栓相连。料槽的上口用便于取下的盖子封盖。

料槽的内径应稍大于螺旋叶片的直径,两者之间留有一定的间隙。螺旋叶片和料槽制造和装配越精密,间隙越小,就越有利于减少磨损和动力消耗,一般间隙为 6～10 mm。

七、气力输送机

物料在垂直管道中主要受到重力和空气动力的作用(因空气浮力很小,可忽略)。当气流速度很小时,作用在物料上的空气动力不足以克服重力的作用,物料颗粒将向下沉降;当气流速度逐渐增大至一定值时,物料颗粒就可脱离管壁而在管内处于悬浮状态。在垂直管道中,使物料处于悬浮状态的最小气流速度称为悬浮速度。只有当气流速度大于悬浮速度时,物料才能被悬浮输送。因此,悬浮速度是悬浮气力输送的重要参数,它可通过计算求得或由试验测定。

在水平管道内,物料颗粒的受力情况比较复杂,但当气流速度足够大时,也能使物料颗粒克服其自身重力而悬浮在气流中。

(一)气力输送机的类型

气力输送机形式较多,但广泛采用的是使散粒物料呈悬浮状态的形式。这种形式按工作原理可分为吸送式、压送式和混合式三种。此外,还有一种悬浮输送形式——空气槽。

气力输送机主要用于散粮卸船、卸车作业,虽然它形式很多,结构各异,但归纳起来都由供料器、输料管、卸料器、滤尘器、卸灰器、风管、鼓(抽)风机、分离器、消声设备等组成。

1. 吸送式气力输送机

吸送式气力输送机结构示意图如图 4-41 所示。它用鼓风机从整个管路系统中抽气,将整个系统抽至一定真空度,使管道内的气体压力低于外界大气压力(即形成一定的真空度),吸嘴外的空气透过物料间隙与物料形成混合物,从吸嘴被吸入输料管,并沿管路输送,到达卸料点时,由分离器把物料与空气分离。这时,这种混合流的速度急剧下降并突然改变运动方向,使悬浮在空气中的物料失去其原流动速度,与空气分离并坠落在卸料器底部。物料从卸料器处卸出,通过卸料器口卸于带式输送机上或者直接卸在仓库或车船内。空气通过风管经除尘器除尘后再通过鼓风机、消声器等排入大气中。

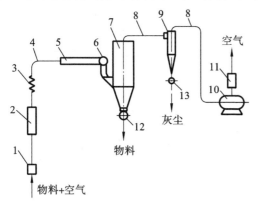

图 4-41 吸送式气力输送机结构示意图
1—吸管;2—垂直伸缩管;3—软管;4—弯管;
5—水平伸缩管;6—铰接弯管;7—分离器;
8—风管;9—除尘器;10—鼓风机;11—消声器;
12—卸料器;13—卸灰器

吸送式气力输送机供料简单方便,多在港口中用于车船卸料。它可以装一根吸料管,也可装几根吸料管从而从几个供料点上吸取物料。由于真空的吸力作用,吸送式气力输送机供料简单方便,吸料点不会粉尘飞扬,但输送距离不能过长,因为随着输送距离增加,阻力将会加大,这就要求提高空气的真空度,而吸送系统的真空度不能超过 60 kPa(0.6 个大气压),否则空气变得稀薄,携带能力降低,使管道堵塞,以致影响正常工作。此外,吸送式气力输送机要求管路系统严格密封,避免漏气。为减少鼓风机的磨损,要对进入鼓风机的空气认真除尘,以防鼓风机早期磨损。

2. 压送式气力输送机

压送式气力输送机中的空气在高于大气压的正压状态下工作。压送式气力输送机结构示意图如图 4-42 所示。鼓风机把压缩空气压入管道,与由供料器装入的物料形成混合流,混合流沿输料管被输送至卸料点,在那里物料通过分离器卸出,空气则经风管和除尘器排入大气中。

压送式气力输送机可以实现较长距离和较高生产率的输送,也可由一个供料点输送到几个卸料点。由于通过鼓风机的是清洁空气,鼓风机的工作条件较好。压送式气力输送机的缺点是卸货时易引起尘土飞扬,因此必须将物料卸于密闭型的车厢、船舱和仓库内。此外,压送式气力输送机的供料器要把物料送入高于大气压的输料管中,要增设一套供料装置,因而其结构比较复杂。

3. 混合式气力输送机

混合式气力输送机由吸送部分和压送部分两部分组成。混合式气力输送机结构示意图如图 4-43 所示。在吸送部分,物料从吸嘴 1 经吸料管 2 被吸进分离器 3。在分离器 3 内,分离后的物料落入压送部分的管道,分离后的空气流经滤尘器 4 后,被鼓风机 5 送入压送部分的管道,二者在此混合并继续完成输送工作。

混合式气力输送机兼有吸送式气力输送机和压送式气力输送机的特点,可从多个供料点吸入物料并将其压送至若干卸料点,且输送距离较长。但它的结构较复杂,而且鼓风机的工作条件较差,因为进入鼓风机的空气含尘量较大。

当卸货地点没有装卸设备时,船舶可在甲板上配置混合式气力输送机以便自行卸货,将物料从舱内吸出再压送到岸上。

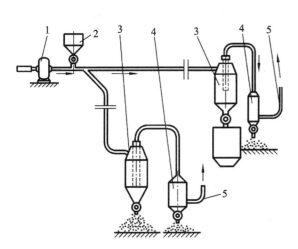

图 4-42 压送式气力输送机结构示意图
1—鼓风机;2—供料器;3—卸料器;4—滤尘器;5—排出管

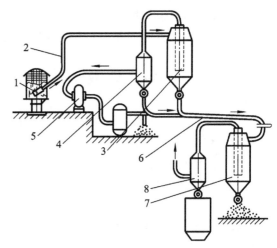

图 4-43 混合式气力输送机结构示意图
1—吸嘴;2—吸料管;3—分离器;4,8—滤尘器;
5—鼓风机;6—输料管;7—卸料器

4. 空气槽

空气槽(见图 4-44)是将空气通入物料层中使物料流态化(粉料的摩擦角减小、流动性增加),使物料依靠自重沿斜槽向下输送的装置。斜槽向下倾斜 4°~10°。它由若干段薄钢板制成的矩形断面槽体连接而成。槽体用多孔板分隔成上下两部分,上部为料槽,下部为通风槽,多孔板可用多层帆布、多孔水泥板等制造。低压(约 5 kPa)的压缩空气被吹入通风槽

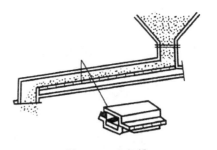

图 4-44 空气槽

后,通过多孔板均匀分布在物料颗粒之间,使物料流态化,并在自重作用下沿料槽被输送至卸料口,通过物料层的空气可由排气口经布袋过滤排出。

空气槽没有运动的部件,磨损小,结构简单,无噪声,工作可靠,管理方便,动力消耗非常小(所需功率仅为螺旋式输送机所需功率的 1/100)。它的缺点是输送的物料有局限性,只宜输送流动性好的干燥粉状物料,如散装水泥。此外,空气槽的布置有斜度要求,只能向下输送物料。

(二)气力输送机的特点

气力(以空气作介质)输送机与其他连续输送机械相比,有两个根本不同点,一是它靠密闭的管路输送物料,二是输送过程没有回程。气力输送机的这两大特点,使它具备了许多其他输送机所没有的优点,具体如下。

(1) 由于物料在管道内输送,具有密封性,因此不仅大大减少了作业场所的灰尘,改善了劳动条件,提高了劳动生产率,并且有利于实现自动化,减少了物料的损失,提高了货物质量,还可使作业不受天气条件限制;采用气力输送机只需很少工人,且其操作简便。对于像粮谷之类比较松散的货物,可以把吸粮机的吸料软管伸到舱内不易到达的地方进行清舱,特别是对于从油船或小木船内卸粮,可以大大减轻装卸工人在船舱内的繁重体力劳动。气力输送机用于输送散装水泥时,由于是在密闭系统内运输,粉尘可大大减少。气力输送机只要加装一些控制设备,就能实现自动操作。

(2) 结构简单,输送管道断面尺寸小,没有牵引构件,不需要空返分支。各部件加工方便,重量轻,投资少,且机械故障少,维修方便,管理和装卸方便。如果把输送过程和生产工艺过程结合起来(如同时进行干燥、加热、冷却、分选、粉碎、混合和除尘等工艺),可实现流水作业自动化。

(3) 输送生产率高,装卸成本低,可多台同时操作,缩短卸货时间,加速车船周转速度,节省费用等。

(4) 有利于实现散装运输,节省包装费用,降低成本。

气力输送机的主要缺点如下。

(1) 消耗动力较大。

(2) 与输送物料相接触的管道及其他构件容易磨损,尤其是在输送磨损性较大的物料时更甚。

(3) 对输送物料的品类有一定限制(主要是被运物料的黏度和湿度),不能输送怕碎和易于黏结成团的物料。

(4) 鼓风机的噪声大,若消声设备不好,会造成噪声公害。

(三)气力输送机的主要性能参数及选用

1. 气力输送机的主要性能参数

气力输送机的主要性能参数包括技术生产率、混合比、输送风速、风量、输料管管径、压力损失、功率、单位功率消耗指标等。

2. 气力输送机的选用

近年来,气力输送已广泛应用于国民经济各部门,不仅用于输送粉末状物料,而且用于输送块状物料(如矿石、块煤等),但一般要求物料颗粒尺寸不大于 50 mm,或规定物料最大颗粒尺寸不超过输料管内径的 0.3~0.4,否则会造成供料装置卡塞现象。

为克服气力输送机能耗大、磨损严重的缺陷,目前正发展一种新型的、直接利用较大的空气压力来推动物料输送的气力输送机(被称为推动输送机或静压输送机)。它不是依赖管内速度为 10~30 m/s 的气流使物料呈悬浮状态来输送,而是依靠速度不大(通常为 4~6 m/s)但压力较高(通常为 147~294 kPa)的空气来推动输送。因而,在同样生产率下,静压输送的空气耗量大大降低,并且由于输送速度慢,整个系统能耗低。

目前还有一种运行式气力输送机。它把气力输送装置直接装在厢式汽车、罐式汽车或其他车辆上,以汽车发动机为输送系统的动力源,共同完成对粉末状物料的远距离运输和实现装卸自动化。这种气力输送机适用于货流量不大的场所。

气力输送技术作为一种较先进的技术现已得到越来越广泛的应用。随着生产实践科研工作的不断深入,气力输送技术必将日益完善,从而获得更大的发展。

气力输送机必须根据物料的性质和形状、输送距离和路线、输送量以及当地具体条件和要求来选用。在交通运输部门,往往需要直接从车辆、船舱或仓库内吸取货物,因此吸送式气力输送机比压送式气力输送机更合适。

复习思考题

1. 连续输送机械是如何分类的？其特点有哪些？
2. 连续输送机械的基本性能参数有哪些？它们的含义是什么？
3. 简述带式输送机的应用场合与特点。
4. 简述链式输送机的特点及分类。
5. 斗式提升机的装料和卸料方式有哪些？
6. 简述滚筒输送机的特点和分类。
7. 辊道式输送机有哪些特点？它主要应用在哪些场合？
8. 试述螺旋式输送机的组成及工作原理。
9. 气力输送机的类型主要有哪些？并简述气力输送机的特点。

第五章 物流运输机械设备

WULIU
JIXIE
SHEBEI

第一节 公路运输设备

随着公路设施的改善和高等级公路的迅速发展,公路运输已经成为物流活动的渠道之一,在国民经济和综合运输体系中占重要地位。广义的公路运输是指利用一定的运载工具(人力车、畜力车、拖拉机和汽车等)沿公路(土路、有路面铺装的道路、高速公路)实现旅客或货物空间位移的过程。狭义的公路运输就是指汽车运输。

一、公路运输设备概述

1. 公路运输的特点

公路运输是所有运输方式中影响最为广泛的一种运输方式。它具有以下主要特点。

(1) 机动灵活、适应性强。在陆地上,公路网的密度最大,分布面最广,因此公路运输可以实现空间上的精准运输;运输车辆的机动性好,可以随时、随地起运;由于公路运输站点设置比较灵活,对场地设备没有专门的设备要求,所以运行条件灵活;公路运输能够根据货主的要求,提供有针对性的服务,满足不同层次的要求,服务灵活。

(2) 运送速度快。特别是随着高速公路的建设,汽车运输在速度上显示了很强的优势,中途不需要倒运,就可以直接将货物送达目的地,与其他运输方式相比,运送速度较快。

(3) 运输方式多样化。汽车的适应性较强,可以针对货物的不同情况而采取不同的运输形式:既能单车运输,也可拖挂运输;既能散货运输,又可采取集装箱运输。

(4) 原始投资少、资金周转快。与其他运输方式相比,公路运输所需固定设施简单,车辆购置费用也比较低,投资容易。一般情况下,公路运输的投资每年可以周转 1~3 次,而铁路运输 3~4 年才可以周转 1 次。

(5) 运量小、长途运输成本高。由于公路运量小,一般运输距离超过 200 公里时,公路运输的运输成本高于铁路运输、水路运输。

(6) 安全性较低,污染环境,受天气影响很大。

基于上述特点,公路运输适用于中、短距离的运输,适用于货物批量小以及特殊需要的运输,更适用于完成短途集散运输,成为其他运输的补充和衔接运输方式。

2. 汽车的定义与分类

1) 汽车的定义

汽车是指由动力驱动,具有四个或四个以上车轮,不依靠轨道或架线而在陆地行驶的车辆。汽车通常用于载运客货和用作牵引客货挂车,有时也为了完成特定运输任务或作业任务而将其改装或经装配专用设备使其成为专用车辆,但不包括专供农业使用的机械。

汽车的分类方法有很多,最重要的方法是按照汽车的用途来分类。

2) 汽车的分类

根据国家标准的有关规定,汽车分为以下 8 种类型。

(1) 货车。货车又称为载货汽车、载重汽车、卡车,主要用来运送各种货物或牵引全挂车。货车按载重量可分为微型(1.8 t 以下)、轻型(1.8~6 t)、中型(6~14 t)、重型(14 t 以上)四种。

(2) 越野汽车。越野汽车主要用于在非公路上载运人员和货物或牵引设备,一般为全轴驱动。越野汽车按驱动形式可分为 4×4、6×6、8×8 三种。

(3) 自卸汽车。自卸汽车是指货箱能自动倾翻的载货汽车。自卸汽车倾卸有向后倾卸和向左、右、后三个方向倾卸两种。自卸汽车按照厂定总质量可分为轻型(6 t 以下)、中型(6~14 t)、重型(14 t 以上)三种。

(4) 牵引汽车。牵引汽车是指专门或主要用作牵引的车辆。它可分为全挂牵引车和半挂牵引车。

(5) 专用汽车。专用汽车是指为了承担专门的运输任务或作业,装有专用设备,具备专用功能的车辆。根据专用汽车的生产和使用情况,按照服务对象不同,我国的专用汽车分为十大类,即商业服务类、环保卫生类、建设作业类、农牧副鱼类、石油地质类、机场作业类、医药卫生类、公安消防类、林业运输类和普通专用类。按基本结构不同,专用汽车又可分为自卸汽车、厢式车、罐式车、集装箱式车、挂车、作业车和特种运输车等。

(6) 客车。客车是指乘坐 9 人以上,具有长方形车厢,主要用于载运人员及其行李物品的车辆。根据车辆的长度(3.5 m,7 m,10 m,12 m),可将客车分为微型(3.5 m 以下)、轻型(3.5~7 m)、中型(7~10 m)、大型(10 m 以上)四种。

(7) 轿车。轿车是指除司机外乘坐 2~8 人的小型客车。轿车按发动机的工作容积(排量)大小分为微型(1 L 以下)、轻型(1~1.6 L)、中型(1.6~2.5 L)和大型(2.5 L 以上)四种。另外,轿车还可以分为普通轿车、高级轿车、旅行轿车和活顶轿车。

3. 汽车的产品型号

在 2001 年前,国家标准《汽车型号编制规则》(GB/T 9417—1988)规定了我国各类汽车的型号编制规则。目前该标准已经作废,而且尚无替代标准。由于汽车型号的使用周期很长,标示内容简单易懂,为多个行业所采纳和引用。因此,现在汽车企业大多数仍按照《汽车型号编制规则》(GB/T 9417-1988)的规定对汽车进行型号编制。

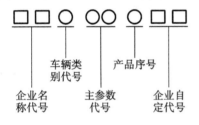

图 5-1 普通汽车的产品型号构成

1) 普通汽车的产品型号

普通汽车产品型号由企业名称代号、车辆类别代号、主参数代号和产品序号组成。必要时附加企业自定代号。普通汽车的产品型号构成如图 5-1 所示。

(1) 第一部分。企业名称代号是识别车辆制造企业的代号,用代表企业名称的两位汉语拼音字母表示。例如,CA 代表中国第一汽车集团有限公司。

(2) 第二部分。车辆类别代号是表明车辆所属分类的代号,用数字表示。汽车类别代号及其含义如表 5-1 所示。

表 5-1 车辆类别代号及其含义

数字	1	2	3	4	5	6	7	9
代表含义	载货汽车	越野汽车	自卸汽车	牵引汽车	专用汽车	客车	轿车	半挂车及专用半挂车

(3) 第三部分。主参数代号是表明车辆主要特性的参数,用两位数字表示。

① 载货汽车、越野汽车、自卸汽车、牵引汽车、专用汽车与半挂车的主参数代号为车辆的总质量(t)。当总质量在 100 t 以上时,允许用三位数字表示。

② 对于专用汽车的主参数代号,当采用定型的汽车底盘改装时,若其主参数与定型底盘原车的主参数之差不大于原车的 10%,则应沿用原车的主参数代号。

(4) 第四部分。产品序号和企业自定代号。产品序号是产品的升级换代号。企业自定代号是企业按需要自行规定的补充代号,可用汉语拼音和数字表示,位数由企业自定。

2) 专用汽车的产品型号

专用汽车的产品型号构成组成如图5-2所示。它是在普通汽车产品型号的基础上增加识别专用汽车结构特征的代号——专用汽车分类代号而形成的。专用汽车的分类代号及其含义如表5-2所示。

例如,济南汽车改装厂生产的第一代油罐车,采用EQ1090汽车底盘改装时,其油罐车的产品型号为JG5090G。JG表示济南汽车改装厂,5表示专用汽车的车辆类别代号,09表示该车的总质量为9吨,最后一个数字0表示该车为第一代产品,G表示罐式汽车。

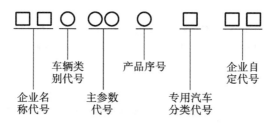

图 5-2 专用汽车的产品型号构成

表 5-2 专用汽车的分类代号及其含义

厢式汽车	罐式汽车	自卸汽车	特种结构汽车	起重举升汽车
X	G	Z	T	J

二、汽车的总体结构与工作原理

1. 汽车的总体结构

无论是什么类型的汽车,其总体结构一般都由发动机、底盘、车身和电气设备四个部分组成。

(1)发动机。发动机是汽车的动力装置,它通常把化学能转化为机械能,作用是使燃料燃烧产生动力,然后通过底盘的传动系驱动车轮,使汽车行驶。

(2)底盘。底盘的作用是支承、安装汽车发动机及其各部件和总成,形成汽车的整体造型,并接受发动机的动力,使汽车产生运动,保证正常行驶。底盘由以下四个部分组成。

①传动系。传动系的作用是将发动机的动力传给驱动轮。它由离合器、变速器、万向传动装置、主减速器、差速器、半轴等组成。

②行驶系。行驶系的作用是接受传动系的动力,通过驱动轮与路面的作用产生牵引力及承受汽车的总重量和地面的反力,使汽车正常行驶。它由车架、车桥、车轮及悬架等组成。

③转向系。转向系的作用是使汽车能按照驾驶员选择的方向行驶。它由转向盘、转向器和转向传动机构等组成。

④制动系。制动系的作用是使汽车减速或停车,并保证驾驶员离去后汽车能可靠地停驻。每辆汽车必须有两套相互独立的制动系,即行车制动系和驻车制动系。

(3)车身。汽车车身是驾驶员工作的场所,也是装载乘客和货物的场所。

(4)电气设备。电气设备由电源和用电设备组成,包括蓄电池、发电机、启动系、点火系以及汽车的照明装置、信号装置和仪表等。现代汽车上还大量采用了各种微机控制系统和人工智能装置,如故障自诊、防盗、巡航控制、制动防抱死、车身高度调节等系统。

2. 汽车行驶的基本原理

图5-3所示为汽车行驶的基本原理图。欲使汽车行驶,必须对汽车施加一个驱动力,用以

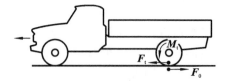

图 5-3 汽车行驶的基本原理图

克服行驶中遇到的各种阻力。发动机工作对外输出的有效扭矩经传动系在驱动轮上施加一个驱动力矩 M_t,使驱动轮旋转。在 M_t 的作用下,驱动轮对路面施加一个圆周力 F_0,其方向与汽车行驶方向相反,其数值为

$$F_0 = \frac{M_t}{r_r} \tag{5-1}$$

式中:r_r——轮胎半径。

同时路面对车轮产生一个大小相等、方向相反的反作用力 F_t,它就是汽车行驶的驱动力。

通常情况下,汽车在行驶过程中所遇到的行驶阻力有滚动阻力、空气阻力、上坡阻力和加速阻力。

1) 滚动阻力(F_f)

滚动阻力主要是由于车轮滚动时轮胎与路面变形而产生的。在汽车行驶过程中,由于轮胎的弹性变形,有部分能量消耗在轮胎的内摩擦上,使轮胎发热。同理,道路变形也同样消耗能量,汽车的滚动阻力计算公式为

$$F_f = G \cdot f \tag{5-2}$$

式中:G——汽车的总重量;

f——汽车的滚动阻力因数。

2) 空气阻力(F_w)

汽车行驶时所受的空气力在行驶方向上的分力称为空气阻力。其计算公式为

$$F_w = \frac{G_D \cdot A \cdot v^2}{21.15} \tag{5-3}$$

式中:G_D——空气阻力系数;

v——空气相对于汽车的速度(km/h),当风速为零时等于车速;

A——迎风面积(汽车的正投影面积,m^2)。

由式(5-3)可见,空气阻力与空气相对于汽车的速度的平方成正比,与迎风面积成正比。迎风面积可用汽车的正投影面积表示,从汽车产品图纸上可以计算出来,计算公式为

$$A = B \cdot H \tag{5-4}$$

式中:B——汽车的轮距(m);

H——车高(m)。

3) 上坡阻力(F_i)

汽车上坡时重力沿坡道的分力称为上坡阻力。其计算公式为

$$F_i = G \cdot \sin\alpha \tag{5-5}$$

式中:α——坡道角;

G——汽车的总重量。

4) 加速阻力(F_j)

汽车加速时的惯性力对于汽车行驶来讲是一种阻力,称为加速阻力。

汽车在行驶时所受到的总阻力为

$$\sum F = F_f + F_w + F_i + F_j \tag{5-6}$$

为克服上述阻力,汽车必须具有足够的驱动力。当驱动力增大到足以克服汽车静止时所受的摩擦阻力时,汽车便开始起步行驶。起步后汽车的运行状态取决于驱动力与总阻力之间的关

系。当 $\sum F = F_t$ 时,汽车将匀速行驶。当 $\sum F < F_t$ 时,汽车将加速行驶。随着车速的提高,空气阻力也迅速增大,总阻力随之急剧增大,驱动力与行驶阻力将达到新的平衡,汽车以更高的速度匀速行驶;当 $\sum F > F_t$ 时,汽车将减速行驶直至停车。

汽车的驱动力是否能够充分发挥出来还受到轮胎与地面之间附着性能的限制。例如,汽车在冰雪或泥泞的道路上行驶,遇到一个凸起或凹坑时,即使发动机发出的驱动力足够大,汽车也可能只会使驱动轮加速滑转而不能正常行驶。因而,汽车能否正常行驶取决于两个方面:一方面,发动机发出的有效功率;另一方面,轮胎与路面之间的附着性能,一般用汽车与地面之间的附着力 F_Ψ 表示,即

$$F_\Psi = Z \cdot \Psi \tag{5-7}$$

式中:Z——驱动轮对路面的垂直作用力或路面给驱动轮的法向反作用力;

Ψ——驱动轮与路面间的附着系数,其数值随轮胎与路面的性质不同而异,一般由实验测定。

在水平路面上,所有车轮都驱动时,$Z=G$(G 是汽车的总重量);只有前轮或后轮驱动时,$Z=G_1$ 或 $Z=G_2$(G_1、G_2 分别是汽车前、后轴的轴荷)。

因此,汽车正常行驶应满足的基本条件为

$$\sum F \leqslant F_t F_\Psi \tag{5-8}$$

三、汽车的主要使用性能及评价指标

汽车的使用性能是指汽车能够适用各种使用条件,以最高效率、最低消耗,安全可靠地完成运输工作的能力。汽车的使用性能包括动力性、燃油经济性、操纵稳定性、制动性、行车安全性、舒适性、通过性、装载性能和环保性。

1. 动力性

动力性是汽车主要的使用性能之一。它是直接影响运输效率的一个重要指标,表明了汽车所能达到的最高车速、加速能力和爬坡能力。

评价汽车动力性的指标主要有以下几个。

(1) 最高车速。汽车的最高车速是指汽车在标准条件下所能达到的最高的车速。标准条件为:最大额定载荷;发动机全负荷;水平良好的路面;无风,1 个标准大气压,气温为 18~20 ℃。

(2) 加速时间。汽车的加速性能也是汽车动力性的一个重要方面。它是指汽车在各种使用条件下迅速增加行驶速度的能力,通常用加速时间来衡量。加速时间又可分为超车加速时间和原地起步加速时间两种。

(3) 最大坡度。最大坡度是衡量汽车爬坡能力的指标,是指汽车满载时用变速器最低挡位在良好路面上等速行驶所能克服的最大道路纵向坡度。

2. 燃油经济性

汽车的燃油经济性是指在一定工况下汽车行驶 100 公里的燃油消耗量或一定燃油量能使汽车行驶的里程。

3. 操纵稳定性

汽车的操纵稳定性是指司机在不感到紧张、疲劳的情况下,汽车能按照司机通过转向系给定的方向行驶,而当遇到外界干扰时,汽车所能抵抗干扰而保持稳定行驶的能力。汽车的操纵

稳定性通常用汽车的稳定转向特性来评价。转向有不足转向、过度转向以及中性转向三种状况。有不足转向特性的汽车在固定方向盘转角的情况下绕圆周加速行驶时，转弯半径会增大；有过度转向特性的汽车在上述条件下行驶时，转弯半径会逐渐减小；有中性转向特性的汽车在上述条件下行驶时，转弯半径不变。易操纵的汽车应当有适当的不足转向特性，以防止出现突然甩尾现象。

4. 制动性

汽车行驶时在短距离内停车且维持行驶方向稳定，以及汽车在下长坡时维持一定车速的能力称为汽车的制动性。衡量汽车制动性主要包括以下三个方面。

(1) 制动效能。制动效能是指汽车迅速减速直到停车的能力。评价制动效能的指标有制动距离和制动减速度。制动距离是指汽车在规定的装载状态下，以一定车速行驶时实施紧急制动，从踩制动踏板开始到完全停车为止车辆驶过的距离。制动减速度是检验汽车制动效能最基本的指标之一，其大小直接影响制动距离的长短。制动减速度的大小反映了地面制动力的大小，因此它与制动器制动力及地面附着力有关。

(2) 制动效能的恒定性。制动效能的恒定性是指汽车在任何情况下能够保持制动效能的一种性能，通常情况下包括抵抗制动效能热衰退和水衰退的能力。在汽车下长坡制动及汽车高速制动的情况下，制动器的工作温度显著提高，汽车的制动效能会显著降低，这就是制动效能的热衰退现象。汽车涉水后，由于制动器被水浸湿，制动效能也会降低，这种现象称为制动效能的水衰退现象。

(3) 制动时的方向稳定性。制动时的方向稳定性是指制动时汽车保持原行驶方向的一种性能。

5. 行车安全性

汽车的行车安全性包括主动安全性和被动安全性两大方面。主动安全性是指汽车本身防止或减少道路交通事故的能力。它主要与汽车的制动性、操纵稳定性、舒适性、视野和灯光等因素有关。此外，动力性中的超车加速时间短，也对行车安全有利。被动安全性是指汽车发生交通事故后，汽车本身减轻人员受伤和货物受损的能力，是指减轻人员或货物二次受伤害的一种性能。

6. 舒适性

汽车的舒适性主要包括汽车的行驶平顺性、噪声、空气调节和居住性等内容。

7. 通过性

汽车的通过性是指汽车以足够高的平均速度通过不良道路、无路地带和克服障碍的能力。汽车的主要尺寸参数直接影响汽车通过狭窄低矮道口的能力。汽车的主要尺寸参数如图5-4所示。

(1) 汽车的外廓尺寸（L、B、H）。汽车的外廓尺寸包括车长（L）、车宽（B）和车高（H）。车长是指垂直于车辆纵向对称平面并分别抵靠在汽车前、后最外端突出部位的两垂面之间的距离；车宽是指平行于车辆纵向对称平面并分别抵靠车辆两侧固定突出部位（除后视镜、侧面标志灯、方位灯、转向指示灯等之外）的两平面之间的距离；车高是指车辆支承平面（水平面）与车辆最高突出部位相抵靠的水平面之间的距离。

(2) 轴距（L_1、L_2）。轴距是指汽车直线行驶位置时，同侧相邻两轴的车轮落地中心点到车辆纵向对称平面的两条垂线之间的距离。

(3) 轮距（A_1、A_2）。轮距是指在支承平面上同轴左右车轮两轨迹中心间的距离。轴两端为

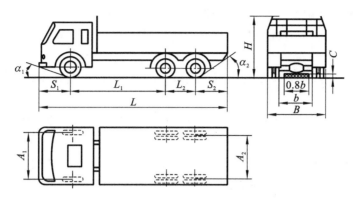

图 5-4　汽车的主要尺寸参数

双轮时,轮距为左右两条双轨迹中心线间的距离。

(4) 前悬(S_1)和后悬(S_2)。前悬是指汽车在直线行驶位置时,汽车前端刚性固定件的最前点到通过两前轮轴线的垂面之间的距离。后悬是指汽车在直线行驶位置时,汽车后端刚性固定件的最后点到通过最后车轮轴线的垂面之间的距离。

(5) 接近角(α_1)和离去角(α_2)。如图 5-4 所示,接近角 α_1 是指从汽车前端突出点向前轮引的切线与地面之间的夹角。离去角 α_2 是指从汽车后端突出点向后轮引的切线与地面之间的夹角。

(6) 纵向通过半径(ρ_1)和横向通过半径(ρ_2)。如图 5-5 所示,在汽车侧视图上,与前后车轮及两轴中间轮廓线相切的圆的半径,称为纵向通过半径,用符号 ρ_1 表示。它表征汽车能够无碰撞地越过小丘、拱桥等纵向凸起障碍物的能力。在汽车的正视图上,与左右车轮及与两轮之间轮廓线相切的圆的半径,称为横向通过半径,用符号 ρ_2 表示。它表示了汽车通过小丘及路面凸起等横向障碍物的能力。

(7) 最小离地间隙(C)。最小离地间隙是指满载时车辆支承平面与车辆最低点之间的距离。

(8) 最小转弯半径(R_{min})。当转向盘转到极限位置,汽车以最低稳定车速转向行驶时,前外轮轨迹中心至转向中心的距离,称为汽车的最小转弯半径,如图 5-6 所示。

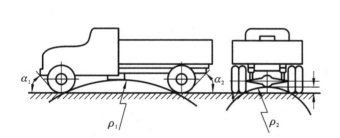

图 5-5　汽车的纵向通过半径和横向通过半径

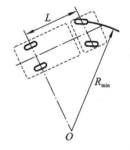

图 5-6　汽车的最小转弯半径

8. 装载性能

汽车的装载性能包括汽车能够装载货物的最大重量和装卸货物的方便性两个方面。汽车能够装载货物的最大重量通常用额定装载量来表示。常用的质量参数如下。

(1) 整车整备质量。整车整备质量是指汽车完全装备好的质量,包括发动机、底盘、车身、全部电气设备和车辆正常行驶所需要的辅助设备的质量,包括加足燃料、润料、冷却液时燃料、润料、冷却液的质量以及随车工具、备用轮胎、备品等的质量。

(2) 额定装载量。额定装载量是指汽车出厂时技术条件规定的允许汽车装载货物的最大质量。

(3) 汽车总质量。汽车总质量是指汽车满载时的总质量,包括整车整备质量、额定装载量、驾驶员的质量。

(4) 最大轴载质量。最大轴载质量是指汽车单轴所承载的最大总质量。

9. 环保性

汽车的尾气排放是大气污染的主要来源,世界各国都对汽车的排放性能提出了严格要求,所有汽车必须满足有关排放标准的要求。

四、汽车列车

物流运输作业中最常见的运输装备是汽车列车。一般而言,汽车列车由牵引车与挂车组合而成。牵引车也称为拖车,是专门用来拖挂或牵引挂车的,一般不能装载货物。挂车由汽车牵引,本身没有独立的驱动装置,必须和牵引车组合使用才能行驶。

牵引车可分为全挂牵引车(见图5-7)和半挂牵引车(见图5-8)两种。全挂牵引车的车架较短,只能和全挂车组合使用;半挂牵引车常与半挂车配合使用,其底盘要承担半挂车的部分重量。

图 5-7　全挂牵引车

图 5-8　半挂牵引车

上述两类汽车列车具有较好的整体性,因而广泛地应用于各种货物的运输中。在货物抵达目的地之后,挂车便可与牵引车相脱离,单独在装卸场所进行装卸货物作业;而牵引车可与其他闲置的挂车相组合,继续投入运输工作当中,从而加快牵引车周转速度,提高牵引车的利用率。

1. 汽车列车的类型

按照结构特点,汽车列车可分为全挂汽车列车、半挂汽车列车、双挂汽车列车和特种汽车列车四种类型,如图5-9所示。

全挂汽车列车是由一辆牵引车用牵引杆连接一辆或一辆以上的全挂车组合而成的汽车列车,如图5-9(a)所示。牵引车一般是载货汽车,牵引车与全挂车之间用牵引连接装置连接。

半挂汽车列车是指由一辆半挂牵引车和一辆半挂车组合而成的汽车列车,如图5-9(b)所示。半挂牵引车上备有牵引座,半挂车上装有牵引销,半挂车通过牵引销与牵引座连接(或分离),并将一部分载荷和自重分配给半挂牵引车的牵引座,因此半挂牵引车必须具有足够的支承力和牵引力。

双挂汽车列车是指由一辆半挂牵引车、一辆半挂车和一辆全挂车组合而成的汽车列车,如图5-9(c)所示。

特种汽车列车是指具有特殊结构或装有专用设备的汽车列车,如图5-9(d)所示。它是专门

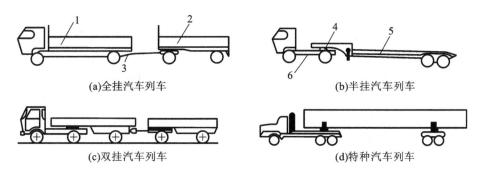

图 5-9 汽车列车

1—载货牵引车；2—全挂车；3—牵引连接装置；4—牵引座；5—半挂车；6—半挂牵引车

运输长大物料的一种汽车列车，物料的前后两端分别与牵引车和挂车有机连接，物料本身构成汽车列车的一部分。

实践证明，半挂汽车列车是甩挂运输（用一辆半挂牵引车轮流牵引多辆半挂车，以达到高效率运输）、区段运输（半挂汽车列车到达指定区段站后，半挂车换上另外的半挂牵引车继续向目的地行驶，原半挂牵引车牵引其他半挂车返回）和滚装运输（集装箱半挂车直接装船及卸下运输）等运输方式的最好车型，具有较高运输效率。

2．半挂牵引车与半挂车

半挂牵引车是用来牵引半挂车的汽车。它与普通载货汽车的主要区别是其车架较短且无货厢，并且装有鞍式牵引座（又称第五轮联结器）。它通过鞍式牵引座承受半挂车的部分货物重量，并且锁住牵引锁，从而带动半挂车行驶。

半挂车主要由车架和车轴组成，车轴的数量和配置取决于载重量，载重量越大车轴就越多。按结构形式的不同，半挂车可分为以下几种类型。

(1) 平板式半挂车（见图 5-10(a)）。平板式半挂车的载货平台是一平直面，且高于车轮。它主要用于运输钢材、木材及大型设备等。

(2) 阶梯式半挂车（见图 5-10(b)）。阶梯式半挂车的车架为阶梯形，主载货平台位置较低，车架前端高出主载货平面的载货平台称为第二载货平台。它主要用于对重心高度有一定要求的大型设备、钢材等货物的运输。

(3) 凹梁式半挂车（见图 5-10(c)）。凹梁式半挂车的载货平台为凹形。它的特点是具有最低的承载平面。凹形载货平台平面离地高度一般根据用户要求而定。凹梁式半挂车适用于低重心要求以及超高货物的运输。

(a)平板式半挂车　　　　　　(b)阶梯式半挂车　　　　　　(c)凹梁式半挂车

图 5-10　半挂车

按照用途的不同，半挂车可分为以下几种类型。

(1) 厢式半挂车（见图 5-11(a)）。厢式半挂车运用全封闭厢体构成车身，并设有便于装卸作业的门。厢体是由普通金属、复合材料或帘布等材料制造的，具有防尘、防雨、防盗、清洁卫生等特点。根据货物的运输要求，厢式半挂车可分为普通厢式货车、厢式保温车、厢式冷藏车、厢式邮政车和厢式运钞车等。厢式半挂车主要用于电子产品、服装布匹、医药食品等的运输。

（2）集装箱专用半挂车（见图5-11(b)）。集装箱专用半挂车货台为骨架结构。根据国际标准规定,集装箱专用半挂车专门用于运输6.096米和12.192米的集装箱。

（3）罐式半挂车（见图5-11(c)）。罐式半挂车车身由罐体构成。它可运输各类粉粒物料、液体等。此种半挂车既可节省货物包装,又可提高卸料速度,卸货后车身内部残留物较少。

（4）栏板式半挂车（见图5-11(d)）。栏板式半挂车的载货平台四周用栏板保护。它不但可运输大型设备,还可运输散件货物。

（5）车辆运输半挂车（见图5-11(e)）。车辆运输半挂车专门用于运输各种轿车、面包车、吉普车、小型货车等车辆。

（6）自卸式半挂车（见图5-11(f)）。自卸式半挂车设有液压举升装置,可用于各种物料的自卸运输。

(a)厢式半挂车　　(b)集装箱专用半挂车
(c)罐式半挂车　　(d)栏板式半挂车
(e)车辆运输半挂车　　(f)自卸式半挂车

图5-11　不同用途的半挂车

不同类型的载货汽车所应用的场合是不同的。从载货汽车的型号来看,微型货车和轻型货车主要用于城市内的集货和配货运输;中型货车主要用于室外运输;重型货车主要用于长距离的干线运输。应根据货物的品种及规格恰当地选用不同货厢形式的载货汽车。随着输送货物种类的增加,对其他类型的货车的需求量也在逐渐增加,应根据货物的特征,恰当选择载货汽车的类型。

第二节　铁路运输设备

一、铁路运输的特点及适用范围

铁路运输是现代化货物运输的方式之一,适用于担负远距离的大宗客货运输,在我国国民经济中占有重要地位,在我国对外贸易中起着非常重要的作用。铁路交通运输系统是指由内燃机车、电力机车或蒸汽机车牵引的列车在固定的重型或轻型钢轨上行驶的系统,可分为城市间的铁路交通运输系统及区域内和城市内的有轨交通运输系统两种类型。

1. 铁路运输的特点

与其他运输方式相比,铁路运输具有以下特点。

(1) 输送能力大,适用于大批量低值商品的中长距离运输,且营运费用较低。

(2) 运输作业受气候、季节等自然因素的影响较小,能保证运行的经常性和持续性。

(3) 运输的准时性好,计划性强,比较安全。

(4) 可以方便地实现集装箱运输和多式联运。

(5) 需要对列车进行编组、解体和中转改编等作业,列车占用时间较长,不利于开展运距较短的运输业务。

(6) 货物装卸次数多,货物毁损或丢失的现象相对于其他运输方式要多。

(7) 受轨道线路限制,难以实现门到门运输,需要与其他运输方式相配合才能完成运输任务。

(8) 对铁路路线的依赖性强,某一路段突发故障,将影响到整个线路的正常运行。

2. 铁路运输的适用范围

基于上述特点分析,铁路运输适用于大宗低值货物的中长距离运输,也较适合运输散装货物(如煤炭、金属、矿石和谷物等)、灌装货物(如化工产品、石油产品),适用于大量货物的一次高效率运输。对于运费负担能力小、货物量大和运输距离长的货物运输来说,铁路运输运费比较便宜,适用于批量旅客的中长途运输。

二、铁路机车

铁路机车即人们通常所说的火车头,是铁路运输的动力之源。由于铁路车辆大都不具备动力装置,列车的运行以及车辆在车站内有目的的移动均需由机车牵引或推送来实现。根据原动力的不同,铁路机车分为蒸汽机车、内燃机车以及电力机车。

(1) 蒸汽机车。蒸汽机车是指以蒸汽机为原动力,通过蒸汽机把燃料的热能转化为机械能,来牵引列车的一种机车。蒸汽机车的结构比较简单,造价也相对低廉。实践证明,在现代铁路运输中,随着科学技术的发展,加之能源的不可再生,运用蒸汽机车作为牵引动力源已不能满足高效率的要求,它将逐渐被其他新型牵引机车(内燃机车和电力机车)取代。

(2) 内燃机车。内燃机车以内燃机为原动力。与蒸汽机车相比,内燃机车的热交换效率较高,一般情况下,内燃机车的热效率可 30%。另外,内燃机车的独立性很强,其准备时间比蒸汽机车短,启动快,通过能力大。在每次加足燃料后,内燃机车的工作持续时间和运行路线都相对较长,特别适合在缺水或水质不良的地区运行,并可实现多机联挂牵引。此外,内燃机车单位功率的重量较轻、乘务员工作环境相对舒适,因此内燃机车的发展很快。内燃机车的缺点是构造复杂,制造费用、营运费用以及维修费用都较高,环境污染也比较严重。

(3) 电力机车。电力机车是不自带能源的机车。它是依靠其顶部升起的受电弓从接触网上获取电能并以此作为牵引动力的机车。电力机车功率大,获得的能量不受限制,因而其热效率比蒸汽机车高一倍以上。它启动加速快、爬坡能力强,可作为大功率机车使用。电力机车的运输能力大、营运费用低、无空气污染、运行中噪声也较小,因而乘务员的工作环境较舒适,便于多机牵引。由于电气化铁路受限于创建一套完整的供电系统,故采用电力机车的基建投资要比采用蒸汽机车或内燃机车大得多。

三、铁路车辆

铁路车辆是运送旅客和货物的工具,是指自身不具备动力,需要连挂成列车后由机车牵引运行的铁道运输装备。

1. 铁路车辆的分类

1) 根据铁路运输任务分类

(1) 客车。客车是指以客车(包括代用客车)编组的,运送旅客、行李、包裹、邮件的列车。客车按运行距离和运行速度可分为高速铁路动车组(G字头)、城际动车组列车(C字头)、动车组列车(D字头)、直达特快旅客列车(Z字头)、特快旅客列车(T字头)、快速旅客列车(K字头)、跨局普通旅客快车(1001~2998)、管内普通旅客快车(4001~5998)、临时旅客列车(L字头)、临时旅游列车(Y字头)、普通旅客慢车(6001~7598)、通勤列车(7601~8998)。

(2) 货车。货车是指以运输货物为主要目的的铁道车辆。在特殊情况下,个别货车也用来运送普通旅客或兵员。有些铁道车辆并不直接参加货物运输,而是用于铁路线路施工、桥架架设及轨道检测等作业,这些车辆也归入货车类。

2) 根据运输货物的类型分类

根据运输货物的类型,货车可分为通用货车和专用货车两大类。通用货车包括棚车(见图5-12(a))、敞车(见图5-12(b))和平车(见图5-12(c)),能够装运多种货物;专用货车只能装运某些种类的货物,包括罐车(见图5-13(a))、保温车(见图5-13(b))、漏斗车(见图5-13(c))、长大货物车(见图5-13(d))、毒品车、家禽车、水泥车和粮食车等。

(a)棚车　　　　　　　　　(b)敞车　　　　　　　　　(c)平车

图5-12　通用货车

(a)罐车　　　　　(b)保温车　　　　　(c)漏斗车　　　　　(d)长大货物车

图5-13　几种专用货车

(1) 棚车是铁路运输中主要的封闭式车型,设有窗和滑门。它主要承运粮食、日用工业品及其他怕晒怕湿的货物和贵重物品等。在某些特殊的情形下,棚车还可运送人员和牲畜。

(2) 敞车是铁路运输中使用的主要车型,无车厢顶,设有车厢挡板。它主要承运矿砂、木材和钢材等不怕日晒和雨淋的货物。若货物上盖有防水篷布,它还可替代棚车来输送要求不是太高的货物。

(3) 平车是铁路运输中大量使用的主要车型,无车厢顶和车厢挡板。它主要装运大型机械、集装箱、建筑材料、钢材、大型车辆及军用装备等。

(4) 罐车。罐车是指专门用于装运液体、液化气或粉末状货物的车辆。它的外形为一个卧放的圆筒体。从结构上来讲，罐车可分为有底架和无底架两种。从载运货物的类型上看，它可分为沥青罐车、黏油罐车、轻油罐车、水泥罐车、酸碱罐车和液化气罐车等。沥青罐车主要用于装运液态沥青；黏油罐车主要用于装运原油、重质润滑油、燃料油等经过加热卸车的油料；轻油罐车主要用于装运汽油、柴油、煤油和其他不经过加热的轻质油料及化工产品；水泥罐车主要用于运输散装水泥、石英砂等粉状货物；液化气罐车主要用于装运常温下经过加热液化的石油烃类，如丙烯、正丁烷、异丁烯、丁烯及其混合物。

(5) 保温车。保温车又叫冷藏车，外形类似棚车，也是整体承载结构，车体设有隔热层，加装有冷却装置，可以控制温度，用于装运新鲜易腐败的货物。保温车具有车体隔热、气密性好的特点。在温热季节，它能通过车内冷却装置保持比外界低的温度；在寒冷季节，它还可用来不制冷保温运送或用电热器加温运送，使车厢内保持比外界高的温度。

(6) 漏斗车。漏斗车车体的下部设有一个或多个漏斗形卸货口用以卸货。漏斗车可分为无盖漏斗车和有盖漏斗车两类。漏斗车的主要特点是卸货方便，打开漏斗口处的挡板，货物靠重力自行卸下。漏斗车主要用于装运煤、石渣、粮食、石灰石等散粒货物。

(7) 长大货物车。长大货物车主要用于装运大型或重型货物，如电力、冶金、化工及重型机械等行业的发电机定子、变压器、轧钢机牌坊、核电站压力壳等。长大货物车一般运用多轴转向架或多重底结构，以便于运输重型货物。

(8) 其他货车。除了上述几种货车外，还有附挂于货车头尾搭载随行人员的守车、在公路和铁路上均可进行作业的公铁两用车、专门运输木材的木材专用车，以及电站列车、检衡车、工程宿营车、架桥车、除雪车及铺轨机车等。

3) 根据制作材料分类

根据制作材料，铁路车辆分钢骨车和全钢车。钢骨车的车底架及梁柱等主要受力部分用钢材制成，其他部分用木材制成。这种车辆自重轻、成本低。全钢车适于高速运行，坚固耐用，检修费用低。我国新造货车大多采用全钢车。

4) 根据轴数分类

根据轴数的不同，铁路车辆分二轴车、四轴车和多轴车。二轴车是小型车，无转向架，在我国铁路系统已逐渐被淘汰。四轴车的四根车轴组成两个转向架，缩短了固定轴距，便于通过曲线形道路。目前，我国铁路车辆大部分为四轴车。对于载重量较大的车辆，为使轴重不超过线路强度规定的吨数，产生了多轴车。轴数越多，车轮也越多，载重量就越大。

5) 根据载重分类

根据载重量，货车又有30吨、50吨、60吨和90吨等多种。在客车方面，除能大量生产全钢硬座车、全钢硬卧车和全钢软卧车外，还能生产车体长25.5米的轻型高速列车和空调列车。在货车方面，除能生产50吨和60吨等大吨位敞车、平车、棚车、罐车外，还能制造各种用途的专用车辆和350吨以上的特种车辆。为了适应我国货物运量大的客观需要，有利于多装快运和降低货运成本，我国目前以制造60吨货车为主。

2. 铁路车辆的结构

铁路车辆虽然种类很多，构造却大同小异。一般来说，铁路车辆基本上由车体和车底架、车钩缓冲装置、走行部、制动装置四大部分组成。其中车体一般和车底架构成一个整体。铁路车辆的基本结构如图5-14所示。

1) 车体和车底架

车体是车辆上供装载货物或乘客的部分，也是安装与连接车辆其他组成部分的基础。货车

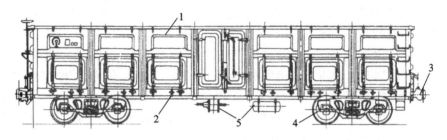

图 5-14 铁路车辆的基本结构
1—车体；2—车底架；3—车钩缓冲装置；4—走行部；5—制动装置

车体主要包括侧壁（墙）、端壁（墙）、车顶等。车体的钢结构由许多纵梁和横梁（柱）组成，车底架通过下心盘或旁承支承在转向架上。车体的钢结构支承自重、载重、整车整备质量、由于轮轨冲击和簧簧振动而产生的垂直动载荷，列车启动、变速、上下坡道时，在车辆之间所产生的牵引力和压缩冲击力等纵向载荷，以及风力、离心力、货物对侧壁的压力等侧向载荷。

车底架是由各种纵向钢梁和横向钢梁组成的长方形构架，各类铁路车辆的车底架大致相同。车底架由中梁、侧梁、枕梁、横梁、端梁、小横梁以及补助梁等组成。货车车底架的结构如图 5-15 所示。

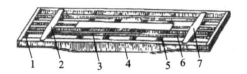

图 5-15 货车车底架的结构
1—端梁；2,7—枕梁；3—纵梁；4—侧梁；5—横梁；6—中梁

车体一般和车底架构成一个整体，支承在转向架上，其结构与铁路车辆的用途有关。车体钢结构是客货车底架、侧墙、端墙和车顶钢结构的总称。车身构造因车辆用途的不同而不同，车体钢结构设计得合理与否直接影响到车辆的使用寿命、经济指标、方便性、维修工作量和美观度等。

2）走行部

走行部是指车体以下的走行装置。走行部的作用是支承车体，引导车辆沿轨道运行，同时承受来自车体及线路的各种载荷。它应保证车辆以最小的阻力在轨道上运行，并能顺利地通过铁路曲线段。走行部能否保持良好的状态，对车辆安全、平稳、高速运行有很大的影响。

随着车辆载重量的增大，走行部一般多采用转向架的结构形式。转向架是将两个或两个以上轮对通过专门的构件组成的一个整体部件。由于铁路车辆的用途、运行条件、制造和检修能力等因素的不同，转向架的类型很多，结构各异。

一般转向架主要由轮对、侧架、摇枕、轴箱油润装置、弹簧减振装置、基础制动装置等组成，如图 5-16 所示。

（1）轮对。轮对由一根车轴和两个车轮压装成一体，如图 5-17 所示。

（2）侧架和摇枕。侧架和摇枕是转向架的组成部分，侧架把转向架的各个零部件联系在一起构成一个整体。它的两端有轴箱导框，以便安装轴箱。侧架中部设有弹簧承台，弹簧承台是安装弹簧减振装置的地方。摇枕与下心盘、旁承盒铸成一体，它的两端支承在弹簧上。车体的重量和载荷通过下心盘经摇枕传给两侧的枕弹簧。摇枕还将两个侧架联系了起来。

（3）轴箱油润装置。轴箱油润装置是保证车辆安全运行的重要部件。它的作用是：将轮对

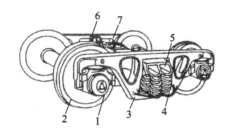

图 5-16 转向架的结构

1—轴箱油润装置；2—轮对；3—侧架；4—弹簧减振装置；
5—摇枕；6—旁承；7—下心盘

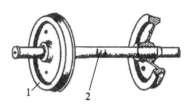

图 5-17 轮对

1—车轮；2—车轴

和侧架或构架联系在一起，将轮对沿钢轨的滚动转化为车辆沿线路的平动；承受车辆的重量，传递各方面的作用力，并保证良好的润滑性能，使车轴在高速运转时不致发生热轴的现象。

（4）弹簧减振装置。弹簧减振装置是缓和和衰减车辆振动的装置。车辆上采用的弹簧减振装置按其主要作用可分为三类：一是主要起缓和冲击的弹簧装置，如中央及轴箱的螺旋圆弹簧；二是主要起衰减振动的减振装置，如垂向、横向减振器；三是主要起定位（弹性约束）作用的定位装置，如轴箱轮对纵、横方向的弹性定位装置，摇动台的横向缓冲器或纵向牵引拉杆等。

（5）基础制动装置。基础制动装置由制动缸活塞推杆至闸瓦间一系列杠杆、拉杆和制动梁等组成。它的作用是把制动缸活塞上的推力增大若干倍以后平均地传给各个闸瓦，使之压紧车轮而产生制动作用。

3）制动装置

列车制动就是人为地制止列车的运动，包括使它减速、不加速和停止运行。对已制动的列车或机车解除或减弱其制动作用，称为缓解。为施行制动和缓解而安装在列车上的一整套设备，称为列车的制动装置。

列车的制动装置包括机车制动装置和车辆制动装置。机车除了具有像车辆一样使它自己制动和缓解的设备外，还具有操纵全列车制动作用的设备。

列车制动在操纵上按用途可分为常用制动和紧急制动两种。在正常情况下为调节或控制列车速度包括进站停车所施行的制动，称为常用制动。它的特点是作用比较缓和，而且制动力可以调节。在紧急情况下为使列车快速停住所施行的制动，称为紧急制动（也称为非常制动）。它的特点是作用比较迅猛，而且要把列车制动能力全部用上。

4）车钩缓冲装置

车钩缓冲装置是用于使车辆与车辆、机车或动车相互连挂，传递牵引力、制动力并缓和纵向冲击力的装置。它由车钩、缓冲器、钩尾框和从板等组成一个整体，安装于车底架构端的牵引梁内。

车钩是用来实现机车和车辆或车辆和车辆之间的连挂，传递牵引力及冲击力，并使车辆之间保持一定距离的部件。车钩按开启方式分为上作用式及下作用式两种。通过车钩钩头上部的提升机构开启的车钩叫上作用式（一般货车大都采用此种车钩），借助钩头下部推顶杠杆的动作实现开启的车钩叫下作用式（客车采用）。

缓冲器用来缓和列车在运行中由于机车牵引力的变化或在启动、制动及调车作业时车辆相互碰撞而引起的纵向冲击和振动。缓冲器有耗散车辆之间冲击和振动的功能，从而减轻对车体结构和装载货物的破坏作用。缓冲器的工作原理是借助于压缩弹性元件来缓和冲击作用力，同时在弹性元件变形过程中利用摩擦和阻尼吸收冲击能量。

第三节 水路运输设备

一、水路运输的特点及适用范围

水路运输是交通运输的重要组成部分,水路运输具有点多、面广和运输线长的特点,也是国际货物运输的主要手段。全球水路运输量占总运输量的70%以上。水路运输是指利用船舶以及其他航运工具,在江、河、湖、海以及人工水道上运送旅客和货物的一种运输方式。水路运输按其航行的区域大体分为沿海运输、远洋运输和内河运输三种形式。沿海运输是指利用船舶在我国沿海区域各地之间从事的运输;远洋运输通常是指除沿海运输以外所有的海上运输;内河运输是指利用船舶、排筏和其他浮运工具,在江河、湖泊、水库及人工水道上从事的运输。

1. 水路运输的特点

从技术性能和经济指标来看,水路运输的主要特点如下。

(1) 运输能力大。船舶可供作货物运输的舱位和船舶的装载量比陆地运输和空中运输大。在运输条件良好的航道上,船舶的通过能力几乎不受限制。水路运输系统通过江、河、湖、泊、海及人工水道,将内陆经济腹地与世界联通。一般来说,水路运输系统综合运输能力主要由船队的运输能力和港口的通行能力决定。

(2) 水路运输通用性能好。水路运输可以运输各种货物。水路运输的货物以煤炭及其制品、石油天然气及其制品、矿石、建筑材料、粮食和钢铁材料为主。水路运输特别适用于大宗货物的运输。

(3) 水路运输建设投资少。水路运输可利用天然水道,除必须投资的各种船舶、港口设施外,沿海航道几乎不需要投资。

(4) 运输成本低。水路运输是所有运输方式中最便宜的运输方式。运输1吨货物至同样的距离,水路运输尤其是沿海运输所消耗的能源最少;水路运输的运输成本为铁路运输的1/25~1/20,为公路运输的1/100。

(5) 续航能力大。一艘大型船舶出航,所携带的燃料、食物和淡水,可以维持数十日,这是其他运输方式无法相比的。现代化的船舶还具有独立生活的种种设备,如发电、淡水制造等,使船舶的续航能力大大提高、运输距离大大延长。

(6) 运输速度较慢。船舶的平均速度较低,一般为15~50公里/时,运输时间长会增加货主的流动资金占有量。

(7) 水路运输生产过程受自然条件影响较大,特别是受气候、季节条件的影响较大,船舶遇暴风雨需及时躲避以防损害,遇枯水季节无法通行,因此水路运输呈现较大的波动性和不平衡性。

(8) 船舶投资大。航行公司订购或购买船舶需要花费大量的资金,回收期较长,且船舶一般没有移作其他用途的可能。

2. 水路运输的适用范围

水路运输适用的范围是:适用于大批量货物的集装箱运输;适用于承担原料、半成品等散货(建材、石油、煤炭、矿石、粮食)运输;适用于国际贸易间运输。在重大国际贸易运输过程中,水路运输装备作为承载货物体系的一个环节,起着非常重要的作用。

二、水路运输主要设备

水路运输装备是指在江、河、湖、海上进行客货运输的各种船舶的总称。运输船舶主要分为客船、货船、客货船及其他特种船舶。客船是指专门用于运送旅客的船舶,货船是指专门运送货物的船舶,客货船是指客货兼运的船舶。除了以上几种船舶外,还有渡船、工程船和工作船等其他特种船舶。渡船是指往返于内河、水库、海峡、岛屿与陆地之间或在岛屿之间从事短途运送旅客、货物与车辆的船舶。渡船分为普通渡船和车辆渡船,其中车辆渡船又分为汽车渡船与火车渡船。一般而言,渡船要求甲板宽敞、稳定性好、操纵灵活、方便旅客及车辆的上下船。有些渡船首尾均设有推进器与舵,以便两头都可以靠、离港。工程船是在水中专门从事工程技术操作的船舶。它主要包括挖泥船、起重船、浮船坞、救捞船、布设船和打桩船等。工作船是指专为航行服务或为其他专业工作的船舶。它包括破冰船、供应船、领航船、交通船、消防船、测量船、航标船、浮油回收船、钻探船、拖船、推船、科学考察船和深潜船等。

1. 货船

货船是运送货物的船舶的统称。它一般不载运旅客,若附载旅客,根据《国际海上生命安全公约》的规定,不能超过12人。凡载客12人以上的船舶均需按客船规范要求配置相应的设备及人员。根据载运货物的种类不同,货船可分为以下几种。

1) 干散货船

干散货船又称散装货船,可分为干货船和散货船,如图5-18所示。干散货船是用以装载无包装的大宗货物的船舶,专用于运送煤炭、矿砂、谷物、化肥、水泥、钢铁等散装物资。目前干散货船的数量仅次于油船。按载运的货物不同,干散货船又可分为矿砂船、运煤船、散粮船、散装水泥船、运木船等。干散货船大都采用单甲板,舱内不设支柱,但设有隔板(用以防止在风浪中运行时舱内货物错位)。干散货船的特点是舱口围板高而大,货舱横剖面呈棱形,这样可减少平舱工作;货舱四角的三角形舱柜为压载水舱,可调节吃水和稳性高度;驾驶室和机舱布置在尾部,货舱口宽大;内底板与舷侧用向上倾斜的边板连接,便于货物向货舱中央集中;甲板下舷与舱口处有倾斜的顶边舱,可限制货物移动;有较多的压载水舱用以压载航行。

(a) 干货船　　　　　　　　(b) 散货船

图 5-18　干散货船

2) 液货船

液货船是指专门用于运输液态散货的船舶,如油船、液化气船和液态化学品船等。由于液态散货的理化性质差别很大,载运不同液品的船舶的构造和特性可能有很大的差异。

(1) 油轮。油轮是指专门用于载运散装石油和成品油的液货船,一般可分为原油船和成品油船两种。

(2) 液化气船。液化气船是指专门用于将气体冷却压缩成液体后装载在船内进行运输的液货船。将气体冷却压缩成液体旨在较大程度地减小货物气态时的体积,以便于输运。液化气船可分为液化石油气船(LPG船)、液化天然气船(LNG船)和液化化学气船(LCG船)三种类型。

(3) 液体化学品船。液体化学品船是指专门载运各种液体化学品的液货船。液态化学品一般都具有易燃、易爆和腐蚀性强等特点，有的甚至有剧毒，运输时对船舶的防火、防毒、防泄漏和防腐蚀等有较高的要求。除双层底外，液体化学品船货舱区还应设有双层壳结构，货舱配备通气系统和温度控制系统。根据需要，液体化学品船还应设有惰性气体保护系统等，并且货舱区与机舱、住舱与淡水舱之间均需用隔离舱分隔开来。

3) 集装箱船

集装箱船是指装运规格统一的集装箱的货船，如图 5-19 所示。根据国际标准化组织(ISO)公布的统一规格，集装箱通常使用 20 英尺集装箱和 40 英尺集装箱两种。其中 20 英尺集装箱被定为统一标准箱(TEU)。集装箱船的主要特点是外形瘦长、航速较高。集装箱船的另一个特点为船口宽大，可方便对集装箱进行装卸。集装箱船甲板平直，货舱内部和甲板上均可积载集装箱，故其载货量非常大。集装箱船按承载的箱数多少(按 TEU 计算)分为第一代、第二代、第三代等，承载箱数大致分别为 1 000 TEU、2 000 TEU 及 3 000 TEU。集装箱船由于具有装卸效率高、经济效益好等优点，因此已迅速发展到第五代、第六代。

4) 冷藏船

冷藏船是指专门用于运输易腐货物(如水果、鱼、肉、青菜等)的船舶，如图 5-20 所示。它运用专门的制冷和隔热系统，将货物保持在特定的低温条件下，以便将货物送到目的地时仍能维持货物的新鲜程度。根据设计要求和实际经验，冷藏船舱口尺寸较小，设有多层甲板，船壳漆成白色，以减少船体吸收阳光的辐射。根据不同货种的要求，冷藏舱的温度可在 $-25 \sim 15$ ℃ 范围内进行调整。虽然冷藏船的承载吨位较小，但它的航速较高。

图 5-19　集装箱船

图 5-20　冷藏船

5) 滚装船

滚装船是指专门用于装运载货车辆的船舶，如图 5-21 所示。载货车辆通常通过设在船尾部或船首部、船舷部的跳板进出船舶，因此对载货车辆的装运在船舶和码头上均无须采用装卸设备。滚装船的特点是：具有多层甲板，甲板之间舱高度较大，适于装车作业；首尾设有跳板，供车辆上下船使用；船内设有斜坡道或升降机，便于车辆在多层甲板间行驶；从侧面来看，水上部分很高，未设舷窗。滚装船装卸速度较高，是普通货船的十多倍，适用于特大、特重、特长的货物运输。

图 5-21　滚装船

6) 驳船、推船与拖船

驳船通常是指靠拖船或推船带动的单甲板的平底船。它是内河运输的主要工具。驳船上层建筑较简单,大多数驳船无装卸货设施。一般而言,驳船往往用于转驳那些由于吃水等原因不便直接进港靠泊的大型货船的货物,或组成驳船队用以运输货物。推船是指用来顶推驳船或驳船队的机动船。它具备强大的功率和良好的操纵性。拖船是指专门用来拖曳其他船舶、船队、木排或浮动建筑物的工具。它是一种用途广泛的工作船,与推船一样,也具备强大的功率和良好的操纵性。

7) 载驳船

载驳船又称子母船,是指用一艘大型机动母船运载一大批同型驳船的船。驳船内还能装载各种货物或标准箱。母船到锚地后,驳船便从母船中卸到水中,由拖船或推船将其带走,而后母船还可装载另一批驳船起航。

8) 多用途船

多用途船即可用来装运杂货、散货、集装箱、重大件货和滚装货的船舶。大多数多用途船基本上可设置两层甲板,机舱在尾部,其型宽比普通货船大,型深以装运集装箱所需层数来确定。多用途船适用于在不定期航线以及班轮航线运输散货和部分集装箱,发展前途良好。

2. 客船和客货船

专运旅客的船舶称为客船,游船也属于此类。在我国沿海和长江中下游地区运输旅客的船舶大多利用下层船舱装载货物,因而称为客货船。对客船的设计要求做到安全、快速和舒适。

(1) 安全性。船舶本身不但应具备良好的结构性能,还应具备良好的航行性能,如稳定性、抗沉性等。从安全性这个角度来讲,客船应配备足够数量的救生设施和装备。

(2) 快速性。目前客船在速度上受到公路、铁路和航空运输装备的严峻挑战,因而从船体结构、动力装置、船体造型上均需较大的改进和提高。

(3) 舒适性。现代客船上的生活、文化设施与陆地上已无差别,甚至高于陆地标准。

第四节 航空运输设备

一、航空运输的特点

航空运输虽然起步较晚,但发展异常迅速,特别受现代化企业管理者的青睐,原因之一就在于它具有许多其他运输方式所不能比拟的优越性。概括起来,航空运输的主要特点如下。

(1) 速度快、直达性好。飞机在空中飞行较少受到自然地理条件的限制,航空运输能够实现两地间的直线运输,运输距离越长,这种优势越明显。

(2) 舒适性、安全性好。喷气式飞机在高空巡航时不受低空气流的影响,飞行平稳舒适,客舱乘坐的舒适性也较好。按照航空运输的单位客运周转量或单位飞行时间死亡率来衡量,航空运输的安全性是所有运输方式中最高的。

(3) 经济特性良好。单纯从经济方面来讲,航空运输的成本及运价高于其他运输方式,但如果考虑时间价值,航空运输又具有其独特的经济价值。因此,随着经济的发展、人们收入水平和时间价值的提高,航空运输在整个交通运输体系中所占的比例呈上升趋势。

(4) 受气候条件的限制。为保证飞行安全,航空运输对飞行的气候条件要求较高,从而影响运输的准时性。

(5) 可达性差。一般情况下,航空运输难以实现客、货的门到门运输,客、货必须借助其他运输工具转运。

由于具有速度快、舒适性好、安全性好等优点,航空运输是重要的中长途快速客货运输方式,可用于运输价值高、保鲜要求高、时间价值高的货物,如贵重设备的零部件、高档花卉等,以及承担紧急救援、救灾抢险等急需物资、邮政物品和用其他运输方式耗时长、不方便的货物的运输任务等。

二、航空运输设备

航空运输设备主要是指通过空中运行从而实现客货运输的各种航空器。航空器可分为重于空气的和轻于空气的两类,每一类中又分为动力驱动和非动力驱动两种。例如,汽艇是轻于空气、动力驱动的,滑翔机是重于空气、非动力驱动的,飞机是重于空气、动力驱动的。在各种航空器中,运输机是航空运输的主要运输装备。

(一)运输机

1. 运输机的分类

(1) 根据航程分类。根据航程分类,运输机可分为远程运输机、中程运输机、近程运输机和短程运输机四类。远程运输机的航程在8 000公里以上,它主要用于洲际飞行。由于航程较远,需消耗大量燃料,远程运输机的机体尺寸和质量都很大,所需跑道也较长。中程运输机的航程为3 000~5 000公里,它适用于各大洲内主要航线上的运输。近程运输机的航程在3 000公里以下、1 000公里以上,它适用于国内主要航线上的运输。短程运输机的航程在1 000公里以下,它适用于地方支线和通勤运输的飞行。

(2) 按发动机及推动力产生类型的不同分类。按发动机及推动力产生类型的不同分类,运输机可分为活塞式运输机、涡轮螺旋式运输机、涡轮喷气式运输机和涡轮风扇喷气式运输机四类。活塞式运输机是以汽油式发动机为动力源,带动螺旋桨旋转从而产生推动力的运输机;涡轮螺旋式运输机是以燃气涡轮式发动机为动力源,带动螺旋桨旋转从而产生推动力的运输机;涡轮喷气式运输机是由燃气涡轮式发动机向后面的气缸喷射高速气流从而产生推动力的运输机;涡轮风扇喷气式运输机是在涡轮喷气式发动机的前部(或后部)加上一个风扇从而产生推动力的运输机。

(3) 按机翼是否为固定的分类。按机翼是否为固定的分类,运输机可分为定翼机和旋翼机(如直升机)。

2. 运输机的主要系列

目前世界上最普遍的运输机机型有波音(B)系列、麦道(MD)系列、安(An)系列、图(Tu)系列、伊尔(Ⅱ)系列、空中客车(A)系列及我国的运(Y)系列、新舟60/新舟600和运输直升机系列等。

(1) 波音(B)系列。波音系列是美国波音公司研制并生产的运输机,排号从波音707一直到波音787。波音707系列的主要型别有707-120、707-220、707-320和707-420等,驾驶舱机组人员4名,载客量可达219人。波音787梦想飞机(Dreamliner)是波音民用飞机集团研制生产的中型双发(动机)宽体中远程运输机。波音787系列属于200~300座级飞机,航程随具体型号不同可覆盖6 500至16 000公里。波音787系列的特点是大量采用复合材料,燃料消耗低,巡航速度高,效益高,客舱环境舒适,可实现更多的点对点不经停直飞。图5-22所示为波音787客机。

(2) 麦道(MD)系列。麦道系列运输机是美国麦克唐纳·道格拉斯公司研制的运输机,包括MD-11中远程宽机身运输机、MD-12大型四发远程宽机身客机、MD-80中短程客机、MD-90

双发中短程客机和 MD-95 双发喷气商用运输机等。图 5-23 所示为 MD-12 大型四发远程宽机身客机。

图 5-22　波音 787 客机

图 5-23　MD-12 大型四发远程宽机身客机

（3）安（An）系列。安系列运输机是由乌克兰安东诺夫航空科学技术联合体研制的运输机，包括 An-12 军用运输机、An-74 短距起落运输机、An-24 双发涡轮螺桨支线客机、An-26 双发涡轮螺桨支线运输机、An-32 双发短程运输机、An-124 四发远程重型运输机、An-225 六发涡轮风扇式重型运输机。图 5-24 所示为 An-225 六发涡轮风扇式重型运输机。

（4）图（Tu）系列。图（Tu）系列运输机是俄罗斯图波列夫设计局研制的运输机，包括 Tu-114 超音速客机、Tu-134 支线运输机、Tu-144 超音速客机、Tu-154 三发中程客机和 Tu-21M 双发中程客机、Tu-204 双发中程客机、Tu-330 双发涡轮风扇货运机、Tu-334 双发中短程直线客机等。图 5-25 所示为 Tu-334 双发中短程直线客机。

图 5-24　An-225 六发涡轮风扇式重型运输机

图 5-25　Tu-334 双发中短程直线客机

（5）伊尔（Il）系列。伊尔系列运输机是由俄罗斯伊留申航空联合体股份公司研制的运输机，包括 Il-114 双发涡轮螺桨短程客货支线运输机、Il-18 四发涡轮螺桨短程客机、Il-62 远程客机、Il-76 四发中远程重型运输机、Il-86 四发宽机身客机和 Il-96 四发远程宽体客机等。图 5-26 所示为 Il-96 四发远程宽体客机。

（6）空中客车（A）系列。空中客车系列运输机是由欧洲空中客车工业公司研制的运输机，包括 A300 双发宽机身客机、A310 中程宽机身客机、A318 双发中短程窄机身客机、A319 双发中短程客机、A319/A321 双发中短程客机、A320 双发中短程窄机身客机、A321 双发中短程客机、A330/A340 双过道宽机身客机、A350 四发洲际航程宽体客货两用运输机和 A380 货机等。图 5-27 所示为 A380 货机。

（7）运（Y）系列。运系列运输机是我国研制的运输机，包括 Y-5、Y-6、Y-7、Y-8、Y-9、Y-10、Y-11、Y-12、Y-20。其中，Y-8 是陕西飞机制造公司研制的四发涡轮螺桨中程多用途运输机。它又有 Y-8A（直升机载机）、Y-8B（民用型）、Y-8C（全气密型）、Y-SD（出口型）、Y-SE（无人机载

图 5-26　Ⅱ-96 四发远程宽体客机

图 5-27　A380 货机

图 5-28　Y-20 运输机

机)、Y-SH(民航机)、Y-8F(货运型)和 Y-SX(海上巡逻机)等 17 个型号。目前,中国已经公开的最新军用运输机是 Y-20。图 5-28 所示为 Y-20 运输机。

(8) 新舟 60/新舟 600。新舟 60 是航空工业西安飞机工业(集团)有限责任公司在 Y-7200 基础上研制生产的新一代双发涡轮螺桨短中程客货运输机。此运输机采用了世界先进水平的航空技术和成果,动力装置采用普惠加拿大公司的 PW-127J 自由涡轮式低油耗涡桨发动机。它采用美国汉密尔顿航空制造公司的 247F-3 全复合材料高效低噪四叶螺旋桨,座位数为 50～60 座,商业载量为 5.5 吨。

新舟 600 是根据市场及用户的需求由新舟 60 飞机升级换代改进而来的,具有成本低廉、燃油消耗少等优点。与喷气式飞机对跑道要求极为严格不同,新舟 600 的跑道可以缩减到 1 200 米到 2 000 米之间,并可以实现在土跑道、砂石跑道乃至有雪覆盖的跑道上起降。另外,新舟 600 商载提高 7%～8%,维护成本降低 10%。针对不同的客户和特殊化需求,可以迅速改变构型,从而派生出客货混装型、VIP 公务机、医疗救护机和专用货机。图 5-29 所示为新舟 60 运输机,图 5-30 为新舟 600 运输机。

图 5-29　新舟 60 运输机

图 5-30　新舟 600 运输机

(9) 运输直升机系列。运输直升机系列的机型也较多,主要有以下四种。

①黑鹰 S-70 突击运输直升机。黑鹰 S-70 突击运输直升机是美国西科斯基飞行器公司研制的双发单旋翼战斗突击运输直升机。该运输机主要承担战斗突击运输、伤员疏散、侦察、指挥及兵员补给等任务,是美国陆军 20 世纪 80 年代直升机的主力。

②CH-53 运输直升机。CH-53 运输直升机是美国西科斯基飞行器公司研制的双发重型突击运输直升机。该运输机有以下几种改型:CH-53A(初生产型),HH-53B(救生型),HH-53C

（HH-53B 的改进型），EH-53D（CH-53A 的改进型），RH-53D（扫雷型，也可以执行运输任务），CH-53B（多用途重型）等。

③CH-47 支奴干运输直升机。CH-47 支奴干运输直升机是美国波音公司为美国陆军研制的全天候中型运输直升机。该运输机是一种独具特色的直升机，在机头上方和机尾上方分别安装了一副旋翼，每副旋翼有 3 片桨叶，这种直升机称为纵列式双旋翼直升机。CH-47 的主要型别有 CH-47A（初始生产型）、CH-47B（A 型的改进型）、CH-47C（CH-47B 型的改进型）、CH-47D（最新改进型）、MH-47E（专供美国陆军特种部队使用的改进型）。

④米-26 光轮运输直升机。米-26 光轮运输直升机是俄罗斯米里莫斯科直升机厂股份公司研制的多用途重型直升机。米-26 光轮运输直升机是当今世界上起飞重量最大的直升机，是世界上第一架成功采用 8 片桨叶旋翼的直升机。米-26 光轮运输直升机有多种改型，其主要型别有米-26A、米-26T、米-26P 及米-26M 等。

(二) 货机

1. 货机的主要组成

我国现行使用的货机多数是由客机改装而来的，有的甚至还是军民两用机。货机一般具有较大的货舱和货舱门，地板上还装有传输装置，以便于大型货物的装卸作业。

货机主要由机翼、机身、动力装置、起落装置和操纵系统等组成。

（1）机翼。机翼是为货机提供升力的部件之一。机翼受力构件包括内部骨架、外部蒙皮以及与机身连接的接头。

（2）机身。机身是装载人员、设备、货物、燃油和其他物资的部件，也是连接机翼、尾翼、起落架和其他有关构件的部件。

（3）动力装置。动力装置是以 1～4 台发动机为核心构成的为货机飞行提供动力的装置。目前货机使用的发动机主要为涡轮喷气式发动机。涡轮喷气式发动机包括进气道、压力机、燃烧室、涡轮和尾喷管五个部分。

（4）起落装置。起落装置使货机能在地面或水面上平顺地起飞、着陆、滑行、停放。它由吸收撞击能量的机构、减振器、机轮和收放机构组成。改善起落性能的装置包括增举装置、起飞加速器、阻力伞和减速伞等。

（5）操纵系统。操纵系统分为主操纵系统和辅助操纵系统。主操纵系统实现对升降舵、方向和副翼的操纵，辅助操纵系统实现对调整片、增举装置和水平安定面等的操纵。

2. 货机的性能参数

货机的主要性能参数如下。

（1）机长。机长指货机机头最前端与货机尾翼最后端之间的距离。

（2）机高。机高指货机停放地面时，货机尾翼最高点离地的距离。

（3）翼展。翼展指货机左右翼尖间的距离。

（4）货机的重量。货机的重量是影响货机的飞行安全、起飞安全、着陆安全和跑道设计的重要技术指标，包括基本重量、最大起飞重量、最大滑行重量、最大无燃油重量、燃油重量、最大着陆重量、最大业务载重量。

①基本重量。基本重量又称不变重量，指货机的基本飞行空机重量，由空机重量、附加设备重量、空勤人员及其随带物品（用具）重量、服务设备及供应品的重量、其他按规定应计算在基本重量之内的重量组成。

②最大起飞重量。最大起飞重量指根据其结构强度、发动机功率、刹车效能等因素而确定

的货机在起飞线加大马力起飞滑跑时限制的全部重量,其数值在货机设计制造时确定。

③最大滑行重量。最大滑行重量指货机在滑行时限定的全部重量。它的数值大于最大起飞重量,两者的差额就是滑行过程中的用油重量,这部分燃油必须在起飞前用完。

④最大无燃油重量。最大无燃油重量指除燃油以外所允许的最大货机重量。它由货机的基本重量和最大业务载重量组成。

⑤燃油重量。燃油重量又称起飞油量,是指航段飞行耗油量和备用量,但不包括地面开车和滑行的油量。

⑥最大着陆重量。最大着陆重量指货机在着陆时,根据其起落装置及机体结构所能承受的冲击载荷限定的最大货机重量。

⑦最大业务载重量。最大业务载重量也称最大商载量,是指航空营运限定的最大客货重量,包括旅客、行李、货物和邮件等的重量。

(5) 货机的飞行性能。飞行性能是评价货机优劣的主要指标。

① 最大平飞速度。它是指在一定高度上,发动机达到最大功率或最大推动力时货机所获得的平飞速度(公里/时)。为了减少燃油消耗和防止发动机损坏,通常货机不以最大平飞速度长时间飞行。

② 巡航速度。它是指发动机每公里耗燃油最少时货机的飞行速度(公里/时)。这时货机航程最远,飞行最经济,发动机寿命较长。

③ 爬升率。它是指单位时间内货机所上升的高度(米/秒)。

④ 升限。它是指货机上升所能达到的最大高度。

⑤ 航程和续航时间。航程是指货机一次加油以巡航速度飞行所能飞越的最大距离。续航时间是指货机一次加油,在空中所能持续飞行的时间。

第五节　管道运输设备

管道运输是指利用管道等设施,通过一定的压力差来驱动货物(多为液体、气体、粉粒和小颗粒)沿着管道流向目的地的一种现代化的运输方式。管道运输承担着各国很大比例的能源物资的运送,包括原油、天然气、成品油、油田伴生气、煤浆等。管道运输的运量巨大。在美国,据不完全统计,管道运输的运量接近汽车运输的运量。近年来,管道运输也被用来进一步研究散料、集装物料、成件货物的运送,还将进一步发展容器式的管道输送系统。

管道运输设备既是承载货物的运输工具,又是运输通道。运输工具和运输通道相辅相成,融为一体。管道按其空间的铺设可分为架空管道、地面管道和地下管道三种。其中,地下管道应用最为普遍,按其运输的货品可分为天然气地下管道、原油地下管道、成品油地下管道和输水地下管道,按其架设区域可分为陆上管道和海上管道,按其管径的大小可分为51～102毫米、152～422毫米等多种不同管径的管道,按其材料的不同可分为玻璃地下管道、不锈钢地下管道和塑料管道等。图5-31所示为典型的管道运输设备。

图5-31　典型的管道运输设备

一、管道运输设备的特点

与其他运输设备相比,管道运输设备的特点如下。

(1) 基本上没有可灵活拆装的部分,所以维修方便,费用低廉。

(2) 由于可以连续不断地运送物料或液品,因此运量很大。一条油料运输管线每年的运输量可在亿吨以上。

(3) 管道埋于地下,因此占地极少,仅为公路的 3%、铁路的 10% 左右。

(4) 管道运输设备将石油、天然气等与空气、水、土壤进行了隔绝,因此减少了对环境的污染和发生事故的机会,比较安全。

(5) 管道运输耗能少、成本低廉、效益较好。以运输石油为例,管道运输、水路运输及铁路运输的运输成本之比大约为 1:1:1.7。

(6) 管道运输主要适用于液体和气体的输送,因此管道运输设备不能像其他运输装备(如汽车、飞机等)那样灵活运输多种物资,同时也不容随便扩展运输线路。

(7) 管道运输虽然可以运送粉粒状固体物资,但只能进行近距离输送,成本较高。

(8) 管道运输一般适用于连续运输物资。对于量少或需求不连续的物资,一般采用容器包装输送更佳。

二、管道运输设备的类型

1. 油品管道运输设备

无论是输送轻油还是输送重油,输油管道系统均由首站输油站、中间输油站、中间加热站、末站输油站以及管道线路等构成。其中的主要装备构成如下。

(1) 输油管。输油管分原油管和成品油管两种,它们都为输送油料的媒介。

(2) 油罐。油罐通常设置在首站输油站和末站输油站,用于对发、收的油品进行存储。在首站输油站中,油罐在接收油田、海运、炼油厂等地的油品后,对其进行临时存储,以等待用泵抽取,输往中下游的各输油站。在末站输油站中,油罐接收管道来油,以便运用其他运输方式转运。油罐容量的大小应根据其他运输方式的转运周期、一次运量、运输条件与限制以及管道输送量等因素综合考虑确定。一般而言,输送单一油品的首末输油站油罐的容量,不应高于管道 3 天的最大输量。

(3) 泵机组。输油泵、带动输油泵的原动机以及相应的连接装置和变速装置组成泵机组,用以供给输油所需的压力能。泵的选择必须满足工艺要求,即它的排量、压力、功率以及所输送的液体与预定的输送任务必须相适应。输油站若干个泵机组的总排量应等于或稍大于规定的输油量。一般每个输油站的泵机组数以 4 个为宜,其中 3 个处于工作状态,1 个备用。

输油泵类型很多,常用的是往复泵和离心泵两种。往复泵具有排除液体压头并使其在一定范围内不受限、泵排量与排压无关、启动前无须灌泵等优点,以及运转振动大、结构复杂、易磨损、维修困难、体积庞大等缺点,适合输送高黏度液体。离心泵具有工作振动小、结构简单、易维修等优点,适合输送大排量、低黏度的液体。它存在排压有最高值限制、泵壳内在开泵前一定要充满液体等缺点。

原动机分为电动机、柴油机、燃气轮机等。其中电动机具有价廉、轻便、体积小、易维护、工作平稳、自动控制方便、防爆性能好等优点,是驱动输油泵应用最多的原动机。

(4) 阀门组。各种阀门的主要功能是对输送路径、压力、流量、平稳性等进行调节和控制。

(5) 清管器收发装置。清管是指在输油前清除滞留在管内的机械杂质等堆积物,管壁上的石蜡、油脂等凝聚物,以及盐类沉积物等。清管的目的是保证输油管长期在高输送量下安全运转。清管器收发装置通过收发清管器,实现对输油管的清洁。

(6) 计量装备。计量装备主要由流量计、过滤器、测量温度及压力的仪表、标定装置、排污管(通向污油系统)等五个部分组成。其中,以流量计和标定装置较为关键。流量计是监视输油管运行的中枢。在成品油输油管上,计算隔离球的位置,油品的切换、进罐或隔离球的准时投放等操作,都是辅以流量计的监视和局部控制仪表的探测来进行的。流量计应根据所输液品的性质(如黏度、温度、透明度等)、流速及流量的变化(如瞬时流量、累计流量)、计量的要求(如精度)、仪表的安装环境条件等来选择。常用的流量计有容积式流量计和涡轮式流量计两种。标定装置有单向回球型标定管装置、U形管三球式标定装置等。

(7) 加热装置。对于含蜡多、黏度大、倾点高的原油,应通过加热装置进行加热输送。加热装置包括加热炉、换热器等。现在多采用换热器进行加热。它可利用不怕高温、不结焦的中间热载体来进行传热,加热效率可达85%,特别适合加热含水、含盐较多的原油。换热器虽然成本较高,但从根本上消除了炉管结垢产生的不安全因素。

(8) 辅助设备。为了保证泵机组正常运行,输油站内还应配置一系列辅助设备。柴油机往复泵机组的辅助设备包括柴油供应设备、润滑油供应设备、冷却水设备、压缩空气供应设备、废热利用设备等。电动机离心泵机组的辅助设备包括电动机和离心泵的轴润滑设备、冷却水设备等。

2. 天然气管道运输设备

天然气管道运输流程是从气田的各井口装置采出天然气后,将天然气经矿场集气网汇集到集气站,再经天然气处理厂净化后,送入远距离输气管道,再输送到城市和工矿企业的配气站,在配气站经过除尘、调压、计量和添味等流程后,经配气管网输送给用户。远距离输气管道主要由首站输气站、中间输气站和终点储气库组成。输气站的主要功能是对天然气加压、净化天然气、混合、计量、压力调节和发送清管器等。输气管道系统主要由以下几部分构成。

(1) 输气管。输气管主要包括矿场输气管、干线输气管和城市输气管。矿场输气管用于将从天然气井场采集到的天然气送往天然气处理厂。干线输气管构成远距离供气的动力系统。大型干线输气管的管径基本上有720毫米、820毫米、1 020毫米和1 420毫米几种,长度有1 000公里、2 000公里和2 000公里以上几种。干线输气管的全部管段与输气站有联系,干线输气管的个别管段或个别输气站的工况变化将影响到整个干线输气管或干线输气管系统。城市输气管是构成城市配气网的基础,分为输气干线和配气管线。

(2) 压缩机组。压缩机和与之相配套的原动机统称为压缩机组。压缩机组不但是干线输气管道的重要工艺设备,而且是压气站的核心部分。它的功能是提高进入压气站的气体的压力,从而使管道沿线各管段的流量满足相应的任务输量的要求。

压缩机分往复式压缩机和离心式压缩机两种类型。往复式压缩机利用活塞在气缸中的往复运动及与之协调配合的吸入阀和排除阀的开启和关闭实现气体压缩。根据气缸端部的结构,压缩机分为单作用式与双作用式两类。根据气缸数量的多少,压缩机分为单缸、双缸及多缸三类。其中多缸压缩机中的多个气缸既可以并联,也可以串联。往复式压缩机的特点是出口排量小、压比高、效率高、适应性强、结构复杂和排气不连续等。离心式压缩机利用高速旋转的叶轮促使出口的气流达到很高流速,然后在扩压室使高速气体的动能转化为压气能,从而实现气体压缩。根据在同一台压缩机中气体经历的压缩级数,离心式压缩机可分为单级和多级两类。离心式压缩机具有排量大、体积小、运行可靠、噪声小、润滑油用量少、转速高和排气均匀等优点,同时也存在稳定工作范围窄、运行效率低等缺点。

原动机的主要类型有燃气轮机、燃气发动机、电动机和蒸汽轮机四种。燃气轮机和蒸汽轮机的工作原理都是把以连续流动的气体为工质,把热能转化为机械能。其中,燃气轮机的工质是在其燃烧室所产生的燃气,蒸汽轮机的工质是外界提供的水蒸气以及其他物质的蒸气。燃气发动机属于内燃机,其基本原理类似于汽油机,只是将燃料改成了天然气。燃气发动机的输出功率受大气气压和气温的影响较大。电动机具有结构紧凑、规格齐全、操作简便、运行平稳、易于操作、效率高、可靠性强等特点。

干线输气管道常采用燃气轮机-离心式压缩机组、燃气发动机-往复式压缩机组这两种组合。在实际操作中,大功率压缩机组基本上都是燃气轮机-离心式压缩机组;燃气发动机-往复式压缩机组主要适用于中小流量且压力较高的场合,如气田集输管网、地下储气库的地面注气系统等。在压气站距离公用电网较近且电价低廉的情况下,可考虑采用电动机作为压缩机的原动机。

(3) 燃气计量仪表。燃气的数量可以用它的标准体积、质量或能量值(热值)来衡量,据此可将燃气计量方法分为体积流量计量、质量流量计量和能量流量计量三种。根据计量过程的机理,体积流量计主要分为差压式流量计、容积式流量计和速度式流量计三类。其中容积式流量计属于直接测量式流量计,而差压式流量计和速度式流量计均属于间接测量式流量计。容积式流量计主要分为膜式流量计、隔板式流量计、腰轮流量计、转动叶片式流量计和湿式流量计等,速度式流量计主要分为涡轮流量计、超声波流量计、涡街流量计等,能量流量计主要有燃烧热值表和气相色谱仪。其中前者为直接测量式流量计,后者为间接测量式流量计。利用气相色谱仪可直接测定燃气的组成,而根据燃气中各组分的比例以及每种组分的发热值就可计算出燃气的燃烧热值。

(4) 储气设备。储气设备主要有储气罐和地下储气管束。储气罐通常为钢罐,设置在地面上。根据储气压力的高低,储气罐可分为低压罐和高压罐。其中低压罐又可分为湿式与干式两种。低压罐又称为气柜,其储气压力恒定并且接近气压,一般为 1~4 kPa,最高不会超过 6 kPa。气柜的储气空间是可变的,因而它可通过储气空间的容积变化来改变储气量。高压罐的储气压力一般为 0.8~2 MPa,它的储气空间是固定的。高压罐可通过储气压力的变化来改变储气量。一般而言,大型高压罐通常为球罐。除了气柜和高压罐外,还有一种特殊的储存天然气的高压容器——地下储气管束。它的储气压力可等于甚至大于干线输气压力。从经济方面来考虑,近几十年来国外很少建造天然气地面储气罐(包括气柜)和地下储气管束。

(5) 辅助设备。辅助设备类型较多,通常包括压缩机组中的能源设备、气缸冷却设备、密封油设备、润滑油设备、润滑油冷却设备以及整个压气站的仪表监控设备、通信设备、给排水设备、通风设备和消防设备等。

3. 固体物料的浆液管道运输

目前管道运输被世界各国公认为是经济、可靠的运输各种固体物料浆液的方式之一。固体物料浆液管道运输的基本措施是将待输送的固体物料碾碎成粉粒状,与适量的液体混合成可泵送的浆液,在长输送管道内以固、液相混合的状态输送到目的地,将固体与液体相分离后,输送给用户。目前浆液管道主要用于输送煤、铁矿石、铜矿石、铝矾石和石灰石等矿物,配置浆液的液体大都是水,也有用燃料油配置的油煤浆,或用甲醛等其他液体作为媒介的。无论是哪一种浆液管道,都包括以下三个部分:浆液制备厂、输送管道和浆液的后处理系统(后处理包括颗粒的脱水、干燥和水处理等)。这三个部分是密切联系在一起的。在固体物料的来源和特性一定的情况下,浆液制备厂所制备的浆液颗粒的大小和级别将直接影响着管道输送的稳定性和摩阻大小。应用浆液的工厂应根据它的生产需要,对浆液粒度的大小提出要求。浆液制备厂的建设和运行费用的高低主要取决于粉碎后的颗粒大小。一般而言,细颗粒的含量越多,对管道输送越有利,而浆液制备厂的费用会相应地有较大提高,但对于颗粒太细的物料,其脱水分离也非常困难。

综上所述,对于固体物料浆液管道的设计,必须综合考虑这三个部分的内在联系,以便寻求整个系统的最优化。

复习思考题

1. 物流运输机械设备主要分为哪几种?它们分别具有什么特点?
2. 简述汽车的总体结构和工作原理。
3. 汽车动力性和燃油经济性的指标分别有哪些?
4. 简述半挂车的主要类型及适用性。
5. 简述铁路车辆的结构及功能。
6. 描述货车的类型及其适用领域。
7. 概述货船的分类及运输特点。
8. 简述运输机的主要系列。
9. 简述管道运输设备的特点。
10. 简述输油管道、输气管道的组成和工艺过程。

第六章
物流流通加工机械设备

WULIU
JIXIE
SHEBEI

第一节 流通加工机械设备概述

一、流通加工机械设备的概念

流通加工机械设备是指完成流通加工任务的专用机械设备,它通过对流通中的商品进行加工,改变或完善商品的原有形态来实现生产与消费的"桥梁"和"纽带"作用,并使商品在流通过程中的价值增值。

利用流通加工机械设备实现流通加工具有很多优势,具体如下。

1. 可以提高原材料利用率

利用流通加工机械设备对流通对象进行集中下料,可将生产厂直接运来的简单规格产品按使用部门的要求进行下料。例如,将钢板进行剪板、切裁,将钢筋或圆钢裁制成毛坯,将木材加工成各种大小的板、方等。集中下料可以优材优用、小材大用,合理套裁,有很好的技术经济效果。比如,北京、济南、丹东等城市对平板玻璃进行流通加工(集中裁制、开片供应),玻璃利用率从 60% 左右提高到 85%~95%。

2. 可以进行初级加工,方便用户

某些用量小或只是临时需要的使用单位,缺乏进行高效率初级加工的能力,依靠流通加工点的机械设备进行流通加工,可省去初级加工的设备投资及人力投资。目前,发展较快的初级加工有将水泥加工成混凝土,将原木或板方材加工成门窗,冷拉钢筋,冲制异形零件,钢板预处理、整形、打孔等。

3. 提高加工效率

由于建立了集中加工点,可以采用效率高、技术先进、加工量大的专门机具和装备。这样做不仅提高了加工质量,而且提高了装备利用率,还提高了加工效率,其结果是降低了加工费用及原材料成本。

4. 充分发挥各种输送手段的最高效率

流通加工环节将实物的流通分成两个阶段。第一阶段是在数量有限的生产厂与流通加工点之间进行定点、直达、大批量的远距离运输,因此可以将船舶、火车等作为大量运输货物的运输手段;第二阶段则是利用汽车和其他小型车辆来运输流通加工后的多规格、小批量、多用户的产品。这样可以充分发挥各种运输手段的最高效率,加快运输速度,节省运费。

5. 改变功能,提高收益

在流通过程中进行一些改变产品某些功能的简单加工,其目的除上述几点外,还在于提高产品销售的经济效益。例如,许多制成品,如洋娃娃玩具、时装、轻工纺织产品、工艺美术品等在深圳进行简单的包装加工,改变了产品外观功能,仅此一项就使产品售价提高 20% 以上。

二、流通加工机械设备的分类

按照流通加工形式,流通加工机械设备可分为剪切加工机械设备、集中开木下料机械设备、配煤加工机械设备、冷冻加工机械设备、分选加工机械设备、精制加工机械设备、包装加工机械设备、组装加工机械设备等。

1. 剪切加工机械设备

它是进行下料加工或将大规格的钢板裁小或裁成毛坯的机械设备。例如,用剪板机进行下料加工,用切割设备将大规格的钢板裁小或裁成毛坯等。

2. 集中开木下料机械设备

它是在流通加工中将原木锯裁成各种锯材,同时将碎木、碎屑集中起来加工成各种规格的板材,还可以进行打眼、凿孔等初级加工的机械设备。

3. 配煤加工机械设备

它是将各种煤及一些其他发热物质,按不同的配方进行掺配加工,生产出各种不同发热量燃料的机械设备。

4. 冷冻加工机械设备

它是为了解决鲜肉、鲜鱼或药品等在流通过程中保鲜及搬运装卸问题而采用低温冷冻方法的机械设备。

5. 分选加工机械设备

它是根据农副产品的规格、质量离散较大的情况,为了获得一定规格的产品而采用的机械设备。

6. 精制加工机械设备

它是主要用于农、牧、副、渔等产品的切分、洗净、分装等简单加工的机械设备。

7. 包装加工机械设备

它是为了便于销售,在销售地按照所要求的销售起点进行新的包装、大包装改小包装、散装改小包装、运输包装改销售包装等加工的机械设备。

8. 组装加工机械设备

它是对包装出厂的半成品,在消费地由流通部门所设置的流通加工点进行拆箱组装的机械设备。

第二节 包装机械

一、物流包装机械概述

物流包装机械是指完成全部或部分包装过程的一类机械。包装过程包括充填、裹包、封口等主要包装工序,以及与其相关的前后工序,如清洗、干燥、杀菌、计量、成型、标记、紧固、多件集合、拆卸等及其他辅助工序。物流包装机械是使产品包装实现机械化、自动化的根本保证,在现代物流中起着重要的作用。

物流包装机械的种类很多,有很多不同的分类方法,如按包装物料的状态分为液体包装机、块状包装机、颗粒包装机、粉状包装机,按包装材料分为纸制品包装机、金属罐头包装机、玻璃瓶包装机、塑料包装机等,按包装物品分为食品包装机、日化用品包装机、药品包装机、纺织品包装机等,按包装工位分为单工位包装机、多工位包装机。目前最常见的分类方法是按功能分类。按功能,物流包装设备分为以下几类。

(1)充填机械设备。充填机械设备是指将数量精确的包装品装入各种容器内的机器。它适用于包装粉状、颗粒状的固态物品。它按计量方式可分为容积式充填机、称重式充填机、计数式充填机,按充填物的物料状态可以分为粉料充填机、颗粒物料充填机、块状物料充填机、膏状物料充填机,按充填功能可以分为制袋充填机、成型充填机、仅具有充填功能的充填机。

(2) 罐装机械设备。罐装机械设备是指将液体产品按预先规定好的量填充到包装容器内的机器。它按灌装方式可以分为常压灌装机、负压灌装机、等压灌装机等,按包装容器的传送形式可以分为直线型灌装机、旋转型灌装机。

(3) 裹包机械设备。裹包机械设备是指用挠性材料全部或局部裹包产品的机器。它适用于对块状或具有一定刚度的物品进行包装。对于某些经过浅盘、盒等预包装的粉状和散粒状物品,也可以用裹包机械设备进行包装。裹包机械设备按包装成品的形态可以分为全裹包机和半裹包机,按裹包方式可以分为全裹包机、缠绕裹包机、拉伸裹包机、贴体裹包机、收缩裹包机。

(4) 封口机械设备。封口机械设备是指在包装容器内盛装产品后,将容器的开口部分封闭起来的机器。封口是包装工艺中不可缺少的工序,封口的质量直接影响到被包装产品的保质期和美观度。封口机械设备按有无封口材料可以分为无封口材料的封口机、有辅助封口材料的封口机。

(5) 贴标机械设备。贴标机械设备是指将事先印制好的标签粘贴到包装容器特定部位的机器。它按自动化程度可分为半自动贴标机和全自动贴标机,按容器的运行方向可分为立式贴标机和卧式贴标机,按标签的种类可以分为片式标签贴标机、卷筒状标签贴标机、热黏性标签贴标机、感压性标签贴标机、收缩筒形贴标机,按容器的运动形式可分为直通式贴标机和转盘式贴标机,按贴标工艺特征可分为按压式贴标机、滚压式贴标机、搓滚式贴标机、刷抚式贴标机等。

(6) 捆扎机械设备。捆扎机械设备是指采用柔软的线材对包装进行自动捆结的机器。它属于外包装设备,主要用于食品、化工产品以及各种零件、部件和整件的包装。捆扎机械设备按自动化程度可分为全自动捆扎机、半自动捆扎机、手提式捆扎机等,按捆扎带材料可分为绳捆扎机、钢带捆扎机、塑料带捆扎机等。

(7) 清洗机械设备。清洗机械设备是指用来清洗包装材料、包装件等,使其达到预期清洗程度的机器。它按清洗方式可分为机械式清洗机、电解式清洗机、化学式清洗机、干式清洗机、湿式清洗机、超声波式清洗机、静电式清洗机。

(8) 干燥机械设备。干燥机械设备是指用来减少包装材料、包装件的水分,使其达到预期干燥程度的机器。它按干燥方式可以分为机械式干燥机、加热式干燥机、化学式干燥机。

(9) 杀菌机械设备。杀菌机械设备是指用来清除或杀死包装材料、产品或包装件上的微生物,使其含量符合规定的标准的机器。它按杀菌方法可分为热杀菌机、冷杀菌机,按操作性质可分为间歇式杀菌机、连续式杀菌机,按操作原理特征可分为静止式杀菌机、回转式杀菌机、摇动式杀菌机、水封式杀菌机、静水压式杀菌机、热流层式杀菌机、喷淋式杀菌机,按结构特征可分为隧道式杀菌机、滚筒刮面式杀菌机、螺旋泵式杀菌机、板式杀菌机、管式杀菌机。

(10) 集装机械设备。集装机械设备是指将若干产品或包装件集合包装以形成一个销售单元或搬运单元的机器。

(11) 多功能包装机械设备。多功能包装机械设备是指具有两种或两种以上功能的包装机械设备,主要有充填封口机、成型充填封口机、定型充填封口机、真空包装机、真空充气包装机。

二、充填机械

1. 充填机概述

充填机是指将产品按预定量充填到包装容器内的机器。《包装术语 第 2 部分:机械》(GB/T 4122.2—2010)中对充填机的分类是按计量方式进行的,因此这里按此种方式分类介绍各种充填机。充填机的分类及特点如表 6-1 所示。

表 6-1 充填机的分类及特点

类别	工作原理	特点	应用范围
容积式充填机	将产品按预定容量充填到包装容器内	结构简单,设备体积小,计量速度高,计量精度低	适用于 500 mL 以下的小剂量充填以及对计量精度要求不高或物料密度稳定的场合
称重式充填机	将产品按预定质量充填到包装容器内	结构复杂,设备体积较大,计量精度高,计量速度较低	适用于对包装计量精度要求较高的场合
计数式充填机	将产品按预定数目充填到包装容器内	结构较复杂,计量速度高	适用于条(块)状和颗粒状等规则物品的计量

2. 容积式充填机

将产品按预定容量充填至包装容器内的充填机叫作容积式充填机。根据物料容积计量的方式不同,容积式充填机可分为量杯式充填机、螺杆式充填机、计量泵式充填机、可调容量式充填机、气流式充填机、柱塞式充填机、插管式充填机、料位式充填机、定时式充填机等。

1) 量杯式充填机

量杯式充填机是采用定量的量杯量取产品并将其充填到包装容器内的机器,适用于颗粒较小、均匀的物料,计量范围一般在 200 mL 以下。量杯式充填机是容积固定的计量装置,其容积不能调整;若要改变容积,则要更换量杯。量杯式充填机如图 6-1 所示。

2) 螺杆式充填机

螺杆式充填机是通过控制螺杆旋转的转数或时间来量取产品,并将其充填到包装容器内的机器。螺杆式充填机主要用于粉料或小颗粒状物料的计量。其主要优点是结构紧凑、无粉尘飞扬,可以通过改变螺杆的参数来扩大计量范围。螺杆式充填机适用的物料范围很广,尤其适用于在出料口容易起粉而不易落下的物料,如咖啡粉、蛋糕混合料、面粉等物料。流动性能不同的物料要使用不同形状的螺杆。螺杆式充填机如图 6-2 所示。

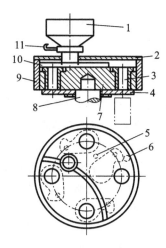

图 6-1 量杯式充填机
1—料斗;2—外罩;3—量杯;4—活门底盖;5—闭合圆销;
6—开启圆销;7—圆盘;8—转盘主轴;9—壳体;
10—刮板;11—下料闸门

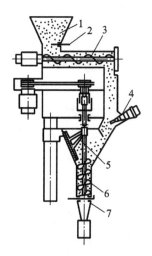

图 6-2 螺杆式充填机
1—料斗;2—插板;3—水平螺杆给料器;4—料位检测器;
5—搅拌器;6—垂直螺旋给料器;7—闸门

3）计量泵式充填机

计量泵式充填机是利用计量泵中齿轮的一定转数量取产品,并将其充填到包装容器内的机器。计量泵可以采用常见的齿轮泵,也可采用转阀式计量泵。计量泵式充填机的计量腔容积有定容积和可调容积两种。待包装物品存放于料斗中,计量鼓由传动装置驱动运转。当计量腔经过料斗时,被从料斗中落下来的物料充满。装入计量腔的物品,随转鼓转到排料口时,在重力的作用下排出,经导管填入包装容器中,完成包装的计量,如图6-3所示。计量泵式充填机适用于颗粒状和流动性好、无结块的粉状物料的计量,如茶叶末、精盐等小定量值的包装计量。

4）可调容量式充填机

可调容量式充填机是采用通过随产品容量变化来自动调节容积的量杯量取产品,并将其充填到包装容器内的机器,如图6-4所示。可调容量式充填机中的量杯由上、下两部分组成。通过调节机构可以改变上、下量杯的相对位置,实现容积微调。微调可以自动进行,也可以手动进行。可调容量式充填机的计量精度可达3%。自动调整信号是通过对最终产品的重量或物料比重的检测获得的。

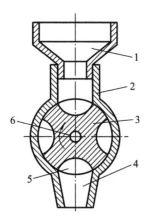

图6-3 计量泵式充填机

1—进料口;2—机壳;3—转鼓;
4—排料口;5—计量腔;6—轴

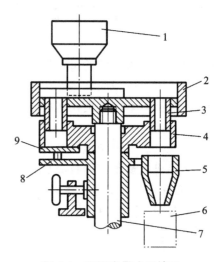

图6-4 可调容量式充填机

1—料斗;2—护圈;3—固定量杯;4—活动量杯托盘;
5—下料斗;6—包装容器;7—转轴;8—调节支架;9—活门

5）气流式充填机

气流式充填机是利用真空吸附原理量取定量容积产品,并采用净化压缩空气将产品充填到包装容器内的机器。气流式充填机如图6-5所示。该充填机的结构核心是充填轮,在其轮辐内装有量杯。量杯直径一般为1~150 mm,高约150 mm。量杯可以是圆形截面,也可以是环形截面、椭圆形截面、方形截面和矩形截面等。工作时,充填轮作匀速间歇转动,当轮中量杯口与料斗接合时,恰好配气阀也接通了真空管,物料就被吸入量杯中。当量杯转位到包装容器的上方时,量杯中的物料就被经配气阀输送来的压缩空气吹到容器中去。

6）柱塞式充填机

柱塞式充填机是采用可调节柱塞行程来改变产品容量的柱塞筒量取产品,并将其充填到包装容器内的机器。柱塞式充填机计量装置如图6-6所示。柱塞式充填机的计量和充填过程是:当柱塞推杆向上移动时,由于物料的自重或黏滞阻力,活门向下压缩弹簧,于是物料从活门与柱塞顶盘的环隙进入柱塞下部缸体的内腔中;当柱塞向下移动时,活门在弹簧的作用下关闭环隙(这时柱塞上部的物料对活门的压力显然减小了许多),柱塞下部的物料被柱塞压出并充填到容

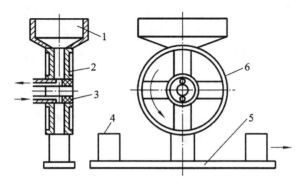

图 6-5 气流式充填机

1—料斗；2—抽气座；3—密封垫；4—容器；5—托瓶盒；6—充填轮

器中去。该装置是通过柱塞的往复运动,在柱塞两极限位置间形成的一定空间的容腔来计量物料的。

7) 插管式充填机

插管式充填机是将内径较小的插管插入储粉斗中,利用粉末之间的附着力上粉,到卸粉工位由顶杆将插管中的粉末充填到包装容器内的机器,如图 6-7 所示。这种充填机多用于小容量的药粉胶囊充填,计量范围为 40～100 mg,误差为 7%,充填速度为 30 次/min。

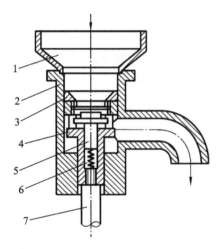

图 6-6 柱塞式充填机计量装置

1—料斗；2—缸体；3—柱塞顶盘；4—柱塞；
5—活门；6—弹簧；7—柱塞推杆

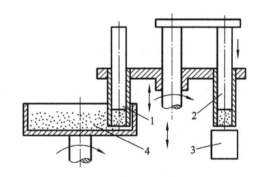

图 6-7 插管式充填机

1—插管；2—顶杆；3—容器；4—储粉斗

8) 料位式充填机及定时式充填机

料位式充填机是通过控制充填到包装容器内的产品料面高度的方法进行计量和充填的机器。

定时式充填机是通过控制产品流动的时间或调节进料管流量而量取产品,并将其充填到包装容器内的机器。

3. 称重式充填机

由于容积式充填机计量精度不高,对一些流动性差、比重变化较大或易结块物料的包装,往往效果就显得较差,因此人们对计量精度要求较高的各类物料的包装,就采用称重式充填机。称重式充填机是将产品按预定质量充填到包装容器内的机器。它由供料机构、称重机构、开斗机构构成。供料机构将待称物料送到称重机构中,当达到所需要的重量时停止供料,开斗机构开斗放料充填,从而完成称重充填作业。根据充填方式不同,称重式充填机可分为毛重式充填机和净重式充填机,又可分为间歇式称重充填机和连续式称重充填机。

1) 毛重式充填机

毛重式充填机是在充填过程中,把产品连同包装容器一起称重的机器。毛重式充填机结构简单,价格较低,包装容器本身的重量直接影响充填物料的规定。它不适用于包装容器重量变化大、物料重量占整个重量的百分比很小的场合,适用于价格一般的自由流动的物料及黏性物料的充填包装。

2) 净重式充填机

净重式充填机是称出预定质量的产品,并将其充填到包装容器内的机器。净重式充填机称量物料的结果不受容器皮重变化的影响,因此是较精确的称重式充填机。为了达到较高的充填精度,可采用分级进料的方法。称量时,大部分物料高速进入计量斗,剩余的小部分物料通过微量进料装置缓慢进入计量斗。在采用计算机控制的情况下,对粗加料和精加料可分别称量、记录、控制。净重式充填机由于称量精度高,所以广泛用于包装重量要求精度高或较贵重的,且能自由流动的固体物料的包装,或者用于不适于用容积式充填机包装的物料(如膨化食品)的充填包装。净重式充填机充填速度慢,所用的机器价格较高。为了获得较高的充填效率,可采用多个充填头。

3) 间歇式称重充填机

间歇式称重充填机的称重装置采用普通电子秤和机械电子秤,充填效率较低,如果要提高包装速度,可在秤的计量料斗下面安放一个旋转的格子盘,此格子盘将每次称重的物料等分成若干份,如 10 等份,即一次称了 10 份的重量,因而包装效率提高 10 倍。

4) 连续式称重充填机

连续式称重充填机应用连续称重检测和自动调节技术,确保在连续运转的输送机上得到稳定的质量流率,然后进行等分截取,以得到各个相同的定量价值,如图 6-8 所示。连续式称重充填机计量速度高,但计量精度较低,在要求计量精度不高的散货(如粮食、化肥等)的计量和充填作业中应用广泛。

4. 计数式充填机

计数式充填机是将产品按预定数目充填至包装容器内的机器。计数式充填机按计数定量的方法分为两大类:一类以长度、容积、堆积等计数方式,对具有一定规则、整齐排列的被包装物品进行计数;另一类从混乱的被包装物品的集合体中直接取出一定个数,常用的有转盘、转鼓、推板等形式,主要用于颗粒状、块状物品的计数。

1) 长度计数式充填机

长度计数式充填机在工作时,排列有序的物品被输送机构送到计量机构中,当行进物品的前端接触到计量腔的挡板时,挡板上的微动开关便自动开启,同时横向推板将一定数量的物品送到包装台上进行包装。长度计数式充填机结构简单,主要用于长度固定的产品的计数充填和食品、化工流通中,如在饼干、散料装盒后的二次大包装。

图 6-9 所示为长度计数式充填机工作原理图。排列有序的被包装物品 2 随输送带 1 向前输送,当被包装物品 2 的前端接触到挡板 5 时,微动开关 4 发出信号使横向推板 3 将被包装物品向前推送到包装容器中。横向推板 3 的横向固定长度确定了被包装物品的数量。

2) 容积计数式充填机

容积计数式充填机在工作时,被包装物品自料斗下落到定容箱内,形成有规则的排列。当

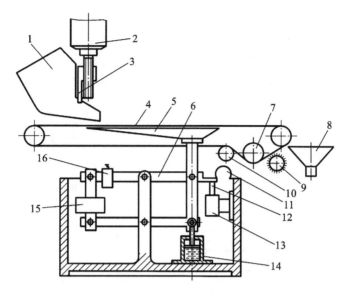

图 6-8 连续式称重充填机

1—料斗;2—电动机;3—闸门;4—胶带;5—秤盘;6—主秤杆;7—张紧轮;8—秤斗;9—栓轮;10—导轮;11,12—变压器铁芯;13—传感器;14—阻尼器;15—砝码;16—配重

定容箱充满,即达到了预定的计量数时,料斗与定容箱之间的闸门关闭,同时定容箱底门打开,物品就进入包装容器内,包装完毕后,定容箱底门关闭,料斗与定容箱之间的闸门又打开,如此循环往复。

容积计数式充填机通常用于等径或等长类规则排列的物品包装。它结构简单但计量精度较差,主要用于低价格及计数允许偏差较大的场合。

图 6-10 所示为容积计数式充填机工作原理图。料斗 1 与定容箱 3 之间的闸门 2 打开时,被包装物品从料斗 1 中下落到定容箱 3 中形成有规则的排列;当定容箱 3 内充满即达到了预定计量数时,闸门 2 关闭,同时定容箱 3 底门打开,被包装物品就进入包装容器中。

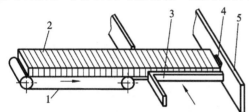

图 6-9 长度计数式充填机工作原理图

1—输送带;2—被包装物品;3—横向推板;4—微动开关;5—挡板

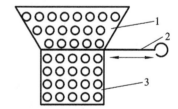

图 6-10 容积计数式充填机工作原理图

1—料斗;2—闸门;3—定容箱

3) 堆积计数式充填机

堆积计数式充填机在工作时计量托体与上下推头协同工作,完成取量及大包装工作。如图 6-11 所示,首先托体 1 作间歇运动,间歇运动的托体 1 每移动一格,料斗 2 中的被包装物品 3 可对应地落送一个单元体至托体 1 中,托体 1 移动 4 次后,完成大包物品的充填。堆积计数式充填机可将几种不同品种进行组合包装,每种各取一定数量(数量可以相等或不等)包装成一个大包;也可用于形状及大小有差异的物料小包计数充填。

4) 转鼓计数式充填机

转鼓计数式充填机工作时,各组计量孔眼在料斗中搓动。被包装物品靠自重充填入计量孔眼。当充满被包装物品的孔眼转到卸料口时,被包装物品靠自重落入包装容器中。转鼓计数式充填机通常用于小颗粒物品的计数。

图 6-12 所示为转鼓计数式充填机工作原理图。计数转鼓 3 转动时,料斗 1 中的被包装物品充填入转鼓中的对应计量孔眼;充满被包装物品的计量孔眼随转鼓转到出料口时,被包装物品靠自重落到输送带上被送出或直接落入包装容器内完成计数充填。

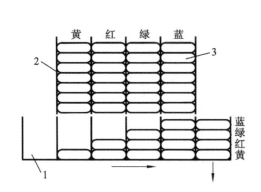

图 6-11　堆积计数式充填机工作原理图
1—托体;2—料斗;3—被包装物品

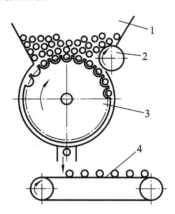

图 6-12　转鼓计数式充填机工作原理图
1—料斗;2—拨轮;3—计数转鼓;4—输送带

5) 转盘计数式充填机

转盘计数式充填机是利用转盘上的计数板对产品进行计数,并将其充填到包装容器内的机器。该充填机主要适用于规则小颗粒物品的集合包装、计数充填。

图 6-13 所示为转盘计数式充填机。当转动的定量盘 2 上的小孔与料斗 1 底部接通时,料斗 1 中的被包装物品落入小孔中(每孔一颗);装满被包装物品的每组小孔转到卸料槽 3 处时,被包装物品从孔中落出,随卸料槽 3 充填入包装容器中。该充填机中定量盘 2 上的小孔分为三组,互成 120°,当定量盘 2 上的小孔有两组进入装料工位时,另一组在卸料工位卸料。为确保被包装物品顺利进入定量盘的小孔中,常使定量盘小孔的直径比被包装物品的直径略大 0.5～1 mm,当被包装物品直径变化或每次充填数量改变时,须更换定量盘。

6) 板条计数式充填机

板条计数式充填机是一台用板条组成的送料器,由链条驱动,板条上制有凹坑以容纳物料,凹坑形状与物料形状类似。

图 6-14 所示为板条计数式充填机。每行板条上有十个凹坑,与前后凹坑排成十列;板条在进料器下面通过时,物料就自由或振动落下;每个凹坑内落入一个物料,多余的物料被刮到后面板条的凹坑中;当充填容器到充填工位时,落料槽内的物料充填入充填容器;板条停止运动,装好的充填容器被送走;下一批空的充填容器被送入定位后,再重复以上动作。图中两排凹坑所带的物料被送到一个充填容器中,因而图示十列凹坑中的板条同时可充填五个充填容器。送入每个充填容器的物料数量可由每次充填所使用的排数和通过的板条数来决定。

7) 推板计数式充填机

该充填机适用于规则颗粒、块料或主体有规则形状的物品(如安瓿瓶)的计数充填。

图 6-15 所示为推板计数式充填机。推板 1 从右向左移动时,推板 1 上的孔眼逐个通过供料槽出料口;当孔眼与供料槽上部料口正对时,物料靠重力落入孔眼中;推板 1 继续向左移动,弹簧 2 受到的压力更大,当弹簧弹力足以克服漏板 4 的摩擦阻力时,推板、漏板及弹簧一起左移直到被挡块 5 挡住,此时漏板孔恰好与供料槽下料口正对,推板孔眼中的物品经供料槽下料口充填入包装容器中。

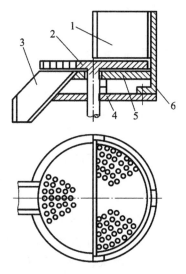

图 6-13 转盘计数式充填机
1—料斗；2—定量盘；3—卸料槽；4—底盘；5—卸料盘；6—支架

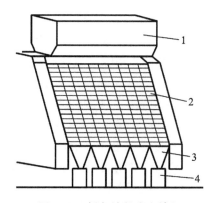

图 6-14 板条计数式充填机
1—进料器；2—板条；3—滑槽；4—充填容器

计数式充填机还可采用定时计数、电子计数、高度计数等多种方法。

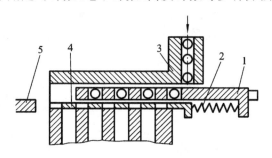

图 6-15 推板计数式充填机
1—推板；2—弹簧；3—供料槽；4—漏板；5—挡块

三、灌装机械

1. 基本概念

灌装机就是将液体产品按预定量灌注到包装容器内的机器。用于灌装的液体产品按其黏度可分为流体和半流体。

流体是指在自身重力的作用下可以按一定速度流过圆管的任何液体产品,如酒类、油类、糖浆、果汁、牛奶、酱油等。流速主要是受流体黏度和压力的影响,一般黏度范围规定为 1~100 cP。

半流体是指在大于自身重力的压力的作用下才能在圆管中流动的液体产品,如松糕油、番茄酱、肉糜、牙膏等。半流体的黏度一般为 100~1 000 cP。低黏度半流体根据是否含有二氧化碳气体又可分为不含气和含气两类,根据是否含有酒精成分又可分为软饮料(不含酒精)和硬饮料(含有酒精)。

2. 灌装机的分类

1) 按灌装方法分类

(1) 常压灌装机。常压灌装机是指在常压下将液体产品充填到包装容器内的机器。它适合灌装低黏度不含气的液体产品,如白酒、醋、酱油、牛奶、药水等。

(2) 负压灌装机。负压灌装机是指先对包装容器抽气形成负压,然后将液体充填到包装容器内的机器。它适合灌装低黏度的液料,如油类、糖浆、含维生素的饮料、农药、化工试剂,不适合灌装具有芳香性的酒类,因为会增加酒香的损失。

(3) 等压灌装机。等压灌装机是指先向包装容器充气,使其内部气体压力和储液缸内的气体压力相等,然后将液体产品充填到包装容器内的机器。它适用于含气饮料的灌装,如啤酒、汽水等,可减少其中所含二氧化碳气体的损失。

(4) 压力法灌装机。压力法灌装是指利用外部的机械压力将液体产品充填到包装容器内的机器。它适合灌装黏稠性物料,如番茄酱、肉糜、牙膏、香脂等。

2) 按包装容器的主要运动形式分类

(1) 旋转型灌装机。旋转灌装是指包装容器进入灌装工位后,在灌装机转盘的带动下绕主立轴旋转运动,转动近一周完成连续灌装,然后由转盘送入压盖机进行压盖。旋转型灌装机如图6-16所示。这种灌装机在食品、饮料行业应用最广泛,如用于汽水、果汁、啤酒、牛奶的灌装。旋转型灌装机主要由供料系统、供瓶系统、灌装阀、转盘、传动系统、机体、自动控制等组成。其中灌装阀是保证灌装机能否正常工作的关键。

(2) 直线型灌装机。直线灌装是指包装容器沿着直线运动,并在停歇时进行成排灌装。直线型灌装机如图6-17所示。这种灌装机结构比较简单,制造方便,但占地面积比较大。由于包装容器作间歇运动,生产能力的提高受到一定限制,因此直线型灌装机一般只用于无气液料类的灌装,局限性较大。

图6-16　旋转型灌装机

图6-17　直线型灌装机

3) 按自动化程度分类

(1) 手工灌装机。采用手工灌装机时,灌装过程全部由人工完成。手工灌装机多用于无气类液料的灌装,目前较少使用。

(2) 半自动化灌装机。半自动化灌装是指在液体产品灌装中,上瓶、卸瓶均由手工完成,但灌装过程是自动的。半自动化灌装机一般多用于含气液料的灌装。

(3) 自动化灌装机。该类型可分为单机自动机和联合自动机(可以连续进行洗瓶、灌装、压盖、贴标、装箱等工序)。其中联合自动机适用于大中型厂的灌装生产线,如饮料、啤酒等的灌装生产线。

四、裹包机械

1. 裹包机概述

裹包机又叫缠绕机,是包装机械中不可缺少的机械。裹包机是用柔性包装材料全部或部分地将包装物裹包起来的包装机。裹包机适用于对块状并具有一定刚度的物品进行包装。有些粉体和散粒体物品经过浅盘、盒等预包装后,可按块状物品进行包装。块状物品形状各异,如方形、圆柱形、球形等。块状物品可以是单件物品,也可以是若干件物品的集合,如糖果、香皂、方便面为单件裹包,旅行饼干、火柴等经排列组合后则为集合裹包。另外,香烟盒、茶叶盒等也可进行裹包包装。用于裹包的材料很多,常用的裹包材料有纸、玻璃纸、单层塑料薄膜及复合材料等。

2. 裹包机的特点

(1) 适合对块状并具有一定刚度的物品进行包装。粉体或散粒体物品经过浅盘、盒等预包装后,可按块状物进行包装。

(2) 用于裹包的材料为挠性材料,一般为卷筒形。常用的裹包材料有纸、玻璃纸、单层塑料薄膜及复合材料。有时也可用有压痕的纸板等进行裹包。

(3) 可用于单件物品的包装,也可用于集合包装。另外,也可用于对外表面进行包装,如对香烟纸盒等的外表面进行防潮包装。

3. 裹包机的分类

1) 根据裹包形式划分

由于产品种类繁多、包装材料丰富多样及包装技术发展快速,包装形式丰富多样、灵活多变。另外,由于被包装物品的特性、尺寸和形态不同,裹包的形式和种类也在不断变化、增加。图6-18所示为几种典型的裹包形式。

(1) 半裹包。半裹包是指用柔性包装材料将被包装物品的大部分裹包而裸露一部分的裹包形式,如图6-18(a)所示。部分橡皮、口香糖等的内包装均采用此种裹包形式。

(2) 全裹包。全裹包是指柔性包装材料将被包装物品的表面全部裹包的裹包形式。它可分为扭结式、折叠式、接缝式、覆盖式。其中扭结式又可细分为双端纽结式(见图6-18(b))和单端纽结式(见图6-18(c))两种,主要用于糖果等的裹包。折叠式又可细分为两端面折角式(见图6-18(d))、底部折叠式(见图6-18(e))和端部多褶式(见图6-18(f))。其中,两端面折角式的折角在两个端面,侧面接缝折角在一个端面,香烟、磁带等的外包装多采用此种裹包形式。接缝式也称枕形式,如图6-18(g)所示。覆盖式是指将包装材料四边进行黏结或热封的一种裹包形式,如图6-18(h)所示。

(3) 缠绕裹包。缠绕裹包是指用柔性包装材料缠绕被包装物品的一种裹包形式,如图6-18(i)所示。

(4) 泡罩裹包。泡罩裹包是指将产品封合在由透明塑料薄片形成的泡罩与底板(用纸板、塑料薄膜、塑料薄片、铝箔或其他复合材料制成)之间的一种裹包形式,如图6-18(j)所示。它最常用于药品的裹包。

(5) 贴体裹包。贴体裹包是指将产品放在能透气的、用纸板或塑料薄片制成的底板上,上面覆盖可加热软化的塑料薄膜或薄片,四边封接,加热后通过底板抽真空,使薄膜或薄片紧密地包紧产品的一种裹包形式。

(6) 热收缩裹包。热收缩裹包是指利用有热收缩性能的塑料薄膜裹包产品或包装件,然后将其加热到一定温度,使薄膜自行收缩而紧贴住包装件的一种裹包形式,如图 6-18(k)所示。

(7) 拉伸裹包。拉伸裹包是指在常温下对可拉伸的塑料薄膜进行拉伸,对产品或包装件进行裹包的一种裹包形式,如图 6-18(l)所示。

相应地,裹包机分为半裹包机、全裹包机、缠绕裹包机、泡罩裹包机、贴体裹包机、热收缩裹包机和拉伸裹包机七种。

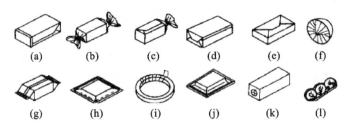

图 6-18 几种典型的裹包形式

2) 根据缠绕包装设备的应用领域划分

根据缠绕包装设备的应用领域划分,又可将裹包机分为以下七大系列。

(1) T 系列——托盘(栈板)式缠绕包装机。它是指通过转台旋转带动托盘货物转动,进而实现对货物缠绕裹包的设备。它适用于使用托盘装运的货物包装(如散件托盘的包装等),广泛应用于玻璃制品、五金工具、电子电气、造纸、陶瓷、化工、食品、饮料、建材等行业。它能够提高物流效率,减少装运过程中的损耗,具有防尘、防潮、降低包装成本等优点。

(2) R 系列——悬臂式缠绕包装机。它是指通过可以转动的悬臂围绕货物转动,进而实现对货物缠绕裹包的设备。所有 T 系列可以包装的货物均可使用 R 系列进行裹包。另外,R 系列特别适用于较轻、较高且码垛后不稳定的产品或超重货物的裹包。T 系列安装方式灵活,可安置在墙壁上,也可利用支架固定;并且可以根据需要与输送线相连,适应流水线作业的需要。

(3) H 系列——环体缠绕包装机。它是指通过环绕圆形轨道运行的送膜(送带)装置,对圆环货物的环体部分进行缠绕裹包的设备。H 系列应用于轮胎、轴承、带钢、带铜、线缆等行业。它能够提高包装效率,具有防尘、防潮、降低包装成本等优点。

(4) Y 系列——圆筒式轴向缠绕包装机。它是指在通过转台旋转带动圆筒状货物整体转动的同时,由转台上的两根动力托辊带动圆筒状货物自转,进而实现对货物全封闭缠绕裹包的设备。Y 系列适用于各种圆筒状货物的密封包装,应用于造纸、帘子布、无纺布等行业。它能够提高物流效率、减少装运过程中的损耗,具有良好的灰尘、潮气隔绝作用。

(5) W 系列——圆筒式径向缠绕包装机。它是指通过转台上的两根动力托辊带动卷筒状货物自转,进而实现对径向圆筒面缠绕裹包的设备。它适用于对卷筒状物体的圆面进行螺旋裹包,应用于造纸、帘子布、无纺布等行业。W 系列能够提高物流效率,减少装运过程中的损耗,具有防尘、防潮、降低包装成本等优点。

(6) S 系列——水平式缠绕包装机。它是指在通过回转臂系统围绕水平匀速前进的货物作旋转运动的同时,通过拉伸机构调节包装材料的张力,把物体包装成紧固的整体,并在物体表面形成螺旋式规则包装的设备。它应用于塑料型材、铝材、板材、管材、染织品等行业,能够提高包装效率,减少装运过程中的损耗,具有防尘、防潮、降低包装成本等优点。

(7) NT 系列——无托盘缠绕包装机。它是指通过转台旋转带动货物转动,进而实现对货物缠绕裹包的设备。它适用于单件或多件小规格货物的包装,应用于服装、电气、化纤等行业。它能够提高包装效率,减少装运过程中的损耗,具有防尘、防潮、降低包装成本等优点。

五、封口机械

1. 封口机概述

封口机是指对充填有包装物的容器进行封口的机械。在产品装入包装容器后,为了使产品得以密封保存,保持产品质量,避免产品流失,需要对包装容器进行封口,这种操作是在封口机上完成的。

柔性包装材料(如普通纸、玻璃纸、蜡纸、复合薄膜、塑料袋等)的封口一般是粘封或热封,不需要另设封口机,封口在相应的裹包机或袋装机上完成;而刚性、半刚性包装容器(如金属罐、玻璃瓶、塑料瓶等)一般在完成物品的灌装、充填后,需借助相应的封口机进行封口,以使产品得以密封保存,并便于流通、销售和使用。

2. 常见的封口形式

根据容器的种类及其对产品的密封要求,常见的封口形式大体上有卷边封、压盖封、旋盖封、压塞封、滚压波纹封、滚边封、折叠封七种。

1) 卷边封

卷边封如图6-19(a)所示。它是指将翻边的罐身与涂有密封填料的罐盖内侧周边互相钩合、卷曲并压紧而使容器密封。这种封口形式主要用于马口铁罐、铝罐等金属容器的密封。

2) 压盖封

压盖封如图6-19(b)、(c)所示。盖的内侧涂有密封填料,当外盖压紧并咬住瓶身或罐身时,密封填料受压变形起密封作用,外盖波纹周边卡在瓶口凸沿下边使密封得以维持。图6-19(b)所示的压盖封多用于瓶装食品(泡菜、果酱、肉类等)的广口容器的封口。图6-19(c)所示为皇冠盖。它是压盖封的一种,主要用于瓶装饮料、酒类等的包装容器的封口。

3) 旋盖封

旋盖封用螺纹盖旋紧容器口,使密封垫或瓶口内的瓶塞产生弹性变形而实现密封,如图6-19(d)所示。这种封口形式主要用于盖子为塑料或金属件,罐身为玻璃、陶瓷、塑料或金属件组合的包装容器的封口,如瓶装奶粉、牙膏管等。螺旋盖容易开启和密封,并能重复使用,应用相当广泛。

罐头食品所用的广口瓶,为便于消费者开启,多采用多头螺纹,即在瓶子封口部制三道或四道螺纹段,每道螺纹段长度约为其整圈螺纹长度的1/3,具有较大的导程;在与之相配的瓶盖内侧,制与瓶螺纹道数相适应的数个凸爪,以便与瓶连接。

4) 压塞封

压塞封如图6-19(e)所示。它是指将具有一定弹性的内塞以机械压力压入容器口内,以塞与容器口表面间的挤压变形实现密封。这种封口形式主要用于软木塞、橡胶塞、塑料塞与玻璃瓶容器的密封,如瓶装酒、酱油、醋等。在很多情况下也用瓶塞与螺纹瓶盖两者相结合来实现包装封口,如高档酒、药品和有毒性物品的瓶装封口等。在瓶口压塞封口后,再辅以蜡封、旋盖封或压盖封,以提高封口的密封性。

5) 滚压波纹封

滚压波纹封是指将容易成型的薄金属盖套在瓶颈顶部,用滚轮滚压薄金属盖,滚压出与瓶口螺纹形状完全相同的螺纹,从而实现密封,如图6-19(f)所示。启封时,薄金属盖将沿着裙部周边预成型的压痕断开,所以薄金属盖也称为扭断盖。又由于这种封口便于识别启封与否,薄金属盖也叫防盗盖。滚压波纹封常用于葡萄酒、白兰地等高档酒类的玻璃瓶的封口。

6) 滚边封

滚边封是指将圆筒形金属盖的底边,经变形后紧压在瓶颈凸缘的下端面形成封口,如图 6-19(g)所示。位于瓶颈凸缘与瓶盖间的环形弹性胶垫,使封口得到可靠的密封。罐头食品所用的广口瓶常用这种封口形式。

7) 折叠封

折叠封是指将包装容器的开口处压扁再进行多次折叠而使其密封。这种封口形式主要用于半刚性容器的封口,如装填膏状物料的铝管等。通常折叠封口后常需压痕,以增强其密封效果。

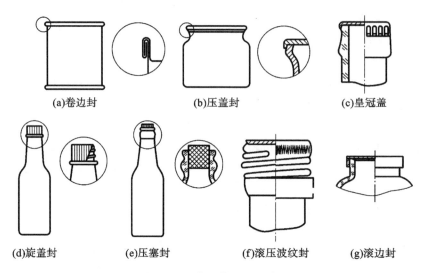

图 6-19 常见的封口形式

封口形式的选择不仅与包装容器的材质有关,还和生产工艺过程有关。一般玻璃瓶主要选择有压盖封、旋盖封、滚压波纹封、滚边封、压塞封等。塑料瓶常选用旋盖封、压塞封。金属罐常用卷边封。为了可靠地进行各种形式的封口作业,应根据具体条件适当地选用相应的封口机。

3. 封口机的分类

按包装材料的力学性能,封口机可分以下两类。

1) 柔性容器封口机

柔性容器是指用柔性材料,如纸、塑料薄膜或复合薄膜等制作的袋类容器。这类容器的封口机多与制袋机、充填机构成联合机,很少独立使用。

(1) 纸袋封口机。对于纸类材料,一般采用在封口处涂刷黏合剂,再施以机械压力封口。

(2) 塑料薄膜袋及复合材料薄膜袋封口机。用具有良好的热塑性的塑料制作的塑料袋和复合袋,一般采用在封口处直接加热并施以机械压力,使封口熔合。

(3) 口杯类容器封口机。例如常见的豆浆杯、奶茶杯等,通过加热使杯沿和膜黏合,使容器密封。

2) 刚性容器封口机

刚性容器封口机主要用于塑料杯、塑料盒以及塑料瓶的填料,以及相应材料复合膜封口制品的生产,如果冻、果汁、牛奶、酸奶、饮料、快餐食品等物料的填充及封口。它可适应不同黏度的液、浆的充填物,适应不同形状、容量的包装容器。

刚性容器封口机可分为以下几种。

(1) 旋盖封口机。这种封口机的成品封盖事先加工有内螺纹,螺纹有单头和多头之分。药瓶多用单头螺纹,罐头瓶多用多头螺纹。旋盖封口机通过旋转封盖,而将其压紧于容器口部,实现封口。

(2) 滚纹封口机。这种封口机的成品封盖多用铝制,没有事先加工螺纹,是用滚轮滚压铝盖,使封盖出现与瓶口螺纹形状完全相同的螺纹,将容器密封。盖子在启封时将沿裙部周边的压痕断开,而无法复原,故又称防盗盖。滚纹封口机多用于高档酒类、饮料的封口包装。

(3) 滚边封口机。它是先将筒形金属盖套在瓶口,用滚轮滚压其底边,使其内翻变形,紧扣住瓶口凸缘而将其封口。滚边封口机多用于广口罐头瓶等的封口。

(4) 压盖封口机。它是专门用于啤酒、汽水等饮料的皇冠盖封口机。将皇冠盖置于瓶口,将该封口机的压盖模下压,皇冠盖的波纹周边被挤压内缩,卡在瓶口颈部的凸缘上,使瓶盖与瓶口间的机械勾连,从而将瓶子封口。

(5) 压塞封口机。压塞封口机所用的瓶塞是用橡胶、塑料、软木等具有一定弹性的材料做成的瓶塞,利用其本身的弹性变形来密封瓶口。用该封口机封口时,将瓶塞置于瓶口上方,对瓶塞在垂直方向上施加压力,将瓶盖压入瓶口,从而实现封口包装。压塞封口既可用作单独封口,也可与瓶盖一起用作组合封口。

(6) 卷边封口机。该封口机主要用于食品用金属罐的封口。它用滚轮将罐盖在罐身凸缘的周边卷曲、钩合、压紧,实现密封包装。

(7) 台式自动铝箔封口机。该封口机主要用于医药、农药、食品、化妆品、润滑油等行业,封口速度快,使用方便,封口质量好,可连续工作。

(8) 手持式铝箔封口机。手持式铝箔封口机用于医药、化工、食品、化妆品等行业的塑料玻璃等非金属包装容器的铝箔封口作业。该封口机采用电磁场感应加热原理,利用高频电流通过电感线圈产生磁场,当磁力线穿过封口铝箔材料时,瞬间产生大量小涡流,致使铝箔自行高速发热,熔化复合在铝箔上的溶胶,从而粘贴在承封物的封口上,达到迅速封口的目的。

(9) 气动立式封口机。气动立式封口机采用立式封口方式,可提高操作人员的工作效率及封口的平整度,减轻操作人员的劳动强度。该封口机构造合理,质量稳定,性能可靠,既可手动操作又能脚踏电动,简单方便,高效实用,在化工、粮食、饲料等行业得到广泛使用。

(10) 电磁感应封口机。电磁感应封口机利用电磁感应的原理,使瓶口上的铝箔片瞬间产生高热,然后熔合在瓶口上,达到封口的功能。该封口机封口速度快,使用方便,封口质量好,可连续工作,是医药、农药、食品、化妆品、润滑油等行业理想的封口设备。

六、捆扎机械

1. 捆扎机概述

捆扎通常是指直接将单个或数个包装物用绳、钢带或塑料带等捆紧扎牢以便于运输、保管和装卸的一种包装作业。它是包装的最后一道工序。

捆扎机是使用捆扎带或绳捆扎产品或包装件,然后收紧并将捆扎带两端通过热效应熔融,或使用包扣等材料连接好的机器。

目前,各国的捆扎机已经相当普及,品种繁多。捆扎机主要用于捆扎纸箱、木箱、书刊、软硬包及方状、筒状、环状等各种物体,广泛应用于轻工、食品、外贸、百货、印刷、医药、化工、邮电、纺织等行业。

2. 捆扎机的分类

1) 按捆扎材料分类

(1) 塑料带捆扎机。它是用于中小重量包装箱的捆扎机。所用塑料带主要是聚丙烯带,也有尼龙带、聚酯带等。

(2) 钢带捆扎机。它用钢带作捆扎带。由于钢带的强度高,所以钢带捆扎带主要用于捆扎沉重、大型包装箱。

2) 按接头方式分类

(1) 熔接式捆扎机。因塑料带易于加热熔融,故熔接式捆扎机适用于捆扎塑料带接头。根据加热的方式不同,熔接式捆扎机又分为电热熔接式捆扎机、超声波熔接式捆扎机、高频熔接式捆扎机、脉冲熔接式捆扎机等。

(2) 扣接式捆扎机。它采用一种专用扣接头,将捆扎带的接头夹紧嵌牢。

3) 按结构特点分类

(1) 基本型捆扎机。它是适用于各种行业的捆扎机,其台面高度适合站立操作。基本型捆扎机多用于捆扎中小包装件,如纸箱、钙塑箱、书刊等。

(2) 侧置式捆扎机。侧置式捆扎机捆扎带的接头在包装件的侧面,台面较低。它适用于大型或污染性较大包装件的捆扎。若加防锈处理,它可用于捆扎水产品、腌制品等;若加防尘措施,它可用于捆扎粉尘较多的包装件。

(3) 加压捆扎机。对于皮革、纸制品、针棉织品等软性、弹性制品,为使捆紧,必须先加压压紧后捆扎。加压方式分气压和液压两种。

(4) 开合轨道捆扎机。它的带子轨道框架可在水平或垂直方向上开合,便于各种圆筒状或环状包装件的放入,然后轨道闭合捆扎。

(5) 水平轨道捆扎机。它的带子轨道水平布置,对包装件进行水平方向捆扎。它适用于诸如托盘包装件的横向捆扎。

(6) 手提捆扎机。手提捆扎机一般置于包装件顶面,当带子包围包装件一圈后,用它将带子拉紧锁住。它采用手动操作,灵活轻便。

4) 按自动化程度分类

(1) 手动捆扎机。手动捆扎机依靠手工操作实现捆扎锁紧,多用塑料带捆扎。它结构简单、轻便,适用于体积较大或批量很小包装件的捆扎。

(2) 半自动捆扎机。半自动捆扎即用输送装置将包装件送至捆扎工位,再用人工用带子缠绕包装件,最后将带子拉紧固定。半自动捆扎机工作台面较低,适用于大型包装件的捆扎。

(3) 自动捆扎机。自动捆扎是指在工作台上方有带子轨道框架,当包装件进入捆扎工位时,即自动进行送带缠带、拉带紧带、固定切断等工序。自动捆扎机带子轨道框架固定,一般适用于尺寸单一、批量较大的包装件捆扎。捆扎时,包装件的移动和转向需靠人工实现。

(4) 全自动捆扎机。全自动捆扎机能在无人操作和辅助的情况下自动完成预定的全部捆扎工序,包括包装件的移动和转向,适用于大批量包装件的捆扎。

3. 常见的捆扎机

1) 自动捆扎机(基本型)

自动捆扎机如图 6-20 所示。它是应用十分广泛的通用型自动捆扎设备,适用于包装品尺寸在 800 mm×800 mm 以下的各类包件的捆扎,多单机使用。

2) 低台式捆扎机

低台式捆扎机如图 6-21 所示。与普通型不同,它工作平台面较低,便于大型包件上机捆扎。工作台面有带输送带和不带输送带两种,工作台面带输送带可与生产线配套使用。低台式捆扎机最大捆扎尺寸可达 2 000 mm×2 000 mm。

图 6-20 自动捆扎机

图 6-21 低台式捆扎机

3) 台式捆扎机

台式捆扎机如图 6-22 所示。台式捆扎机体积小,捆扎过程用微机控制,用摩擦熔接方式粘接捆扎带,捆扎可靠,噪声小,主要用于书籍、邮件等小件物品的捆扎。

4) 侧面捆扎机

侧面捆扎机如图 6-23 所示。它适用于带托盘的包件和特大包件的捆扎。考虑到托盘结构的特殊性和尽可能降低台面,侧面捆扎机的传动系统和烫合粘接部件配置在轨道的侧面,相

图 6-22 台式捆扎机

当于把低台式翻转 90°,使捆扎带的接头移到包线的侧面。

5) 无人化全自动捆扎机

无人化全自动捆扎机如图 6-24 所示。它是指能在无人操作和辅助的情况下自动完成预定的全部捆扎工序的机械,包括包装件的移动和转向,适用于大批量包装件的捆扎。无人化全自动捆扎机专门为全自动捆扎而设计,桌面附加动力滚轮,适用于捆包物大小不一、形状较不规则的捆包线上,带有电子眼传感器,衔接输送带可以达到完全无人化的功效。

图 6-23 侧面捆扎机

图 6-24 无人化全自动捆扎机

七、贴标机械

1. 贴标机概述

贴标机是将事先印制好的标签粘贴到包装容器特定部位的机器。其工艺过程包括取标签、送标签、涂胶、贴标签、整平等。随着社会的发展，几乎每种商品都需要注明自己的身份和生产日期，包装是信息的载体，对商品贴标是实现这一要求的主要途径。贴标机是完成商品贴标的主要包装与印刷机械。绝大多数液态和部分粉状或粒状瓶装或盒装产品采用机器贴标。标签便于商品的销售与管理，标签上的商标、商品的规格及主要参数、使用说明与商品介绍是现代包装不可缺少的组成部分。

2. 贴标机的分类

标签的材质、形状很多，被贴标对象的类型、品种也很多，贴标要求也不尽相同。例如，有的只需贴一张身标，有的要求贴双标，有的要求贴三个标签（身标、肩标、颈标），有的只要求贴封口标签。

贴标机按标签的种类可分为片式标签贴标机、卷筒状标签贴标机、热黏性标签贴标机、感压性标签贴标机和收缩筒形标签贴标机；按自动化程度可分为半自动贴标机、全自动贴标机和手动贴标机；按容器的运行方向可分为立式贴标机和卧式贴标机；按贴标工艺的特征可分为按压式贴标机、滚压式贴标机、搓滚式贴标机、刷抚式贴标机；按包装容器的形状可分为方瓶贴标机、圆瓶贴标机、扁形瓶贴标机和小型异形瓶贴标机等；按标签贴的长度可分为单面贴标机、双面贴标机和多面贴标机等。

3. 贴标机的应用

贴标机广泛应用于各行各业的产品包装容器和包装盒的贴标。

1）饮料行业

贴标机应用于饮料行业时，要求贴标机速度高、定位准确。在饮料行业，常常一瓶多标，加上标签外形及材料经常变化，贴标时对位置控制的技巧要求甚高。

2）日化行业

贴标机应用于日化行业时，对贴标机的要求由于容器的形状不同而不同。在日化行业，软身的塑料容器及无标签视感对贴标的精度及气泡排除控制增加了难度。

3）食品行业

食品行业竞争激烈，多层标签为厂商提供了更多的宣传及推广空间，也为贴标机的设计提出了新的挑战。

4）制卡行业

制卡行业在制卡过程中做高速打印密码的同时也需要对密码进行检定及覆盖，但以传统的丝印或烫印方法覆盖密码往往是生产瓶颈所在。目前，设计人员大胆尝试，以贴标方式取代丝印而设计出一条打码、检测、贴标覆盖的制卡生产线。制卡生产线融入更多创意，加进了更多的生产环节，提高了组合的灵活性，有效地满足了用户多变的生产需求。

5）医疗行业

医疗行业对不干胶标签的使用越来越广。标签除了做标示外，也提供了其他功能性用途。贴标机的设计也要因应标签的特殊性而有所不同。

6）药品行业

药品行业对自动贴标机贴标的速度要求甚高，贴标机的设计更要考虑到贴标前后工序的整合而提供贴标前灯检及贴标后自动入瓶托等附加功能。

7）石化行业

石化行业往往需在大桶、大瓶等容器上贴上产品标签，要求的速度及精度都较宽松，但由于标签较大，对贴标机的动力要求较高。在弧面贴大面积标签，或进行速度不均的流水在线贴标时，保持标签表面平整也是设计者关注的地方。

8）电池行业

电池行业已广泛使用自动贴标机进行卷贴收缩标签。应用于电池行业的贴标机应能在高速运作的同时保证标签的接口平整，并具有收缩标签的功能。

4．常见的贴标机

根据贴标物体的输送方法和贴标方式，贴标机分为全自动贴标机、半自动贴标机、手动贴标器三种类型。三种类型贴标机的贴标原理相同，仅应用范围不一样。

（1）全自动贴标机。全自动贴标机有各种类型，图6-25所示为扁瓶体垂直双面全自动贴标机。全自动贴标机的特点如下。

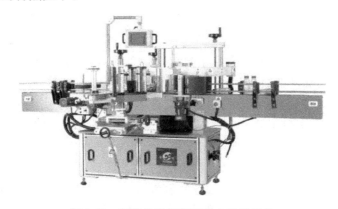

图 6-25 扁瓶体垂直双面全自动贴标机

①贴标物体通过流水线或人工的方法进入贴标机传送带。
②贴标机上的相应分配机构将贴标物体逐一分开，并按照节拍自动贴标。
③可根据商品外形的不同和商品的贴标要求，对商品进行各种类型的贴标。
④贴标后的物体由传送带输送到下一工位，完成自动贴标过程。

全自动贴标机适合使用在某些瓶体的自动灌装线上，如啤酒自动生产线、生产不同类型产品的流水线（如化妆品生产线）上。一般全自动贴标机用于大规模生产，在大型企业中应用普遍。

（2）半自动贴标机。半自动贴标机有各种类型。半自动是指用手工将贴标物体装上、取下。图6-26所示为圆瓶粘贴环绕式标签半自动贴标机。半自动贴标机的工作原理是，操作者将瓶体放入贴标位置，在瓶体重力的作用下，贴标机贴标，并自动进入下一个工作循环。也有采用按钮或脚踏开关启动贴标机贴标的半自动贴标机。同全自动贴标机一样，卷筒状标签的运行也通过传感器的扫描来控制。半自动贴标机体积小、占地面积小，非常适用于小批量产品的贴标，是中小企业常用的设备。

（3）手动贴标器。手动贴标器有手握式和台式两种类型。手动贴标器的工作原理同半自动贴标机完全相同，仅仅是去掉了传动装置和机架，只保留贴标头部分。图6-27所示为标价枪。手动贴标器体积小、灵活性强，适用于小批量产品、样品的贴标。标价枪用途广泛，可将标签粘贴在各种商品的表面，在超市、商店中应用广泛。

图 6-26 圆瓶粘贴环绕式标签半自动贴标机　　　图 6-27 标价枪

八、真空包装机

1. 真空包装机概述

真空包装机是将产品装入包装容器后,抽去容器内部的空气,以达到预定的真空度的机器。充气包装机是将产品装入包装容器后,再将氮气、二氧化碳等气体置换到容器内,并完成封口的机器。

真空包装的主要作用是除氧,以有利于防止食品变质。真空包装的原理比较简单。食品霉腐变质主要由微生物的活动造成,而大多数微生物(如霉菌和酵母菌)的生存是需要氧气的,真空包装就是运用这个原理,把包装袋内和食品细胞内的氧气抽掉,使微生物失去生存的环境。实验证明:当包装袋内的氧气浓度小于或等于1%且大于0.5%时,微生物的生长和繁殖速度就急剧下降;当包装袋内的氧气浓度小于或等于0.5%时,大多数微生物将受到抑制而停止繁殖。需要提请注意的是,真空包装不能抑制厌氧菌的繁殖以及酶反应所引起的食品变质和变色,因此真空包装需与其他辅助方法结合,如冷藏、速冻、脱水、高温杀菌、辐照灭菌、微波杀菌、盐腌制等。

真空除氧除了可抑制微生物的生长和繁殖外,还可防止食品氧化。油脂类食品中含有大量的不饱和脂肪酸,受氧的作用而氧化,导致变味、变质。此外,氧化还使维生素 A 和维生素 C 损失;食品色素中的不稳定物质受氧的作用,使颜色变暗。所以,除氧能有效地防止食品变质。

真空充气包装是在真空后再充入氮气、二氧化碳、氧气等单一气体或两三种气体的混合气体。氮气是惰性气体,起充填作用,使袋内保持正压,以防止袋外空气进入袋内,对食品起到保护作用。二氧化碳能够溶于各类脂肪或水,生成酸性较弱的碳酸,能抑制霉菌、腐败细菌等微生物的活性。氧气可抑制厌氧菌的生长繁殖,保持水果、蔬菜的新鲜及色彩,高浓度氧气可使新鲜肉类保持鲜红色。

2. 真空包装机的分类

1) 食品真空包装机

食品真空包装机对香肠、肉制品、饼干等食品进行真空包装。经过包装后的食品可以防止霉变,保质、保鲜,从而延长产品的储存期限。食品真空包装机只需按动真空盖可自动完成抽真空、封口。

2) 单室/双室真空包装机

单室/双室真空包装机只需按下真空盖即自动按程序完成抽真空、封口、印字、冷却、排气的过程。经过包装后的产品可防止氧化、霉变、虫蛀、受潮,可保质、保鲜,从而延长产品的储存限期。单室真空包装机只有一个真空室,设有真空度、热封时间等调整装置,以达到最佳包装效果,在封口线上印上保质期、出厂日期或出厂编号,以符合相关的规定。双室真空包装机有两个真空室(轮流工作,要求结构合理),气密性好。两个真空室上下布置,上真空室可装一组热压封口装置。有些双室真空包装机还具有真空抽气、封口、印刷产品标签一次完成的功能,真空度由时间电位器设定开关调节。图 6-28 所示为单室真空包装机,图 6-29 所示为双室真空包装机。

图 6-28　单室真空包装机　　　　　　　　　图 6-29　双室真空包装机

3) 台式真空包装机

台式真空包装机抽真空性能良好,适用于对食品行业肉类、酱制品、调味品、果脯、粮食、豆制品、化学制品、药材等颗粒、液体产品进行抽真空封口包装,适用于多种塑料袋、复合袋的真空包装。台式真空包装机如图 6-30 所示。它体积小、重量轻、能耗低,适合商店、超市、家庭使用。台式真空包装机抽真空、封口、冷却、进气至机盖开启,全过程自动控制。

4) 茶叶真空包装机

茶叶真空包装机如图 6-31 所示。茶叶真空包装机以塑料复合薄膜或塑料铝箔复合膜为包装材料,可对各种药品、粮食、果品、酱菜、果脯、水产品、土特产、化工原料、电子元件等进行真空包装。固体、粉状体、糊状体和液体均可使用茶叶真空包装机进行真空热封包装。使用茶叶真空包装机进行真空包装的优点是,袋内真空度高,可有效地防止酯类品氧化和好氧性细菌繁殖而引起的物品变质,实现保质、保鲜、保味、保色功能,延长产品(商品)的储存期限,同时对某些松软的物品,经过真空包装后缩小包装体积,便于运输和储存。

图 6-30　台式真空包装机　　　　　　　　　图 6-31　茶叶真空包装机

5) 全自动拉伸膜真空包装机

全自动拉伸膜真空包装机也称作全自动塑料盒热成型真空包装机。它的工作原理是使用成型模具,先把薄膜加热,而后用成型模具冲成容器的形状,将包装物装入成型了的下膜腔中,进行真空包装。它主要由真空系统、抽充气密封系统、热压封合系统、电气控制系统等组成。全自动拉伸膜真空包装机如图 6-32 所示。

6）连续式真空包装机

连续式真空包装机也叫作滚动式真空包装机或全自动链式真空包装机。它的工作原理是采用链条传动，自动摆盖，连续输出产品。其特点是，整机采用进口可编程序控制器（PLC）进行控制，计算机触摸屏操作，操作系统全密封，全机可用清水冲洗。连续式真空包装机如图 6-33 所示。

图 6-32　全自动拉伸膜真空包装机

图 6-33　连续式真空包装机

7）外抽式真空包装机

外抽式真空包装机（见图 6-34）是指把被包装物放到真空室的外侧完成真空包装的设备。外抽式真空包装机主要是为较大的包装物抽真空包装而设计的。与内抽式真空包装机不同，外抽式真空包装机通过将抽气嘴放到被包装物的包装袋内，抽空空气，退出抽气嘴，然后完成封口。外抽式真空包装机最大的特点是不受被包装物大小及体积的限制，任意进行真空或充氮（或其他气体）包装。它适用范围广，经济效益高，使用十分方便。外抽式真空包装机使用的包装材料有各种复合材料，如聚酯/聚乙烯、尼龙/聚丙烯、聚丙烯、聚酯/铝箔/聚乙烯、尼龙/铝箔/聚乙烯等。采用外抽式真空包装机真空包装的物品防霉变、防虫蛀、防污染、防氧化、省容积、省运费、储存期长，能保障物品质量。外抽式真空包装机具有结构紧凑、体积小、重量轻、耗电省、灵敏度高、操作维修方便等优点。外抽式真空包装机机身全部涂高温烤漆，具有不锈钢操作台，电路采用固态继电器进行控制。工作过程由 PLC 计算机版控制系统自动控制，用数码管显示工作全过程，热封温度、物品包装的真空度、气嘴伸出时间等均可自由调节。外抽式真空包装机是内抽式真空包装机无法替代的新型真空包装机。

8）立柜式真空包装机

立柜式真空包装机整机全部选用 304 牌号设备专用不锈钢材料制作，控制部分采用 PIC 计算机版控制系统。立柜式真空包装机主要用于粉末、细小颗粒、液体和大包装物体的真空包装，真空室容积大，袋口采用立封形式。立柜式真空包装机开门式的操作形式，便于重物搁置。立柜式真空包装机可根据特殊尺寸、配置要求定做，广泛用于饲料、化工、食品、电子等行业。立柜式真空包装机如图 6-35 所示。

9）给袋式真空包装机

给袋式真空包装机是专门用于对休闲小食品，如鸡爪、鸭爪、鸭脖、豆干、小鱼仔、鱼块等各类熟食食品进行连续自动化真空包装的设备。它能够自动实现取袋、上袋、打码、撑袋、鼓袋、上料、计量、充填、抽真空、封口、输送等直至成品的全自动化生产，大幅度提高了生产效率。给袋

图 6-34　外抽式真空包装机

图 6-35　立柜式真空包装机

式真空包装机如图 6-36 所示。

10）真空充氮包装机

真空充氮包装是指将食品装入包装袋，抽包装袋内的空气，达到预定的真空度后，再充入氮气、二氧化碳、氧气等气体，最后完成封口工序。真空充氮包装机如图 6-37 所示。它是采用国际最先进的包装技术，集制氮气、抽真空、充氮气、热封为一体的半自动多功能包装机械，工作程序由 PLC 编程控制系统自动控制，具有超大液晶触摸屏操作界面，可根据不同的包装材料和容积单独调节各工作环节时间，也可单独使用其中某一单独环节。真空充氮包装机由除油除水空气过滤系统、空气分离制氮系统、抽真空系统、储气供气系统、热封系统、PLC 编程控制系统、升降式工作室及机架、机壳组成。它可与其他设备配套使用。

图 6-36　给袋式真空包装机

图 6-37　真空充氮包装机

九、泡罩包装机

1. 泡罩包装机概述

泡罩包装机是指将透明塑料薄膜或薄片制成泡罩，用热压封合、黏合等方法将产品封合在泡罩与底板之间的机器。它广泛应用于轻工、医药和化工行业，尤其是药品包装作业。泡罩包装有许多优点,如直观性好,容易辨认商品的品质;密封性好;防潮、防变质等。泡罩包装机如图 6-38 所示。

2. 泡罩包装方法

泡罩包装的泡罩有大有小,形状因被包装物不同而异。泡罩包装机种类也较多,所以泡罩包装方法有多种。泡罩包装的操作方法主要有手工操作、半自动操作和全自动操作三种。

药品也常常使用泡罩包装。药品按剂量封装在一块铝箔衬底上,铝箔背面印着药品名称、服用指南等信息,这种包装形式国外称为 PTP(press through pack)包装,在国内称为压穿式包装。在服用时,用手按压泡罩,药品即可穿过铝箔衬底而取出,或直接送入口中,避免污染。泡罩包装应用实例如图 6-39 所示。

图 6-38 泡罩包装机

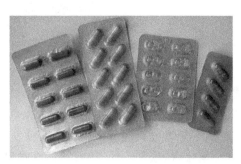

图 6-39 泡罩包装应用实例

3. 泡罩包装的工艺

泡罩包装的泡罩空穴有大有小,形状因被包装物品的形状而异,有用衬底的,也有不用衬底的,而且泡罩包装机的类型也比较多。尽管如此,泡罩包装的基本原理大致上是相同的,其典型工艺过程为

片材加热→薄膜成型→充填物品→安放衬底→热封→切边修整

可通过手工操作、半自动操作或自动操作完成以上过程。

1) 手工操作

塑料薄片泡罩预先成型,衬底预先印刷并切割好。包装时用手工将物品装入泡罩内,盖上衬底,然后用热封器将泡罩与衬底封合成一体。有些物品对流通环境的温度和湿度要求不高,可以不予热封,而用订书机订封。

2) 半自动化操作

将卷筒的或单张的塑料薄片送入半自动泡罩包装机内,机器操作是连续的或间歇的。成型模具的数量根据物品的大小和生产量而定,一般都采用多列式。塑料薄片经成型冷却后,用手工将物品装入泡罩内。将卷筒或单张形式的印刷好的衬底覆盖在泡罩上,再进行热封、切边,得到完整的包装件。

3) 自动化操作

自动化操作时,除了以上包装工序外,还可将打印、装说明书、装盒等工序与生产线相联系。自动化操作的流程如下。

(1) 卷筒塑料薄片向前送进。

(2) 薄片加热软化,在模具内用压缩空气压制或用抽真空吸制成泡罩。

(3) 用自动上料机构充填物品。

(4) 检测泡罩成型质量和充填是否合格。在快速自动生产线上,常采用光电检测器进行检测,出现不合格产品时,将废品信号送至记忆装置,待切边工序完成后,将废品自动剔除。

(5) 卷筒衬底材料覆盖在已充填好的泡罩上。

(6) 用板式或辊式热封器将泡罩与衬底封合在一起。

(7) 在衬底背面打印号码和日期等。

(8) 切边后形成包装件。如果装有剔除废品,则在切边工序之后,根据记忆装置储存的信号剔除废品。

这种自动包装生产线适用于单一品种的大批量生产,它的优点是生产率高、成本低,而且符合卫生要求。

第三节　流通加工机械

一、剪板机

剪板机是指用一个刀片相对另一刀片作往复直线运动剪切板材的机器。它借助运动的上刀片和固定的下刀片,采用合理的刀片间隙,对各种厚度的金属板材施加剪切力,使板材按所需要的尺寸断裂分离。剪板机属于锻压机械中的一种,主要用于金属加工行业。

1. 剪板机的作用

剪板机就是在固定地点的剪板加工中,将大规格钢板裁小或切裁成毛坯。热轧钢板和钢带、热轧厚钢板等板材最大,交货长度常可达 12 m,有的是成卷交货。大中型企业由于消耗批量大,可设专门的剪板及下料加工装备,按生产需要进行剪板、下料加工。对于使用量不大的企业和多数中小企业,单独设置剪板及下料加工装备,有装备闲置时间长、人员浪费大、不容易采用先进方法等缺点,在流通过程中进行钢板的剪板及下料加工,可以有效地解决上述问题。

使用剪板机对板材进行剪板、下料的流通加工有以下优点。

(1) 可以选择加工方式,较之气焊切割,用剪板机加工后钢材的晶相组织变化较少,可保证钢材的原状态,有利于进行高质量加工。

(2) 加工精度高,可减少废料、边角料,也可减少再加工的切削量,既提高了再加工效率,又有利于减少消耗。

(3) 由于集中加工可保证批量及生产的连续性,可以专门研究此项技术并采用先进装备,大幅度提高效率和降低成本。

(4) 简化用户的生产环节,提高生产水平。剪板机在流通领域可用于板料或卷料的剪裁,其工作过程主要是板料在剪板机上、下刀刃的作用下受剪产生分离变形。一般剪切时下刀片固定不动,上刀片向下运动。

2. 剪板机的构造

普通剪板机一般由机身、传动系统、刀架、压料器、刀片间隙调整装置、挡料装置、光线对线装置、托料器、润滑装置、电气控制装置等组成。

(1) 机身。机身一般由左右立柱、工作台、横梁等组成。机身分为铸件组合结构和整体焊接结构。铸件组合结构属于老式结构,机身大多采用铸件,通过螺栓、销钉将各组铸件连接成一体。这种结构的机身较重,刚性差,接合面的机械加工工作量也大。整体焊接结构与铸件组合结构相比具有机身重量轻、刚性好、便于加工等优点。采用整体式钢板焊接结构的机身日益增多。

(2) 传动系统。剪板机的传动系统有机械传动系统和液压传动系统两种。机械传动系统有齿轮传动系统和蜗轮副传动系统,且又以圆柱齿轮传动系统居多。齿轮传动系统又分为上传动式系统和下传动式系统。机械下传动式剪板机的结构紧凑,机身高度小,重心低,稳定性能较好,制造安装也比较容易。一般情况下,机械传动式剪板机用于剪切厚度小于 6 mm 的小规格剪板。液压传动式剪板机日益增多,其主要特点是剪切力在全行程中保持不变,可防止过载,且工作安全,通用化程度高,重量较轻,参数调整易实现自动化,但是液压传动的行程次数较低,电动机功率略大,故障排除不如机械传动式剪板机容易。

(3) 刀架。刀架是剪板机的重要部件。老式小型剪板机的刀架多为铸铁体,老式大型剪板机的刀机架多为铸钢件。近年来,采用钢板结构的刀架日益增多。

(4) 压料器。在剪板机上刀片的前面设有压料器,用以使板料在整个剪切过程中始终被压紧在工作台面上。压料器所产生的压料力要能够克服板料因受剪切力的作用而产生的回转力矩,使板料在剪切时不产生位移或翻转。压料器有机械传动和液压传动等形式。近年来,液压传动压料器日益增多,满足了选用的压料力大和剪切精度高的要求。

(5) 刀片间隙调整装置。为了适应剪切不同厚度板料的要求,剪板机需根据板厚调节刀片的间隙,刀片间隙过大或过小都会损坏刀片和影响板料剪切断面质量,因此要求刀片间隙调整装置操作方便、刚性好。

(6) 挡料装置。为了控制剪切板料尺寸和提高定位效率,剪板机设有挡料装置。挡料装置有手动和机动两种。手动挡料装置用于小型剪板机,机动挡料装置多用于大中型剪板机。

(7) 光线对线装置。当剪板机不使用挡料装置时或者剪切时刀刃需要与事先划好的刻线对准时,应使用光线对线装置,以保证剪切的尺寸精度。有些剪板机上没有光线对线装置。

(8) 托料器。在剪板机工作台上设有托料器。它的作用是将板料托起,使板料在工作台上移动轻快。

3. 常见的剪板机

剪板机属于直线剪切类型,按工艺用途可分为多用途剪板机和专用剪板机,按传动方式可分为机械传动式和液压传动式;按上刀片相对下刀片的位置不同可分为平刃剪板机和斜刃剪板机,按刀架运动方式不同可分为直线式和摆动式。典型的剪板机有圆盘剪切机、多功能剪板机、摆式剪板机、多条板料滚剪机、振动剪切机等。

剪板机的参数主要有剪切厚度、剪切板料宽度、剪切角、喉口深度、行程次数等。剪板机剪切厚度主要受剪板机构件强度的限制,最终取决于剪切力。影响剪切力的因素很多,如刃口间隙、刃口锋利程度、剪切角大小、剪切速度、剪切温度、剪切面的宽度等,而最主要的还是被剪材料的强度。目前国内外剪板机的最大剪切厚度多在 32 毫米以下,从设备的利用率和经济性角度来看剪切厚度过大是不可取的。宽度为 6 000 毫米的剪板机已经比较普遍,国外最大板宽已达10 000毫米。为了减少剪切板料的弯曲和扭曲,一般都采用较小的剪切角度,这样剪切力可能增大些,对剪板机受力部件的强度、刚度也带来一些影响,但提高了剪切质量。

1) 圆盘剪板机

圆盘剪板机使用的用两个圆盘状剪刀。它按两剪刀轴线相互位置不同及与板料的夹角不同分为直滚剪、圆盘剪和斜滚剪。直滚剪主要用于将板料裁成条料,或由板边向内剪裁成圆形坯料;圆盘剪主要用于剪裁条料、圆形坯料和环形坯料。

常见的圆盘剪板机为手动式圆盘剪板机。手动式圆盘剪板机的特征在于,它由带有圆盘状剪刀的上下刀体、手柄、曲梁和机座组成。手柄通过棘轮与上刀轴配合连接,上刀体通过曲梁固定在机座上,下刀体与机座通过螺栓相连接。机座水平支架上的定位有可左右调节位置的定位尺,用以确定被剪板材的宽度。圆盘剪板机可对板材连续剪切,既可沿直线剪裁,也可沿曲线剪裁,适用于剪切厚度在3毫米以下的钢板、铁板及厚度在6毫米以下的纸板、橡胶和皮革等。

2) 多功能剪板机

多功能剪板机主要由床身、悬臂梁、电动机、皮带及齿轮传动系统等组成。床身上水平安装三根传动轴,悬臂梁上对应安装三根传动轴,采用两个相对转动的滚子作为进给器,两个相对转动的圆柱体为剪刀,两个相对转动、有一定形状、凹凸配合的圆轮为挤压器来实现剪切、挤压一定形状,并一次完成。它主要用于加工薄板,可以提高工效,广泛应用于薄板加工业。

多功能剪板机有板料折弯剪切机和板材型材剪切机两种。

板料折弯剪切机可以完成两种工艺,剪切机下部进行板料剪切,上部进行折弯;也有的前部进行剪切,后部进行板料折弯。滑块置于剪板机中部,由三个液压缸驱动滑块上下运动,滑块向上进行折弯,向下进行剪切。机架是用厚钢板焊成的整体结构,与一般折弯机相比,它具有更高精度和稳定性。折弯时,滑块上下停留的位置和行程量可任意调节;剪切时,滑块行程与折弯时行程无关,一般保持恒定。另外,它在中间液压缸内设置了一只伺服阀,可以任意控制滑块上升的最高位置,满足自由折弯时达到各种不同弯曲角度的要求。板料折弯剪切机采用具有充分刚度的同步轴结构,保证了滑块相对于横梁的平行运动;采用 PC 控制,使得折弯和剪切工作的转换只需转动开关就可自动完成,无须更换模具。板料折弯剪切机如图 6-40 所示。

3) 摆式剪板机

摆式剪板机又可分为直剪式和直斜两用式。直斜两用式主要用于剪切 30°焊接坡口断面。摆式剪板机如图 6-41 所示。它的刀架在剪切时围绕一固定点作摆动运动,剪切断面的表面粗糙度数值较小,尺寸精度高,而且切口与板料平面垂直。摆式结构主要用于板厚大于 6 毫米、板宽不大于 4 毫米的剪板机。

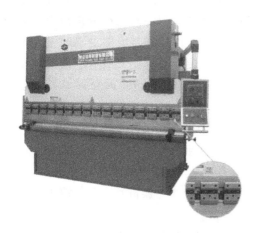

图 6-40　板料折弯剪切机

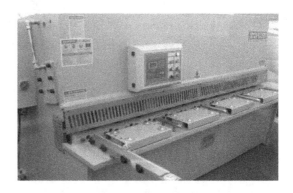

图 6-41　摆式剪板机

4) 多条板料滚剪机

为了将宽卷料剪成窄卷料,或者将板料同时剪裁成几条条料,可以利用多条板料滚剪机下料。多条板料滚剪机在两个平行布置的刀轴上,按条料的宽度安装若干个圆盘状剪刀,由电动机通过 V 形带及齿轮传动装置驱动圆盘刀轴转动,刀轴带动圆盘状剪刀转动,把宽板料或卷料剪成若干所需宽度的条料或卷料。一般在多条板料滚剪机前后分别配置展卷机和卷绕机,用于将卷料展开、滚剪之后再绕成卷料放在支架上。多条板料滚剪机剪切材料的宽度由圆盘状剪刀的宽度垫圈决定,因此滚剪的材料宽度精度较高。

5）振动剪板机

振动剪板机又称冲型剪切机。它的工作原理是通过曲柄连杆机构带动刀杆作高速往复运动，行程次数为每分钟数百次到每分钟数千次不等。

振动剪切机是一种万能板料加工设备。它在进行剪切下料时，先在板料上画线，然后刀杆上的上冲头沿着画线或样板对被加工的板料进行逐步剪切。此外，振动剪切机还能进行冲孔、落料、冲口、冲槽、压肋、折弯和锁口等工序，用途相当广泛，适用于短金件的中小批量初单件生产，被加工的板料厚度一般小于10毫米。振动剪切机具有体积小、重量轻、容易制造、工艺适应性广、工具简单等优点，但是生产率较低，剪切和工作时要人工操作，振动和噪声大，加工精度不高。振动剪板机如图6-42所示。

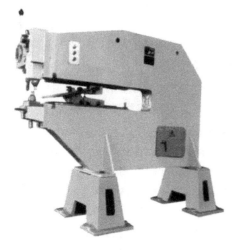

图 6-42 振动剪板机

二、卷板机

卷板机是对板材进行连续弯曲的塑形机床，具有卷制O形、U形、多段弧形等不同形状板材的功能。卷板机一般具备预弯和卷圆两种功能，广泛应用于装潢、化工、金属结构、输油管道及机械制造行业，是金属薄板弯曲成型的理想设备。

1. 卷板机的工作原理

对称式三辊卷板机上辊在两下辊中央对称位置通过液压缸内的液压油作用于活塞作垂直升降运动，主减速机的末级齿轮带动两下辊齿轮啮合作旋转运动，为卷制板材提供扭矩。规格平整的塑性金属板通过卷板机的三根工作辊（两根下辊、一根上辊）之间，借助上辊的下压及下辊的旋转运动，经过多道次连续弯曲（内层压缩变形，中层不变，外层拉伸变形），产生永久性的塑性变形，卷制成所需要的圆筒、锥筒。这种卷板机的缺点是板材端部需借助其他设备进行预弯。

2. 卷板机的分类

卷板机根据辊数可分为二辊卷板机、三辊卷板机和四辊卷板机。其中三辊卷板机又分对称式三辊卷板机、水平下调式三辊卷板机、弧线下调式三辊卷板机、上辊万能式三辊卷板机（又分大型上辊万能式卷板机、中型上辊万能式卷板机和小型上辊万能式卷板机）、液压数控式三辊卷板机。

卷板机根据辊轴布置位置不同可分为对称式卷板机和非对称式卷板机。

卷板机根据预弯功能不同可分为带预弯功能的卷板机和不带预弯功能的卷板机。

卷板机根据加压力方式不同可分为机械式卷板机和液压式卷板机。机械式三辊卷板机分为机械式对称式三辊卷板机和机械式非对称式三辊卷板机两种。

卷板机根据控制方式不同可分为电控卷板机、数显卷板机和数控卷板机三种。

3. 常见的卷板机

1）机械式对称式三辊卷板机

机械式对称式三辊卷板机的性能特点是：结构形式为三辊对称式，上辊在两下辊中央对称位置作垂直升降运动，两下辊作旋转运动，通过减速机的输出齿轮与下辊齿轮啮合为卷制板材提供扭矩。机械式对称式三辊卷板机缺点是板材端部需借助其他设备进行预弯。机械式对称式三辊卷板机如图 6-43 所示。

2) 机械式非对称式三辊卷板机

机械式非对称式三辊卷板机的主要特点是：结构形式为三辊非对称，上辊的运动为主运动；下辊作垂直升降运动，以便夹紧板材；边辊作倾升降运动；具有预弯和卷圆双重功能；结构紧凑，操作维修方便。机械式非对称式三辊卷板机如图 6-44 所示。

3) 液压式对称式三辊卷板机

液压式对称式三辊卷板机的主要特点是：上辊可以垂直升降，垂直升降的液

图 6-43　机械式对称式三辊卷板机

压传动通过液压缸内的液压油作用于活塞杆而获得；下辊作旋转运动，通过减速机输出齿轮啮合，为卷板提供扭矩，下辊下部有托辊并可调节；上辊呈鼓状，提高了制品的直线度；适用于超长规格各种截面形状罐。液压式对称式三辊卷板机如图 6-45 所示。

图 6-44　机械式非对称式三辊卷板机

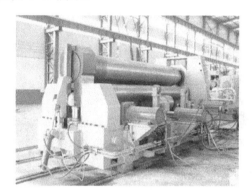

图 6-45　液压式对称式三辊卷板机

三、折弯机

折弯机是指一种将板材加工成各种角度、各种形状的设备。具有数控功能的折弯机能有效地提高加工精度和生产效率。

1. 常见的折弯机

1) 手动折弯机

手动折弯机结构比较简单，采用人工操作，比较费力，适用于小规格的加工制作。手动折弯机如图 6-46 所示。

2) 数控折弯机

数控折弯机本质上是对薄板进行折弯的数控机械。数控折弯机主要由支架、工作台和夹紧板等组成。工作台置于支架上，由底座和压板构成，底座通过铰链与夹紧板相连，底座由座壳、线圈和盖板组成，线圈置于座壳

图 6-46　手动折弯机

的凹陷内,凹陷顶部覆有盖板。使用时,由导线对线圈通电,通电后底座对压板产生引力,从而实现对压板和底座之间薄板的夹持。由于采用了电磁力夹持,压板可以做成符合多种工件要求的形式,而且可对有侧壁的工件进行加工,操作上也十分简便。数控折弯机有不同的型号,常见的有 G 型、F 型、WC67K 型等。塑料板材数控折弯机根据塑料板材加热变软熔化焊接的原理研制而成,它适用于所有热塑性材料的折角。塑料板材数控折弯机具有以下特点:直接折弯,不需要拼接,不需要开槽,不需要用焊条,折角外表美观不漏水;加工速度快,折角处理表面美观,强度高;将手工焊接转变成全自动的机器操作,提高了质量,提高了劳动效率,降低了劳动成本,缩短了产品的生产周期。数控折弯机如图 6-47 所示。

3) 液压折弯机

液压折弯机根据同步方式的不同可分为扭轴同步、机液同步和电液同步三种。液压折弯机根据运动方式的不同分为上动式和下动式两种。

液压折弯机主要应用于钣金行业(如汽车、门窗、钢结构等的折弯、成型),以及对金属薄板料进行 V 形开槽等领域。它的结构及工作特点是:采用全钢焊接结构,通过振动消除应力,机器强度高、刚性好;液压上传动,平稳可靠;采用机械挡块,扭轴同步,精度高;后挡料距离、上滑块行程可电动调节、手动微调,并以数字形式显示出来。液压折弯机如图 6-48 所示。

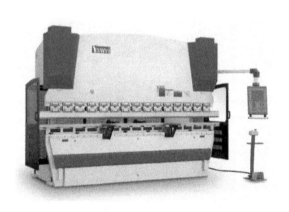

图 6-47　数控折弯机

图 6-48　液压折弯机

2. 折弯机的组成部分及结构说明

折弯机的组成部分及结构说明可参看图 6-49 和图 6-50。

(1) 滑块部分。滑块部分采用液压传动,由滑块、油缸及机械挡块微调结构组成。左右油缸固定在机架上,通过液压使活塞(杆)带动滑块上下运动,机械挡块由数控系统控制数值。

(2) 工作台部分。工作台部分由按钮盒操纵,使电动机带动挡料架前后移动,并由数控系统控制移动的距离,其最小读数为 0.01 毫米(前后位置均有行程开关)。

(3) 同步系统。由扭轴、摆臂、关节轴承等组成的机械同步机构,结构简单,性能稳定可靠,同步精度高。机械挡块由电动机调节,由数控系统控制数值。

(4) 挡料机构。挡料机构采用电动机传动,通过链条带动两丝杆同步移动,由数控系统控制挡料尺寸。

四、校平机

校平机是板材加工中常用的设备,校平机的定型主要取决于被校带材的厚度、材质和要求。料越厚,所需结构的刚性要越好,辊数越少,辊径越大,功率越大(幅宽一定),反之亦然。

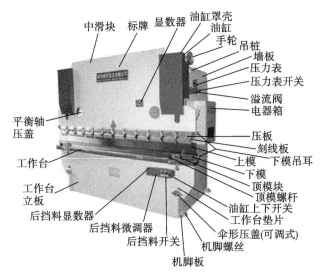
图 6-49 折弯机示意图

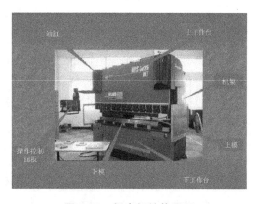
图 6-50 折弯机结构图示

校平机主要应用于矫正各种规格板材及剪切成块的板材,可校正各种冷轧和热轧卷板、硅钢板、不锈板、彩板、铝板及电镀后或涂装后的各类金属板材。由于操作方便、简单,校平机遍布机械、冶金、建材、化工、电子、电力、轻工等多个行业,特别在造船、机车车辆、锅炉桥梁、金属结构等行业,校平机成为生产中不可缺少的必需设备。校平机主要由上料小车、单或双支承开卷机、初校机、精校机、切边机、横剪机、堆垛装置、伺服传动系统等组成,同时在各机之间配有摆动式中间桥、牵引装置、纠偏装置等。校平机如图 6-51 所示。

校平机的工作原理是:校平机设置有上压模和下压模,其中上压模固接在液压缸的推杆上,液压缸缸体固定在支承架上,在上压模和下压模内各设置有独立的冷却水路,该冷却水路的出口和入口分别位于上压模和下压模的上面;从校平机入口开始的至少前 5 个辊的半径/中心距之比与传统校平机的相同,从校平机入口开始的至少最后 5 个辊的半径/中心距之比与卷曲消除机的相近,并且有优势的是,校平机中间辊之间的中心距增大,能在快速淬火冷却的同时,避免杂质对刀具

图 6-51 校平机

或刀坯的侵蚀,从而保证刀具或刀坯的表面和硬度、金相结构的品质,避免冷却油的污染。

五、切割机

随着现代机械加工业的发展,对切割的质量、精度要求的不断提高,对提高生产效率、降低生产成本、具有高智能化的自动切割功能的要求也在提升。切割机的发展必须要适应现代机械加工业发展的要求。切割机分为等离子切割机、火焰切割机、激光切割机、水射流切割机等。等离子切割机切割速度很快,切割面有一定的斜度。火焰切割机是针对厚度较大的碳钢材质而设计的。激光切割机效率最快,切割精度最高,切割厚度一般较小。

1. 切割机的分类

切割机按切割材料来分可分为金属材料切割机和非金属材料切割机。金属材料切割机又

分为火焰切割机、等离子切割机、激光切割机、水射流切割机等。非金属材料切割机主要是刀具切割机。

切割机按控制方式来分可分为数控切割机和手动切割机。

2. 常见的切割机

现在社会上常见的切割机有等离子切割机、火焰切割机、激光切割机、水射流切割机。

1）等离子切割机

等离子切割机配合不同的工作气体可以切割各种氧气切割难以切割的金属，尤其是对有色金属（不锈钢、铝、铜、钛、镍）切割效果更佳。等离子切割机的主要优点在于切割厚度不大的金属的时候，等离子切割速度快，尤其在切割普通碳素钢薄板时，速度是氧切割法的5～6倍，切割面光洁，热变形小，几乎没有热影响区。等离子切割机的加工材料包括铁板、铝板、镀锌板、白钢板、钛金板等，基本上只要能够导电的材料都能用等离子切割机切割。根据配置的等离子电源大小，等离子切割机的切割厚度一般为0.5～100 mm。极少数进口大功率等离子切割机能切割100 mm以上的厚度但一般也超不过很多。等离子切割机的投资成本根据等离子切割机的功率、品牌等不同而不等，使用成本较高。

等离子切割机采用的工作气体（工作气体是等离子弧的导电介质，又是携热体）对等离子弧的切割特性以及切割质量、速度都有明显的影响。等离子切割机常用的工作气体有氩气、氢气、氮气、氧气、水蒸气以及某些混合气体。等离子切割机如图6-52所示。

2）火焰切割机

火焰切割是最老的热切割方式，其切割金属厚度为1 mm～1.2 m。当需要切割的绝大多数低碳钢钢板厚度在20 mm以下时，应采用其他切割方式。

火焰切割是利用氧化铁燃烧过程中产生的高温来切割碳钢，火焰割炬的设计为燃烧氧化铁提供了充分的氧气，以保证获得良好的切割效果。

火焰切割是切割厚金属板唯一经济有效的手段，但是在薄板切割方面有其不足之处。与等离子切割比较起来，火焰切割的热影响区要大许多，热变形也比较大。为了切割准确有效，操作人员需要拥有高超技术才能在切割过程中及时回避金属板的热变形。

普通火焰切割机可切割厚度为6～180 mm（最大可到250 mm）的金属板，专用火焰切割机可切割厚度不超过300 mm的金属板。当然也可定制切割厚度更大的火焰切割机。火焰切割机投资成本很低，使用成本也不高，但切割的材料范围较小。图6-53所示为火焰切割机。

图6-52　等离子切割机

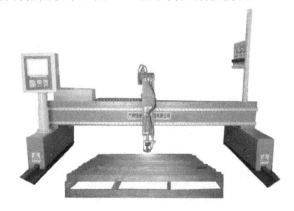

图6-53　火焰切割机

3）激光切割机

激光切割机采用了光、机、电一体化的综合技术，用不可见的光束代替了传统的机械刀，将逐渐改进或取代传统的金属切割工艺设备。激光切割机的特点是：激光切割头的机械部分与工件无接触，在工作中不会对工件表面造成划伤；激光切割速度快，切口光滑平整，一般无须后续加工；切割热影响区小，板材变形小，切缝窄（0.1 mm～0.3 mm）；切口没有机械应力，无剪切毛刺；加工精度高，重复性好，不损伤材料表面；数控编程，可加工任意的平面图，可以对幅面很大的整板切割，无须开模具，经济省时。

激光切割可用于金属材料和部分非金属材料的切割。根据激光器的功率大小（如迅镭激光激光器类型有光纤、YAG、二氧化碳，功率主要有 500 W、1 000 W、2 000 W、3 000 W、4 000 W、6 000 W 等），可切割厚度为 0.1～20 mm。激光切割时在切缝处会引起弧痕并引起热效应，需要在一定的保护气环境下才能获得较好的切割效果。大部分品牌的激光切割机对反光、复合、不热熔、易燃等材料进行切割切割效果不理想，如铝、铜等有色金属、合金等。针对这一问题，迅镭激光通过采用最新激光技术，实现了对上述高反材料顺利切割，且切割厚度和切割速度都相对得到提升。图 6-54 所示为激光切割机。

4）水射流切割机

水射流切割机（见图 6-55）又称为水刀或水切割机。顾名思义，它采用高压水射流并加入磨料（金刚砂或石榴石）的方式进行切割作业。

在众多的切割手段中，只有水切割属于冷态切割，直接利用加磨料的水射流的动能对金属进行切削而达到切割目的，切割过程中无化学变化，具有对切割材质理化性能无影响、无热变形、切缝窄、精度高、切面光洁、清洁无污染等优点，可加工采用传统加工及其他加工方法无法加工和难以加工的材料，如玻璃、陶瓷、复合材料、反光材料、化纤、热敏感材料等。水射流切割机的切割材料范围是最广的，几乎没有它切不了的东西，一般其切割厚度小于 20 mm。

水射流切割机耗材较多，使用成本也较高，因为所有的磨料都是一次性的，用过一次就排放到大自然中去了，因此带来的环境污染也比较严重。另外，切割边缘的光滑度相对于有保护气体进行加工的激光切割更粗糙一些，大多时候需要进行二次加工。

图 6-54　激光切割机

图 6-55　水射流切割机

六、混凝土搅拌机

1. 混凝土搅拌装备

混凝土搅拌装备是将水泥、骨料、沙石和水均匀搅拌，制成混凝土的专用机械，主要有以下几种。

（1）混凝土搅拌站。它是主要用来集中搅拌混凝土的联合装置，主要由搅拌主机、物料称量系统、物料输送系统、物料储存系统和控制系统等五大系统和其他附属设施组成。

（2）混凝土搅拌机。它主要用于各类中小型预制构件厂及公路、桥梁、水利、码头等工业及民用建筑工程。除了作为单机使用外，它还可以与配料机组合成简易搅拌站。

（3）混凝土搅拌车。它是一种专用机械，主要用来将混凝土搅拌站所生产的混凝土输送到施工现场，并且保证在输送过程中混凝土不发生分层离析与初凝。

（4）混凝土送泵车。它拥有机车机体及自由伸展的臂架，是在拖式输送泵的基础上发展而来的一种专用机械设备，主要用来将混凝土的输送和浇注工序合二为一。

2. 混凝土搅拌机

混凝土搅拌机主要用来生产和运输高品质的混凝土，在工程建设中起到了很大的作用。混凝土搅拌机如图6-56所示。

图6-56 混凝土搅拌机

混凝土搅拌机的分类方法如下。

1）按作业方式分类

按作业方式分类，混凝土搅拌机分为循环作业式混凝土搅拌机和连续作业式混凝土搅拌机两种。

循环作业式混凝土搅拌机的供料、搅拌、卸料三道工序是按一定的时间间隔进行的，即按份拌制。由于拌制的各种物料都经过准确的称量，故它的搅拌质量好。目前大多采用此种类型的作业方式。

连续作业式混凝土搅拌机的供料、搅拌、卸料三道工序是在一个较长的筒体内连续进行的。虽然其生产率较循环作业式混凝土搅拌机高，但由于各料的配合比、搅拌时间难以控制，故它的搅拌质量差，目前使用较少。

2）按搅拌方式分类

按搅拌方式分类，混凝土搅拌机分为自落式混凝土搅拌机和强制式混凝土搅拌机两种。

自落式混凝土搅拌机是把混合料放在一个旋转的搅拌鼓内，随着搅拌鼓的旋转，鼓内的叶片把混合料提升到一定的高度，然后靠自重自由撒落下来，这样周而复始地进行，直至拌匀。这种搅拌机一般用于拌制塑性和半塑性混凝土。

强制式混凝土搅拌机是搅拌鼓不动，而由鼓内旋转轴上均置的叶片强制搅拌。这种混凝土搅拌机拌制质量好，生产效率高，但动力消耗大，且叶片磨损快，一般适用于拌制干硬性混凝土。

3）按装置方式分类

按装置方式分类，混凝土搅拌机分为固定式混凝土搅拌机和移动式混凝土搅拌机两种。

固定式混凝土搅拌机安装在预先准备好的基础上，整机不能移动。它的体积大，生产效率高，多用于搅拌楼或搅拌站。

移动式混凝土搅拌机本身有行驶车轮，且体积小，重量轻，故机动性能好，应用于中小型临时工程。

4）按出料方式分类

按出料方式分类，混凝土搅拌机分为倾翻式混凝土搅拌机和非倾翻式混凝土搅拌机两种。倾翻式混凝土搅拌机靠搅拌鼓倾翻卸料，而非倾翻式混凝土搅拌机靠搅拌鼓反转卸料。

5）按搅拌鼓的形状不同分类

按搅拌鼓的形状不同分类，混凝土搅拌机分为梨形混凝土搅拌机、鼓筒形混凝土搅拌机、双锥形混凝土搅拌机、圆盘立轴式混凝土搅拌机和圆槽卧轴式混凝土搅拌机。前三种是自落式混凝土搅拌机；后两种为强制式混凝土搅拌机，目前国内较少使用。

6）按搅拌容量分类

按搅拌容量分类，混凝土搅拌机分为大型混凝土搅拌机（出料容量为1 000～3 000 L）、中型混凝土搅拌机(出料容量为 300～500 L)和小型混凝土搅拌机(出料容量为 50～250 L)。

七、木工锯机

木工锯机是指用有齿锯片、锯条或带齿链条切割木材的机床。木工锯机除在木器加工中应用以外,在流通领域也常作为流通中的原木和木材的加工设备。

木工锯机按刀具的运动方式可分为:刀具作往复运动的木工锯机,如狐尾锯、线锯和框锯机;刀具作连续直线运动的木工锯机,如带锯机和链锯;刀具作旋转运动的木工锯机,如各种圆锯机。

1. 带锯机

带锯机是指以张紧在锯轮上的环状无端带锯条沿一个方向连续运动而实现木材切割的木工锯机。它的主参数为锯轮直径。通常锯轮直径大于或等于 1 500 mm 的带锯机称重型带锯机,锯轮直径小于或等于 900 mm 的带锯机称为轻型带锯机,锯轮直径在两者之间的带锯机为中型带锯机。

图 6-57 原木带锯机

带锯机按工艺用途的不同可以分为原木带锯机、再剖带锯机、细木工带锯机。原木带锯机如图 6-57 所示,它主要用于将原木锯解成方材或板材。再剖带锯机用于将毛方、厚板材、厚板皮等再剖成薄板材。细木工带锯机可用于成批较小零件的加工或外形为曲线的零件的加工。

2. 框锯机

框锯机(见图 6-58)主要用于将原木或毛方锯解成方材或板材。它的主要特点是生产率较高(锯框上安装多片锯条,在一次进给中能锯较多的木材)。现代框锯机自动化程度较高,所用锯条刚性好,锯得的板面质量较好,对操作工技术要求低,但锯条较厚,锯路大,原材损失大,出材率不及带锯机。框锯机的主运动是直线往复运动,有空行程损失,且换向时惯性较大,限制着切削速度的提高。框锯机按锯框运动方向可分成立式框锯机和卧式框锯机两种,以立式框锯机居多。

3. 圆锯机

圆锯机结构简单,效率较高,类型众多,应用广泛。它按照切削刀具的加工特征可分为纵剖圆锯机、横截面圆锯机和万能圆锯机。其中纵剖圆锯机主要用于对木材进行纵向锯解,横截面圆锯机用于对工件进行横向截断。圆锯机如图 6-59 所示。

4. 锯板机

随着人造板的大量应用,传统的通用木工圆锯机在加工精度、结构形式以及生产效率等方面已不能满足生产要求。因此,各式专门用于板材开料的圆锯机——锯板机获得了迅速发展。它从生产率较低的采用手工进给或机械进给的中小型锯板机,到生产率和自动化程度均很高的、带有数字程序控制器或由微机优化处理并配以自动装卸料机构的各种大型组合纵横锯板自动生产线,品种规格繁多。锯板机主要用于软硬实木、胶合板、纤维板、刨花板,以及一面或两面贴有薄木、纸、塑料、有色金属或涂饰蜡克的饰面板等板材的纵切横截或成角度的锯切,以获得

图 6-58 框锯机

图 6-59 圆锯机

尺寸符合规格的板件。锯板机还可以用于各种塑料板、绝缘板、薄铝板和铝型材等的锯切。通常经锯板机锯切后的板件尺寸准确、锯切表面平整光滑，无须再做进一步的精加工就可以进入后续工序。图 6-60 所示为锯板机。

图 6-60 锯板机

5．多联木工带锯机

为了提高制材生产的效率、出材率和木材的综合利用率，20 世纪 60 年代，许多国家开始研制新型制材设备，出现了双联木工带锯机、多联木工带锯机和削片制材联合机等现代化新型机械，并迅速成为国外不少现代化制材厂的主要生产设备。

多联木工带锯机大多是由多台单锯条立式带锯机组合而成的。根据组合在一起的锯条数分类，多联木工带锯机可分为双联木工带锯机、三联木工带锯机、四联木工带锯机、五联木工带锯机和六联木工带锯机等。根据各锯条相对于工件的位置分类，多联木工带锯机可分为对列式（或称并列式）木工带锯机和纵列式木工带锯机。前者各锯条配置在原木纵向轴线两侧的对称位置上，后者各锯条安置在原木纵向轴线的一侧。多联木工带锯机各锯条之间的距离，可根据所需板材、方材的宽度，按指令自动、快速和准确地调整。它可以作为主锯机把原木剖成毛方和毛边板，或用于起再剖锯的作用，将毛方、方材、厚板锯剖成较薄的板材。

多联木工带锯机既具有普通带锯机锯条薄、锯路窄、出材率较高的优点，又具有框锯机可以连续进料、一次能完成多道锯口、生产率较高的优点。它的生产率高于一般带锯机，灵活性优于框锯机，出材率又好于削片制材联合机，且锯切精度也能保证。因而，多联木工带锯机近年来在国外已获得广泛应用，尤其适用于中、小径级软材原木的大批量制材生产。

6. 削片制材联合机

削片制材联合机是指将削片和锯切组合在一起，或以削片代替锯切的一种新型制材设备。它可以将经过剥皮的原木外部不适宜于制成成材的部分，即在一般制材中成为板皮、板条（包括部分锯屑）的部分削制成工艺木片，而将原木中间的主料再锯切成成材。以削片代替锯切的削片制材联合机主要有四面削片制方机、三面削片裁边机和双面削片裁边机等，削片与锯切的组合形式主要有四面削片与圆锯机或双联木工带锯机、四联带锯机组合，双面削片与双联木工带锯机或四联木工带锯机组合，单面削片与跑车带锯机或原木圆锯机组合等。

复习思考题

1. 流通加工设备的种类有哪些？
2. 按功能进行分类，包装机械分为哪几类？
3. 简述计量式充填机的分类及特点。
4. 常见的封口形式有哪些？
5. 典型的裹包方式有哪些？

第七章
物流信息处理机械设备

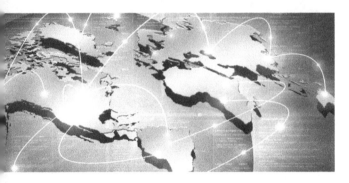

WULIU
JIXIE
SHEBEI

第一节　物流信息技术概述

物流信息技术是现代物流区别于传统物流的根本标志,是现代信息技术在物流各个作业环节中的综合应用,也是物流技术中发展最快的技术。尤其是计算机网络技术的广泛应用,使物流信息技术达到了较高的应用水平。

物联网是指通过射频识别设备、红外感应器、全球定位系统、激光扫描器、气体感应器等,按约定的协议,把任何物品与互联网连接起来,进行信息交换和通信,以实现智能化识别、定位、跟踪、监控和管理的一种网络。在物联网中,信息技术处理尤为关键。因此,物流信息技术在现代企业的经营战略中占有越来越重要的地位。建立物流信息系统,充分利用各种现代信息技术,提供迅速、及时、准确、全面的物流信息是现代企业获得竞争优势的必要条件。

根据物流的功能及特点,物流信息技术主要包括以下几技术:自动识别类技术,如条形码技术、射频识别技术等;自动跟踪与定位类技术,如全球定位系统技术、地理信息系统技术等;物流信息接口技术;数据管理技术;计算机网络技术。在这些高端技术的支持下,形成了集成移动通信、资源管理、监控调度管理、自动化仓储管理、运输配送管理、客户服务管理、财务管理等多种业务的现代物流一体化信息管理体系。

第二节　条形码技术与设备

一、条形码技术概述

1. 条形码的概念

条形码是由一组规则排列的条、空及其对应字符组成的标记,用以表示一定的信息。条形码自动识别系统由条形码标签、条形码生成设备、条形码识读器和计算机组成。

条形码技术属于自动识别范畴,它是随着电子技术的进步,尤其是在现代化生产和管理领域中,计算机技术的广泛应用而发展起来的一门实用的数据输入技术。条形码技术是实现POS系统、EDI、电子商务、供应链管理的技术基础,是物流管理现代化的重要技术手段。条形码技术包括条形码的编码技术、条形码符号的设计和快速识别技术及计算机管理技术。它是实现计算机管理和电子数据交换不可缺少的前端采集技术。

2. 条形码技术的特点

(1) 简单。条形码符号制作容易,扫描操作简单易行。

(2) 高速数据输入。普通计算机的键盘录入速度是 200 字符/分,而利用条形码扫描录入的速度是键盘录入的 20 倍。

(3) 信息的采集量大。利用条形码扫描,一次可以采集几十位字符的信息,而且可以通过选择不同码制的条形码增加字符密度,使录入的信息量成倍增长。

(4) 可靠性高。键盘录入数据的误码率为 1/3 000;利用光学字符识别技术录入数据的误码率为1/10 000;而采用条形码扫描录入方式的误码率只有几百万分之一,首读率可达 98% 以上。

(5) 灵活、实用。条形码符号作为一种识别手段可以单独使用,也可以和有关设备组成识别系统实现自动化识别，还可以和其他控制设备联系起来实现整个系统的自动化管理。同时，在没有自动识别设备时，条形码符号可实现手工键盘输入。

（6）自由度大。识别装置与条形码标签的相对位置的自由度要比光学字符识别（OCR）大得多。条形码通常只在一维方向上表示信息，而同一条形码符号上所表示的信息是连续的，这样即使是标签上的条形码符号在条的方向上有部分残缺，仍可以从正常部分识读正确的信息。

（7）设备结构简单、成本低。条形码符号的识别设备结构简单，操作容易，无须专门训练。与其他自动识别技术相比较，推广应用条形码技术所需费用较低。

3. 条形码识读的基本原理

条形码识读的基本原理为：由条形码扫描器光源发出的光线经过光学系统照射到条形码符号上面，被反射回来的光经过光学系统成像在光电转换器上，使其产生电信号，电信号经电路放大后产生模拟电压，它与照射到条形码符号上被反射回来的光成正比，再经过滤波、整形，形成与模拟电信号对应的数字电信号，该数字电信号经译码器解释为计算机可以直接接收的数字字符信息。

条形码识读原理如图7-1所示。由于不同颜色的物体所反射的可见光的波长不同，白色物体能反射各种波长的可见光，黑色物体能吸收各种波长的可见光，所以当条形码扫描器光源发出的光经光阑及凸透镜1后，照射到黑白相间的条形码上时，反射光经凸透镜2聚焦后，照射到光电转换器上，于是光电转换器接收到与白条和黑条相应的强弱不同的反射光信号，并将其转换成相应的电信号输出到放大整形电路，放大整形电路把模拟电信号转化成数字电信号，数字电信号经译码接口电路译成数字字符信息。

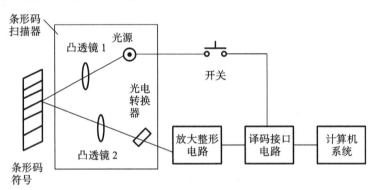

图 7-1 条形码识读原理

白条、黑条的宽度不同，相应的电信号的持续时间也不同。但是由光电转换器输出的与条形码的条和空相应的电信号一般仅 10 mV 左右，不能直接使用，因而先要将光电转换器输出的电信号送放大器放大，放大后的电信号仍然是一个模拟电信号，为了避免条形码中的疵点和污点产生错误信号，在放大电路后需加一整形电路，把模拟电信号转换成数字电信号，以便计算机系统能准确判读。

整形电路的脉冲数字信号经译码器译成数字字符信息。它通过识别起始、终止字符来判别出条形码符号的码制及扫描方向，通过测量脉冲数字电信号0、1的数目来判别出条和空的数目，通过测量0、1信号的持续时间来判别条和空的宽度，这样便得到了被辨读的条形码符号的条和空的数目及相应的宽度和所用码制，根据码制所对应的编码规则，便可将条形符号换成相应的数字字符信息，通过接口电路送给计算机系统进行数据处理与管理，这样完成了条形码辨读的全过程。

4. 条形码的种类

条形码按存储信息的方式可分为一维条形码和二维条形码。

1) 一维条形码

一维条形码是指仅在水平方向存储信息的条形码。

按照码制,一维条形码包括 EAN 码、Code 39 码、交插 25 码(又称 ITF 25 码)、UPC 码、Code 128 码、Code 93 码及 Codebar 码(库德巴码)。目前,国际广泛使用的一维条形码有 EAN 码、Code 39 码、交插 25 码、UPC 码和 Codebar 码。

EAN 码、UPC 码是商品条码,用于在世界范围内唯一标识一种商品。我们在超市中较为常见的就是 EAN 码和 UPC 码。其中,EAN 码是当今世界上广为使用的商品条码,已成为电子数据交换(EDI)的基础;UPC 码主要为美国和加拿大所使用。

Code 39 码因可采用数字与字母共同组成的方式而在各行业内部管理上被广泛使用。

交插 25 码在物流管理中应用较多。

Codebar 码多用于血库、图书馆和照相馆的业务中。

(1) EAN 码。

EAN 码是国际物品编码协会制定的一种商品条码,通用于全世界。EAN 码有标准版(EAN-13 码)和缩短版(EAN-8 码)两种。我国的通用商品条码与 EAN 码等效,人们日常购买的商品的包装上所印的条码一般就是 EAN 码。EAN 码如图 7-2 所示。

(a)EAN-13码 　　　　　　　　(b)EAN-8码

图 7-2　EAN 码

(2) UPC 码。

UPC 码是由美国和加拿大共同组织的统一编码委员会制定的一种商品条码,主要用于美国和加拿大。在我国,人们可以从在美国进口的商品上可以看到 UPC 码。UPC 码如图 7-3 所示。

(a)UPC-A码 　　　　　　　　(b)UPC-E码

图 7-3　UPC 码

(3) Code 39 码。

Code 39 码是一种可表示数字、字母等信息的条码,主要用于工业、图书及票证的自动化管理,目前 Code 39 码的使用极为广泛。Code 39 码如图 7-4 所示。

(4) Code 93 码。

Code 93 码与 Code 39 码具有相同的字符集,但它的密度要比 Code 39 码高,所以在面积不足的情况下，可以用 Code 93 码代替 Code 39 码。Code 93 码如图 7-5 所示。

图 7-4　Code 39 码

图 7-5　Code 93 码

（5）Codebar 码。

Codebar 码也可表示数字和字母信息，主要用于医疗卫生、图书情报、物资等领域的自动识别。Codebar 如图 7-6 所示。

（6）Code 128 码。

Code 128 码可表示 ASCII 0 到 ASCII 127 共计 128 个 ASCII 字符。Code 128 码如图 7-7 所示。

图 7-6　Codebar 码

图 7-7　Code 128 码

（7）交插 25 码。

交插 25 码是一种条和空都表示信息的条码。交插 25 码有两种单元宽度，每一个条形码符号的字符由两个宽单元和三个窄单元共五个单元组成。在一个交插 25 码符号中，组成条形码符号的字符个数为偶数，当字符个数是奇数时，应在字符左侧补 0 变为偶数。条形码符号的字符从左到右，奇数位置字符用条表示，偶数位字符用空表示。交插 25 码的字符集包括数字 0 到 9。交插 25 码如图 7-8 所示。

图 7-8　交插 25 码

2）二维条形码

二维条形码简称二维码。它用某种特定的几何图形按一定规律在平面（二维方向上）分布的黑白相间的图形记录数据符号信息，在代码编制上巧妙地利用构成计算机内部逻辑基础的"0""1"比特流的概念，使用若干个与二进制相对应的几何形体来表示文字数值信息，通过图像输入设备或光电扫描设备自动识读实现信息自动处理。它具有条形码技术的一些共性：每种码制有其特定的字符集；每个字符占有一定的宽度；具有一定的校验功能等。二维条形码不依赖数据库，用于对物品进行描述，具有信息容量大、安全性高、读取率高、错误纠正能力强等特征。图 7-9 所示为常见的二维条形码。

(a)Data Matrix 码　(b)Maxi Code 码　(c)Aztec Code 码　(d)QR Code 码　(e)Veri Code 码

(f)PDF417 码　　(g)Ultra Code 码　　(h)Code 49 码　　(i)Code 16K 码

图 7-9　常见的二维条形码

根据构成原理、结构形状的差异，二维条形码可分为两大类型。一类是行排式二维条形码(2D stacked bar code)。它的编码原理是：在一维条形码的基础之上，按需要堆积成两行或多行。有代表性的行排式二维条形码有 PDF417 码，Code 49 码，Code 16K 码。另一类是矩阵式二维条形码(2D matrix bar code)。它是在一个矩形空间通过黑、白像素在矩阵中的不同分布进行编码。典型的矩阵式二维条形码有 QR Code 码、Data Matrix 码、Code One 码等。

二、条形码识读设备

1. 条形码自动识别系统

条形码自动识别系统是由条形码符号设计、制作及扫描识读组成的自动识别系统。它的构成元素包括条形码、条形码识读装置、通信系统、处理器以及执行机构。条形码识读装置是条形码自动识别系统的基本设备，它的功能是译读条形码符号，即把条形码条符宽度、间隔等信号转换成不同时间长短的输出信号，并将该信号转化成计算机可识别的二进制编码，然后输入计算机。它由扫描器和译码器组成。条形码自动识别系统可以完成条形码的读入，以及条形码信息的通信与传输。

(1) 条形码的读入。条形码的读入是由扫描器和译码器完成的。扫描器又称为光电读入器，它装有照亮被读条形码的光束检测器件。扫描器对条形码符号进行扫描，接收条形码的反射光，利用光电转换技术，获取条形码信息，将产生的模拟电信号放大、量化后传送给译码器处理。译码器用来分析从扫描器读入的信号，并解读出条形码的编码信息。

(2) 条形码信息的通信与传输。经扫描并被译码的信息通常需要传送到中央处理计算机进行处理，在条形码译码器内部一般由单片机或者专用集成电路来完成译码及传送。它采用串行接口或键盘接口与中央处理计算机连接。由于条形码识别与生产控制流程、信息管理作业等相关，因此还需要建立相应的条形码采集系统，将从各点、位获取的条形码信息通过网络传输，以便集中进行处理。

在早期的条形码自动识别系统中，扫描器和译码器是分开的。近年推出的条形码自动识别系统大多已将二者合成一体，使整个系统更加方便、灵巧。只要计算机配置了网络控制器之类的接口软、硬件，这个条形码自动识别系统就能同时处理多个条形码识读装置输入的条形码信息。

2. 条形码识读器

条形码识别器由条形码扫描和译码两个部分组成。现在绝大部分条形码识读器都将扫描器和译码器集成一体。人们根据不同的用途和需要设计了各种类型的扫描器。下面按扫描方式、操作方式、识读码制的能力和扫描方向对条形码识读器进行分类。

（1）按扫描方式划分。条形码识读器按扫描方式划分可分为接触式和非接触式两种。接触式条形码识读器包括光笔和卡槽式扫描器；非接触式条形码识读器包括 CCD 扫描器、激光扫描器。

（2）按操作方式划分。条形码识读器按操作方式划分可分为手持式和固定式两种。

手持式条形码识读器应用于许多领域，这类条形码识读器特别适用于条形码尺寸多样、识读场合复杂、条形码形状不规整的应用场合。在这类识读器中有光笔、激光枪、手持式全向扫描器、手持式 CCD 扫描器和手持式图像扫描器等。

固定式条形码识读器扫描识读时不用人手把持，适用于省力、人手劳动强度大（如超市的扫描结算台）或无人操作的自动识别场合。固定式条形码识读器有卡槽式扫描器、固定式单线式扫描器、固定式单向多线式（栅栏式）扫描器、固定式全向扫描器和固定式 CCD 扫描器。

（3）按识读码制的能力划分。条形码识读器按识读码制的能力划分可分为光笔、卡槽式扫描器、激光扫描器和图像扫描器四类。光笔与卡槽式扫描器能识读一维条形码。激光扫描器只能识读行排式二维条形码（如 PDF417 码）和一维条形码。图像扫描器可以识读常用的一维条形码，还能识读二维条形码。

（4）按扫描方向划分。条形码识读器按扫描方向划分可分为单向扫描器和全向扫描器。全向扫描器又分为平台式和悬挂式。悬挂式全向扫描器由平台式全向扫描器发展而来，这种扫描器也适用于商业 POS 系统及文件识读系统，识读时可以手持，也可以放在桌子上或挂在墙上，使用非常灵活方便。

3. 常用的一维条形码识读器

常用的一维条形码识读器主要包括光笔、卡槽式扫描器、CCD 扫描器、激光扫描器和全向扫描器。它们都有其各自的特点。

1）光笔与卡槽式扫描器

光笔是一种轻便的条码读入装置。在光笔内部有扫描光束发生器及反射光接收器。目前，市场上出售的光笔有很多种，它们主要在发光的波长、光学系统结构、电子电路结构、分辨率、操作方式等方面存在不同。不论采用何种工作方式，光笔在使用上都存在一个共同点，即阅读条形码信息时，光笔与待识读的条形码接触或离开一个极短的距离（一般为 0.2～1 mm）。光笔必须与被扫描阅读的条形码接触，才能达到读取数据的目的，因此在使用过程中对条形码有一定的破坏性，目前已逐渐被 CCD 扫描器取代。光笔如图 7-10 所示。

卡槽式扫描器属于固定光束扫描器，内部的结构和光笔类似。它上面有一个槽，手持带有条形码符号的卡从槽中滑过实现扫描。这种条形码识读器广泛用于时间管理及考勤系统。它经常和带有液晶显示屏和数字键盘的终端集成为一体。卡槽式扫描器如图 7-11 所示。

2）CCD 扫描器

CCD 扫描器价格居中。它使用固定光束（通常由发光二极管发出）将条形码符号的图像反射给光敏元件阵列。CCD 扫描器阅读条形码的最佳距离（称为景深）在 15 cm 以内。CCD 扫描器没有激光扫描器的精确度高。CCD 扫描器通常有手持式和固定式两种类型。新型的手持式 CCD 扫描器不但能够阅读一维条形码和堆叠式二维条形码，还可以阅读矩阵式二维条形码。

CCD 扫描器的工作原理是：使用多个发光二极管固定泛光源照射系统，以照明条形码符

图 7-10　光笔　　　　　　　图 7-11　卡槽式扫描器

号;通过平面镜改变光的方向,再经凸透镜和光阑等将条形码符号映像到 CCD 元件上;当条形码符号映像到光电二极管阵列上时,由于条和空的反光强度不同,所以产生的电信号强度也不同;通过采集光电二极管阵列中每个光电二极管的电信号,可实现对条形码符号的自动扫描。CCD 扫描器如图 7-12 所示。

CCD 扫描器的不足之处是:阅读条形码符号的长度受扫描器 CCD 元件尺寸的限制,扫描景深不如采用激光器作光源的扫描器的景深长。

3) 激光扫描器

激光扫描器价格较贵。激光扫描器用迅速移动的镜体将激光二极管发出的光束散射成水平光弧,虽然光束每秒扫描 40 周,但看起来像一条光线(如果在可见光谱范围内)。可用不可见光的红外线光谱激光扫描器采用辅助照明法使用户瞄准激光光束,也可用旋转多边形或者振动镜像产生更复杂的移动光束、交叉阴影或者星形脉冲来提高阅读能力和实现全向扫描。激光扫描的优点是有更大的视野和景深(平均为 15～30 cm,若使用特殊的长距离反射标签则可达 10 m),因此可识别歪斜的条形码。新型的手持式激光扫描器能够阅读堆叠式二维条形码。固定式激光扫描器使用的是移动光束 CCD 技术(也称为图像传感技术),常见于超市的收款处,也广泛用于流水线式制造企业、仓储和配送中心的理货与装运业务。小型固定式激光扫描器也用在实验室和流程控制业务。悬挂式或半固定式激光扫描器可用于几乎所有行业。激光扫描器如图 7-13 所示。

图 7-12　CCD 扫描器　　　　　　图 7-13　激光扫描器

4) 全向扫描器

全向扫描器属于全向激光扫描器。全向扫描指的是标准尺寸的商品条形码以任何方向通过扫描器的区域都会被扫描器的某条或某 2 条扫描线扫过整个条形码符号。一般全向扫描器的扫描方向有 3～5 个,每个方向上的扫描线有 4 条左右,这方面的具体指标取决于扫描器的具

图 7-14 全向扫描器

体设计。全向扫描器如图 7-14 所示。

用于商业超市收款台的全向扫描器一般有 3~5 个扫描方向，扫描线一般有 20 条左右。它们有些安装在柜台下面，有些安装在柜台侧面。

全向扫描器的高端产品为全息式激光扫描器，它的扫描线数达到 100 条，扫描的对焦面达到 5 个，每个对焦面含有 20 条扫描线，扫描速度高达 8 000 线/s，特别适用于在传送带上识读不同距离、不同方向的条形码符号。全息式激光扫描器对传送带的最大速度要求小的为 0.5 m/s，高的为 4 m/s。

4. 二维条形码识读器

二维条形码识读器根据识读原理的不同划分可分为线性 CCD 扫描器、线性图像扫描器、带光栅的激光扫描器、图像扫描器等。

(1) 线性 CCD 扫描器和线性图像扫描器。线性 CCD 扫描器和线性图像扫描器可识读一维条形码和行排式二维条形码（如 PDF417 码），在阅读二维条形码时需要沿条形码的垂直方向扫过整个条形码（又称为扫动式阅读）。线性 CCD 扫描器和线性图像扫描器的价格比较便宜。

(2) 带光栅的激光扫描器。带光栅的激光扫描器可识读一维条形码和行排式二维条形码。带光栅的激光扫描器识读二维条形码时将扫描线对准条形码，由光栅部件完成垂直扫描，不需要手工扫动。

(3) 图像扫描器。图像扫描器采用 CCD 摄像方式将条形码图像摄取后进行分析和解码，可识读一维条形码和二维条形码。

另外，二维条形码识读器根据工作方式的不同划分还可以分为手持式、固定式和平板式。二维条形码识读器对于二维条形码的识读会有一些限制，但是均能识别一维条形码。手持式二维条形码扫描器如图 7-15 所示，固定式 PDF417 码和 QR Code 码扫描器如图 7-16 所示。

图 7-15 手持式二维条形码扫描器

图 7-16 固定式 PDF417 码和 QR Code 码扫描器

三、条形码生成设备

条形码的生成有两种方式。一种是非现场印制（也称预印刷），即采用传统印刷设备大批量印刷制作。这种方式适用于数量大、格式固定、内容相同的标签的印制，如产品包装等。预印刷可以采用胶片制版的传统方式进行，也可以采用一般办公打印机进行，还可以采用专用条形码打印机进行。另一种是现场印制，即由计算机控制打印机实时打印条形码标签。这种方式打印灵活，实时性强，可用于多品种、小批量、需要现场实时印制的场合。

许多物流企业在作业中要用到条形码现场印制设备，下面对条形码现场印制设备做详细介绍。目前，条形码现场印制设备大致分为两类，即通用打印机和专用条形码打印机。

1. 通用打印机

通用打印机有点阵式打印机、喷墨式打印机、激光打印机等。使用通用打印机打印条形码标签一般需安装专用软件,通过生成条形码的图形进行打印。通用打印机优点是设备成本低,打印的幅面较大,用户可以利用现有设备。由于通用打印机并非为打印条形码标签专门设计的,因此用它印制条形码标签时不太方便,实时性较差。

2. 专用条形码打印机

专用条形码打印机是专为打印条形码标签而设计的,它具有打印质量好、打印速度快、打印方式灵活、使用方便、实时性强等特点,是印制条形码标签的重要设备。

1) 热敏式条形码打印机和热转印式条形码打印机

专用条形码打印机主要有热敏式条形码打印机和热转印式条形码打印机两种,俗称打码机。热敏式打印和热转印式打印是两种互为补充的技术,现在市场上绝大多数条形码打印机都兼容热敏式打印和热转印式打印两种工作方式。热敏式条形码打印机和热转印式条形码打印机的工作原理基本相似,都是通过加热方式进行打印。热敏式条形码打印机采用热敏纸进行打印,热敏纸在高温及阳光照射下易变色,用热敏式条形码打印机打印的条形码标签在保存及使用上存在一些问题,但因为设备简单、价格低,热敏式条形码打印机广泛应用于打印临时条形码标签的场合,如零售业的付货凭证、超市的结账单、证券公司的交易单等。在热敏式条形码打印机的基础上,又发展出了一种新型打印机,即热转印式条形码打印机,如 DATAMAX 4206/4308、ZEBRA 90/130/220、INTERMEC 8646-TTR 及 Soabar SPX-370 等。热转印式条形码打印机的执行部件与热敏式条形码打印机相同或相似,但它使用热敏碳带。执行打印操作时,通过对加热元件相应点的加热,使碳带上的颜色转印在普通纸上,从而形成文字或图形。热转印式条形码打印机采用热敏碳带在普通纸上打印,克服了热敏式条形码打印机的缺点,因此热转印式条形码打印机以其优良的性能逐步成为条形码现场打印领域的主导产品。

2) 热升华打印机

染料热升华技术主要用于打印连续色调的图案(如照片等)。这种技术使用一条由一定数量的色块组成的色带,每三个色块(黄、红、蓝)为一组,然后沿着整条色带重复排列;有多少组,就能打印多少证卡。

当热升华打印机开始打印时,一张空白的卡自动进入打印机并被送到包含数百个热敏元件的打印头的下面。然后,这些热敏元件将色带上的染料加热,染料蒸发并渗入卡片的表面。打印头依次将黄、红、蓝色块上的染料打印到卡上。通过改变打印头的温度(可以改变单色的色度)及三种颜色的混合(类似彩色显示器原理),热升华打印机能够产生有层次的多种色彩。

第三节　射频识别技术与设备

一、射频识别技术概述

1. 射频识别的定义

射频识别(radio frequency identification,RFID)技术是一种无线通信技术,可以通过无线电信号识别特定目标并读写相关数据,而无须识别系统与特定目标之间建立机械或者光学接触。

无线电信号通过调成无线电频率的电磁场,把数据从附着在物品的射频标签(又称电子标签)上传送出去,以自动辨识与追踪该物品。某些射频标签在识别时从识别器发出的电磁场中就可以得到能量,并不需要电池;也有射频标签本身拥有电源,并可以主动发出无线电波(调成无线电频率的电磁场)。射频标签包含了电子存储的信息,数米之内都可以识别。与条形码标签不同的是,射频标签不需要处在识别器"视线"之内,也可以嵌入被追踪物体之内。

2. RFID 系统的组成与工作原理

在具体的应用过程中,根据不同的应用目的和应用环境,RFID 系统的组成会有所不同,但从 RFID 系统工作原理的角度来看,典型的 RFID 系统主要由阅读器、射频标签、中间件和应用系统软件四个部分组成。一般把中间件和应用软件统称为应用系统。

对于无源 RFID 系统,阅读器通过耦合元件发出一定频率的射频信号,当射频标签进入阅读器工作区域时通过耦合元件从中获得能量以驱动后级芯片与阅读器进行通信。阅读器读取射频标签的自身编码等信息并解码后送至应用系统进行处理。对于有源 RFID 系统,射频标签进入阅读器工作区域后,由自身内嵌的电池为后级芯片供电以完成与阅读器间的相应通信过程。RFID 系统的工作原理如图 7-17 所示。

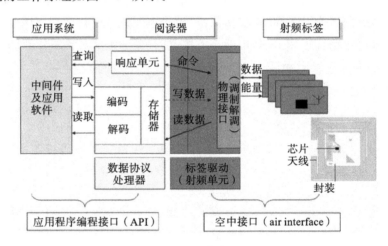

图 7-17 RFID 系统的工作原理

3. RFID 系统的特点

RFID 技术是一门易于操控、简单实用且特别适合用于自动化控制的灵活性应用技术,识别工作无须人工干预,既可支持只读工作模式,也可支持读写工作模式,且无须接触或瞄准。

RFID 系统主要有以下几个方面的优势。

(1) 读取方便快捷,数据的读取无须光源,甚至可以透过外包装来进行。有效识别距离更大,采用自带电池的主动式射频标签时,有效识别距离在 30 米以上。

(2) 可自由工作在各种恶劣环境下(短距离射频产品不怕油渍、灰尘污染等恶劣的环境,可以替代条形码跟踪物品,如用在工厂的流水线上跟踪物体;长距离射频产品多用于交通上,识别距离可达几十米,如自动收费或识别车辆身份等)。

(3) 识别速度快。射频标签一进入磁场,阅读器就可以即时读取其中的信息,而且阅读器能够同时处理多个射频标签,实现批量识别。

(4) 数据容量大。数据容量最大的二维条形码(PDF417 码)最多也只能存储 2 725 个数字,若包含字母,存储量则会更少;射频标签则可以根据用户的需要扩充到数万字节。

(5) 使用寿命长,应用范围广。由于使用无线电通信方式,所以射频标签可以应用于粉尘、油污等高污染环境和放射性环境,而且射频标签采用封闭式包装,使得其寿命大大超过印刷的条形码标签。

（6）射频标签数据可动态更改。利用编程器可以反复写入数据,从而赋予射频标签交互式便携数据文件的功能,而且写入时间相比打印条形码标签更短。

（7）更好的安全性。射频标签不仅可以嵌入或附着在不同形状、类型的产品上,而且可以对射频标签数据的读写设置密码保护,从而具有更高的安全性。

（8）动态实时通信。射频标签以与每秒50～100次的频率与阅读器进行通信,所以只要射频标签所附着的物体出现在阅读器的有效识别范围内,阅读器就可以对物体的位置进行动态的追踪和监控。

二、射频识别系统部件

1. 射频标签

1) 射频标签的构成

射频标签位于要识别的目标表面或内部。射频标签相当于条形码技术中的条形码标签,用来存储需要识别传输的信息,但与条形码标签不同的是,射频标签必须能够自动或在外力的作用下,把存储的信息发射出去。射频标签一般由调制器、控制器、编码发生器、时钟、存储器及天线等组成。

时钟把所用电路功能时序化,以使存储器中的数据在精确的时间内传输至阅读器。存储器中的数据是应用系统规定的唯一编码。射频标签安装在识别对象上,数据读出时,编码发生器对存储器中存储的数据进行编码。调制器接收由编码发生器编码的信息,并通过天线将此信息发射、反射至阅读器。数据写入由控制器控制,它将天线接收到的信息解码后写入存储器。射频标签的组成如图7-18所示。

2) 射频标签的分类

（1）根据供电方式,射频标签可分为有源射频标签和无源射频标签。

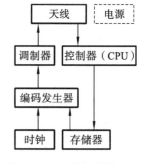

图 7-18 射频标签的组成

有源射频标签由内置的电池提供能量,不同的有源射频标签使用不同数量和形状的电池。它的优点是作用距离远,有源射频标签与阅读器之间的距离可以达到几十米甚至上百米。它的缺点是:体积大,成本高,使用时间受到电池寿命的限制(厂商理想指标为7～10年),但因有源射频标签每天使用的次数及环境不同,在实际工程中,有些有源射频标签只能用几个月,有些可以使用5年以上。

无源射频标签内不含电池,它的电能从阅读器获取。当无源射频标签靠近阅读器时,无源射频标签的天线将接收到的电磁波能量转化成电能,激活无源射频标签中的芯片,并将芯片中的数据发送出来。它的优点是:体积小、重量轻、成本低、寿命长(寿命保证10年以上),免维护,可以制作成薄片或挂扣等不同形状,应用于不同的环境。它的缺点是:由于没有内部电源,因此无源射频标签与阅读器之间的距离受到限制,通常在几十厘米以内,一般要求使用功率较大的阅读器。

（2）根据使用能量的方式,射频标签可分为主动式射频标签、被动式射频标签和半被动式射频标签。

主动式射频标签依靠自身安置的电池等能量源主动向外发送数据。

被动式射频标签从接收到的阅读器发送的电磁波中获取能量,被激活后才能向外发送数据,从而阅读器能够读取到数据信号。

半被动式射频标签自身的电池等能量源只提供给标签中的电路使用。半被动式射频标签并不主动向外发送数据信号,当接收到阅读器发送的电磁波而被激活之后,才向外发送数据信号。比起被动式射频标签,半被动式射频标签有更快的反应速度、更高的效率。

(3) 根据读写方式,射频标签可分为只读式射频标签与读写式射频标签。

只读式射频标签中的内容只可读出不可写入。只读式射频标签又可以进一步分为只读标签、一次性编程只读标签与可重复编程只读标签。

只读标签的内容在标签出厂时已经被写入,在阅读器识别过程中只能读出不能写入。只读标签内部使用的是只读存储器(ROM)。只读标签属于标签生产厂商受客户委托定制的一类标签。

一次性编程只读标签中的内容不是在出厂之前写入的,而是在使用前通过编程写入的,在阅读器识别过程中只能读出不能写入。一次性编程只读标签内部使用的是可编程只读存储器(PROM)或可编程阵列逻辑(PAL)器件。一次性编程只读标签可以通过标签编码/打印机写入商品信息。

可重复编程只读标签中的内容经过擦除后,可以重新编程写入,但是在阅读器识别过程中只能读出不能写入;可重复编程只读标签内部使用的是可擦除可编程只读存储器(EPROM)或通用阵列逻辑(GAL)器。

读写式射频标签中的内容在识别过程中可以被阅读器读出,也可以被阅读器写入。读写式射频标签内部使用的是随机存取存储器(RAM)或电可擦除可编程只读存储器(EEROM)。有些读写式射频标签有 2 个或 2 个以上的内存块,阅读器可以分别对不同的内存块编程写入内容。

(4) 根据工作频率不同,射频标签可分为低频射频标签、高频射频标签、超高频射频标签和微波射频标签。

由于射频标签工作频率的选取会直接影响芯片设计、天线设计、工作模式选取、作用距离、阅读器安装要求,因此了解不同工作频率下射频标签的特点,对设计 RFID 系统是十分重要的。

低频射频标签的工作频率范围为 30~300 kHz。低频射频标签典型的工作频率为 125 kHz 和 133 kHz。低频射频标签一般为无源射频标签,通过电感耦合方式,从低频射频标签阅读器耦合线圈的辐射近场中获得工作能量,读写距离一般小于 1 m。低频射频标签芯片造价低,适用于近距离、低传输速率、数据量较小的场合,如动物识别标签、门禁、考勤、电子计费、电子钱包、停车场收费管理等。低频射频标签工作频率较低,可以穿透水、有机组织,可以做成耳钉式、项圈式、药丸式或注射式,适用于牛、猪、信鸽等动物的标识。

高频射频标签的工作频率一般为 3~30 MHz。高频射频标签常见的工作频率为 13.56 MHz,工作原理与低频射频标签基本相同,高频射频标签一般也是无源射频标签。高频射频标签的工作能量通过电感耦合方式,从阅读器耦合线圈的辐射近场中获得,读写距离一般小于 1 m。高频射频标签可以方便地做成卡式结构,典型的应用有电子身份识别、电子车票,以及校园卡和门禁系统的身份识别卡。我国第二代身份证内就嵌有符合 ISO/IEC 14443B 标准的 13.56 MHz 的高频射频标签。

超高频射频标签的工作频率一般为 300~1 000 MHz,超高频射频标签典型的工作频率为 860 MHz~928 MHz。超高频射频标签的典型应用包括集装箱运输管理、铁路包裹管理、仓储物流管理、移动车辆识别等。

微波射频标签的工作频率一般为 1~10 GHz。微波射频标签常用的工作频率为 2.45 GHz 和 5.8 GHz。微波射频标签一般用于远距离识别与对快速移动物体的识别,如近距离通信与工业控制领域、物流领域、铁路运输识别与管理,以及高速公路的不停车电子收费(ETC)系统等。

(5) 根据封装类型样式不同,射频标签可分为贴纸式射频标签、塑料射频标签、玻璃射频标签、抗金属射频标签。

贴纸式射频标签一般由面层、芯片与天线电路层、胶层、底层组成。贴纸式射频标签价格便宜,具有可粘贴功能,能够直接粘贴在被标识的物体上,面层往往可以打印文字。贴纸式射频标签通常被应用于工厂包装箱标签、资产标签、服装和物品的吊牌等。

塑料射频标签是指采用特定的工艺与塑料基材(ABS、PVC 等),将芯片与天线封装成不同外形而形成的射频标签。射频标签的塑料可以采用不同的颜色,封装材料一般都能够耐高温。

玻璃射频标签是指将芯片与天线封装在不同形状的玻璃容器内,形成玻璃封装的射频标签。玻璃射频标签可以植入动物体内,用于动物的识别与跟踪以及珍贵鱼类、狗、猫等宠物的管理,也可用于枪械、头盔、酒瓶、模具、珠宝和钥匙链的标识。

抗金属射频标签是在射频标签的基础上加一层抗金属材料而形成的。这层材料可以避免标签贴在金属物体上面之后失效的情况发生。抗金属射频标签就是一种用特殊的防磁性吸波材料封装成的射频标签,从技术上解决了射频标签不能附着于金属表面使用的难题,产品可防水、防酸、防碱、防碰撞,可在户外使用。

2. 阅读器

1) 阅读器的构成

阅读器是利用射频识别技术读取射频标签信息,或将信息写入射频标签的设备。阅读器读出的射频标签信息通过计算机及网络系统进行管理和传输。阅读器可以是单独的个体,也可以嵌入其他系统之中。

阅读器的基本构成可分为硬件和软件两个部分。

(1) 硬件部分。阅读器一般由天线、射频模块、读写模块组成,如图 7-19 所示。

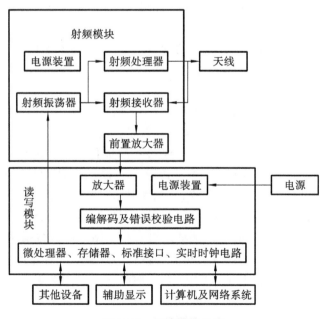

图 7-19 阅读器的组成

①天线是发射和接收射频载波信号的设备。在确定的工作频率和带宽条件下,天线发射由射频模块产生的射频载波信号,接收从标签发射、反射回来的射频载波信号。

②射频模块由射频振荡器、射频处理器、射频接收器及前置放大器等组成。射频模块可发射和接收射频载波信号。射频载波信号由射频振荡器产生并被射频处理器放大。该射频载波信号通过天线发射。射频模块将天线接收的从标签发射、反射回来的射频载波信号调解后传给读写模块。

③读写模块一般由放大器、编解码及错误校验电路、微处理器、实时时钟电路、存储器、标准接口及电源装置组成。它不仅可以接收射频模块传输的信号,将其解码后获得射频标签内的信息;而且可以将要写入射频标签的信息编码后传输给射频模块,完成写射频标签操作;还可以通过标准接口将射频标签中的内容和其他信息传给计算机。

(2)软件部分。阅读器中的软件部分都是生产厂家在产品出厂时固化在读写模块中的,主要集中在智能单元中。按功能划分,阅读器主要包括以下三类软件。

①控制软件。控制软件负责系统的控制与通信、控制天线发射的开启,负责控制阅读器的工作方式,负责与应用系统之间的数据传输和命令交换等。

②启动程序。启动程序主要负责系统启动时将相应的程序导入指定的存储器空间,然后执行导入的程序。

③解码组件。解码组件负责将指令系统翻译成阅读器硬件可以识别的命令,进而实现对阅读器的控制操作;将回送的电磁波模拟信号解码成数字电信号,进行数据解码、防碰撞处理等工作。

2)阅读器的设计与制造

阅读器的任务是控制射频模块向射频标签发射读取信号,并接收射频标签的响应,对射频标签的对象标识信息进行解码,将对象标识信息连同射频标签上的其他相关信息传输到主机以供处理。根据应用不同,阅读器可以是手持式或固定式。阅读器在 RFID 系统中起到举足轻重的作用,阅读器的频率决定了 RFID 系统的工作频段,功率直接影响射频识别的距离。

阅读器可以简化为控制系统以及由接收器和发送器组成的射频模块两个基本的功能块。控制系统通常采用 ASIC 组件和微处理器来实现其功能。控制系统的主要功能为:与应用系统软件进行通信,并执行由应用系统软件发来的动作指令;控制与射频标签的通信过程;信号的编码与解码;执行防碰撞算法;对阅读器和射频标签之间传送的数据进行加密和解密;进行阅读器和射频标签之间的身份验证。

射频模块的主要功能为:产生高频发射能量,激活射频标签并为其提供能量;对发射信号进行调制,将数据传输给射频标签;接收并解调来自射频标签的射频信号。

在极低能量供给的工作条件下,协议级和电路级的优化都已接近极限,因而进一步的优化应该把这两者联系起来,结合电路实现来考察协议的功耗。在 RFID 系统中,射频标签所获得的能量微弱,它无力再向周围发射无线电波,只能反射来自阅读器的电磁波(辐射波);不同射频标签对来自阅读器的电磁波的反射具有相同的频谱特征,阅读器不能区分;射频标签的电路设计不能太复杂,射频标签和射频标签之间无法通过互相联络来协调数据回送(反射)过程。这样碰撞问题的解决只能依靠阅读器利用发射出去的数据来控制射频标签的响应,并分析来自射频标签的响应,通过反复询问、调整控制,最终使某一时刻只有一个射频标签响应阅读器,并且每一个射频标签都有响应机会。解决碰撞问题有以下几种方法:空分多路法,即使不同的射频标签分别进入阅读器的有效工作空间;频分多路法,即使不同的射频标签分别工作在不同的频点上;时分多路法,即使不同的射频标签分别占有不同的通信时间。

3. 天线

天线是射频标签与阅读器之间传输数据的发射、接收装置。任何一个 RFID 系统至少应包含一根天线（不管是内置还是外置）以发射和接收射频载波信号。有些 RFID 系统是由一根天线来同时完成发射和接收的，有些 RFID 系统是由一根天线来完成发射、由另一根天线来完成接收的。

(1) 射频标签天线。射频标签天线连接在芯片上，天线的几何形状决定了射频标签的工作频率。天线有两种使用方式。第一种方式是贴有射频标签的物品被放在仓库中，通过便携装置（可以是手持式设备）查询所有物品，并且需要射频标签给予反馈信息。第二种方式是在仓库的门口安装阅读器，查询并记录进出物品。

(2) 阅读器天线。任何一种阅读器均需要通过天线来发射能量，形成电磁场，通过电磁场来对射频标签进行识别。阅读器天线所形成的磁场范围就是 RFID 系统的工作区域。

第四节 全球定位系统技术与设备

一、全球定位系统概述

1. 全球定位系统的概念

全球定位系统（global positioning system，GPS）是利用卫星星座、地面监控部分和信号接收机对对象进行动态定位的系统。它是美国 1973 年 11 月开始研制的第二代星基被动式无线电导航系统，是美国继阿波罗号飞船和航天飞机之后的第三大航天工程。它由 24 颗高度为 2 万公里的卫星形成空间部分——卫星星座，其中 21 颗作为工作卫星，3 颗作为备用卫星，此外还包括设在美国本土的地面监控部分和采用伪随机码测距技术的信号接收机。GPS 能对静态和动态的对象进行动态空间信息的获取，反馈空间信息速度快、精度均匀，不受天气和时间的限制，使在地球上任何地方的 GPS 用户都能了解他们所处的方位（三维空间位置）。

物流 GPS 定位系统是指确定物流作业的施行对象（载货汽车、吊车等）具体位置的一种定位系统。GPS 技术已被应用于汽车，为驾驶员创造了一位绝佳的助手——汽车导航仪。当然单纯利用 GPS 测定位置误差太大，为了实现为汽车导航的目的，研究人员利用 FM 频道收发器首先接收卫星发来的电波，对其进行误差修正后再发送给汽车上的接收器，经过误差修正后的信息称为 D-GPS，它使测定误差降至原来的 1/10，精度控制在 10 m 之内。可以说 GPS 技术是实现汽车导航的重要技术之一。

2. 全球定位系统的构成

GPS 是依靠卫星导航来对地面目标进行定位与跟踪的一种系统。GPS 主要应用在导航系统、城市交通疏导系统、车辆监控系统、固定点的定位测量和人员救生系统等方面。GPS 由空间卫星系统（空间部分）、地面监控系统（控制部分）、用户接收系统（用户部分）三大子系统构成，如图 7-20 所示。

(1) 空间卫星系统。空间卫星系统由均与分布在 6 个轨道平面上的 24 颗（其中 3 颗为备用）高轨道卫星构成，轨道高度为 2 万公里，每颗卫星都配有精度极高的原子钟，各轨道平面相对于赤道平面的倾角角度为 55°，轨道平面之间的交角为 60°，在每一轨道平面内各卫星之间的交角为 90°。GPS 空间卫星的这种分布方式，可以保证在地球上的任何地点都能连续同步地观

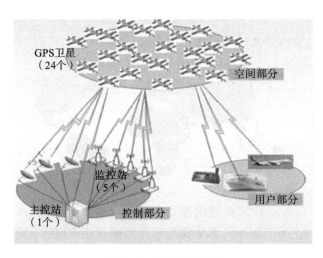

图 7-20　GPS 的构成

测到至少 4 颗卫星，从而提供全球范围从地面到 2 万公里高空之间任一载体高精度的三维位置、三维速度和系统时间信息。

（2）地面监控系统。地面监控系统由均匀分布在美国本土和三大洋的美军基地上的 1 个主控站、5 个监控站和 3 个数据注入站构成。地面监控系统的功能是对空间卫星系统进行监测、控制，并向每颗卫星注入更新的导航电文。主控站是整个 GPS 的核心，它的功能是为全系统提供时间基准，监视、控制卫星的轨道，处理监控站送来的各种数据；编制各卫星星历，计算和修正时钟误差及电离层对电波传播造成的偏差，在卫星失效时及时调用备用卫星等。监控站负责对诸多卫星进行连续跟踪和监视，测量每颗卫星的位置和距离差，采集气象数据，并将观测数据传输给主控站进行处理。5 个监控站均为无人值守的数据采集中心。

（3）用户接收系统。用户部分主要是 GPS 接收机。用户接收系统的主要功能是：捕获按一定卫星截止角所选择的待测卫星，并跟踪这些卫星的运行。当 GPS 接收机捕获跟踪的卫星信号后，即可测量出接收天线至卫星的伪距离和距离的变化率，解调出卫星轨道参数等数据。根据这些数据，GPS 接收机中的微处理器就可按定位解算方法进行定位计算，计算出用户所在地理位置的经纬度、高度和速度、时间等信息。接收机的硬件和软件以及 GPS 数据的后处理软件包构成完整的 GPS 用户设备。GPS 接收机的结构分为天线单元和接收单元两个部分。GPS 接收机一般采用机内和机外两种直流电源。设置机内直流电源的目的是在更换机外直流电源时不中断连续观测。在使用机外直流电源时，机内直流电池自动充电。关机后，机内直流电源为 RAM 存储器供电，以防止数据丢失。目前各种类型的 GPS 接收机体积越来越小，重量越来越轻，便于野外观测使用。

3. GPS 的定位原理

GPS 的定位简单地说，是利用几何与物理的基本原理。首先假设卫星的位置已知，而又能准确测定某地点 A 到卫星之间的距离，那么 A 一定是位于以卫星为中心、以所测得距离为半径的圆球上。进一步，测得 A 点与另一卫星的距离，则 A 点一定处在前后 2 个圆球相交的圆环上。另外，还可以测得与第三颗卫星的距离，通过 3 个定位球面可以确定 A 点在地球上的空间位置（二维数据，包括经度和纬度）。如果要定位空中位置（三维数据，包括经度、纬度和高度，如飞机），可通过第四颗卫星实现。所以，只要知道卫星的准确位置和准确测定卫星至地球上被测地点的距离，GPS 就可以实现精确定位。

4. GPS 的定位方式

(1) 根据定位时 GPS 接收机的运动状态分类，GPS 的定位方式可分为静态定位方式和动态定位方式。

①静态定位方式。GPS 接收机在定位过程中位置固定不变，GPS 接收机高精度地测量 GPS 信号的传播时间，利用 GPS 卫星在轨道上的位置已知，算出本机天线所在位置的三维坐标。

②动态定位方式。GPS 接收机在定位过程中位置是变化的，GPS 接收机所位于的运动物体叫作载体（如航行中的船舰、飞行的飞机、行走的车辆等）。载体上的 GPS 接收机天线在跟踪 GPS 卫星的过程中相对地球而运动，并实时地测得载体的状态参数（瞬间三维位置和三维速度）。

(2) 根据定位模式分类，GPS 的定位方式分为绝对定位方式和相对定位方式。

①绝对定位（单点定位）方式。绝对定位方式是指直接确定观测站相对于坐标系原点（地球质心）绝对坐标的一种定位方式。绝对定位方式的特点是作业方式简单，可以单机作业，一般用于导航和精确度要求不高的场合。

②相对定位（差分定位）方式。相对定位方式是指在两个或若干个观测站上设置 GPS 接收机，同步跟踪观测相同的 GPS 卫星，从而测算出它们之间的相对位置的一种定位方式。相对定位方式可以有效地消除或减弱卫星钟的误差、卫星星历误差、卫星信号在大气中的传播延误等，从而获得很高的相对定位精度。相对定位方式广泛用于高精度大地控制网、精密工程、地球动力学、地震监测网和导弹外弹道等方面的测量。

二、GPS 接收机

GPS 接收机能接收到可用于授时的准确至纳米级的时间信息，可用于预报未来几个月内卫星所处概略位置的星历，可用于计算定位时所需卫星坐标的广播星历（精度为几米至几十米），还可接收卫星状况等 GPS 系统信息。

1. GPS 接收机的分类

(1) 按用途划分，GPS 接收机可分为导航接收机、测地接收机和授时接收机。导航接收机主要用于载体的导航。它可以实时给出载体的位置和速度，单点实时定位精度较低。导航接收机价格便宜，应用广泛。根据应用领域的不同，导航接收机还可以进一步分为以下几种。

①车载型：用于车辆导航定位。

②航海型：用于船舶导航定位。

③航空型：用于飞机导航定位。由于飞机运行速度快，因此在航空上用的导航接收机应能适应高速运动。

④星载型：用于卫星的导航定位。由于卫星的速度在 7 km/s 以上，因此对在卫星上用的导航接收机的要求更高。

测地接收机用于精密大地测量和精密工程测量，定位精度高，仪器结构复杂，价格较贵。

授时接收机利用 GPS 卫星提供的高精度时间标准进行授时，常用于天文台及无线电通信中的时间同步。

(2) 按载波频率划分，GPS 接收机可分为单频接收机和双频接收机。

①单频接收机只能接收一种载波信号，通过测定载波相位观测值进行定位。由于不能有效消除电离层延迟影响，单频接收机只适用于短距离（<15 km）的精密定位。

②双频接收机可以同时接收两种载波信号，利用双频对电离层延迟的不一样，可以消除电

离层对电磁波信号延迟的影响,因此双频接收机可用于长达几千公里的精密定位。

(3) 按通道数划分,GPS 接收机可分为多通道接收机和序贯通道接收机。

GPS 接收机能同时接收多颗 GPS 卫星的信号。为了分离接收到的不同卫星的信号,以实现对卫星信号的跟踪、处理和测量,必须设置不同种类的接收通道。

2. GPS 接收机常用性能指标

在选用 GPS 时,通常要考虑 GPS 接收机常用的以下性能指标。

(1) 并行通道数。大多数 GPS 接收机可以同时追踪 8~12 颗卫星(同一地点最多可能有 12 颗卫星是可见的,平均值是 8 颗),市面上的 GPS 接收机大多数为 12 通道接收机,这允许它们连续追踪每一颗卫星的信息,12 通道接收机的优点包括可快速冷启动和初始化卫星的信息,而且在森林中可以有更好的接收效果。一般 12 通道接收机不需要外置天线,除非是在封闭的空间中,如船舱、车厢中。

(2) 启动时间。启动时间是指当 GPS 接收机关闭一段时间后,重启动以确定现在位置所需的时间。对于 12 通道接收机,如果是在最后一次定位位置附近,冷启动时的定位时间一般为 3~5 min,热启动时的定位时间为 15~30 s;而对于 2 通道接收机,冷启动时的定位时间大多超过 15 min,热启动时的定位时间为 2~5 min。

(3) 定位精度。大多数 GPS 接收机的水平位置定位精度为 5~10 m,但这只是在 SA (selective availability)(指美国政府出于对自身安全的考虑,对民用码进行的一种选择可用性的干扰)没有开启的情况下。

(4) DGPS 功能。许多 GPS 设备提供商在一些地区设置了 DGPS 发送机(能够为用户机减小定位误差的设备),供它的客户免费使用。目前,一般客户所购买的 GPS 接收机都具有 DGPS 功能。如果能接收到 DGPS 发送机的信号,就可以实现 DGPS 功能了,这可大大地提高定位的精度。

(5) 信号干扰。要得到一个很好的定位,GPS 接收机需要至少有 3 颗卫星是可见的。如果在峡谷中、两边均高楼林立的街道上或茂密的丛林里,GPS 接收机就难以与足够的卫星联系,从而导致 GPS 无法定位或只能得到二维坐标。同样,对于在一个建筑里面,有可能无法更新位置的情况,一些 GPS 接收机有单独的天线可以贴在挡风玻璃上,或者将外置天线放在车顶上,这有助于 GPS 接收机得到更多的卫星信号。

(6) 其他物理指标。其他物理指标包括大小、质量、显示画面、防水性能、防震性能、防尘性能、耐高温性能、耐电性能等。

3. 常用的 GPS 接收机

目前民用 GPS 接收机中,测量型产品精度可达到米级甚至毫米级,但内部结构复杂,单机成本高昂,适用于专业高精度测量环境;而导航型产品由于使用者对精度要求不高(一般为几十厘米),所以外观形式多样,具有小而轻、携带方便等特点。不同类型的 GPS 接收机如图 7-21 所示。

(1) 手持式 GPS 接收机。手持式 GPS 接收机体积小巧,价格便宜,使用面广,与个人用户关系密切,用 2 节五号电池就能工作很长时间,定位精度可达 10 m。手持式 GPS 接收机可独立工作,能提供精确的 GPS 全球卫星定位,具有道路、建筑物、景点查询,最佳路线智能规划,导航信息显示等功能。

(2) GPS 导航手机。与手持式 GPS 接收机不同,它是 GSM 手机与 GPS 接收机的结合体。它融合了通信领域的高科技,除具有一般手机的功能外,还具有先进的 GPS 系统功能。GPS 导航手机内置的电子地图可以为用户提供导航功能。

(a)手持GPS接收机　　(b)GPS导航手机　　(c)直接带屏幕地图显示的GPS接收机

图 7-21　不同类型的 GPS 接收机

（3）直接带屏幕地图显示的 GPS 接收机。直接带屏幕地图显示的 GPS 接收机直接安装在运载工具内，如汽车驾驶室内。该类接收机内置覆盖面广泛的导航电子地图，具有多种目的地输入方法，具有详尽的交通道路信息，具有全程语音提示、安全模式地图显示、地图升级等功能。

第五节　地理信息系统技术与设备

一、地理信息系统概述

1. 地理信息系统的概念

地理信息系统（geographical information system, GIS）是以地理数据库为基础，在计算机软硬件的支持下，对空间相关数据（空间信息和属性信息）进行采集、管理、操作、分析、模拟和显示，并采用地理模型分析方法，实时提供多种空间和动态的地理信息，为地理研究和地理决策服务建立起来的计算机技术系统。地理信息系统属于计算机软件的范畴。地理信息系统用途广泛，涉及国民经济的许多领域，如交通、能源、农林、水利、测绘、地矿、环境、航空、国土资源综合利用等。

地理信息系统处理、管理的对象是多种地理空间实体数据及其关系，包括空间定位数据、图形数据、遥感图像数据、属性数据等。地理信息系统用于分析和处理在一定地理区域内分布的各种现象和过程，解决复杂的规划、决策和管理问题。地理信息系统的应用范围不仅涉及国民经济的许多领域，如交通、能源、农林、水利、测绘、地矿、环境、航空、国土资源综合利用等，而且与国防安全密切相关。

2. 地理信息系统的分类

（1）按功能，地理信息系统可分为工具型地理信息系统和应用型地理信息系统两种。工具型地理信息系统常称为地理信息系统工具、地理信息系统开发平台、地理信息系统外壳、地理信息系统基础软件等。它没有具体的应用目标，通常为一组具有地理信息系统功能的软件包。工具型地理信息系统是地理信息系统研究和开发的核心内容，是一组具有图形图像数字化、数据管理、查询检索、分析运算和制图输出等地理信息系统基本功能的软件包，通常能适应不同的硬件条件，软件的功能强、性能稳定。应用型地理信息系统具有具体的应用目标、一定的规模、特定的服务对象、特定的数据。应用型地理信息系统是在工具型地理信息系统的支持下建立起来的。

（2）按研究对象的性质和内容，地理信息系统可分为全国性的综合地理信息系统、区域性的地理信息系统、专题性的地理信息系统。全国性的综合地理信息系统是以一个国家为研究和分析对象的地理信息系统,按全国统一标准存储包括自然地理和社会经济等要素的全面信息,为全国提供咨询服务。区域性的地理信息系统是以某个地区为研究和分析对象的地理信息系统。专题性的地理信息系统是以某个专业、问题或对象为主要内容的地理信息系统,也是应用最多、最普遍的地理信息系统。

(3) 按数据结构,地理信息系统可分为矢量型地理信息系统、栅格型地理信息系统和混合型地理信息系统。当空间数据由矢量数据结构表示,即用坐标精确地表示点、线、面等地理实体时,这种地理信息系统称为矢量型地理信息系统。当空间数据由栅格数据结构表示,即以规则的像元阵列来表示空间地物或现象的分布时,这种地理信息系统称为栅格型地理信息系统。混合型地理信息系统是指矢量、栅格数据结构并存的地理信息系统。

二、地理信息系统的功能与构成

1. 地理信息系统的功能

地理信息系统的基本功能是:将表格类数据(无论它来自数据库、电子表格文件,还是直接在程序中输入)转换为地理图形显示出来,使显示的结果可浏览、操作和分析。地理信息系统的显示范围可以大到全世界,小到非常详细的街区,显示对象包括人口、销售情况、运输路线以及其他内容。地理信息系统的基本功能具体如下。

(1) 空间信息的查询和分析功能。空间信息的查询和分析功能是地理信息系统的基本功能。地理信息系统不仅能提供静态的查询和检索,而且可以进行动态的分析,包括拓扑空间查询、缓冲区分析、叠置分析、空间集合分析、地学分析、数字高程模型建立、地形分析等。

(2) 数据的存储和管理功能。地理数据库管理系统是进行数据存储和管理的高新技术,包括数据库定义、数据库的建立与维护、数据库操作、通信功能等。

(3) 可视化功能。地理信息系统通过对跨地域的资源数据进行处理、分析,揭示其中隐含的模式,发现其内在的规律和发展趋势,而这些在统计资料和图表中并不能很直观地表达出来。地理信息系统把空间和信息结合起来,实现了数据的可视化。对于许多类型的地理信息,最好是以地图或图形的方式显示出来。地理信息系统将数据进行集成并以三维动画、图像的形式输出,使用户能在短时间内对资源数据有一个直观的、全面的了解。

(4) 制图功能。制图功能是地理信息系统最重要的一种功能。对多数用户来说,制图功能也是用得最多的一个功能。地理信息系统的制图功能包括专题地图制作。地理信息系统可以在地图上显示出地理要素,并赋予数值范围,同时可以放大和缩小地图,以表明不同的细节层次。根据地理信息系统的数据结构及绘图仪的类型,用户可获得矢量地图或栅格地图。地理信息系统不仅可以为用户输出全要素地图;而且可以根据用户需要分层输出各种专题地图,如行政区划图、土壤利用图、道路交通图、等高程图等;还可以通过空间分析得到一些特殊的地学分析用图,如坡度图、坡向图、剖面图等。

(5) 辅助决策功能。地理信息系统技术已经被用于辅助完成一些任务,可以用来帮助人们在低风险、低犯罪率的地区及距离人口聚集地近的地区进行新房选址。所有的这些数据都可以以地图的形式简洁而清晰地显示出来,或者出现在相关的报告中,使决策的制定者不必浪费精力来分析和理解数据。

2. 地理信息系统的构成

一个典型的地理信息系统包括四个基本部分,即计算机系统(硬件、软件)、地理数据库系统、工作人员和用户。

(1) 计算机系统。计算机系统可分为硬件系统、软件系统。地理信息系统的计算机硬件系统由输入设备、存储设备、输出设备、计算机以及服务器等组成。计算机通过局域网向服务器发出数据查询、数据分析以及控制输出设备的请求,服务器则响应请求、提供服务。一般的地理信息系统计算机软件系统包括操作系统软件、数据输入软件、数据查询和分析软件、图像处理软件、网络管理软件和信息输出软件。

(2) 地理数据库系统。地理数据库系统由地理数据库和地理数据库管理系统组成。地理数据库管理系统主要用于数据维护、操作和查询检索。地理数据库是地理信息系统应用项目重要的资源与基础,它的建立和维护是一项非常复杂的工作,涉及许多步骤,需要技术和经验,需要投入大量的人力与开发资金,是推动地理信息系统应用项目的技术瓶颈之一。

(3) 工作人员。任何先进技术的引进和开发应用,都必须拥有掌握该技术的人才。地理信息系统的工作人员通常可分为业务操作人员、软件技术人员、科研人员、管理人员等。

(4) 用户。地理信息系统含有大量的地理位置等综合信息,这些信息可以广泛地应用于资源开发、环境保护、城市规划建设、土地管理、农作物调查、交通、能源、通信等方面,因此地理信息系统用户很多。

3. 地理信息系统的工作流程

一般来说,地理信息系统的工作流程包括以下五个环节。

(1) 数据采集与输入。建设地理信息系统的首要工作是建立地理数据库,而建立地理数据库的第一步是确定其数据源并获取数据。地理信息系统的数据源是多种多样的,从总体上可分为空间数据和属性数据两大类。空间数据也称为几何图形与图像数据,它包括现在的和历史的地形图、专题图及遥感影像等。其中,地形图是空间数据最重要的数据源。属性数据也称为文档与表格数据,它包括所有与地理要素有关的特征信息,如某个街区的面积、人口、绿化率及配套设施等。

在收集好各种数据资料之后,还必须对这些数据资料进行分类和标准化。分类就是将数据按客观的特征进行归纳、分层和分级,以便今后系统对这些数据进行扩充、更新和维护。标准化就是确定数据的统一格式和编码,这有利于保障数据的正确性及对数据进行检索与分析。在完成数据资料的收集,并经过分类和标准化处理以后,可将数据输入计算机中。

数据的输入主要包括图形数据输入(如管网图的输入)、栅格数据输入(如遥感影像的输入)、测量数据输入(如 GPS 数据的输入)和属性数据输入(如数字和文字的输入)。

(2) 数据编辑与处理。地理信息系统中的数据多种多样,同一种类型数据的质量也可能有很大的差异。为了保证系统数据的规范和统一,建立满足用户需求的数据文件,现代的地理信息系统技术提供了许多工具来编辑和处理系统数据。数据处理的任务和操作内容有数据变换、数据重构和数据抽取。

(3) 数据存储与管理。数据存储,即将数据以某种格式记录在计算机内部或外部存储介质中。属性数据一般直接利用商用关系数据库软件(如 Oracle、SQL Server 等)进行管理。但是当数据量很大而且有多个用户同时使用数据时,最好使用一个数据库管理系统(DBMS)来帮助存储、组织和管理空间数据。

(4) 空间统计与分析。空间统计与分析是地理信息系统的核心,是地理信息系统最重要和最具有魅力的功能。它以地理事物的空间位置和形态特征为基础,以空间数据与属性数据的综合运算(如数据格式转换、矢量叠合、栅格数据叠加、算术运算、关系运算、逻辑运算)为特征,提取与产生空间信息。

(5) 数据显示与输出。地理数据经过运算处理、统计与分析后,结果就被显示在屏幕上。当操作人员对该结果感到满意之后,就可形成产品输出。地理信息系统的产品输出设备主要有显示器、绘图仪和打印机。地理信息系统的产品输出形式有矢量图、栅格图、统计图表等。矢量图按图的内容可分为地形图、专题图和剖面图等，按地理实体的空间形态可分为点状符号图、线状符号图、面状符号图、三维立体图和渲染图等。栅格图的输出不采用符号化的方法，它利用人的直观视觉变量（如灰度、颜色、模式）来表示各空间位置的实体的特征，其方法是：将空间范围划分为规则的制图单元，并把制图单元作为像元来输出栅格图。统计图表通常用来输出属性数据，常用的输出形式有柱状图、饼图、折线图和散点图等。此外，统计报表是使用得较多的输出形式，它将数据直接表示在表格中输出。

复习思考题

1. 简述条形码技术的特点。
2. 一维条形码的种类有哪些？
3. 条形码识读器有哪些？
4. 简述射频识别技术的定义。
5. 射频识别系统包括哪些设备？
6. 简述全球定位系统的构成。
7. 简述地理信息系统的概念。
8. 典型的地理信息系统包括哪些基本部分？

第八章
集装单元化存储机械设备

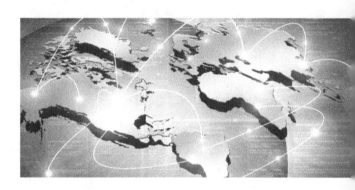

WULIU
JIXIE
SHEBEI

第一节　集装单元化概述

在生产、流通和消费领域中，存在多种类型的产品。有些产品如小件杂散货物，很难像机床、冰箱等产品那样进行单件处理，由于杂散，且个体体积小、重量轻，所以总是需要进行一定程度的组合，才有利于销售和流通，有利于物流功能运作，有利于使用。同时，随着生产技术和各种交通工具、交通设施、交通网络的不断发展，以及流通市场范围的不断扩大，各类大批量物品要进行长距离输送，因此促进了集装单元化技术的发展。目前，世界各国大都采用了集装技术和集装单元化技术进行物流功能活动。

产品集装化是一种新型的包装操作模式，也是运输现代化的重要组成部分，是集装运输的基础。产品集装化的出现，使产品生产的流水线一直延伸到集合包装的组成，集合运输的条件、装卸和储存保养等各方面，使产品运输方式发生了根本性的改变，大大缩短了物流的时间，提高物流的效率。

1. 集装单元化的定义

为了提高装卸、搬运、储存、运输等物流活动的效率，通过一定的技术措施（如利用器具或通过捆扎等），使货物形成集装状态，即将许多单件物品组合成尺寸规格相同、重量相近的大型标准化的组合体的过程或方法称为集装单元化。集装单元化是集零为整的方式。每一个标准化的组合体就是一个单元货件，或称为集装单元。将零散货物集中成一个单元称为集装，由此形成的货载称为单元组合货载或集装货载。

集装单元化用集装单元器具或采用捆扎方法，把物品组成标准规格的单元货件，以加快装卸、搬运、储存、运输等物流活动。有时，也把货物的大型标准化组合状态称为集装（状态）。用于集装货物的工具称为集装单元器具。

集装单元化必须具备两个条件，一是能使零散货物集装成为一个完整、统一的重量或体积单元，二是具有便于机械装卸搬运的结构。

集装单元化的实质就是要形成集装单元化系统。集装单元化系统是由货物单元、集装单元器具、装卸搬运设备和输送设备等组成的高效、快速地进行物流服务的人工系统。

2. 集装单元化的原则

为了充分发扬货物集装单元化的优越性，以降低物流费用，提高社会的经济效益，在实现集装单元化时，必须遵循下列基本原则。

（1）系统化原则。集装单元化技术的内容甚广，它不仅包括集装单元器具，还包括与之有关的配套设施及其管理等。同时货物的集装单元化从工厂生产开始，一直到流通消费，贯穿整个物流活动。因此，集装单元化技术中的每一个问题都必须置于物流系统中来考虑，否则就难以实施或难以获得成效。

（2）通用化、配套化原则。集装单元化技术涉及网络系统各环节，必须有系统观念，合理解决物流系统各环节间"二律背反"问题，从全局考虑以求得系统整体的最佳效益和成本的最佳效益。集装单元化的原则应在物流的全过程贯彻落实，集装单元器具应流通到物流的各个部门，因此它必须适应各个环节的工艺和设备，在各个环节之间通用。

（3）集装单元器具标准化原则。为了达到通用化的目的，集装单元器具必须有统一的标准。标准化涉及尺寸、规格、外形、重量、强度,以至标志、操作规范、管理办法等。国际上有国际标准化组织标准,我国有国家标准,一个企业也可以有企业标准。集装单元器具标准化是集装单元的基础,能最大限度地减少重复搬运次数,提高运输效率。集装单元器具标准化的内容主要有集装术语的使用和标志方法,集装单元器具的形式和重量,强度、刚度和耐久性实验方法等。集装单元器具标准化有利于增强集装单元器具的使用性能、节约材料,而且集装单元器具的材质、性能的标准化便于大量生产集装单元器具,有利于维修、管理、更换集装单元器具和保证其通用性。集装单元器具标准化是物流系统中各相关设备标准规格制定的依据,是物流合理化的核心问题之一。

(4) 集散化、一贯化、直达化、装满化原则。集装单元一旦形成,不宜随便分拆,应该尽可能保持原状送达最终用户。

(5) 综合效益最大化原则。在推广应用集装单元化技术的过程中必须注意集装箱和托盘等集装单元器具的合理流向及回程货物的合理组织。只有尽可能地实现集装单元器具的循环使用,合理组织集装箱和托盘等集装单元器具的回流与回收,才能充分发挥集装单元化的优势,给物流系统带来巨大的综合效益。

3. 集装单元化的集装方式和特点

集装单元化有若干种类型,通常使用的集装方式主要有以下几种。

(1) 集装箱类。它由大型容器发展成为集装箱,集装箱配置半挂车又演变成配置大型的台车。集装箱是当前集装单元发展的最高阶段。

(2) 托盘类。它以平托盘为主体,从平托盘发展到柱式托盘、箱式托盘、轮式托盘和专用托盘等。它是集装单元化的两大支柱之一。

(3) 集装捆扎类。它是用绳索、钢丝或打包铁皮把小件的货物扎成一捆或一叠。这是一种简单的集装方式。

(4) 集装容器类。集装容器包括柔性集装袋、集装网络、罐体集装箱等。

(5) 台车类。托盘或容器必须借助特殊的设备(如叉车、吊车)才能装卸搬运。在托盘或容器下面安装轮子,形成台车或笼车,可以实现人力推动搬运,提高了单元货物的活性指数。

4. 集装单元化的特点

货物集装单元化之所以迅速发展,是因为它在物流过程中具有以下突出的优点。

(1) 通过标准化、通用化、配套化和系统化来实现物流作业的机械化、自动化。

(2) 物品移动简单,可减少重复搬运次数,缩短作业时间,提高效率,提高装卸机械的机动性。

(3) 可改善劳动条件,降低劳动强度,提高劳动生产率和物流载体利用率。

(4) 物流各功能环节易于衔接,容易进行物品的数量检验,清点交接简便,可减少差错。

(5) 货物包装简单,可节省包装费用,降低物流作业成本。

(6) 容易高堆积,可减小物品堆码存放的占地面积,充分灵活地运用空间。

(7) 能有效地保护物品,防止物品的破损、污损和丢失。

此外,集装单元化也存在缺点,如作业有间歇;需要宽阔的道路和良好的路面;托盘和集装箱的管理烦琐,设备费一般较高;由于托盘和集装箱自身的体积及重量的原因,物品的有效装载减少。不过,这些缺点与其优点相比是次要的,只要从实际情况出发,采取一些积极措施,这些缺点是不难克服的。

第二节 集装箱

一、集装箱概述

1. 集装箱的定义

集装箱,英文名为 container 或 box,原义是一种专供使用并便于机械操作和运输的大型货物容器。因外形像一个箱子,又可以集装成组进行运输,故称为集装箱。集装箱在我国香港称为货箱,在我国台湾称为货柜。集装箱箱体上有一个 11 位的编号,前四位是字母,后七位是数字,此编号是唯一的,叫作箱号。使用集装箱转运货物,可直接在发货人的仓库装货,运到收货人的仓库卸货,中途更换车、船时,无须将货物从箱内取出换装。

目前,中国、日本、美国、法国等国家都全面地引进了国际标准化组织(ISO)对集装箱的定义。除了 ISO 的定义外,《国际集装箱海关公约》《国际集装箱安全公约》等也对集装箱下了定义。它们在内容上基本上大同小异。

按国际标准化组织 104 技术委员会的规定,集装箱应具备下列条件。

(1) 能长期地反复使用,具有足够的强度。
(2) 途中转运不用移动箱内货物,就可以直接换装。
(3) 可以进行快速装卸,并可从一种运输工具直接方便地换装到另一种运输工具。
(4) 便于货物的装满和卸空。
(5) 具有 1 立方米(即 35.31 立方英尺)或以上的容积。

满足上述 5 个条件的大型装货容器才能称为集装箱。

2. 集装箱的特点

1) 集装箱运输是高效益的运输方式

集装箱运输经济效益高主要体现在以下几个方面。

(1) 简化包装,大量节约包装费用。为避免货物在运输途中遭到损坏,必须有坚固的包装,而集装箱具有坚固、密封的特点,其本身就是一种极好的包装。使用集装箱可以简化包装,有的甚至无须包装,实现件杂货无包装运输,可大大节约包装费用。

(2) 减少货损货差,提高货运质量。由于集装箱是一个坚固、密封的箱体,集装箱本身就是一个坚固的包装。货物装箱并铅封后,途中无须拆箱倒载,即使经过长途运输或多次换装,也不会损坏箱内货物。集装箱运输可减少被盗、潮湿、污损等引起的货损和货差,深受货主和船公司的欢迎,并且由于货损货差率的降低,减少了社会财富的浪费,具有很大的社会效益。

(3) 减少运营费用,降低运输成本。由于集装箱的装卸基本上不受恶劣气候的影响,船舶非生产性停泊时间缩短,加之装卸效率高、装卸时间缩短,对船公司而言,集装箱运输可提高航行率,降低船舶运输成本;对港口而言,集装箱运输可以提高泊位通过能力,从而提高吞吐量,增加收入。

2) 集装箱运输是高效率的运输方式

首先,普通货船装卸一般每小时为 35 t 左右;而集装箱装卸每小时为 400 t 左右,装卸效率大幅度提高。同时,由于集装箱装卸机械化程度很高,因而每班组所需装卸工人数很少,平均每个工人的劳动生产率大大提高。

此外,由于集装箱装卸效率很高,受气候影响小,船舶在港停留时间大大缩短,因而船舶航

3) 集装箱运输是高投资的运输方式

首先,船公司必须对船舶和集装箱进行巨额投资。根据有关资料表明,集装箱船每立方英尺的造价为普通货船的 3.7~4 倍。集装箱的投资相当大,开展集装箱运输业务所需的高额投资,使得船公司的总成本中固定成本占有相当大的比例(在三分之二以上)。

其次,集装箱运输中港口的投资也相当大。专用集装箱泊位的码头设施包括货场、货运站、维修车间、控制塔、门房,以及集装箱装卸机械等,耗资巨大。

最后,为实现集装箱多式联运,还需要有相应的内陆设施及内陆货运站等,为了配套建设,需要兴建、扩建、改造、更新现有的公路、铁路、桥梁、涵洞等,这方面的投资更是惊人。

可见,没有足够的资金,想要实现集装箱运输是困难的。

4) 集装箱运输是高协作的运输方式

集装箱运输涉及面广、环节多、影响大,是一个复杂的运输系统工程。集装箱运输涉及海运、陆运、空运等环节以及与集装箱运输有关的海关、商检、船舶代理公司、货运代理公司等单位和部门。如果互相配合不当,就会影响整个运输系统功能的发挥;如果某一环节失误,必将影响全局,甚至导致运输生产停顿和中断。因此,集装箱运输要求搞好整个集装箱运输系统各环节、各部门之间的协作。

5) 集装箱运输适于组织多式联运

集装箱运输在不同运输方式之间换装时,无须搬运箱内货物而只需换装集装箱,提高了换装作业效率,适用于不同运输方式之间的联合运输。在换装转运时,海关及有关监管单位只需加封或验封转关放行,从而提高了运输效率。

此外,国际集装箱运输与多式联运是一个资金密集、技术密集及管理要求很高的行业,是一个复杂的运输系统工程,这就要求管理人员、技术人员、业务人员等具有较高的素质,以胜任工作,充分发挥国际集装箱运输的优越性。

二、集装箱的种类

1. 按规格划分

1) 按长度分类

集装箱尺寸包括集装箱外尺寸和集装箱内尺寸。

集装箱外尺寸(container's overall external dimensions)是指包括集装箱永久性附件在内的集装箱外部的最大长、宽、高尺寸。集装箱外尺寸是确定集装箱能否在船舶、底盘车、货车、铁路车辆之间进行换装的主要参数,是各运输部门必须掌握的一项重要技术资料。

集装箱内尺寸(container's internal dimensions)是指集装箱内部的最大长、宽、高尺寸。高度为箱底板面至箱顶板最下面的距离,宽度为两内侧衬板之间的距离,长度为箱门内侧板至端壁内衬板之间的距离。集装箱内尺寸决定集装箱内容积和箱内货物的最大尺寸。

根据集装箱内尺寸可以计算出装货容积。集装箱内容积是物资部门或其他装箱人必须掌握的重要技术资料。对于同一规格的集装箱,由于结构和制造材料的不同,其内容积略有差异。

20 尺柜:内容积为 5.69 米×2.13 米×2.18 米,配货毛重一般为 17.5 吨,体积为 24~26 立方米。

40 尺柜:内容积为 11.8 米×2.13 米×2.18 米,配货毛重一般为 22 吨,体积为 54 立方米。

40 尺高柜:内容积为 11.8 米×2.13 米×2.72 米,配货毛重一般为 22 吨,体积为 68 立方米。

45尺高柜:内容积为13.58米×2.34米×2.71米,配货毛重一般为29吨,体积为86立方米。

20尺开顶柜:内容积为5.89米×2.32米×2.31米,配货毛重为20吨,体积为31.5立方米。

40尺开顶柜:内容积为12.01米×2.33米×2.15米,配货毛重为30.4吨,体积为65立方米。

20尺平底货柜:内容积为5.85米×2.23米×2.15米,配货毛重为23吨,体积为28立方米。

40尺平底货柜:内容积为12.05米×2.12米×1.96米,配货毛重为36吨,体积为50立方米。

2) 按总重分类

集装箱按总重分类可分为大型集装箱(总重大于或等于20吨)、中型集装箱(总重大于或等于5吨且小于20吨)和小型集装箱(总重小于5吨)。

3) 按箱型分类

(1) A系列集装箱。

这类集装箱长度均为40英尺,宽度均为8英尺,根据高度的不同又可以分为以下四种。

1AAA型集装箱:高度为9英尺6英寸。

1AA型集装箱:高度为8英尺6英寸。

1A型集装箱:高度为8英尺。

1AX型集装箱:高度小于8英尺。

(2) B系列集装箱。

这类集装箱长度均为30英尺(实际小于30英尺),宽度均为8英尺,根据高度不同又可以分为以下四种。

1BBB型集装箱:高度为9英尺6英寸。

1BB型集装箱:高度为8英尺6英寸。

1B型集装箱:高度为8英尺。

1BX型集装箱:高度小于8英尺。

(3) C系列集装箱。

这类集装箱长度均为20英尺(实际小于20英尺),宽度均为8英尺,根据高度不同又可以分为以下三种。

1CC型集装箱:高度为8英尺6英寸。

1C型集装箱:高度为8英尺。

1CX型集装箱:高度小于8英尺;

(4) D系列集装箱。

这类集装箱长度均为10英尺(实际小于10英尺),宽度均为8英尺,根据高度不同又可以分为以下两种。

1D型集装箱:高度为8英尺。

1DX型集装箱:高度小于8英尺。

国际海运和陆运最常用的集装箱是C系列中的1CC型集装箱和A系列中的1AA型集装箱两种。

2. 按制箱材料划分

1) 钢制集装箱

钢制集装箱的框架和箱壁板皆用钢材制成。钢制集装箱的主要优点是强度高、结构牢、焊接性和水密性好、价格低、易修理、不易损坏，主要缺点是自重大、抗腐蚀性差。

2) 铝制集装箱

铝制集装箱有两种：一种为钢架铝板；另一种仅框架两端用钢材，其余用铝材。铝制集装箱的主要优点是自重轻、不生锈、外表美观、弹性好、不易变形，主要缺点是造价高、受碰撞时易损坏。

3) 不锈钢制集装箱

一般多用不锈钢制作罐式集装箱。不锈钢制集装箱的主要优点是强度高、不生锈、耐腐性好，缺点是投资大。

4) 玻璃钢制集装箱

玻璃钢制集装箱是在钢制框架上装上玻璃钢复合板构成的。玻璃钢制集装箱的主要优点是隔热性、防腐性和耐化学性均较好，强度大，刚性好，能承受较大应力，易清扫，修理简便，集装箱内容积较大等；主要缺点是自重较大，易老化，拧螺栓处强度降低，造价较高。

3. 按箱内适装货物划分

(1) 通用干货集装箱(dry cargo container)。通用干货集装箱也称为杂货集装箱，用来运输无须控制温度的件杂货。它的使用范围极广。通用干货集装箱通常为封闭式，在一端或侧面设有箱门。通用干货集装箱通常用来装运文化用品、化工用品、工艺品、医药、日用品、纺织品及仪器零件等。通用干货集装箱是平时最常用的集装箱。不受温度变化影响的各类固体散货、颗粒或粉末状的货物都可以用通用干货集装箱装运。通用干货集装箱如图 8-1 所示。

(2) 保温集装箱(keep constant temperature container)。保温集装箱用来运输需要冷藏或保温的货物。保温集装箱的所有箱壁都采用导热率低的材料制成。保温集装箱可分为以下三种。

①冷藏集装箱(reefer container)。它是以运输冷冻食品为主，能保持所定温度的保温集装箱。它是专为运输肉、新鲜水果、蔬菜等而设计的。目前国际上采用的冷藏集装箱基本上分两种：一种是集装箱内带有冷冻机的机械式冷藏集装箱；另一种是离合式冷藏集装箱。离合式冷藏集装箱箱内没有冷冻机而只有隔热结构，即在集装箱端壁上设有进气孔和出气孔，箱子装在舱中，由船舶的冷冻装置供应冷气。离合式冷藏集装箱又称为外置式冷藏集装箱或夹箍式冷藏集装箱。冷藏集装箱箱体多为白色或银色，而用于运输危险品的冷藏集装箱箱体颜色多为红色。冷藏集装箱如图 8-2 所示。

②隔热集装箱。它是为载运水果、蔬菜等货物，防止温度上升过大，以保持货物鲜度而具有充分隔热结构的集装箱。它通常用冰作制冷剂，保温时间为 72 小时左右。隔热集装箱如图 8-3 所示。

③通风集装箱(ventilated container)。它是为装运水果、蔬菜等不需要冷冻而具有呼吸作用的货物，在端壁和侧壁上设有通风孔的集装箱。将通风孔关闭，通风集装箱同样可以作为通用干货集装箱使用。通风集装箱如图 8-4 所示。

(3) 罐式集装箱(tank container)。它是专用以装运酒类、油类(如动植物油)、液体食品以及化学品等液体货物的集装箱。它还可以装运其他液体状的危险货物。罐式集装箱有单罐和多罐两种，罐体四角由支柱、撑杆构成整体框架。罐式集装箱如图 8-5 所示。

(4) 散货集装箱。它是一种密闭式集装箱，有玻璃钢制和钢制两种。由于侧壁强度较大，

图 8-1 通用干货集装箱

图 8-2 冷藏集装箱

图 8-3 隔热集装箱

图 8-4 通风集装箱

玻璃钢制散货集装箱一般用来装载麦芽和化学品等相对密度较大的散货。钢制散货集装箱用于装载相对密度较小的谷物。散货集装箱顶部的装货口应设水密性良好的盖,以防雨水侵入箱内。

(5) 台架式集装箱(platform based container)。它是没有箱顶和侧壁,甚至连端壁也去掉了而只有底板和四个角柱的集装箱。台架式集装箱可以从前后、左右及上方进行装卸作业,适合装载长大件和重货件,如重型机械、钢管、木材、钢锭等。台架式集装箱没有水密性,怕水湿的货物不能装运,或用帆布遮盖装运。台架式集装箱如图 8-6 所示。

(6) 平台集装箱(platform container)。平台集装箱是在台架式集装箱上再简化而只保留底板的一种特殊结构的集装箱。平台的长度与宽度与国际标准集装箱的箱底尺寸相同,可使用与其他集装箱相同的紧固件和起吊装置。平台集装箱的使用打破了过去一直认为集装箱必须具有一定容积的概念。平台集装箱如图 8-7 所示。

(7) 敞顶集装箱(open top container)。敞顶集装箱是一种没有刚性箱顶的集装箱。它有由可折叠式或可折式顶梁支承的帆布、塑料布或涂塑布制成的顶篷,其他构件与通用干货集装箱类似。敞顶集装箱适于装载大型货物和重货,如钢铁、木材,特别是像玻璃板等易碎的重货,利用吊车从顶部吊入箱内不易损坏,而且也便于在箱内固定。敞顶集装箱如图 8-8 所示。

(8) 汽车集装箱(car container)。汽车集装箱是一种运输小型轿车用的专用集装箱。它的

图 8-5　罐式集装箱

图 8-6　台架式集装箱

图 8-7　平台集装箱

图 8-8　敞顶集装箱

特点是在简易箱底上装一个钢制框架,通常没有箱壁(包括端壁和侧壁)。汽车集装箱分为单层和双层两种。由于小轿车的高度为 1.35 米~1.45 米,如装在 8 英尺(2.438 米)的标准集装箱内,其容积要浪费 2/5 以上,所以出现了双层汽车集装箱。双层汽车集装箱的高度有两种,一种为 10.5 英尺(3.2 米),一种为 12.75 英尺。汽车集装箱一般不是国际标准集装箱。汽车集装箱如图 8-9 所示。

(9) 动物集装箱(pen container or live stock container)。动物集装箱是一种装运鸡、鸭、鹅等活家禽和牛、马、羊、猪等活家畜用的集装箱。为了遮蔽太阳,动物集装箱箱顶采用胶合板覆盖。动物集装箱的侧面和端面都有用铝丝网制成的窗,以求有良好的通风;侧壁下方设有清扫口和排水口,并配有可上下移动的拉门,以把垃圾清扫出去。动物集装箱还设有喂食口。动物集装箱在船上一般应装在甲板上,因为甲板上空气流通,便于清扫和照顾。动物集装箱如图 8-10 所示。

(10) 服装集装箱(garment container)。服装集装箱的特点是,在箱内上侧梁上装有许多根横杆,每根横杆上垂下若干条皮带扣、尼龙带扣或绳索,成衣利用衣架上的钩直接挂在带扣或绳索上。这种服装装载运输属于无包装运输,它不仅节约了包装材料和包装费用,而且减少了人工劳动,提高了服装的运输质量。服装集装箱如图 8-11 所示。

图 8-9　汽车集装箱

图 8-10　动物集装箱

图 8-11　服装集装箱

三、通用干货集装箱的基本结构

通用干货集装箱上主要部件的位置图如图 8-12 所示。通用干货集装箱是一个长方体。它的典型结构是梁板结构，梁起支承作用，板起支承作用。它有两端、两侧壁(side wall、侧板)、一个箱顶(顶板，roof)、一个箱底(底板，floor)。

两端中一端是端壁(end wall，端面)，也叫作前端(front)；另一端是端门(end door)，也叫作后端(rear)。占集装箱总数 85% 以上的通用干货集装箱均一端设门，另一端是盲端。如果集装箱两端结构相同，则应避免使用前端和后端这两个术语，若必须使用，应根据标记、铭牌等特征加以区别。

箱顶部两端安装起吊挂钩，以便于吊车类装卸机具进行装卸作业。箱底侧部有的设置了用于叉车叉入的叉槽(fork pockets)，以便利用叉车进行装卸作业。

通用干货集装箱上主要部件的名称和位置如图 8-13 至图 8-19 所示。

1. 角件

角件(corner fitting)位于集装箱 8 个角端部，用于支承、堆码、装卸和拴固集装箱。上部的角件称顶角件，下部的角件称底角件。角件在三个面上各有一个长孔，孔的尺寸与集装箱装卸设备上的旋锁相匹配。

角件分甲、乙两种，甲种角件适用于 1 AA 和型 1 CC 型集装箱，乙种角件适用于 10D 型和 5D 型集装箱。对于小型集装箱，如 5D 型集装箱，也可以不设角件而采用吊环或其他吊栓方案。如果采用角件方案，则必须符合相关要求。

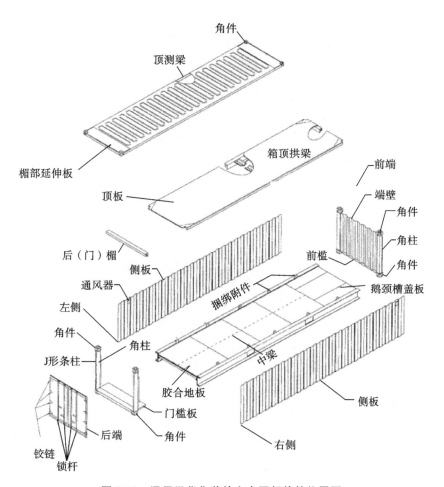

图 8-12　通用干货集装箱上主要部件的位置图

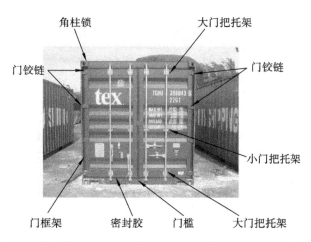

图 8-13　通用干货集装箱上主要部件的名称和位置(一)

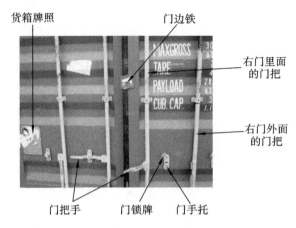

图 8-14　通用干货集装箱上主要部件的名称和位置(二)

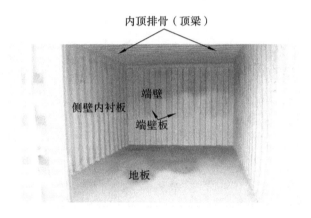

图 8-15　通用干货集装箱上主要部件的名称和位置(三)

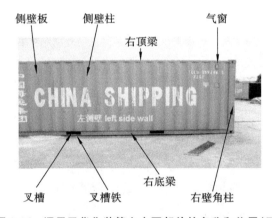

图 8-16　通用干货集装箱上主要部件的名称和位置(四)

2. 角柱

角柱(corner post)是指位于集装箱四条垂直边,用于连接顶角件和底角件的立柱,起支持作用。角柱是集装箱的主要承重部件。

3. 角结构

角结构(corner structures)是指由顶角件、角柱和底角件组成的构件,是承受集装箱堆码载荷的强力构件。角件和角柱均为铸钢件,用焊接方法连接在一起。铸钢件应按国家标准进行热

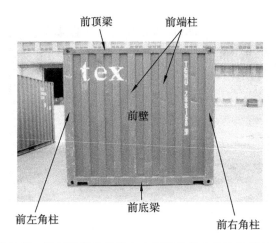

图 8-17　通用干货集装箱上主要部件的名称和位置(五)

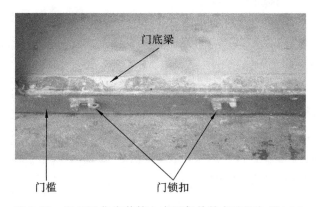

图 8-18　通用干货集装箱上主要部件的名称和位置(六)

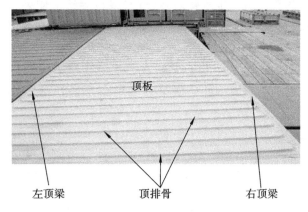

图 8-19　通用干货集装箱上主要部件的名称和位置(七)

处理。集装箱的重量通过角结构传递。所以,在堆码集装箱时上下层集装箱的角件应对准,不能偏码。最底层的集装箱必须堆置在堆场画线规定的范围,否则会压坏场地。

4. 上端梁

上端梁(top end transverse member)是指位于箱体端部,连接顶部与左、右顶角件的横向构件。

5. 下端梁

下端梁（bottom end transverse member）是指位于箱体端部，用于连接底部与左、右底角件的横向构件。

6. 门楣

门楣（door header）是指端门上方的梁。

7. 门槛

门槛（door sill）是指端门下方的梁。

8. 上侧梁

上侧梁（top side rail）是指连接侧壁上部与前、后顶角件的纵向构件。左面的上侧梁称为左上侧梁，右面的上侧梁称为右上侧梁。

9. 下侧梁

下侧梁（bottom side rail）是指连接侧壁下部与前、后底角件的纵向构件。左面的下侧梁称为左下侧梁，右面的下侧梁称为右下侧梁。

10. 顶板

顶板（roof sheet）是指箱体顶部的板。顶板要求用一张整板制成，不得用铆接或焊接成的板，以防铆钉松动或焊缝开裂而造成漏水。

11. 顶梁

顶梁（roof bows）是指在顶板下连接上侧梁，用于支承箱顶的横向构件。

12. 箱顶

箱顶（roof）是指在端框架上和上侧梁范围内，由顶板和顶梁组合而成的组合件，用于使集装箱封顶。箱顶应具有标准规定的强度。

13. 底板

底板（floor）是指铺在底梁上承托载荷的板。底板一般由底梁和下端梁支承，是集装箱的主要承载构件。箱内装货的载荷由底板承受后，通过底梁传导给下侧梁，因此底板必须有足够的强度，通常用硬木板或胶合板制成。硬木板应为搭接或榫接，也可采用开槽结构。

14. 底梁

底梁（floor bearers or cross member）是指在底板下连接下侧梁，用于支承底板的横向构件。底梁从箱门起一直排列到端板为止。底梁一般用 C 形、Z 形或 T 形型钢或其他断面的型钢制作。

15. 底结构和底框架

底结构（base structures）是由集装箱底部的四个角件、左右两根下侧梁、下端梁、门槛、底板和底梁组成的。有的底结构上设有鹅颈槽。底框架（base frame）是由下侧梁和底梁组成的框架。

16. 叉槽

叉槽（fork/lift pockets）是指横向贯穿箱底结构、供叉车的货叉叉入以叉举集装箱用的槽。20 英尺型集装箱上一般设一对叉槽，必要时也可以设两对叉槽。40 英尺型集装箱上一般不设叉槽。通过叉槽，一般不能叉实箱，只能叉空箱。

17. 鹅颈槽

鹅颈槽（gooseneck tunnel）是指设在集装箱箱底前部，用以配合鹅颈式底盘车上的凹槽的槽。

18. 端框架

前端框架是指集装箱前端的框架,由前面的两组角结构、上端梁和下端梁组成。后端框架实际为门框架,由后面的两组角结构、门相和门槛组成。

19. 端壁

端壁(end wall)是指在端框架平面内与端框架(上、下端梁和角结构)相连接形成封闭的板壁(不包括端框架在内)。在端壁的里面一般设有端壁柱,以加强端壁的强度。

20. 端壁柱

端壁柱(end post)是指垂直支承和加强端壁板的构件。

21. 侧壁

侧壁(side wall)是指与上、下侧梁和角结构相连接,形成封闭的板壁(不包括上侧梁、下侧梁和角结构在内)。在侧壁的里面一般有侧壁柱,以加强侧壁的强度。

22. 侧壁柱

侧壁柱(side post)是指垂直支承和加强侧壁板的构件。

23. 端板

端板(end panel)是指覆盖在集装箱端部外表面的板。

24. 侧板

侧板(side panel)是指覆盖在集装箱侧部外表面的板。

25. 箱门

箱门(door)通常为两扇后端开启的门,用铰链安装在角柱上,并用门锁装置进行关闭。

26. 端门

端门(end door)是指设在箱端的门。一般通用干货集装箱的前端设端壁,后端设端门。

27. 侧门

侧门是指设在箱侧的门。

28. 门铰链

门铰链(door hinge)是指靠短插销(一般用不锈钢制)使箱门与角柱连接起来,以支承箱门,保证箱门能自由转动开闭的零件。

29. 箱门密封垫

箱门密封垫(door seal gasket)是指箱门周边为保证密封而设的零件。箱门密封垫的材料一般采用氯丁橡胶。

30. 箱门搭扣件

箱门搭扣件(door holder)是指进行装、卸货物作业时,保持箱门呈开启状态的零件。它分两个部分:一部分设在箱门下侧端,另一部分设在侧壁下方相应的位置上。有采用钩环的箱门搭扣件,也有采用钩链或绳索的箱门搭扣件。

31. 箱门锁杆

箱门锁杆(door locking bar or door locking rod)是指设在箱门上垂直的轴或杆。箱门锁杆两端有凸轮。箱门锁杆转动后凸轮即嵌入锁杆凸轮座内,把箱门锁住。箱门锁杆还起着加强箱门承托力的作用。

32. 锁杆托架

锁杆托架(door lock rod bracket)是门锁装置的零件之一,是焊接在门上用以拖住锁杆的装置。它是把锁杆固定在箱门上并使之能转动的承托件。

33. 锁杆凸轮

锁杆凸轮(locking bar cams)是门锁装置的零件之一,设于锁杆端部,与门楣上的锁杆凸轮座相啮合,通过锁件的转动,把凸轮嵌入锁杆凸轮座内,锁住箱门。

34. 锁杆凸轮座

锁杆凸轮座(locking bar cam retainer or keeper)是指保持凸轮处于闭锁状态的内撑装置,又称卡铁。

35. 门锁把手

门锁把手(door locking handle)是用于开闭箱门的零件,其一端焊接在锁杆上,开关箱门时用来转动锁杆,抓住门把手使锁杆凸轮与锁杆凸轮柱相啮合,把箱门锁住。

36. 把手锁件

把手锁件(door locking handle retainer or handle lock)是指用来保持箱门把手处于关闭状态的零件。锁杆中央带有门把手,两端部带有凸轮,依靠门把手旋转把手锁件。

37. 海关铅封件

海关铅封件(customs seal retainer)是指通常设存箱门的把手锁件上,用于海关施加铅封的设置,一般都采用孔的形式。

38. 海关铅封保护罩

海关铅封保护罩(customs seal protection cover)是指设在把手锁件上方,用于保护海关铅封而加装的防雨罩,一般用帆布制作。

四、国际标准集装箱的标记

为了便于在流通和使用中识别和管理集装箱,便于单据编制和信息传输,国际标准化组织制定了标准《集装箱的代号、识别和标记》(ABNT NBR ISO 6346—2002)。国际标准化组织规定的标记有必备标记和自选标记两类,每一类标记又分为识别标记和作业标记。具体来说,集装箱上有箱主代号、箱号或顺序号、核对号、集装箱尺寸及类型代号。图 8-20 所示为集装箱标记代号的位置图。

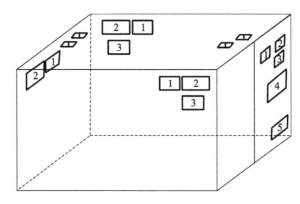

图 8-20　集装箱标记代号的位置图

1—箱主代号;2—箱号或顺序号、核对号;3—集装箱尺寸及类型代号;
4—集装箱总量、自重和容积;5—集装箱制造厂名及出厂日期

1. 必备标记

(1) 识别标记。它包括箱主代号、设备识别代号、顺序号和核对号。

①箱主代号。国际标准化组织规定,箱主代号由三个大写的拉丁字母表示,由箱主自己规定。为防止箱主代号出现重复,所有箱主在使用代号之前应向国际集装箱局(BIC)登记注册。目前国际集装箱局已在多个国家和地区设立注册机构。国际集装箱局在我国北京设有注册机构。国际集装箱局每隔半年公布一次在册的箱主代号一览表。

②设备识别代号。设备识别代号有U、J和Z三个拉丁字母。U表示集装箱,J表示集装箱所配置的挂装设备,Z表示集装箱专用车和底盘车。

箱主代号和设备识别代号一般由四个拉丁字母连续排列。例如ABCU,其箱主代号为ABC,设备识别代号为U。

③顺序号。顺序号又称箱号,由六位阿拉伯数字组成。如果顺序号的有效数字不是六位,则在有效数字前用0补足六位,如053842。

④核对号。核对号是用来核对箱主代号和顺序号记录是否准确的依据,它位于箱号后,以一位阿拉伯数字加一方框表示。

设置核对号的目的是防止箱号在记录时发生差错。它是判断箱主代号和顺序号记录是否准确的依据。运营中的集装箱频繁地转换运输方式,如从火车到卡车再到船舶等,不断地从这个国家到那个国家,不断地进出车站、码头、堆场、集装箱货运站。每进行一次转换和交接,就要记录一次箱号。在多次记录中,如果偶然发生差错,记错一个字符,就会使该集装箱从此"不知下落"。为不致出现此类"丢失"集装箱及所装货物的事故,在箱号记录中设置了一个"自检测系统",即设置一位核对数字。

(2) 作业标记。它包括以下三项内容。

①额定重量和自重标记。额定重量即集装箱总重,自重即集装箱空箱质量(或空箱重量),最大工作总重量(max gross mass),简称最大总重,以R表示。集装箱的自重(tare weight)又称空箱重量(tare mass),以T表示。它包括各种集装箱在正常工作状态下应备有的附件和各种设备的重量,如机械式冷藏集装箱的机械制冷装置及其所需的燃油的重量;台架式集装箱上两侧立柱的重量;敞顶集装箱上的帆布顶篷的重量等。

最大工作总重量减去自重等于载重,即$P=R-T$。

在标出最大工作总重量和自重的同时,还可标出最大净货载(net weight)。三种质量标出时,规定应以千克(kg)和磅(lb)同时表示。

②空陆水联运集装箱标记。空陆水联运集装箱是指可在飞机、船舶、卡车、火车之间联运的集装箱。它装有顶角件和底角件,具有与飞机机舱内拴固系统相配合的拴固装置,箱底可全部冲洗并能用滚装装卸系统进行装运。为适应空运,这种集装箱自重较轻,强度较弱,仅能堆码两层,因而国际标准化组织对该集装箱规定了特殊的标记。该标记为黑色,位于侧壁和端壁的左上角,并规定标记的最小尺寸为高127 mm、长355 mm,字母标记的字体高度至少为76 mm。

③登箱顶触电警告标记。凡装有登箱顶梯子的集装箱,应设登箱顶触电警告标记。该标记为黄色底黑色三角形,一般设在罐式集装箱上和位于登顶箱顶的扶梯处,以警告登顶者有触电危险。

2. 自选标记

(1) 识别标记。1984年的国际标准中,识别标记有国家代码,由2~3个拉丁字母组成。在1995年的新国际标准中,取消了国家代码。识别标记主要由尺寸代号与类型代号组成。

①尺寸代号以两个字符表示。第一个字符表示箱长。其中 10 ft 箱长代号为 1,20 ft 箱长代号为 2,30 ft 箱长代号为 3,40 ft 箱长代号为 4,5~9 号为未定号。另外,拉丁字母 A~P 为特殊箱长的集装箱代号。第二个字符表示箱宽与箱高。其中 8 ft 高代号为 0;8 ft 6 in 高代号为 2;9 ft 高代号为 4;9 ft 6 in 高代号为 5;高于 9 ft 6 in,代号为 6;半高箱(箱高 4 ft 3 in)代号为 8;低于 4 t,代号为 9。另外,用拉丁字母反映箱宽不是 8 ft 的特殊宽度集装箱。

②类型代号可反映集装箱的用途和特征。类型代号原用两个阿拉伯数字表示,1995 年改为用两个字符表示。其中第一个字符为拉丁字母,表示集装箱的类型。例如,G(general)表示通用干货集装箱,V(ventilated)表示通风集装箱,B(bulk)表示散货集装箱,R(reefer)表示保温集装箱中的冷藏集装箱,H(heated)表示保温集装箱中的隔热集装箱,U(up)表示敞顶集装箱,P(platform)表示平台集装箱,T(tank)表示罐式集装箱,A(air)表示空陆水联运集装箱,S(sample)表示以货物命名的集装箱。第二个字符为阿拉伯数字,表示某类型集装箱的特征。例如通用干货集装箱,一端或两端有箱门,类型代号为 G0。

例如,22G1 指箱长为 20 ft,箱宽为 8 ft 和箱高为 8 ft 6 in,上方有透气罩的通用干货集装箱。

(2)作业标记。它包括超高标记和国际铁路联盟标记。

①超高标记。该标记为在黄色底上标出黑色数字和边框。超高标记贴在集装箱每侧的左下角,距箱底约 0.6 m 处,同时应该贴在集装箱主要标记的下方。凡高度超过 2.6 m 的集装箱应贴上此标记。

②国际铁路联盟标记。凡符合国际铁路联盟相关规定的集装箱,可以获得此标记。国际铁路联盟标记是在欧洲铁路上运输集装箱的必要通行标记。

3. 通行标记

集装箱在运输过程中能顺利地通过或进入他国国境,箱上必须贴有按规定要求的各种通行标记,否则必须办理烦琐的证明手续,这就延长了集装箱的周转时间。集装箱上主要的通行标记有安全合格牌照、集装箱批准牌照、检验合格徽及国际铁路联盟标记等。

第三节 托 盘

一、托盘概述

1. 托盘的定义

国家标准《物流术语》(GB/T 18354—2006)对托盘(pallet)的定义是:"在运输、搬运和存储过程中,将物品规整为货物单元时,作为承载面并包括承载面上辅助结构件的装置"。《托盘术语》(GB/T 3716—2000)对托盘的定义是:"托盘是一种用来集结、堆存货物以便于装卸和搬运的水平板。其最低高度应能适应托盘搬运车、叉车和其他适用的装卸设备的搬运要求。"作为与集装箱类似的一种集装设备,托盘现已广泛应用于生产、运输、仓储和流通等领域,被认为是 20 世纪物流产业中两大关键性创新之一。托盘作为物流运作过程中重要的装卸、储存和运输设备,与叉车配套使用,在现代物流中发挥着巨大的作用。托盘给现代物流业带来的效益主要体现在:可以实现物品包装的单元化、规范化和标准化,保护物品,方便物流和商流。

2. 托盘的特点

1）托盘的主要优点

（1）自身重量轻，因此装卸、运输托盘本身所消耗的劳动较小，无效运输及装卸比运输集装箱小。

（2）返空容易，返空时占用运力很少。由于托盘造价不高，又很容易互相代用，可互与对方托盘抵补，所以无须像集装箱那样必须有固定归属者，也无须像集装箱那样返空。即使返运托盘，也比返运集装箱容易。

（3）装盘容易。不像集装箱深入箱体内部，装盘后可采用捆扎、紧包等技术处理，使用时简便。

（4）装载量虽然比集装箱小，但也能集中一定数量，比一般包装的组合要大得多。

2）托盘的主要缺点

（1）托盘在运输途中尚存在货物易散包问题。

（2）保护性比集装箱差，露天存放困难，需要有仓库等配套设施。

（3）托盘的使用管理较困难，回收和处理均需要做较周密的计划。

（4）托盘承运的货物范围有限，对大的、形状复杂的货物难以采用托盘来进行包装，托盘的使用范围受到一定的限制。

3. 托盘的选择原则

（1）应尽量选择标准托盘。在托盘作业普及的基础上逐步实现企业间托盘交换，最终实现托盘流通社会化。

（2）应尽量选用通用托盘。通用托盘的种类和尺寸尽量少，以便于维修和管理。

（3）要考虑货物的性质、尺寸、强度，托盘的搬运方式、适用范围，搬运设备、运输工具和卸载工具的规格、性能，以及物流作业场地的条件。

（4）对于生产企业，在储运过程中，托盘应能够适应工艺和物流作业的要求，既是生产过程中的装运器具，又是储运工具。

（5）托盘应尽量结构简单、刚性好、重量轻及便于修理。

（6）同托盘配套使用的包装和容器的尺寸与托盘尺寸应有模数关系，以提高托盘的满载率。

（7）考虑托盘构件（脚、立柱或侧挡板、框架等）标准化及托盘尺寸模数化；支承结构实现组装化，以减少类型，扩大托盘的使用范围。

（8）应尽量使用塑料合成材料或再生材料制作托盘，最大限度地保护环境，实现绿色物流。

4. 托盘标准化

经过托盘标准化技术委员会多次分阶段审议，国际标准化组织已于2003年对标准《国际物料搬运平托盘 主要尺寸及公差》(ISO 6780:2003)进行了修订，在原有的 1 200 mm×1 000 mm、1 200 mm×800 mm、1 219 mm×1 016 mm、1 140 mm×1 140 mm 四种规格的基础上，新增了 1 100 mm×1 100 mm、1 067 mm×1 067 mm 两种规格，现在的托盘国际标准规格共有六种。

六种托盘国际标准规格共存并不是一个理想的结果，究其根源，标准《国际物料搬运平托盘 主要尺寸及公差》中的每种规格都有着不同的来历，是不同地区、不同国家集团利益在托盘标准问题上矛盾的反映。因此，尽管统一联运平托盘规格、以最大限度地节约物流成本，是国际物流界的共同愿望，但要实现这一愿望，必须解决各个地区和国家集团在托盘问题上的利益平衡问题，这在短时期内难以做到。

托盘最初的国际标准规格只有 1 200 mm 系列(即 1 200 mm×1 000 mm 和 1 200 mm×800 mm)。这一系列起源于欧洲大陆,一般认为,它是根据欧洲 600 mm×400 mm 的统一包装基准尺寸制定的。这一标准规格很快为欧洲各个国家所接受,成为欧洲地区托盘制造和使用的基本规格。但是,美国等一些西方国家惯用英制单位,在其强烈要求下,ISO 于 1988 年在 1 200 mm 系列国际标准规格的基础上,又增加了英制单位的标准规格 48 in×40 in,其实这一规格与 1 200 mm×1 000 mm 差别不大,长宽相差都不到 2 cm,可以说是 1 200 mm 系列的英制版。但是 1 200 mm 系列有其无法弥补的弊端,它与随后制定的海运集装箱内部宽度尺寸的国际标准规格(约 2 330 mm)并不匹配,这一系列托盘在集装箱中只能纵横交错地码放,不能最大限度地利用空间。

同年,ISO 6780 中还增加了另外一种正方形(1 140 mm×1 140 mm)托盘,一般认为这一规格与集装箱尺寸最为匹配。1 140 mm×1 140 mm 规格,可以说是以 1 200 mm 系列为代表的欧洲各国,与大力推行 1 100 mm×1 100 mm 型托盘(简称 T11)的日韩两国长期争论的中间产物。为充分利用集装箱底平面面积,促使 T11 与 1 200 mm 系列达成统一,双方同意将 1 100 mm 增大为 1 140 mm,首先于 1982 年列入《包装 单元货物尺寸》,后于 1988 年列入《国际物料搬运平托盘 主要尺寸及公差》的国际标准中。但是,1 140 mm 规格并没有能够改变 T11 的国际标准化进程。在日韩托盘标准化组织长期不懈的努力下,T11 最终成为又一国际标准规格。在六种国际标准规格中还有一种正方形托盘,即澳大利亚通用的 1 067 mm×1 067 mm(42 in×42 in)型,这一规格与 T11 有异曲同工之处,在澳大利亚的应用非常广泛,代表了澳大利亚的托盘标准化发展水平。

由于托盘规格的标准代表着不同地区和国家集团的经济利益,因此这些规格不可能相互"妥协"与"退让"。ISO 使全球联运托盘的规格统一存在很大的困难,最终只能采取兼容并包的态度,使托盘的六种规格并列成为全球通用的国际标准。

我国已成立中国物流标准化技术委员会和中国物流与采购联合会托盘专业委员会(以下简称两会)。两会成立后,制定了若干物流国家标准,如《数码仓库应用系统规范》《物流企业分类与评估指标》等,还与国际上托盘使用大国,特别是日本、韩国这两个邻近的托盘大国进行了广泛、深入的交流与合作,为我国托盘事业的发展做了大量工作。但目前两会还没有制定出我国自己的托盘规格国家标准,仍是套用国际标准。我国目前在社会上流行使用的托盘规格有几十种之多,其中包括 1 100 mm×1 100 mm,1 200 mm×1 000 mm 两种规格。

二、托盘的种类

1. 平托盘

一般所说的托盘,主要指平托盘。平托盘是托盘中使用量最大的一种,是托盘中的通用托盘。平托盘结构示意图如图 8-21 所示。

平托盘又可进一步按以下三种方法分类。

(1) 按承托货物的台面分类。按承托货物的台面分类,平托盘可分为单面型、单面使用型、双面使用型、无翼型和翼型五种。其中翼型又可细分为单翼型和双翼型两种。

①单面型平托盘。单面型平托盘只有一面有铺板,结构强度较差,适合作轻载小型托盘。单面型平托盘一般不能用于堆垛。

②单面使用型平托盘。单面使用型平托盘上下两面均有铺板,但只有一面即上面是载货面,两面不能互换使用。底面有四个大孔以利于手动液压车轮的进出。一般多使用单面使用型平托盘。

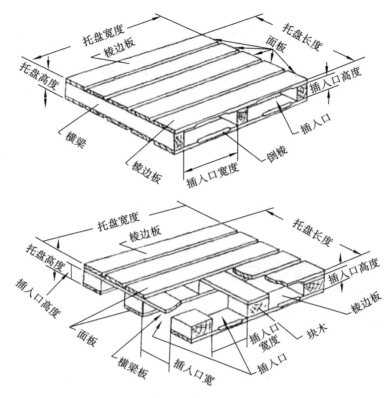

图 8-21 平托盘结构示意图

③双面使用型平托盘。双面使用型平托盘上下两面均有铺板,双面都可承载货物,强度也大,尤其适用于软包装的货物(如袋装),也可双向进叉。它可以放在辊道式输送机上运送,也可用于堆垛,多用于运输行业中。

④无翼型平托盘。无翼型平托盘即铺板两端与纵梁或垫板的外侧平齐的托盘。一般的平托盘都是这种形式的。

⑤单翼型平托盘。单翼型平托盘上铺板的两端突出纵梁侧面,在用起重机或跨车搬运时供吊挂之用。

⑥双翼型平托盘。双翼型平托盘上、下铺板的两端都突出纵梁侧面,其用途与单翼型平托盘相同,只是两面铺板都可使用。

(2) 按叉车叉入方式分类。按叉车叉入方式分类,平托盘可分为单向叉入型、双向叉入型、四向叉入型三种。

①单向叉入型平托盘。对于单向插入型平托盘,叉车只能从一个方向叉入,操作时较为困难。

②双向叉入型平托盘。双向叉入型平托盘在相对的两个方向有插入口,结构强度大。

③四向叉入型平托盘。四向叉入型平托盘四侧都有插入口,都可以插入货叉。在铁路货车、载重汽车及仓库内部需要变换托盘的方向来进行堆垛作业时,多采用四向叉入型平托盘。

不同承托货物台面和叉入方式的平托盘如图 8-22 所示。

(3) 按制造材料分类。按制造材料分类,平托盘分为以下几种。

①木制平托盘。木制平托盘是平托盘中最传统的类型,具有价格低廉、制造方便、成品适应性强、便于维修、本体也较轻等特点,是使用广泛的平托盘。

木制平托盘主要有两种,即纵梁式平托盘和垫块式平托盘。纵梁式平托盘是北美地区通用

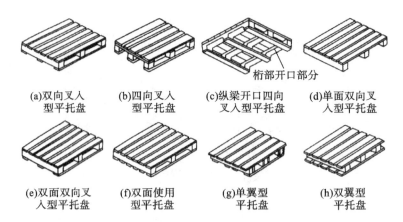

(a)双向叉入型平托盘　(b)四向叉入型平托盘　(c)纵梁开口四向叉入型平托盘　(d)单面双向叉入型平托盘

(e)双面双向叉入型平托盘　(f)双面使用型平托盘　(g)单翼型平托盘　(h)双翼型平托盘

图 8-22　不同承托货物台面和叉入方式的平托盘

的标准型平托盘,故又称美式平托盘。它的优点是结构简单、生产便捷、整体牢固性好;缺点是基本为双向进叉,在纵梁开 V 形槽口的情况下可实现四向进叉,但也仅限于非手动托盘车,更适用于自动化程度较高的搬运条件。垫块式平托盘是欧洲通用的标准型平托盘,又称为欧式平托盘。它的优点是可四向进叉,使用方便;缺点是结构复杂,整体牢固性稍差。目前垫块式平托盘在我国使用较多。

木制平托盘如图 8-23 所示。

②钢制平托盘。钢制平托盘是指用角钢等异型钢材焊接制成的平托盘。和木制平托盘一样,它也有双向叉入型和单面使用型、双面使用型等各种形式。采用轻钢结构,可制成最低重量为 35 kg 的 1 100 mm×1 100 mm 钢制平托盘,它可使用人力搬移。钢制平托盘的最大特点是自身较重,强度高,不易损坏和变形,不需要熏蒸、高温消毒或者防腐处理,维修工作量较小,可以回收再利用。钢制翼型平托盘优势较突出,不仅可使用叉车装卸,而且可利用两翼套吊吊具进行吊装作业。钢制平托盘如图 8-24 所示。

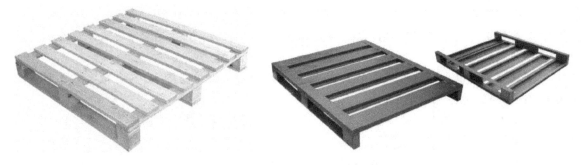

图 8-23　木制平托盘　　　　　　　　图 8-24　钢制平托盘

③塑料制平托盘。塑料制平托盘是指采用塑料制成的平托盘。它一般有双面使用型、双向叉入型或四向叉入型三种形式。由于塑料强度有限,很少有塑料制翼型平托盘。塑料制平托盘最主要的特点是本体重量轻,无毒无味,不助燃,易冲洗消毒,耐腐蚀性能强,便于各种颜色分类区分,可回收,使用寿命是木制平托盘的 5~7 倍,是现代化运输、包装、仓储等的重要工具,是国际上规定的用于食品、水产品、医药、化学品、立体仓库等行业的必备储存器材。塑料制平托盘是整体结构,不存在货物被钉刺破的问题,但其承载能力不如钢制平托盘、木制平托盘。塑料制平托盘如图 8-25 所示。

④胶板制平托盘。胶板制平托盘是用胶合板制作台面的平托盘。胶板制平托盘质轻但承

载能力及耐久性较差。胶板制平托盘如图 8-26 所示。

图 8-25　塑料制平托盘

图 8-26　胶板制平托盘

⑤复合材料制平托盘（免熏蒸）。复合材料制平托盘具有抗高压性能好、承重性能好、成本低的优点，避免了传统木制平托盘的虫蛀、有色差、湿度高等缺点，适用于各类货物的运输，是木制平托盘的最好替代品。复合材料制平托盘如图 8-27 所示。

⑥纸制平托盘。纸制平托盘用纸护角加蜂窝纸板做成，出口使用优势明显：不用检疫、免熏蒸、符合环保要求。纸制平托盘的优点是：可 100% 回收，不产生遗弃物；不污染环境，符合环保要求，用后可直接送造纸厂回收；无虫蛀，完全不需要熏蒸消毒，符合欧美市场要求，医药、食品等行业可直接使用；无碎屑及铁钉等有可能损坏货物的问题，能最大限度地保护承载物的包装。纸制平托盘如图 8-28 所示。

图 8-27　复合材料制平托盘

图 8-28　纸制平托盘

2. 柱式托盘

柱式托盘是在平托盘的四个角安装四根钢制立柱后形成的，立柱可以是固定的，也可为可拆卸的。这种托盘进一步又可发展为在对角的柱子上端用横梁连接，使柱子成为框架形。柱式托盘的柱子部分可用钢材制成。柱式托盘按柱子固定与否分为固定式柱式托盘（见图 8-29(a)）、可拆装式柱式托盘、可套叠式柱式托盘（见图 8-29(b)）、折叠式柱式托盘等。柱式托盘多用于包装件、桶装货物、棒料和管材等的集装，还可以作为可移动的货架、货位，不用时可

(a)固定式柱式托盘　　　　　　(b)可套叠式柱式托盘

图 8-29　柱式托盘

套叠存放，以节约空间。它在国外推广迅速。柱式托盘因立柱的顶部装有定位装置，所以堆码容易，且可防止托盘上所置货物在运输、装卸等过程中发生塌垛现象；而且多层堆码时，因上部托盘的载荷通过立柱传递，下层托盘货物可不受上层托盘货物的挤压。

3. 网箱托盘

网箱托盘适用于存放不规则的物料。网箱托盘的特点是，可使用托盘搬运车、叉车、起重机等进行作业，可相互堆叠四层。有些空的网箱托盘可折叠。网箱托盘如图 8-30 所示。

4. 箱式托盘

箱式托盘是在平托盘的基础上发展起来的。箱式托盘的特点是：下部可叉装、上部可吊装，可使用托盘搬运车、叉车、起重机等进行作业；并可进行码垛，码垛时可相互堆叠多层；有些空的箱式托盘可折叠；箱壁可以采用平板或网状构造物；可以有盖或无盖。

箱式托盘的基本结构是由沿托盘四个边设置的板式、栅式、网式等挡板和下部平板组成的箱体，有些箱体有顶板，挡板有固定式、折叠式和可卸式三种。由于四周挡板不同，箱式托盘又有各种叫法，如四周挡板为栅栏式的箱式托盘也称笼式托盘或集装笼。笼式托盘的主要特点是：防护能力强，可有效防止塌垛和货损；由于四周的护板护栏，其装运范围较大，一些不宜采用平托盘的散件货物可采用笼式托盘形成成组货物单元。笼式托盘不但能装运可码垛的具有整齐形状的包装货物，而且可装载一些不易包装或形状不规则的散件或散状货物，还可以装载蔬菜、瓜果等农副产品。金属箱式托盘可用于在热加工车间集装热料。一些批量不是很大的散装货物，如粮食、糖、啤酒等，可采用专用箱式托盘形成成组货物单元。箱式托盘如图 8-31 所示。

5. 轮式托盘

轮式托盘是在平托盘、柱式托盘或箱式托盘的底部装上脚轮而形成的。轮式托盘不但具有一般柱式托盘、箱式托盘的优点，而且可利用轮子作短距离运动，可不需搬运机械实现搬运。它可利用轮子做滚上滚下的装卸，也有利于装入车内、舱内后移动其位置，故轮式托盘既便于机械化搬运，又适于短距离的人力移动。轮式托盘可兼作作业车辆，用于企业工序间的物料搬运；也可在工厂或配送中心装上货物，用于将货物运到商店，并直接作为商品货架的一部分。轮式托盘在行包、邮件的装卸作业中得到广泛的应用。轮式托盘如图 8-32 所示。

6. 专用托盘

上述托盘都带有一定的通用性，可装载多种中、小件，杂、散、包装货物。由于托盘制作简单、造价低，所以对于某些运输数量较大的货物，可按其特殊要求制造出装载效率高、装运方便的专用托盘。专用托盘是一种集装特定货物（或工件）的储运工具。它和通用托盘的区别在于它具有适合特定货物（或工件）的支承结构。

图 8-30 网箱托盘

图 8-31 箱式托盘

图 8-32 轮式托盘

(1) 航空货运或行李托运托盘。航空货运或行李托运托盘是由聚苯乙烯泡沫(EPS)和整体吸塑食品级无毒 PET 聚酯薄膜制成的目前世界上最轻的物流运输托盘产品。

(2) 平板玻璃集装托盘。平板玻璃集装托盘又称平板玻璃集装架。它能支承和固定平板玻璃,在装运时平板玻璃顺着运输方向放置以保持托盘货载的稳定性。平板玻璃集装托盘有若干种,使用较多的有 L 型单面装放平板玻璃单向叉入型托盘、A 型双面装放平板玻璃双向叉入型托盘、吊叉结合型托盘和框架式双向叉入型托盘。

(3) 油桶专用托盘。油桶专用托盘是指专门存放、装运标准油桶的异型平托盘。油桶专用托盘为双面使用型,两个面皆有稳固油桶的波形表面或侧挡板。油桶卧放于托盘上面,托盘上的波形沟槽或挡板使油桶稳定,防止油桶滚落。油桶专用托盘还可几层堆垛,解决筒形物难堆高码放的困难,提高了仓储和运输能力。油桶专用托盘如图 8-33 所示。

(4) 货架式托盘。货架式托盘是框架形托盘,框架正面尺寸比平托盘稍宽,以保证托盘能放入架内。架的深度比托盘的宽度窄,以保证托盘能搭放在架上。架子下部有四个支脚,形成叉车进叉的空间。货架式托盘叠高组合,便成了托盘货架。货架式托盘也是托盘货架的一种,货架与托盘一体。

(5) 长尺寸物托盘。长尺寸物托盘是指专门用于装放长尺寸物品的托盘。有的长尺寸物

(a)卧式油桶专用托盘　　　　(b)立式油桶专用托盘

图 8-33　油桶专用托盘

托盘为多层结构。长尺寸物托盘叠高码放后便形成了组装式长尺寸货架。

(6)轮胎专用托盘。轮胎专用托盘可多层码放,不挤压轮胎,解决了轮胎怕压、怕挤的问题,大大地提高了装卸和储存轮胎的效率。轮胎本身有一定的耐水性、耐蚀性,因而在物流过程中无须密闭,且轮胎本身很轻,所以将轮胎装放于集装箱中不能充分发挥集装箱的载重能力。轮胎专用托盘如图 8-34 所示。

三、托盘的使用要点

托盘的使用主要涉及三个方面,即装盘码垛、托盘货物的紧固和托盘的修理。

1. 装盘码垛

在托盘上放同一形状的立体形包装货物,可以采取各种交错组合的办法码垛,这样可以保证足够的稳定性,甚至不需要再用其他方法加固。码垛的方法有重叠式码垛(见图 8-35)、纵横交错式码垛(见图 8-36)、旋转交错式码垛(见图 8-37)、正反交错式码垛(见图 8-38)四种。

图 8-34　轮胎专用托盘

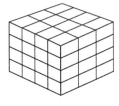 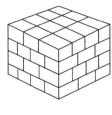 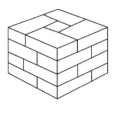 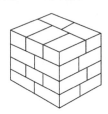

(奇数层)　(偶数层)　　(奇数层)　(偶数层)　　(奇数层)　(偶数层)　　(奇数层)　(偶数层)

图 8-35　重叠式码垛　　图 8-36　纵横交错式码垛　　图 8-37　旋转交错式码垛　　图 8-38　正反交错式码垛

1)重叠式码垛

重叠式码垛,即各层码放方式相同,上下对应,各层之间不交错堆码。重叠式码垛的优点是，工人操作速度快，包装物四个角和边重叠垂直，承载力大，缺点是各层之间缺少咬合作用，稳定性差，容易发生塌垛现象。在货体底面积较大的情况下，采用重叠式码垛可有足够的稳定性。重叠式码垛再配以各种紧固方式，不但能保持稳固，而且保留了装卸操作省力的优点。

2) 纵横交错式码垛

纵横交错式码垛，即相邻两层货物的摆放旋转90°角，一层为横向放置，另一层为纵向放置，层间纵横交错码垛。采用纵横交错码垛，层间有一定的咬合效果，但咬合强度不高。重叠式码垛和纵横交错式码垛较适合自动装盘操作。

3) 旋转交错式码垛

旋转交错式码垛，即第一层相邻的两个包装体都互为90°角，两层间的码放又相差180°角，这样相邻两层之间咬合交叉，托盘货体稳定性较高，不易塌垛。旋转交错式码垛的缺点是码放难度较大，而且中间形成空穴，会降低托盘转载能力。

4) 正反交错式码垛

正反交错式码垛，即同一层中不同列的货物以90°角垂直码放，相邻两层的货物的码放形式是另一层旋转180°的形式。采用正反交错式码垛，不同层间咬合强度较高，相邻层之间不重缝，码放后稳定性很高，但操作较为麻烦。

2. 托盘货物的紧固

托盘货物的紧固是保证货物稳固性、防止塌垛的重要手段。托盘货物的紧固方法有以下10种。

1) 捆扎

用绳索、打包带等对托盘货物进行捆扎，以保证货物的稳固。捆扎有水平捆扎、垂直捆扎和对角捆扎等方式。捆扎打结的方法有扎结、粘合、热融、加卡箍等。捆扎可用于多种货物的托盘集合包装。托盘货物的捆扎方法如图8-39所示。

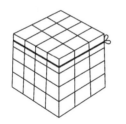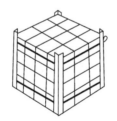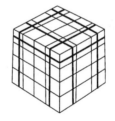

图 8-39　托盘货物的捆扎方法

2) 加网罩紧固

加网罩紧固主要用于装有同类货物托盘的紧固，多见于航空运输。加网罩紧固，即将网罩套装在航空货运或行李托运托盘上码垛的货物上，再将网罩下端的金属配件挂在托盘周围的固定金属片上，以防形状不整齐的货物发生倒塌现象。为了防水，可在网罩下用防水层加以覆盖。加网罩紧固如图8-40所示。

3) 加框架紧固

加框架紧固是指将框架加在托盘货物相对的两面或四面以至顶部，再用打包带或绳索捆紧以起到紧固货物的作用。框架的材料以木板、胶合板为主。加框架紧固如图8-41所示。

4) 中间夹摩擦材料紧固

中间夹摩擦材料紧固，即将具有防滑性的纸板、纸片或软性塑料片夹在各层容器之间，以增加摩擦力，防止容器水平滑移。摩擦材料除纸板外，还有软质聚氨酯泡沫塑料等片状物。中间夹摩擦材料紧固如图8-42所示。

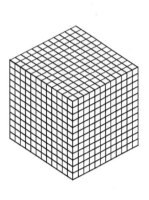 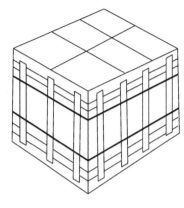 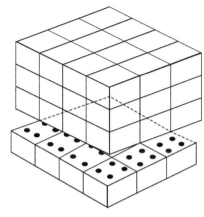

图8-40 加网罩紧固　　　　图8-41 加框架紧固　　　　图8-42 中间夹摩擦材料紧固

5）专用金属卡具固定

对某些托盘货物，如果金属夹卡可伸入最上部，则可用专用金属夹卡将相邻的包装物卡住，以便每层货物通过金属卡具成为一个整体，防止个别货物分离滑落。专用金属卡具固定如图8-43所示。

6）粘合

在每层之间贴上双面胶条，可将两层通过胶条粘合在一起，这样便可防止托盘上的货物从层间发生滑落。

7）胶带粘扎

托盘货体用单面不干胶包装带粘捆，即使是胶带部分损坏，由于全部贴于货物表面，也不会出现散捆现象。

8）平托盘周边垫高

将平托盘周边稍微垫高，使托盘上的货物向中心互相依靠，在装卸搬运过程中发生摇动、振动时可避免层间滑动错位现象，防止货垛外倾，因而也会起到稳固作用。平托盘周边垫高如图8-44所示。

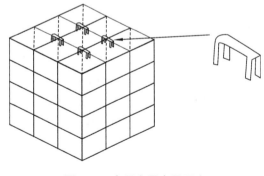 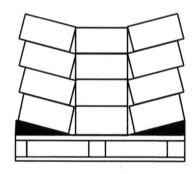

图8-43 专用金属卡具固定　　　　图8-44 平托盘周边垫高

9）热缩塑料薄膜紧固

热缩塑料薄膜紧固，即将热缩塑料薄膜套于托盘货体上，然后进行热缩处理，热缩塑料薄膜收缩后，便将托盘货体紧箍成一体。这种紧固方法属五面封，托盘下部与大气连通。它不但起到紧固、防止塌垛的作用，而且由于热缩塑料薄膜的不透水作用，还可起到防水、防雨的作用，这有利于克服托盘货体不能露天放置而需要仓库的缺点,可大大扩展托盘的应用领域。

10) 拉伸塑料薄膜紧固

拉伸塑料薄膜紧固,即用拉伸塑料薄膜将货物和托盘一起缠绕包裹,拉伸塑料薄膜在外力撤除后收缩紧固托盘货体形成集合包装件。顶部不加拉伸塑料薄膜时,形成四面封;顶部加拉伸塑料薄膜时,形成五面封。拉伸塑料薄膜紧固不能实现六面封,因此不能防潮。此外,拉伸塑料薄膜的捆绑力比热缩塑料薄膜的捆绑力差,拉伸塑料薄膜紧固只能用于轻量的集装包装。

3. 托盘的维理

在托盘保养管理中,最重要的一点是不使用破损的托盘。破损托盘不经修理而照常使用,不仅会缩短托盘的寿命,而且还有可能造成货物的破损和人身事故。托盘的破损大多因下列原因产生:叉车驾驶员野蛮驾驶操作,货叉损伤盘面或桁架,人工装卸空托盘时托盘跌落而造成损伤。

木制平托盘破损最多的部位是盘面。从修理的实例看,盘面的重钉修理占总数的 60%～80%,所以木制平托盘的物理寿命除了受叉车操作不当从而使横梁损伤报废的影响外,更取决于盘面的重钉次数。盘面靠 3 个钉子钉在横梁上,考虑到横梁的钉穴,重钉修理次数仅限为 3 次左右,如果从目前修理的实际情况为每两年一次来考虑,木制平托盘的寿命为 8 年。实际工作中,也有的地方对横梁采取增强措施,将木制平托盘的使用寿命提高到 10 年以上。从一般的实际使用情况看,运输用托盘的寿命平均为 3 年,场内保管用托盘的寿命平均为 6 年。

第四节 其他集装方式

除了集装箱集装、托盘集装这两种应用面广、适用货场种类多的主体集装方式,还有若干种在某些货物、某些领域能发挥特殊作用的集装方式。

一、集装袋

集装袋是一种袋式集装容器,它的主要特点是柔软、可折叠、自重轻、密闭隔绝性强,所以集装袋又被称为柔性货运集装箱。集装袋的顶部一般装有金属吊架或吊环等,以便于铲车或起重机的吊装、搬运。卸货时打开袋底的卸货孔,即行卸货,非常方便,所以集装袋配以铲车或起重机及其他运输工具,就可实现集装单元化运输。

采用集装袋,可提高装卸效率、降低费用和减少物流过程中的损耗。集装袋可分为一次使用型和重复使用型两种。一次使用型集装袋多为圆形,其构造强度虽较重复使用型集装袋小得多,但足够保证一次使用的强度要求。在实际使用中,一次使用型集装袋往往不止使用一次,大多数一次使用型集装袋可使用 5 次左右。集装袋由于装卸货物、搬运都很方便,装卸效率较高,近年来发展很快。

1. 集装袋的种类

(1) 按集装袋的形状,集装袋可分为圆筒形集装袋和方形集装袋两种,一般以圆筒形集装袋居多。

(2) 按适装物品的形状,集装袋可分为粉粒体集装袋和液体集装袋两种。两种集装袋在构造及材质的选择上均有区别。

(3) 按吊带设置方式不同,集装袋可分为顶部吊带集装袋、底部托带集装袋和无吊带集装袋三种。顶部吊带在顶部袋口处;底部托带是指四根吊带从底部托过,从上部吊运。顶部吊带集装袋、底部托带集装袋在装卸时均可叉可吊,而无吊带集装袋只能依靠叉车装卸。

(4) 按装卸料方式不同,集装袋可分为上部装料下部卸料两个口集装袋和上部装料并卸料一个口集装袋两种。

(5) 按集装袋的材质不同,集装袋可分为涂胶布袋、涂塑布袋和交织布袋三种。

2．集装袋的使用

集装袋使用领域很广,目前主要用于水泥、粮食、石灰、化肥、树脂类等易变质且易受污染并易污染别的物品的粉粒状物的装运。在液体物料方面,集装袋适用于装运液体肥料、表面活性剂、动植物油、酱油、醋等。

二、集装网络

集装网络是指用高强度纤维材料制成的集装工具。集装网络比集装袋更轻,因而运输中的无效运输更少,可节省集装费用。集装网络主要运输块状货物,每个集装网络通常一次装运500～1 500 kg,在装卸中采用吊装方式。集装网络的缺点是对货物防护能力差,因而集装网络的应用范围有较大的限制。集装网络如图 8-45 所示。

图 8-45　集装网络

三、罐体集装

罐体集装和罐式集装箱类似,但不属于集装箱系列,而单独构成专用的系列。罐体集装的集装能力有时超过罐式集装箱。罐体集装有集装罐和集装桶等。

罐体集装有两个典型的代表体系。

1．散装水泥

散装水泥采用专用的罐式汽车、火车及船舶进行运输,以水泥散装仓库为配送节点,将火车或船舶运到的大批量散装水泥卸入水泥散装仓库,以水泥散装仓库为节点,转换运输方式,利用罐式汽车将水泥运至用户的"门"。

对于需求量大的用户,散装水泥可不经配送节点直接运至用户的散装仓库。

在各个节点,散装水泥的装卸依靠管道进行,采用气力或重力装卸方法,这种节点称水泥散装中转站。这种专用集装系统的主要缺点是,专门设备不可能载货返程而只能空运,造成运力浪费以及费用的增加。

2．石油、燃料油

石油、燃料油采用专用的油罐车进行运输。它的物流过程如下:专用大型油罐车或专用油船将油运至中转库(一般是大型地下油库或油罐),再由油罐分运至各加油站,在加油站完成对用户的服务。这种集装方式全部采用专用设备,运输效率高且安全,是油品运输的主体方式。

在这一领域,罐式集装箱的应用反而较少。

四、货捆

货捆是依靠捆扎将货物组合成大单元的集装方式。

许多条形及柱形的强度比较高的、无须防护的材料,如钢材、木材,各种棒、柱建材,还有能进行捆扎组合的铝锭、其他合金锭等,采用两端捆扎或四周捆扎的方式,可以组合成各种各样的捆装整体。

五、滑板

滑板又称为薄板托盘或滑片,是托盘的一种变形体。它的结构只是一片无支承的薄板,也可使叉车的货叉沿滑板滑动插入板底,在不伤毁其他货物的情况下,将滑板连同滑板上的货物一起进行装卸操作。和托盘相比,滑板由于减少了一面盘面和纵梁、垫块,所以无效操作更少。滑板如图 8-46 所示。

(a)纸制滑板　　　　　　　(b)塑料制滑板

图 8-46　滑板

滑板一般用塑料制造,塑料制滑板比木制滑板、纸制滑板更好。塑料制滑板具有以下优点。

(1) 塑料制滑板的载物面经过特殊加工,所以有较大的摩擦系数,滑板上所载货物不易发生滑动塌垛等事故。

(2) 塑料制滑板结实耐用,可以反复使用,并能承受强度很大的操作。

(3) 塑料制滑板有较强的耐水及耐化学侵蚀的性质。

(4) 塑料制滑板卫生清洁,易用水洗,可防止杂菌繁殖,比一般集装物卫生,适于装运食品及医药用品。

(5) 塑料制滑板在装运冷冻物或在严寒地带使用也有很高的强度。

(6) 塑料制滑板自重轻,采用塑料制滑板集装,塑料制滑板自重的无效运输可忽略不计(只相当于木制平托盘的 1/20)。

(7) 塑料制滑板更薄,可节省保管空间。

(8) 塑料制滑板可大幅度降低集装成本,节约费用。

要与滑板配合使用,叉车需要有带钳口的推拉器。取货时,先用推拉器的钳口夹住滑板的壁板,将货叉向前伸,并同时将滑板货体拉到货叉上;卸货时,先对好位,然后用推位器将滑板货体推出,使货体就位。滑板集装的最大缺点是对叉车有特殊要求,影响叉车的通用性,且叉车附件造价高。另外,滑板集装对操作人员的要求也较高,操作难度大。

六、物流周转箱

物流周转箱简称为物流箱或周转箱,广泛用于机械、汽车、家电、轻工、电子等行业,能耐酸耐碱、耐油污,无毒无味,可用于盛放食品等,清洁方便,零件周转便捷、堆放整齐,便于管理。物流周转箱适用于工厂物流中的运输、配送、储存、流通加工等环节。物流周转箱可与多种物流容器和工位器具配合,用于各类仓库、生产现场等多种场合。在物流管理越来越被广大企业重视的今天,物流周转箱帮助完成物流容器的通用化、一体化管理,是生产及流通企业进行现代化物流管理的必备品。物流周转箱如图8-47所示。

图 8-47　物流周转箱

1. 物流周转箱的特点

物流周转箱主要是采用食品级的环保LLDPE材料,经过较为先进的旋转模压工艺一次成型精制而成的,配有海洋不锈钢锁扣,底部配有橡胶防滑垫,无毒无味、抗紫外线、不易变色,表面光滑,容易清洗,保温效果好,不怕摔碰,可终身使用。物流周转箱配合冰袋使用,保冷效果超过同行业标准,持续冷藏保温时间可达数天。

物流周转箱自重轻,使用寿命长,有效工作温度为$-25-40$ ℃。物流周转箱可堆叠存放,节省使用空间。

2. 物流周转箱的性能

包装箱式物流周转箱既可用于周转,又可用于成品出货包装,轻巧、耐用、可堆叠。可根据用户需求定做各种规格、尺寸的物流周转箱。物流周转箱可用铝合金包边,可加盖防尘,外形美观大方。物流周转箱可应用于五金、电子、机械零配件、冷藏、储存、运输等行业。一般中空板式物流周转箱根据客户提供的尺寸设计制作,可做到最合理装载,并可多箱重叠,有效利用厂房空间,增大零部件储存量,节约生产成本。

复习思考题

1. 集装单元化的原则有哪些?
2. 简述集装箱的特点。
3. 按长度划分,集装箱分为哪几类?
4. 集装箱必备标记包括哪些?
5. 托盘国际标准规格有哪六种?
6. 简述托盘货物的紧固方法。

第九章
物流起重机械设备

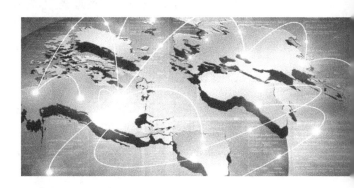

WULIU
JIXIE
SHEBEI

第一节 起重机械的概念、特点及分类

一、起重机械的概念及范围规定

2014年10月30日,根据《中华人民共和国特种设备安全法》《特种设备安全监察条例》的规定,国家质量监督检验检疫总局修订并正式公布施行了《特种设备目录》,其中对起重机械的概念及范围做出了相应的规定。

起重机械是指用于垂直升降或者垂直升降并水平移动重物的机电设备,其范围规定为:额定起重量大于或者等于0.5 t的升降机;额定起重量大于或者等于3 t(或额定起重力矩大于或者等于40 t·m的塔式起重机,或生产率大于或者等于300 t/h的装卸桥),且提升高度大于或者等于2 m的起重机;层数大于或者等于2层的机械式停车设备。

从广义上讲,起重机械是对以间歇作业的方式实现物料或人员的起升、下降和水平运动的机电设备的总称。在物流装卸搬运过程中,常用的作业机械是一种具有周期性循环、间歇运动性质的起重机械,它用来实现货物的垂直升降或兼作水平运动,从而满足货物的装卸、转载等作业的要求。

二、起重机械的作用及意义

随着现代科学技术的飞跃发展,在国民经济各部门和基本建设中新结构、新工艺、新技术、新材料的不断应用,一些长大、笨重型的构件、设备、塔器的吊装和运输等工作,在没有起重机械的辅助下,仅靠人工徒手作业是很难完成的。如今,工厂、矿山、车站、港口、仓库、货场、建筑工地等都离不开起重机械。例如,在一个工厂的机加工自动生产线上,大量的原料、半成品和产成品都要依靠各类起重机械进行装卸搬运;在一个现代化的货运枢纽港口,每年数以千万吨计的货物同样需要依靠各类起重机械进行装卸搬运。

合理地运用起重机械,对实现现代企业生产过程和物流作业的机械化、自动化,减轻作业人员的劳动强度,提高装卸搬运效率,降低生产运作成本等起着十分重要的作用。因而,可以说起重机械已经成为当今众多行业和领域机械化作业的重要物质基础和保障,成为现代企业的主要生产力要素之一。

三、起重机械的工作过程及工作特点

1. 起重机械的工作过程

起重机械是一种以间歇作业的方式对物料进行起升、下降和水平移动的装卸搬运机械,在交通运输领域应用较广泛。起重机械对实现装卸搬运作业机械化,减轻劳动强度,加快车、船周转速度,提高劳动生产率,降低物流运输成本起着十分重要的作用。

起重机械的作业通常带有重复循环的性质。起重机械一个完整的工作循环一般包括取物、起升、平移、下降、卸载,然后空吊具返回到装卸位置,直至下一次取物开始。经常启动、制动、正向运动和反向运动是起重机械作业的基本特点。以吊钩起重机为例,它的工作程序通常是:空钩下降至装货点→挂钩货物→吊货起升→吊货运送至卸货点→吊货下降并卸货→空钩起升并返回原来位置,准备开始第二次吊货作业。图9-1所示为吊件货的门座起重机的工作循环示意图。

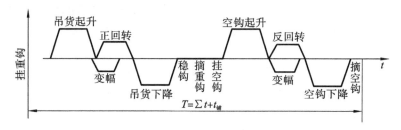

图 9-1　吊件货的门座起重机的工作循环示意图

2. 起重机械的工作特点

起重机械属于有危险性作业性质的特种设备。它的工作范围较大,危险因素较多。起重机械具体的工作特点如下。

(1) 间歇循环运动,稳定时间短暂。起重机械是一种间歇动作的机械,且具有循环往复的特点,在完成一个工作循环后,进行下一次的工作循环。在工作中,由于其各工作机构经常处于反复启动、制动以及正反向相互交替的运动状态,因而起重机械稳定的时间相对于其他机械而言较为短暂。

(2) 结构较复杂,操作难度大。起重机械通常具有庞大的承载金属结构和比较复杂的机构,能完成一个起升运动、一个或几个水平运动。例如,桥式起重机能完成起升、大车运行和小车运行三种运动;门座起重机能完成起升、变幅、回转和大车运行四种运动。起重机械在作业过程中常常是几个不同方向的运动同时进行,操作难度较大。

(3) 工作环境复杂,危险因素众多。从大型钢铁联合企业,到现代化港口、建筑工地、铁路枢纽、旅游胜地等,都有起重机械在运行。起重机械在作业场所常常会遇到高温、高压、易燃、易爆、输电线路、强磁场等危险因素,对于起重机械自身和专业人员形成威胁。

(4) 作业活动空间大,事故危害面广且大。大多数起重机械需要在较大的范围内运行,有的要装设轨道和车轮(如桥式起重机等),有的要装设轮胎或履带在地面上行走(如轮胎起重机、履带起重机等),还有的需要在钢丝绳上运行(如架空索道、缆索起重机等),起重机械活动空间范围较大,因此一旦发生事故,不仅影响面较广,损失也将是巨大的。

(5) 作业对象多而杂,作业过程难而险。起重机械所吊运的重物多种多样,载荷是变化的。有的重物重达几百吨甚至上千吨,有的物体长达几十米,形状很不规则,还有散粒和热熔、易燃易爆危险物品等,使得吊运过程复杂、困难且又危险。

(6) 人身安全潜在风险多,作业可靠性要求高。由于起重机械结构复杂,暴露的、活动的零部件较多,且常与吊运作业人员直接接触,所以起重机械有许多偶发的潜在危险因素。有些起重机械需要直接载运人员在导轨、平台或钢丝绳上作升降运动,它的可靠性直接影响人身安全。所以,在起重机械的设计、制造和使用过程中,一定要严格按照国家标准和有关规定。

(7) 现场作业要求高,多人配合难度大。在起重机械的工作过程中,常常需要多人配合、共同协作,才能完成一项作业,因此要求指挥、捆扎、驾驶等作业人员配合熟练、动作协调、互相照应,作业人员应有处理现场紧急情况的能力,而多个作业人员之间的密切配合存在较大的难度。

(8) 灵活性较差,通用性不强。起重机械主要以装卸为主要功能,而搬运功能较差、搬运距离很短,加上大多数起重机械机体本身移动困难,因而起重机械的通用性不强,往往是港口、车站、物流中心、仓库等处的固定设备。

四、起重机械的分类

经过多年的发展,适应国民经济各行业生产需要的新的起重机械不断涌现。根据我国国家标准《起重机械分类》(GB/T 20776—2006)的规定,起重机械按其功能和结构特点分为轻小型起重设备、起重机、升降机、工作平台、机械式停车设备五类,如图 9-2 所示。

1. 轻小型起重设备

轻小型起重设备一般只有一个升降机构。常见的轻小型起重设备有千斤顶、起重葫芦、滑车、卷扬机等。其中,起重葫芦按其动力来源可分为手动葫芦、电动葫芦、气动葫芦和液动葫芦四种。电动葫芦常配有运行小车与金属构架,以增大作业范围。轻小型起重设备的特点是轻便,构造紧凑,动作简单,作业范围投影以点、线为主。

2. 起重机

起重机是以间歇、重复的工作方式,通过起重吊钩或其他吊具起升、下降,或升降与运移重物的机械设备。除了具有起升机构以外。起重机还有其他运动机构。起重机的特点是能将挂牵在起重吊钩或其他取物装置上的重物在空间上实现垂直升降和水平运移。根据水平运动形式的不同,起重机可分为桥架型起重机、臂架型起重机和缆索型起重机三大类。

(1) 桥架型起重机除起升机构外,还有小车、大车两个运行机构,依靠这些机构的配合动作,可在整个长方形场地及其上空作业。这类起重机适用于车间、仓库、露天堆场等处的物品装卸工作。

(2) 臂架型起重机除起升机构外,通常还有旋转机构和变幅机构,依靠这些机构的配合动作,可在圆形场地及其上空作业。臂架型起重机可装设在车辆或其他运输工具上,这样就构成了常见的各种臂架型起重机,如门座起重机、塔式起重机、悬臂起重机等。它们具有良好的机动性,特别适用于露天装卸及安装工作。

(3) 缆索型起重机以柔性钢索作为大跨距架空承载构件,供悬吊重物的载重小车在承载索上往返运行,具有垂直运输和水平运输功能。缆索型起重机可在较大空间范围内,对货物进行起重、运输和装卸作业。缆索型起重机常用于在其他吊装方法不便或不经济的情况下,吊重量不大,跨度、高度较大的货物,如桥梁建造、电视塔顶设备吊装等。

3. 升降机

虽然升降机也只有一个升降机构,但由于配有完善的安全装置及其他附属装置,它的复杂程度是轻小型起重设备不能比拟的,故列为单独一类。升降机的特点是:重物或取物装置只能沿导轨升降;导轨可以是垂直的,也可以是倾斜的或曲线式的。升降机一般分为升船机、启闭机、施工升降机、举升机四种。

4. 工作平台

工作平台是指依靠液压技术进行升降运动,用来载人进行作业或输送重物的机械设备。它一般分为桅杆爬升式升降工作平台和移动式升降工作平台两类,又可细分为剪叉式高空作业平台、臂架式高空作业平台、套筒油缸式高空作业平台、桅柱式高空作业平台、桁架式高空作业平台等类型。

5. 机械式停车设备

机械式停车设备是在停车场中,用于存取和停放车辆的一种机电一体化的成套机械或机械设备系统的总称,是机械式立体停车库的重要组成部分。机械式立体停车库以其占地面积小、建设费用低、存取方便、运行经济、维修方便等特点,成为当前众多城市应对"停车难"问题的一种有效解决方案。机械式停车设备一般分为九种类型,如图 9-2 所示。

五、起重机械的型号

起重机械种类繁多,用途各异,故其型号编制规则也各不相同。下面仅以部分起重机械的

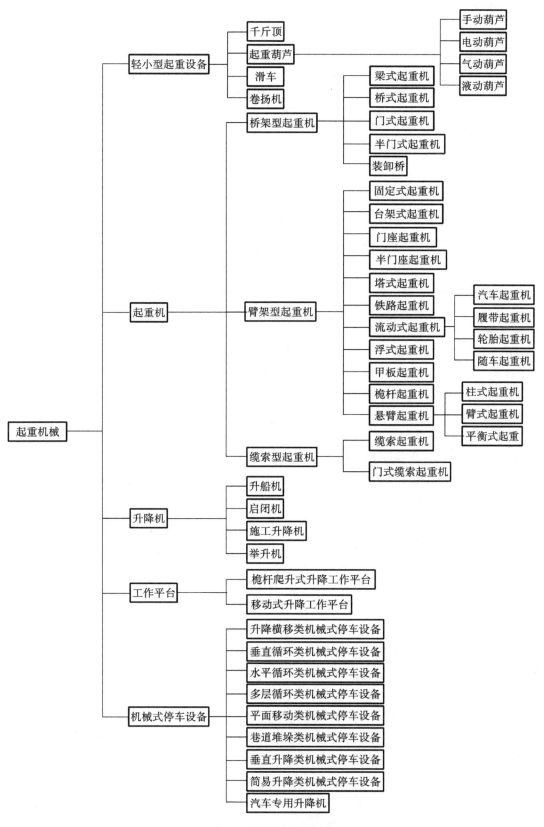

图 9-2 起重机械的分类

型号编制规则为例予以说明。

1. 旋转运行式起重机型号编制规则

旋转运行式起重机型号编制规则如图9-3所示。

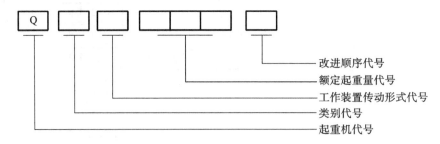

图 9-3　旋转运行式起重机型号编制规则

（1）改进顺序代号。改进顺序代号又称更新代号，是当产品进行更新或结构有重大改进，需要重新试制鉴定时使用的。改进顺序代号按大写拉丁字母 A，B，C，…顺序依次标注，或以数字表示，置于原产品型号尾部。产品无更新或结构无重大改进时，通常不标改进顺序代号。

（2）额定起重量代号。额定起重量代号为起重机的主参数代号，由起重量和单位构成，起重单位通常为 t。

（3）工作装置传动形式代号。Y 表示液压传动，D 表示电力传动，机械传动不标。

（4）类别代号。L 表示轮胎起重机，U 表示履带起重机，汽车起重机不标。

（5）起重机代号。Q 表示起重机代号。

示例如下。

（1）QY16 型起重机：表示该起重机类别为汽车起重机，工作装置传动形式为液压传动，额定起重量为 16 t，无更新和重大改进。

（2）QLD8C 型起重机：表示该起重机类别为轮胎起重机，工作装置传动形式为电力传动，额定起重量为 8 t，改进顺序为第三次更新或重大改进。

在轮胎起重机中，还有些型号与上述编码规则略有不同，如 LQT-16 及 LQY-16 两种型号。前者表示为额定起重量为 16 t、电力传动的轮胎起重机，其中 T 表示铁路运输部门；后者的 Y 表示液压支腿，其余与前者表示的含义相同。

国产履带起重机一般与挖掘机通用，因此通常按挖掘机编制规则进行编号。例如 W501 和 W1002 两种型号：W 表示挖掘机；字母后面的数字（末尾数字除外）表示标准斗容量，单位为 $\times 10^{-2}$ m³；末尾用数字表示动力形式，1 表示内燃机驱动，2 表示电动驱动。因此，W501 表示斗容量为 0.5 m³ 的内燃机驱动的起重（挖掘）机，W1002 表示斗容量为 1.0 m³ 的电动驱动的起重（挖掘）机。

2. 门座起重机型号编制规则

门座起重机型号编制规则如图9-4所示。

（1）改进顺序代号、额定起重量代号、起重机代号：均与旋转运行式起重机代号所表示的含义及编制规则相同。

（2）最大起重力矩代号：以最大起重力矩×10 表示最大起重力矩，单位为 kN·m。

（3）门座式（类别代号）：以字母 M 表示门座起重机。

（4）单卷筒代号：以字母 D 表示单卷筒式。

例如，DMQ540/30A：表示单卷筒式门座起重机，额定起重量为 30 t，最大起重力矩为

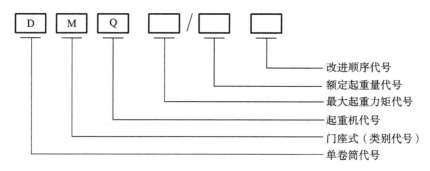

图 9-4 门座起重机型号编制规则

5 400 kN·m，第一次更新或有重大改进。

3. 塔式起重机型号编制规则

根据《塔式起重机分类》(JG/T 5037—1993)的规定，塔式起重机型号编制规则如图 9-5 所示。

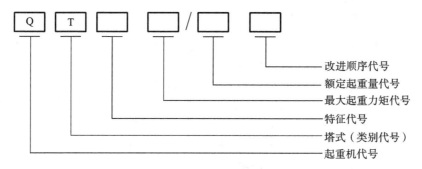

图 9-5 塔式起重机型号编制规则

塔式起重机属于起(Q)重机大类中的塔(T)式起重机组，故前两个字母为 QT。特征代号是对机组所做的特别说明，常用的特征代号有：K，表示快装式；G，表示固定式；P，表示爬升式；L，表示轮胎式；U，表示履带式；Z，表示上回转自升式；X，表示下回转式；S，表示下回转自升式。若对起重机特征无特别说明，则特征代号可不标。例如 QTZ80/3B：代表最大起重力矩为 800 kN·m，额定起重量为 3 t 的上回转自升式塔式起重机，且为第二次更新或重大改进设计。

为了促进国内塔式起重机生产制造企业的品牌建设和与国际接轨，《塔式起重机》(GB/T 5031—2008)中取消了《塔式起重机分类》(JG/T 5037—1993)中的 QT 标识要求，允许企业自定型号标识，但在企业标准或相关资料中应有类、组、型的标识说明，以便用户通过制造商公开的信息方便地理解制造商标识型号所表示的产品类别。一些塔式起重机制造商根据国外标准，用塔式起重机最大臂长(m)与臂端(最大幅度)处所能吊起的额定重量(kN)两个主要参数来标记塔式起重机型号。例如，长沙中联重科 QTZ80 的另一型号标记为 TC6013-6，其中"TC"即 tower crane 的缩写形式，"60"表示最大臂长为 60 m，"13"表示臂端处额定起重量为 13 kN(约 1.3 t)，"6"表示最大额定起重量为 6 t，如图 9-6 所示。

4. 梁式起重机型号编制规则

手动梁式起重机的型代号分别为：手动单架起重机 LS，手动单梁悬挂起重机 LSX，手动双梁起重机 LSS；主参数为额定起重量，单位为 t。

电动梁式起重机的型代号分别为：电动单架起重机 LD，电动单梁悬梁起重机 LX，电动葫芦双梁起重机 LH；主参数为额定起重量，单位为 t。

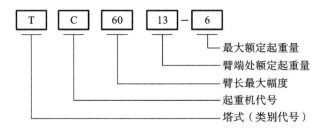

图 9-6 中联重科 QTZ80(TC6013-6)塔式起重机型号说明

六、起重机械的发展方向

物料的搬运成为人类生产活动中的重要组成部分,距今已有 5 000 多年的发展历史。随着生产规模的扩大、自动化程度的提高,作为物料搬运的重要设备,起重机械在现代化生产过程中的应用越来越广泛,作用也越来越大,因此对起重机械的要求也越来越高。起重机械正经历着一场巨大的变革。起重机械主要呈现出以下的发展趋势和方向。

1. 重点产品的大型化、高速化和专用化

工业生产规模不断扩大,生产效率日益提高,以及产品生产过程中物料装卸搬运费用所占比例逐渐增加,促使大型或高速起重机械的需求量不断增长,起重量越来越大,工作速度越来越高,并对能耗和可靠性提出更高的要求。起重机械已成为自动化生产流程中的重要设备。起重机械不但要容易操作,容易维护,而且安全性要好,可靠性要高,要求具有优异的耐久性、无故障性、维修性和使用经济性。目前世界上最大的履带起重机额定起重量为 3 000 t,最大的桥式起重机额定起重量为 1 200 t,集装箱岸边装卸桥小车的最大运行速度已达 350 m/min,堆垛起重机最大运行速度达 240 m/min,垃圾处理用起重机的起升速度达 100 m/min。工业生产方式和用户需求的多样性,使专用起重机的市场不断扩大,品种也不断更新,以特有的功能满足特殊的需要,发挥出最佳的效用。例如,冶金、核电、造纸、垃圾处理专用起重机,防爆、防腐、绝缘起重机和铁路、船舶、集装箱专用起重机的功能不断增加,性能不断提高,适应性比以往更强。

2. 通用产品的小型化、轻型化和多样化

有相当批量的起重机是在通用的场合使用,工作并不很繁重。这类起重机批量大、用途广,考虑到综合效益,要求起重机尽量降低外形高度,简化结构,减小自重和轮压;也可使整个建筑物高度下降,建筑结构轻型化,降低造价。因此,电动葫芦桥式起重机和梁式起重机会有更快的发展,并将大部分取代中小吨位的一般用途桥式起重机。德国德马格公司经过几十年的开发和创新,生产了一个轻型组合式的标准起重机系列。该系列额定起重量为 1~80 吨,工作级别为 A1~A7,整个系列由工字形单梁、箱形单梁、悬挂箱形单梁、角形小车箱形单梁和箱形双梁等多个品种组成。另外,该系列主梁与端梁相接,起重小车的布置有多种形式,可适合不同建筑物及不同起吊高度的要求。

3. 系列产品的模块化、组合化和标准化

用模块化设计代替传统的整机设计,将起重机上功能基本相同的构件、部件和零件制成有多种用途、有相同连接要素和可互换的标准模块,通过不同模块的相互组合,形成不同类型和规格的起重机。对起重机进行改进,只需针对某几个模块。设计新型起重机,只需选用不同的模块重新进行组合。这样可使单件小批量生产的起重机改换成具有相当批量的模块生产,实现高效率的专业化生产,企业的生产组织也可由产品管理变为模块管理,达到改善整机性能,降低制造成本,提高通用化程度,用较少规格数的零部件组成多品种、多规格的系列产品,充分满足用户需求的目的。目前,德国、英国、法国、美国和日本的著名起重机公司都已采用起重机模块化设计,并取得了显著的效益。德国德马格公司的标准起重机系列改用模块化设计后,设计费用比单件设计下降12%,生产成本下降45%,经济效益十分可观。

4．产品性能的自动化、智能化和数字化

起重机械的更新和发展,在很大程度上取决于电气传动与控制的改进。将机械技术和电子技术相结合,将先进的计算机技术、微电子技术、电力电子技术、光缆技术、液压技术、模糊控制技术应用到机械的驱动和控制系统,可实现起重机的自动化和智能化。大型高效起重机新一代电气控制装置已发展为全电子数字化控制系统。全电子数字化控制系统主要由全数字化控制驱动装置、可编程序控制器、故障诊断及数据管理系统、数字化操纵给定检测设备等组成。变压变频调速技术、射频数据通信技术、故障自诊监控技术、吊具防摇的模糊控制技术、激光查找起吊物重心技术、近场感应防碰撞技术、现场总线技术、载波通信及控制技术、无接触供电技术及三维条形码技术等将在起重机中广泛得到应用,使起重机具有更高的柔性,以适合多批次小批量的柔性生产模式,提高单机综合自动化水平。重点开发以微处理机为核心的高性能电气传动装置,使起重机具有优良的调速和静动特性,可进行操作的自动控制及自动显示与记录、起重机运行的自动保护与自动检测、特殊场合的远距离遥控等,以适应自动化生产的需要。

第二节 起重机械的系统组成及工作原理

起重机械由操纵控制系统、驱动装置、取物装置、工作机构和金属结构五个部分组成,如图9-7所示。通过对操纵控制系统的操纵,驱动装置先将动力能量转变为机械能(即适宜的作用力或运动速度),然后再将机械能传递给取物装置。取物装置将所需搬运的物料与起重机联系起来。工作机构单独或组合运动,完成物料的搬运任务。可移动的金属结构将各组成部分连接成一个整体,并承载起重机的自重和吊重。

一、操纵控制系统

操纵控制系统通过电气、液压系统操纵、控制起重机械各机构及整机的运动,进行各种起重作业。操纵控制系统包括各种操纵装置和安全装置,由离合器、制动器、锁止器、显示器、操纵阀、调速装置和安全装置等组成,是人机对话的接口。安全人机学的要求在这里得到集中体现。起重机械通过操纵控制系统来改变运动

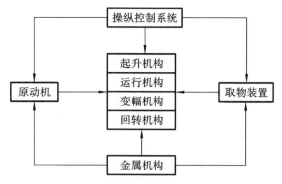

图9-7 起重机械组成示意图

特性,以实现各机构的启动、调速、变向、制动和停止,从而完成相应的作业任务。操纵控制系统的状态直接关系到起重作业的质量、效率和安全。

二、驱动装置

驱动装置用来驱动工作机构的动力设备,不同类型的起重机械有不同类型的驱动装置。现代起重机械常用的驱动形式主要有电力驱动、内燃机驱动、人力驱动和内燃机-电力复合驱动、内燃机-液压复合驱动等。电能是清洁、经济的能源,电力驱动是现代起重机械的主要驱动形

式,几乎所有的在有限范围内运行的有轨起重机、升降机、电梯等都采用电力驱动。

可以远距离移动的流动式起重机,如汽车起重机、轮胎起重机和履带起重机,多采用内燃机驱动。

人力驱动适用于一些轻小起重机械设备,如手动葫芦、千斤顶等,同时也用作某些设备的辅助驱动、备用驱动,以及用于产生意外(或事故状态)的临时动力。

三、取物装置

取物装置是通过吊、抓、吸、夹、托或其他方式,将物料与起重机械联系起来进行物料吊运的装置。根据被吊物料不同的种类、形态、体积大小,起重机械采用不同的取物装置。例如,成件的物品常用吊钩、吊环,散料(如粮食、矿石等)常用抓斗、料斗,液体物料使用盛筒、料罐等。也有针对特殊物料的特种吊具,如吊运长形物料的起重横梁,吊运导磁性物料的起重电磁吸盘,专门供冶金等部门使用的旋转吊钩,还有螺旋卸料和斗轮卸料等取物装置,以及集装箱专用吊具等。

合适的取物装置可以减轻作业人员的劳动强度,大大提高工作效率。防止吊物坠落,保证作业人员的安全和吊物不受损伤是对取物装置的基本要求。

四、工作机构

工作机构是为了使货物作垂直方向和纵、横两个水平方向运动而设置的。各种起重机械由于用途不同,其工作机构在种类、数量及构造上会有很大的差异,但都具有实现"升降"这一基本动作的起升机构。除此以外,起重机械常见的工作机构还包括变幅机构、回转机构、运行机构和其他专用的工作机构。其中,变幅机构、回转机构、运行机构与起升机构一起,并称为起重机械的四大机构。作为一种空间运输设备,起重机械正是通过某一机构的单独运动或多机构的组合运动,来实现物料在垂直方向和纵、横两个水平方向的运动的。

1. 起升机构

用来实现物料的垂直升降运动的机构称为起升机构。它是任何起重机械不可缺少的部分。一个起升机构就可以独立构成一台完整的起重设备,如电葫芦、载人电梯等,因而起升机构是起重机械最主要、最基本的机构。

起升机构一般由原动机、卷筒、钢丝绳、滑轮和吊钩等部件组成。它通常以省力滑轮组作为执行构件,必要时可通过减速器改变原动机的转速和转矩。图 9-8 所示是钢丝绳滑轮组的基本形式。其中图 9-8(a)、(b)适用于臂架型起重机,驱动机构装在机器房中,驱动机构通过卷筒 1 收放钢丝绳,钢丝绳通过装在臂架端部的导向滑轮 2 与吊钩联系,此时为了防止吊钩在钢丝绳收放过程中水平移动,通常应用双联滑轮组,为此增加了平衡滑轮 3。

起升机构的传动方式根据机器房的布置要求而定,起重机械一般总是由电动机通过联轴器、齿轮减速器驱动卷筒。在高速轴上装有制动器或锁止器等控制装置,以便将货物安全地停止悬空于某位置或控制货物的下降速度。图 9-9 所示是起升机构几种常见的传动方式。其中图 9-9(a)所示传动方式是最简单也最通用的一种传动方式,电动机 1 通过联轴器 2 与减速器 3 联系,减速器 3 的低速轴直接与卷筒 7 连接,这种传动方式适用于小型起升机构。图 9-9(b)所示传动方式是将电动机与减速器间的距离加大,用两个单齿轮的联轴器 4、5 取代图 9-9(a)中的一个联轴器 2,两个联轴器间用一根浮动轴 6 相联系。该传动方式的优点在于可允许较大的安装误差。图 9-9(c)所示传动方式与图 9-9(a)所示传动方式的区别在于,图 9-9(a)表示的是减速器低速轴与卷筒同轴,而图 9-9(c)中是将最后一级齿轮做成了开式传动,这种与卷筒连接的方

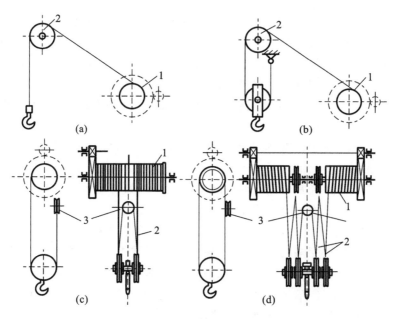

图 9-8 钢丝绳滑轮组的基本形式
1—卷筒;2—导向滑轮;3—平衡滑轮

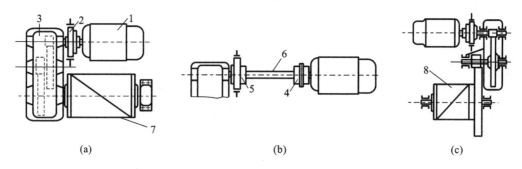

图 9-9 起升机构几种常见的传动方式
1—电动机;2,4,5—联轴器;3—减速器;6—浮动轴;7,8—卷筒

式相对比较容易。

起升机构一般还设置有离合器,以让卷筒脱开原动机,使货物在自身重力的作用下自由下降。此外,大型起重机械一般备有"一主一副"两套起升机构,副起升机构的起升能力一般为主起升机构的 1/5~1/3 或更小。起升重量较大的货物时,用主起升机构或主钩;起升重量较小的货物时,则用副起升机构或副钩。

在某些专门用途的起重机械上,还采用一些特殊形式的起升机构,如有导架取物装置的起升机构、不用滑轮组的刚性起升机构等。

2. 变幅机构

起重机械变幅是指改变吊钩中心与起重机械回转中心轴线之间的距离,该距离称为幅度。变幅机构包括臂架系统和变幅传动系统两个部分。它通过改变臂架的长度和仰角来改变作业幅度,从而扩大了作业范围,即将垂直方向的直线作业范围扩大为纵、横两个水平方向的面的作业范围。

1) 变幅机构的变幅形式

变幅机构是臂架型起重机特有的工作机构。从变幅的原理看,变幅机构有非平衡变幅和平衡变幅两种基本形式。

(1) 非平衡变幅形式。非平衡变幅是依靠臂架绕其铰接点转动的方法改变起重机的幅度，因而带着货物从大幅度向小幅度变化伴随着货物的垂直上升，这就使得变幅机构消耗较大的能量。因此，非平衡变幅形式不宜用于需经常带载变幅的场合，宜用于只作非工作性的调幅运动的场合。例如，轮胎起重机和汽车起重机有钢丝绳变幅和液压缸变幅两种变幅形式，这两种形式的变幅都是使吊臂绕其下铰接点在吊臂所处垂直面内上下而实现的，采用这两种变幅形式的起重机又称为动臂式起重机。

(2) 平衡变幅形式。平衡变幅采用起升滑轮组或专门设计的带关节连杆的臂架系统，变幅时，臂架所吊起的货物基本上沿水平线运动。显然，这种变幅形式在变幅过程中所消耗的能量相对较小，因此适用于需要经常带载变幅的起重机上。例如有些塔式起重机，变幅是靠小车沿吊臂水平移动来实现的，也称为小车式变幅。

变幅形式随起重机的不同而不同：对于港口用的门座起重机、浮船起重机，为了提高生产率，采用带载变幅的工作性变幅机构；对于旋转运行式起重机，由于要求变幅机构结构紧凑、重量轻，同时还由于受到倾翻稳定性的限制，在吊运货物前，必须将幅度先调整到允许的范围内，吊起货物后幅度不再调整，变幅过程是非工作性的。但近年来生产的这类起重机，工作时使用支腿并改进了设计，其变幅机构也属于工作性的。工作性变幅机构要装设可靠的制动安全装置，以防俯仰吊臂时制动失效，一般装设有限速器和锁止器。

2) 变幅机构的传动方式

绳索滑轮组式传动和刚性连杆式传动是变幅机械的两种基本传动方式。

(1) 绳索滑轮组式传动方式。绳索滑轮组式变幅机构的执行构件是绳索滑轮组。绳索滑轮组的布置简图如图9-10(a)所示。绳索滑轮组的动滑轮组1通过连杆或钢丝绳与臂架3前端部连接，绳索滑轮组的定滑轮4支承在塔架上。卷筒2收绳或放绳，可使臂架3绕下端转动，从而改变起重机幅度。这种变幅机构的传动装置与起升机构没有什么原则上的差别，只是在变幅过程中绳索滑轮组的静拉力在很大范围内变化。

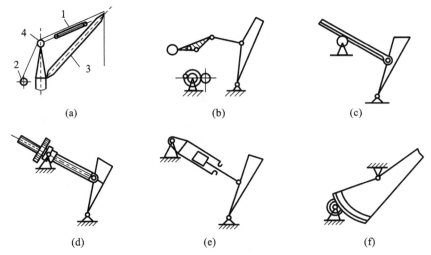

图 9-10 变幅机构执行构件的布置及原理简图
1—动滑轮组；2—卷筒；3—臂架；4—定滑轮

(2) 刚性连杆式传动方式。图9-10(b)所示是刚性连杆式传动机构的布置简图。它通过齿轮带动连杆，连杆的一端与起重机臂架相连，连杆运动可使臂架摆动；也可用齿轮齿条传动，齿条的一端直接与臂架铰接(见图9-10(c))；还可以用螺母螺杆传动，螺母由驱动机构驱动旋转，螺母的转动带动螺杆轴向移动,螺杆的一端与臂架铰接(见图 9-10(d))。

其他传动方式如图 9-10(e)、(f)所示。

3. 回转机构

为实现起重机械的回转运动而设置的机构称为回转机构。回转机构使臂架绕着起重机械的垂直轴线作回转运动,在环形空间移动物料,使得起重机械从线、面作业范围扩大为具有一定立体空间的作业范围。回转分为全回转(360°)和部分回转(270°)。一般轮胎起重机、履带起重机、门座起重机和浮式起重机多是全回转。回转机构一般设在上车部分,主要由动力装置、传动装置、回转小齿轮装置和回转支承装置等组成。原动机经减速器将动力传递到小齿轮上,小齿轮既自转又沿着固定在底架上的大齿圈公转,从而带动整个上车部分回转。

回转支承装置是支承上部回转部分的装置,它的作用像轴承。回转支承装置一般按其结构特点可分为立柱式和转盘式两大类。前者的主要优点是承受倾覆力矩的能力较好,后者的主要优点是所占的空间高度较小。

1) 回转机构的支承方式

(1) 立柱式回转支承方式。立柱式回转支承方式又可以分为定柱式回转支承方式和转柱式回转支承方式两种。图 9-11(a)所示是定柱式回转支承方式简图,定柱 2 固定在起重机械的底座上,起重机械回转部分支承在定柱顶部的推力径向轴承 1 上,并可绕定柱 2 中心线回转,回转部分的下部由 4 个水平滚轮支承在定柱下部圆形滚道上。起重机械的倾覆力矩由上部径向轴承及下部水平轮承受。图 9-11(b)所示是转柱式回转支承方式简图,它是将定柱式回转支承装置的定柱作为起重机械的回转部分,变成转柱 3,而把回转部分作为固定机架 4。

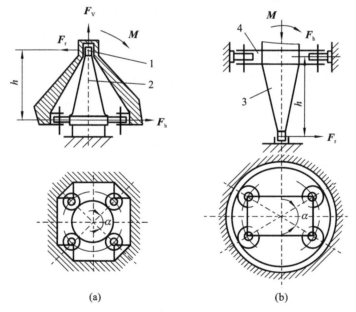

图 9-11 立柱式回转支承方式简图
1—径向轴承;2—定柱;3—转柱;4—固定机架

(2) 转盘式回转支承方式。图 9-12 所示为转盘式回转支承方式简图。其中图 9-12(a)所示是少支点滚轮式,即在起重机械的回转台 1 下固定 4 个或 4 组滚轮 2,滚轮在由槽钢弯成的圆形滚道 3 上滚动。图 9-12(b)所示是多支点滚柱式,起重机械回转部分和固定部分各有一圆形滚道,两滚道之间放着一系列滚轮(圆锥形滚轮 5 或圆柱形滚轮 6),因而回转部分可相对于不回转部分转动。

当用圆锥形滚轮时,二锥面线应相交于回转中心,这样当起重机械回转时滚轮在滚道上理论上作纯滚动;当用圆柱形滚轮时,起重机械回转时滚轮与滚道之间既有滚动,又有相对滑动;当用圆锥形滚轮时,为了防止滚轮在轴向分力作用下向外移动,滚轮与回转中心轴之间用连杆连接。为了回转时对中并承受回转部分的水平力(风力和水平惯性力),转盘式回转支承装置均设有中心回转轴枢4。在一般情况下,圆盘直径的选择应使得中心回转轴枢不受轴向力,滚轮不出现负压。但在起重机械尺寸受限制时(如汽车起重机、铁路起重机等),这一条件很难满足,此时可用反滚轮7(见图9-12(c))。

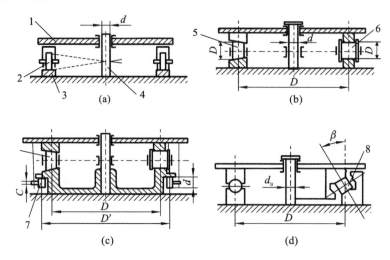

图9-12 转盘式回转支承方式和大型滚动轴承式支承方式简图

1—转盘(回转台);2—滚轮;3—滚道;4—中心回转轴枢;5—圆锥形滚轮;6—圆柱形滚轮;7—反滚轮;8—滚动轴承

转盘式回转支承与立柱式回转支承相比具有高度方向尺寸小、重心低等优点,但它不能承受较大的倾覆力矩,当倾覆力矩较大时需较大的圆盘直径。近年来广泛应用大型滚动轴承式支承方式(图9-12(d)所示),它很好地解决了上述矛盾,可以同时承受正反两个方向的水平力和垂直力,因而可以承受较大的倾覆力矩。对于特大型起重机械,转盘式回转支承是现实的选择。而对于高度尺寸限制不大的起重机械(如塔式起重机),立柱式回转支承由于结构简单、造价较低,仍然是较好的选择。

2) 回转机构的传动方式

回转机构传动方式简图如图9-13所示。其中图9-13(a)所示是电动机1将动力通过减速器2、开式直齿轮3、开式锥齿轮4进行传递的传动方式;图9-13(b)所示是电动机通过蜗杆5、蜗轮6进行动力传递的传动方式;图9-13(c)所示是立式电动机通过立式直齿轮减速器7进行动力传递的传动方式;图9-13(d)所示是立式电动机通过行星齿轮减速器8传递动力的传动方式。后两种方式平面尺寸紧凑,对机器房的布置很有利。通常驱动装置大都装在起重机械回转部分的机器房中,当回转机构功率较大时,一台起重机械可用两套驱动装置,两套驱动装置分布在180°方位上。

此外,大型轮胎起重机的回转机构还设有制动装置,以使货物准确地停在指定位置上。它的制动装置应由操纵人员直接控制,以免突然制动而产生过大的制动惯性力。

4. 运行机构

通过起重机械或起重小车运行来实现水平搬运物料的机构称为运行机构。运行机构主要用以承受起重机械本身重量和起升载荷,并使起重机械前后运行。运行机构一般包括支承运行装置和驱动机构两大部分。从运行装置上看,起重机械的运行机构有无轨运行和有轨运行之

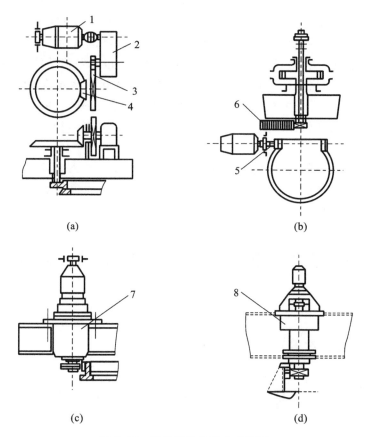

图 9-13 回转机构传动方式简图

1—电动机；2—减速器；3—开式直齿轮；4—开式锥齿轮；5—蜗杆；6—蜗轮；7—立式直齿轮减速器；8—行星齿轮减速器

分。对于前者，起重机械依靠轮胎或履带在普通路面上行走，用于汽车起重机、轮胎起重机和履带起重机上，机动性好；对于后者，起重机械在轨道上运行，承载力强，运行阻力小。有轨运行应用较多。

运行机构按其驱动方式的不同还可分为自行式和牵引式两种。自行式运行机构的各大装置包括驱动装置都装在运行部分上，运行机构驱动力的最大值受驱动轮、履带与轨道或地面间的附着力的限制。牵引式运行机构由装在运行部分以外的驱动装置驱动，通常用钢丝绳牵引，运行部分重量较轻。牵引式运行机构常用于大跨度的悬臂起重机。由于不受附着力的限制，牵引式运行机构可以在较大的坡度上或用较大的加速度运行。

无轨运行机构的构造和工作原理与汽车和普通内燃机式叉车基本相同，只是内燃机式叉车用前桥驱动（越野内燃机式叉车除外），无轨运行机构用后桥驱动。有轨运行机构的驱动方式一般可分为集中驱动和分别驱动两类。集中驱动有轨运行机构由一台动力装置驱动两个车轮行走，使起重机械完成沿轨道运行的工作，包括单边集中驱动和双边集中驱动两种形式；而分别驱动有轨运行机构装有两台及以上的动力装置，各自驱动一个车轮，可以布置成单边、双边和对角三种形式。

五、金属结构

金属结构是起重机械的重要组成部分。它是整台起重机械的骨架，所以应有足够的强度和刚度。金属结构是以金属材料轧制的型钢(如角钢、槽钢、工字钢、钢管等)和钢板作为基本构件,通过焊接、铆接、螺栓连接等方法,按一定的组成规则连接,承受起重机械的自重和载荷的钢结构。金属结构的重量占整机重量的40%~70%,重型起重机可达90%;成本占整机成本的30%以上。金属结构按其构造可分为实腹式(由钢板制成,也称箱形结构)和格构式(一般用型钢制成,常见的有桁架和格构柱)两类,桁架和格构柱是起重机械金属结构的基本受力构件。这些基本受力构件有柱(轴心受力构件)、梁(受弯构件)和臂架(压弯构件),各种构件的不同组合形成功能各异的各种起重机械。受力复杂、自重大、耗材多和整体可移动性是起重机械金属结构的工作特点。

金属结构将起重机械的机械、电气设备连接组合成一个有机的整体,承受和传递作用在起重机械上的各种载荷并形成一定的作业空间,以便将起吊的重物顺利搬运到指定地点。金属结构的垮塌破坏会给起重机械带来极其严重甚至灾难性的后果。

第三节 物流起重机械的基本参数和工作级别

一、起重机械的基本参数

起重机械的参数是用来表明起重机械工作性能和技术经济性的一系列指标,它是设计起重机械的依据,也是选用和评价起重机械技术性能的依据。《起重机 术语 第1部分:通用术语》(GB/T 6974.1—2008)将起重机的参数共分为五大类,即载荷参数、线性参数、工作运动速度参数、与起重机路径有关的参数和一般性参数,如表9-1所示。

表9-1 起重机械的技术参数分类及说明(GB/T 6974.1—2008)

参数类别	中英文术语及代号	术语说明	示意图
载荷参数	起重力矩 M load moment	$M = L \times Q$ 指幅度 L 和与之相对应的载荷 Q 的乘积	
	起重倾覆力矩 M_A load-tipping moment	$M_A = A \times Q$ 指载荷中心线至倾覆线的距离 A 和与之相对应的载荷 Q 的乘积	

续表

参数类别	中英文术语及代号	术语说明	示意图
载荷参数	设计质量 m_0 design mass	指不包括压重、平衡重、燃料质量、油品质量、润滑剂质量和水质量的起重机质量	—
	总质量 m_{tot} total mass	指包括压重和平衡重以及按规定量加足的燃料、油品、润滑剂和水等的质量在内的起重机质量	—
	轮压 P wheel load	起重机一个车轮作用在轨道或地面上的最大垂直载荷	
线性参数	幅度 L radius	指起重机置于水平场地时,从其回转平台的回转中心至取物装置(空载时)垂直中心线的水平距离。 注1:空载时幅度符号为 L_0。 注2:带载时幅度符号为 L_1	
	至倾覆线伸距 A outreach to tipping axis	指起重机置于水平场地时,取物装置垂直中心线至倾覆线之间的水平距离	

续表

参数类别	中英文术语及代号	术语说明	示意图
线性参数	悬臂有效伸距 l outreach from rail	指离悬臂最近的起重机轨道中心线至位于悬臂端部取物装置中心线的最大水平距离	
	吊钩极限位置 C hook approach	指起重机轨道中心线至取物装置垂直中心线的最小水平距离	
	尾部回转半径 r tail radius	指与臂架相反方向的起重机回转部分的最大回转半径	
	起升高度 H load-lifting height	指起重机支承面至取物装置最高工作位置之间的垂直距离;对于吊钩和货叉,量至其支承面;对于其他取物装置,量至其最低点(闭合状态)。 注:对于桥式起重机,起升高度应从地平面量起;测定起升高度时,起重机应空载置于水平场地上	
	下降深度 h load-lowering height	指起重机支承面至取物装置最低工作位置之间的垂直距离;对于吊钩和货叉,量至其支承面;对于其他取物装置,量至其最低点(闭合状态)。 测量下降深度时,起重机应空载置于水平场地上	
	起升范围 D lifting range	$D=H+h$ 指取物装置最高和最低工作位置之间的垂直距离	

续表

参数类别	中英文术语及代号	术语说明	示意图
线性参数	起重机轨面高度 H_0 crane track height	指从地面(低层面)至起重机钢轨轨道顶面的垂直距离	
工作运动速度参数	起升速度/下降速度 v_n load-lifting speed	指在稳定运动状态下,工作载荷的垂直位移速度	
	微速下降速度 v_m precision load-lowering speed	指在稳定运动状态下,进行的安装或堆垛最大工作载荷时能实现的最低下降速度	
	回转速度 ω slewing speed	指在稳定运动状态下,起重机回转部分的回转角速度。 注:在 10 m 高处风速不超过 3 m/s 的条件下,起重机置于水平场地上,带工作载荷、幅度最大时进行测定	
	运行速度 v_k travelling speed	指在稳定运动状态下,起重机的水平位移速度。 注:在 10 m 高处风速不超过 3 m/s 的条件下,起重机带工作载荷沿水平路径运行时进行测定	
	小车运行速度 v_t crab traversing speed	指在稳定运动状态下,小车作横移时的速度。 注:在 10 m 高处风速不超过 3 m/s 条件下,小车带工作载荷沿水平轨道横移时进行测定	

续表

参数类别	中英文术语及代号	术语说明	示意图
工作运动速度参数	变幅速度 v_r derricking speed	指在稳定运动状态下,工作载荷水平位移的平均速度。 注:在 10 m 高处风速不超过 3 m/s 条件下,起重机置于水平道路上,其幅度从最大值变成最小值的过程中进行测定	
	变幅时间 t derricking time	指幅度从最大值变成最小值所需的时间。 注:在 10 m 高处风速不超过 3 m/s 时,起重机置于水平道路上,且其所带载荷等于最大幅度时起重量的条件下进行测定	—
	行驶速度 v_{max} transport(road)speed	指起重机在水平道路行驶状态下,依靠自身动力驱动的最大运行速度	
	作业周期 operation cycle time	指完成一个规定的作业循环所需的时间	—
	检查速度 v_s inspection speed	指起重机零部件和钢丝绳系统进行检验(检查)时的恒定的低速值	—
与起重机路径有关的参数	起重机基准面/起重机支承面 crane datum level/ crane-bearing level	指支承起重机运行底架的基础或轨道顶面的水平面。 注:当支承钢轨或导轨处于不同水平面时,取较低者作为起重机基准面	
	跨度 S span	指起重机(桥架型起重机)运行轨道中心线之间的水平距离	

续表

参数类别	中英文术语及代号	术语说明	示意图
与起重机路径有关的参数	起重机轨距/轮距 K track center	指臂架型起重机钢轨轨道中心线或起重机运行车轮踏面中心线之间的水平距离	
	小车轨距 K track center	指起重小车运行线路钢轨轨道中心线之间的距离	
	基距 b base	指流动式起重机或行走式起重机沿平行于起重机纵向运行方向测定的起重机支承中心线之间的距离	
	支腿纵向间距 b_0 base on outriggers	指沿平行于起重机纵向运行方向测定的支腿垂直轴线之间的距离	
	支腿横向间距 K_0	指沿垂直于起重机纵向运行方向测定的支腿垂直轴线之间的距离	
	坡度 i gradient	指起重机在其上工作的道路坡度,由 $i=h/b$ 确定,用百分数表示。 注:该标高差值应在此路段上起重机空载条件下测定	
	爬坡能力 j grade ability	指空载起重机以稳定行驶速度爬行的斜坡的最大斜率 $j=h/b$,用百分数表示	

续表

参数类别	中英文术语及代号	术语说明	示意图
与起重机路径有关的参数	支承轮廓 support contour	指连接诸如车轮或支腿等支承件垂直轴线的水平投影线段围成的轮廓	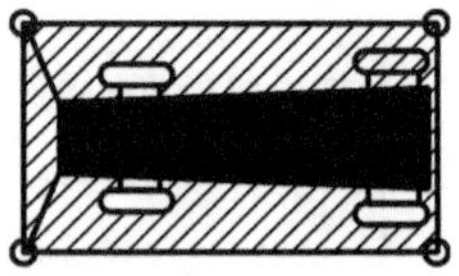
	轨道曲率半径 r_c track curvature radius	指起重机运行轨道曲线段上通过内轨中心线的最小曲率半径	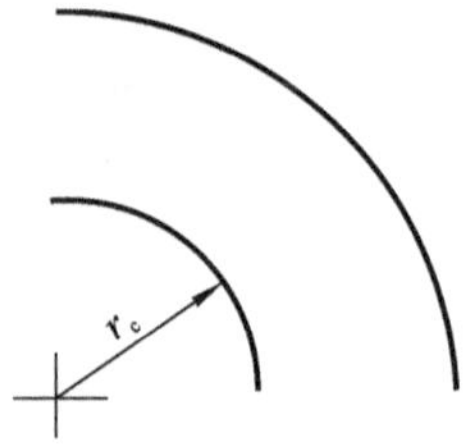
	最小转弯半径 r_{min} minimum turning radius	指起重机转向轮处于极限偏转位置,其外侧前轮运行轨迹的曲率半径	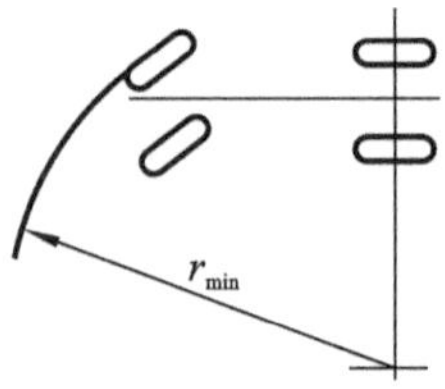
一般性参数	工作级别 classification group	指考虑起重机起重量和时间的利用程度以及工作循环次数的特性	—
	起重机限界线 crane clearance line	指起重机靠近构筑物工作时,安全作业条件所限定的空间,其边界线只有取物装置在进行搬运作业时才允许逾越	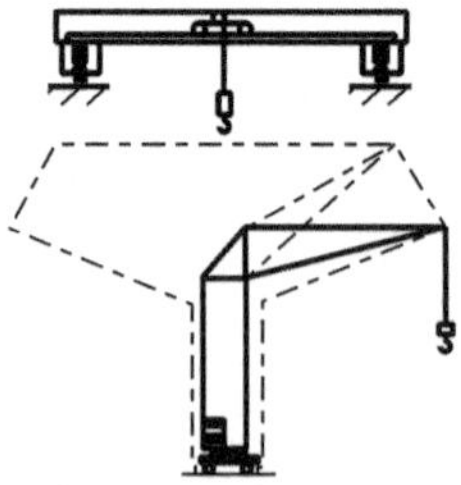

通常认为,起重机械的基本参数包括起重量、起升高度、幅度、各机构工作速度及生产率等。对于门(桥)式起重机还包括轨距、起重力矩等参数,而对于轮胎、汽车、履带、铁路等起重机,爬坡度和最小转弯半径也是其主要技术参数。针对起重机械的各主要技术参数,结合 GB/T 6974.1—2008 及其他现有资料,具体解释说明如下。

1. 起重量 G

起重量是指被起升重物的质量,是起重机械在正常工作条件下,即保持必需的机械结构的稳定性和牢固性的安全系数,被起升的额定载荷加取物装置(如抓斗、电磁吸盘等)的重量。用 G 或 m_e 表示,单位为 kg 或 t。起重量可分为总起重量、有效起重量、额定起重量和最大起重量。

(1) 总起重量 G_t。总起重量是指起重机械能吊起的物料连同可分吊具和长期固定在起重机械上的吊属具(包括吊钩、滑轮组、起重钢丝绳以及在起重小车以下的其他起吊物)的质量总和。

(2) 有效起重量 G_e。有效起重量是指起重机械所能吊起的物料的净质量,不包含可分吊具和固定吊属具的质量,仅指吊挂在可分吊具或无此类吊具、直接吊挂在固定吊属具上起升的物料的质量。

(3) 额定起重量 G_n。额定起重量是指起重机械在各种工况下安全作业所容许的一次性起吊物料的最大质量。起重机械的额定起重量不包括吊钩、动滑轮组及不可卸下的起吊横梁等的质量。而抓斗、电磁铁和可卸下起吊横梁等可从起重机械上取下的取物装置的质量要计入额定起重量内。通常额定起重量也可以简称为起重量。

(4) 最大起重量 G_{max}。最大起重量即最大额定起重量,是指对于给定的起重机械类型和在规定的工作级别条件下,起重机械所能起升的额定起重量的最大值。桥式起重机的额定起重量是定值。臂架型起重机中,有的起重机的额定起重量是与幅度无关的定值,如门座起重机、某些塔式起重机等;而有的起重机对应不同的臂架长度和幅度,则有不同的额定起重量,如轮胎起重机、汽车起重机、履带起重机、铁路起重机等。当起重机械的额定起重量不只有一个时,通常以最大额定起重量来表示该项技术参数,即起重机械的铭牌上所标定的额定起重量。

起重机械基本型最大起重量系列的国家标准《起重机械:基本型的最大起重量系列》(GB/T 783—2013)如表 9-2 所示。该标准适用于所有类型的起重机械。

表 9-2 基本型最大起重量系列(GB/T 783—2013) 单位:t

0.1	0.125	0.16	0.2	0.25	0.32	0.4	0.5	0.63	
0.8	1	1.25	1.6	2	2.5	3.2	4	5	
6.3	8	10	(11.2)	12.5	(14)	16	(18)	20	
(22.5)	25	(28)	32	(36)	40	(45)	50	(56)	
63	(71)	80	(90)	100	(112)	125	(140)	160	
(180)	200	(225)	250	(280)	320	(360)	400	(450)	
500	(560)	630	(710)	800	(900)	1 000			

注:应尽量避免选用括号中的最大起重量参数;最大起重量大于 1 000 t 时,建议按 R20 优先数系选用。

吊运重大质量物品的起重机,其起重量由一次性能起吊的物品最大质量决定,在个别情况下,可以采用两台起重机抬吊重大质量物品。装卸散堆物料的起重机,其起重量根据通常要求所能达到的生产率来确定。例如,抓斗起重机给定的生产率为 $p(t/h)$,起重机每小时作业循环次数为 n(与物品搬运距离、机构工作速度、机构运动重合情况、工人操作技术水平等有关),每次抓取的物料重量(抓斗有效容积的物料重量)为 G_e,抓斗自重为 G_z,则起重机的起重量为

$$G = G_e + G_z = \frac{p}{n} + G_z \tag{9-1}$$

抓斗自重与抓取物料质量的比值随着抓斗容积的减小而增大。起重量较大的起重机为了提高作业效率和适应工作要求,一般设有主起升机构和副起升机构。主起升机构起重量大、速度低,副起升机构起重量小、速度高。副起升机构起重量由作业要求确定。例如,桥式起重机副起升机构的起重量一般为主起升机构的 1/5~1/3。

汽车起重机和铁路起重机的额定起重量随着吊臂的方位不同而异,其作业方位包括侧方、后方和前方 3 个,而对于铁路起重机而言,还有与线路方向成一定夹角的特定方位。轮胎起重机和铁路起重机的额定起重量还分支腿全伸、不用支腿和吊重行驶 3 种情况。起重机吊重行驶时,吊臂必须前置。起重机不用支腿作业和吊重行驶时的额定起重量取决于轮胎、车桥(或轮对、转向架)的承载能力。

2. 起升高度 H

起升高度一般是指起重机械能将额定起重量起升的最大垂直距离，即起升物品的最大有效高度。起升高度一般取起重工作场地的地面或起重机运行轨道顶面到取物装置的最高起升位置（吊钩取钩口中心；当取物装置使用抓斗时，则取抓斗最低点）之间的铅垂距离。起升高度常以 H 表示，单位为 m。

如果取物装置可以下放到地面或轨道顶面以下，则从地面或轨道顶面至取物装置最低下放位置之间的铅垂距离称为下放深度。起升高度和下放深度之和称为总起升高度。

在装卸物料时，物料被提升的实际高度往往小于规定的起升高度参数，这是受物料本身和吊索具限制的结果。因此，在确定起重机的起升高度时，除应考虑起吊物品的最大高度外，还应考虑吊索具本身的高度、路面基准高度和转运车辆高度等，保证起重机械能够将最大高度的物品装入车内。此外，用于船舶装卸的起重机应考虑潮水涨落的影响，浮式起重机的起升高度还应考虑船体倾斜所带来的实际影响。

3. 幅度（外伸距）L

幅度是指起重吊具伸出起重机支点以外的水平距离。不同形式的起重机往往采用不同的计算起点。对于旋转臂架型起重机，其幅度是指回转中心线与取物装置中心铅垂线间的水平距离。对于非旋转臂架型起重机，其幅度一般是指臂架下铰接点至吊具中心线间的水平距离。外伸距常用于桥式卸船机，是指临水侧轨道中心线至吊具中心线的最大水平间距。幅度（外伸距）常用 L 或 R 表示，单位为 m。

幅度表示起重机不移位时的工作范围，也是衡量起升能力的一个重要的参数。为了反映起重机实际工作能力，还引入有效幅度的概念，常用 A 表示，单位为 m。对于轮胎起重机和汽车起重机，有效幅度是指在使用支腿工作、臂架位于侧向最小幅度时，取物装置中心铅垂线至该侧两支腿中心连线的水平距离，它表示起重机在最小幅度时工作的可能性。有效幅度可以是正值或负值，如取物装置中心铅垂线落在支腿中心连线以内，有效幅度即为负值，反之则为正值。设计或选用起重机时，应合理地选择 A 值。对于轮胎起重机，按起重量的不同，规定有不同的有效幅度范围（见表9-3）。

表 9-3 轮胎起重机参数表

起重量 G/t	3	5	8	12	16	25	40	65	100
有效幅度 A/m	1.25	1.35	1.45	1.50	1.50	1.25	1.00	0.85	0.70
支腿横向跨距 $2a/m$	3.1	3.3	3.5	4.0	4.5	5.0	5.5	6.0	6.6
幅度 L/m	2.8	3.0	3.2	3.5	3.75	3.75	3.75	3.85	4.0
起重力矩 $M/(kN \cdot m)$	8.4	15	25.6	42	60	94	150	250	400
系列规定的起重力矩 $M/(kN \cdot m)$	8	16	25	40	60	95	150	250	400

4. 起重力矩 M

起重机械的幅度 L 与该幅度下的起重量 G 的乘积称为起重力矩，常用 M 表示，即 $M = L \times G$，单位为 t·m 或 kN·m。

起重力矩综合考虑了起重量与幅度两个参数。根据 M 值的大小，就能比较全面和确切地了解起重机械的起重能力。特别是塔式起重机的起重能力，通常是按照起重力矩来表示的，国内以其基本臂架最大幅度与相应的额定起重量的乘积为起重力矩的标定值。

5. 工作速度 v

起重机械的工作速度包括起升、变幅、回转和运行四个机构的工作速度。对伸缩臂架型起重机而言,还包括吊臂伸缩速度和支腿收放速度。起重机械各机构的工作速度均有实际速度和额定速度之分,作为起重机械的基本技术参数,一般应理解为额定工作速度。不同工作机构的工作速度,有着各自不同的指标概念及不尽相同的度量单位。

1) 工作速度的不同类型

(1) 起升速度与额定起升速度。

起升速度是指起重机械取物装置或物品的上升(或下降)的速度,有快速、慢速和微速之分。起升机构电动机在额定转速或液压泵输出额定流量时,取物装置满载起升(或下降)速度,称为额定起升速度。两者单位均采用 m/s 或 m/min。

起升速度与起重机械的用途、起重量大小和起升高度等有关。例如,装卸用起重机比安装用起重机的起升速度高;散堆物料的作业速度比成件物品高;大起重量起重机要求作业平稳,采用较低的起升速度;安装用起重机需提供安装定位用的低速。

为了满足作业要求保证物品精确置放,起升机构可以采用双速电动机或者通过电气、液压、机械等方式实现无级或有级调速。采用离合器和操纵式制动器可以使取物装置自由下放。

(2) 变幅速度与额定变幅速度。

变幅速度是指臂架型起重机的取物装置从最大幅度到最小幅度的平均线速度。额定变幅速度是指变幅机构电动机在额定转速下,或液压泵输出额定流量时,取物装置满载状态从最大幅度到最小幅度的平均线速度。两者单位均采用 m/s 或 m/min。

变幅速度与变幅机构的形式有关,其也可以采用起重机臂架从最大幅度到最小幅度所需的变幅时间来表示,单位可采用 s 或 min。

(3) 回转速度与额定旋转速度。

起重机械上部回转部分相对于下部固定部分每分钟的转数称为回转速度。额定回转速度是指回转机构电动机在额定转速下,或液压泵输出额定流量时,取物装置满载并在最小幅度时,起重机械安全回转的速度。两者单位均采用 r/min。回转速度与起重机械的用途有关,并受到旋转启动、制动时切向惯性力的限制。例如,10 m 左右幅度时的旋转速度应不大于 3 r/min。

(4) 运行速度与额定运行速度。

起重机械或起重小车的行走速度称为运行速度。额定运行速度是指运行机构电动机在额定转速下,或液压泵输出额定流量时,起重机械或起重小车的运行速度。

运行速度与起重机械的类型和用途有关,桥式起重机运行距离较短,运行速度单位采用 m/s 表示;流动式起重机需做长距离转移,故运行速度单位采用 km/h;而浮式起重机的运行速度单位则采用 kg/h 或 kg/min。

(5) 伸缩速度与额定伸缩速度。

伸缩速度是针对伸缩臂架型起重机而言的,是指臂架的伸缩速度和支腿的收放速度。额定伸缩速度可以理解为伸缩臂架型起重机在液压泵输出额定流量时,臂架伸缩和支腿收放的速度。伸缩速度与额定伸缩速度一般用伸缩时间表示,常用单位为 s。

2) 工作速度的选择原则

起重机械工作速度选择是否合理,对起重机械的性能有很大的影响。一般来说,起重机械的工作效率和各个机构的工作速度有直接的关系,但起重量一定时,工作速度越高,生产率也越高,但速度太高也会给起重机械带来诸多不利因素,如惯性增大,启动和制动时引起的动载荷增大,机构的驱动功率相应增大,结构强度也应增加。因此,工作速度一般要根据工作需要和起重机械的构造形式确定,全面考虑以下几个方面的因素。

(1) 起重机械的工作性质和使用场合。对生产率要求较高、需经常性工作的起重机械,其各工作机构应选择较高的工作速度;而非工作性机构和调整性工作机构,应选择较低的工作速度。用于装卸、安装、转运等场合的起重机械,一般应采用多种速度值或可调节速度。起重机械满载时,应采用低速;在空载工况下,可采用高速。

(2) 起重机械的起重能力。对于中小起重量的起重机械,可以适当采用高速,以提高生产率;而对于大起重量的起重机械,因其主要用来解决笨重大件物品的吊装问题,且工作不频繁,工作速度并不是主要问题,故可选择较低的工作速度,以便降低或减少驱动功率,减小动载荷,提高工作的平稳性与安全性。

(3) 起重机械的工作行程。工作行程小的起重机械,工作速度应选择低速;工作行程大的起重机械,工作速度则应选择高速。根据工作行程选择工作速度的原则是要使起重机械在正常工作时,相应工作机构能达到安全、稳定的运动状态。

(4) 各机构联合工作的协调性。对于起重机械各工作机构的工作速度的选择,要求应保证整机工作循环中具有足够的平稳安全性和各机构在联合操纵时的协调性。

适当提高各机构的工作速度,能有效缩短作业循环时间,提高起重机械的生产率,但最高速度通常不宜超过由下式计算所得的值:

$$v_{\max} \leqslant \sqrt{ax} = \frac{x}{t_a} \tag{9-2}$$

式中:x——物品起升高度或运行距离;

a——平均加速度;

t_a——启动或制动时间(初步计算时,起升机构取 $0.7 \sim 2$ s,运行机构取 $2 \sim 6$ s,回转机构取 $3 \sim 8$ s,变幅机构取 $1 \sim 4$ s)。

在确定与起重机械各机构运行特性有关的参数时,除了各机构的工作速度外,还要控制与校核机构运行启动时的加速度和制动时的减速度,其对起重机械结构和机构的载荷、振动及其响应和衰减,甚至对作业人员的工作条件和身心健康都会产生较大的影响。

6. 轨距(轮距)K、跨度 S 和基距 B

轨距是指有轨运行式起重机或其小车行走轨道中心线之间的水平距离。轮距是左右两组行走轮滚动面(运行车轮踏面)中心线之间的距离,分为前轮距和后轮距。轨距和轮距均用 K 表示,单位为 m。

对于桥架型起重机,其运行轨道中心线之间的水平距离,或固定式起重机支腿之间的水平距离称为跨度,用 S 表示。轨距(跨度)主要根据起重机械使用现场的具体条件、起重小车上机构布置的具体需要以及起重机械整体稳定性要求确定,单位采用 m 表示。例如,桥架型起重机的跨度小于厂房的宽度,要考虑在厂房上方的吊车梁上是否留有安全通道;门式起重机的跨度根据所跨的铁道线路股数、汽车通道及货位要求而定;塔式起重机的轨距则由抗倾覆稳定性条件确定。

基距是指有轨运行的起重机械沿轨道方向上两支腿中心线的间距,用 B 表示,单位为 m。基距主要根据机构布置和起重机械的整体稳定性要求来确定。

基距与轨距的尺寸应相称,一般选取原则为:臂架型起重机,$B \geqslant K$;桥架型起重机,$B \geqslant (1/4 \sim 1/6)S$;起重小车,$B \geqslant K$。

7. 生产率 Q

起重机械的生产率是指起重机械在规定的工作条件下连续作业时,单位时间内装卸货物的总重量。它是用以表明起重机械装卸搬运能力的一项综合性指标,通常以 Q 来表示,单位采用 t/h 或箱/h 表示。

当起重机械采用吊钩作业时,生产率可用下式计算:

$$Q = n \cdot G_e \tag{9-3}$$

式中:n——起重机械每小时的工作循环次数;

G_e——有效起重量(t)。

当起重机械采用抓斗或容器作业时,其生产率按下式计算:

$$Q = n \cdot V \cdot \rho \cdot \varphi \tag{9-4}$$

式中:n——起重机械每小时的工作循环次数;

V——抓斗或容器的有效容积(m^3);

ρ——散粒物料的堆积密度,指其在堆积状态下单位体积所具有的质量(t/m^3);

φ——抓斗充填系数。对粒状物料取 0.8~1.0;块状物料取 0.6~0.93;从薄层中抓货时取低限,从厚层中抓货时取高限。

起重机械每小时的工作循环次数 n 由下式计算:

$$n = \frac{3\,600}{T} \tag{9-5}$$

式中:T——起重机械的一次工作循环时间(s)。

并且有

$$T = \sum t + t_{辅} \tag{9-6}$$

式中:$\sum t$——吊具移动过程中起重机械的工作时间,其与工作行程、工作速度、加速度以及机构工作重叠程度有关;

$t_{辅}$——物料挂钩和脱钩等作业所消耗的总辅助工作时间。

由上述公式可见,起重机械的生产率不仅取决于起重量、工作速度等起重机械本身的性能参数,还与起吊货物的种类、工作条件、生产组织水平以及作业人员操作的熟练程度等因素密切相关。

8. 整车整备质量 m_g

起重机本身的质量(原称自重)称为整车整备质量,可用 m_g 表示,单位为 kg。整车整备质量指的是起重机械处于工作状态无起吊货物时本身的全部质量。它是评价起重机械本身性能的一个综合性指标,反映了一个国家起重机械设计水平、制造和材料的利用水平以及轻、重工业的技术发展水平。随着科技的进步和高强度低密度合金材料的出现,起重机械整车整备质量也相应减小。

起重机械的整车整备质量不仅能反映其本身性能的优劣,而且直接影响起重机械的造价。为了比较同类型起重机械重量指标,常用比重量系数 $k_{重}$ 来表示。比重量系数就是指起重机械的整车整备质量与其起重力矩之比,即

$$k_{重} = \frac{m_g}{M} = \frac{m_g}{G \cdot L} \tag{9-7}$$

式中:M——起重机械的起重力矩(t·m 或 kN·m);

G——起重机械的额定起重量(kg);

L——起重机械的幅度(m)。

9. 轮压 P

轮压一般是指起重机或起重小车的一只车轮对运行轨道(或地面)的压力,单位是 N 或 kN。它是起重机的一个重要参数,影响着起重机或起重小车运行机构的设计、桥架门架的结构

设计以及起重机轨道基础的建筑费用投资。

轮压分为两种,即起重机轮压和起重小车轮压。起重机在工作状态下,满载启动或者制动、起重臂或起重小车处于最不利的工作位置、露天工作的起重机承受最大风压时所具有的轮压,称为起重机工作状态的最大轮压。与此同时,相对应地存在着起重机工作状态的最小轮压。

二、起重机械的工作级别

起重机械的工作级别是反映起重机械工作繁忙程度和载荷轻重程度的参数,是考虑起重量和时间的利用程度以及工作循环次数的起重机械特性。

起重机械通过起升和移动荷重在其名义起重量以内的重物来实现物料搬运作业,但在不同场合使用的起重机,其工作任务差别很大,即其预期寿命、工作要求、起吊荷重、承受载荷、总工作循环数与总工作时间等都会有很大的不同。为了经济合理地选择和安全可靠地使用起重机械,必须对其整机及组成部分进行工作级别的划分,包括起重机整机的分级、起重机机构的分级和起重机结构件及机械零件的分级3部分。

根据我国的《起重机设计规范》(GB/T 3811—2008)规定,起重机械的工作级别划分的基础有两个,即使用等级和载荷状态。使用等级用起重机的总工作循环数、机构总使用小时数、结构件或机械零件总应力循环数等来表示,载荷状态用起重机的荷重谱、机构的载荷谱、结构件或机械零件的应力谱来表示。

1. 起重机整机的分级

整机分级的目的是为起重机设计、制造和使用各方提供一个关于该起重机设计预期工作状况的基本规定,以作为签订订货及制造合同时确定技术内容的共同基础;同时,为起重机设计和研究提供计算和分析的基础,以用于指导起重机设计,并验证它可否满足给定的使用条件及是否达到设计预期的寿命。确定起重机整机分级有两个因素,即起重机的使用等级和起重机的载荷状态等级。

1) 起重机的使用等级

起重机的使用等级主要是根据起重机设计预期寿命期内总的工作循环数来划分的。起重机的一个工作循环是指从起吊一个荷重算起,到能开始进行下一个起吊作业为止,包括起重机运行及正常的停歇在内的一个完整的过程。起重机总的工作循环数与它的设计预期寿命期限的长短及起重机使用的频繁情况有关。起重机的使用等级是将可能出现的起重机总工作循环数划分成10个级别,用 $U_0, U_1, U_2, \cdots, U_9$ 来表示,如表9-4所示。

表9-4 起重机的使用等级

使 用 等 级	总的工作循环数 C_T	起重机使用频繁情况
U_0	$C_T \leqslant 1.60 \times 10^4$	很少使用
U_1	$1.60 \times 10^4 < C_T \leqslant 3.20 \times 10^4$	
U_2	$3.20 \times 10^4 < C_T \leqslant 6.30 \times 10^4$	
U_3	$6.30 \times 10^4 < C_T \leqslant 1.25 \times 10^5$	
U_4	$1.25 \times 10^5 < C_T \leqslant 2.50 \times 10^5$	不频繁使用
U_5	$2.50 \times 10^5 < C_T \leqslant 5.00 \times 10^5$	中等频繁使用
U_6	$5.00 \times 10^5 < C_T \leqslant 1.00 \times 10^6$	较频繁使用
U_7	$1.00 \times 10^6 < C_T \leqslant 2.00 \times 10^6$	频繁使用

续表

使用等级	总的工作循环数 C_T	起重机使用频繁情况
U_8	$2.00 \times 10^6 < C_T \leqslant 4.00 \times 10^6$	特别频繁使用
U_9	$4.00 \times 10^6 < C_T$	

总的工作循环数除根据实际经验估算外,也可按照下式计算得出,即

$$N = \frac{3\,600YDH}{T} \tag{9-8}$$

式中:N——工作循环总数;

Y——起重机的使用寿命,以年计算,与起重机的类型、用途、环境技术和经济因素等有关;

D——起重机一年中的工作天数;

T——起重机一个工作循环的时间(s)。

2) 起重机的载荷状态等级

起重机的载荷状态是指起重机工作载荷的情况,即在该起重机的设计预期寿命期限内,其各个有代表性的工作载荷值的大小及各相对应的起吊次数,与起重机的额定起升载荷值的大小及总的起吊次数的比值情况。

起重机的起升载荷是指工作中每一次各次被吊起的有效载荷的质量加上滑轮组、吊钩、起重横梁、抓斗等取物装置的质量。起重机的额定起升载荷是指起重机能安全起吊的荷重,即额定起升物品的质量加上上述取物装置的质量。工作载荷与额定起升载荷的单位为 t 或 kg。

如果已知起重机设计预期寿命期内工作载荷各个值的大小及相对应的起吊次数的准确资料,则可以用下式算出该起重机整机的载荷谱系数:

$$K_P = \sum \left[\frac{C_i}{C_T} \left(\frac{P_{Qi}}{P_{Q\max}} \right)^m \right] \tag{9-9}$$

式中:K_P——起重机载荷谱系数;

P_{Qi}——能表征起重机在预期寿命期内工作任务的各个有代表性的起升载荷,$i=1,2,\cdots,n$;

$P_{Q\max}$——起重机的额定起升载荷;

C_i——与起重机各个有代表性的起升载荷相对应的工作循环数,$i=1,2,\cdots,n$;

C_T——起重机总工作循环数,$C_T = \sum\limits_{i=1}^{n} C_i$;

m——幂指数,为便于组别的划分,取 $m=3$。

在表 9-5 中,列出了起重机载荷谱系数 K_P 的四个范围值,它们各代表了起重机一个相对应的载荷状态。

如果无法得到起重机设计预期寿命期内起吊的载荷大小及相应的起吊次数数据,从而无法算出它的载荷谱系数及确定它的载荷状态级别,则可以根据经验并用制造厂和用户取得一致的方法来选定该起重机适当的载荷状态级别及相应的载荷谱系数。

表 9-5 起重机的载荷状态级别及载荷谱系数

载荷状态级别	载荷谱系数 K_P	说 明
Q1(轻)	$0.000 < K_P \leqslant 0.125$	很少吊运额定载荷,经常吊运较经载荷
Q2(中)	$0.125 < K_P \leqslant 0.250$	较少吊运额定载荷,经常吊运中等载荷

续表

载荷状态级别	载荷谱系数 K_P	说明
Q3(重)	$0.250<K_P\leqslant0.500$	有时吊运额定载荷,较多吊运较重载荷
Q4(特重)	$0.500<K_P\leqslant1.000$	经常吊运额定载荷

3）起重机整机的工作级别

综合考虑起重机的使用等级和载荷状态级别,其工作级别可划分为A1～A8共8个级别,如表9-6所示。

表9-6 起重机整机的工作级别

载荷状态级别	载荷谱系数 K_P	使用等级									
		U_0	U_1	U_2	U_3	U_4	U_5	U_6	U_7	U_8	U_9
Q1(轻)	$0.000<K_P\leqslant0.125$	A1	A1	A1	A2	A3	A4	A5	A6	A7	A8
Q2(中)	$0.125<K_P\leqslant0.250$	A1	A1	A2	A3	A4	A5	A6	A7	A8	A8
Q3(重)	$0.250<K_P\leqslant0.500$	A1	A2	A3	A4	A5	A6	A7	A8	A8	A8
Q4(特重)	$0.500<K_P\leqslant1.000$	A2	A3	A4	A5	A6	A7	A8	A8	A8	A8

4）起重机整机分级举例

臂架型起重机包括人力驱动起重机、车间装配用起重机,吊钩式甲板起重机,造船用起重机,货场用吊钩起重机,港口装卸用吊钩起重机,港口装卸用抓斗、电磁盘或集装箱起重机,以及港口装卸用浮式起重机等。按照起重机的类型和工作条件,臂架型起重机的整机分级举例如表9-7所示。

表9-7 臂架型起重机整机分级举例

序号	臂架型起重机的类型	起重机的工作条件	使用等级	载荷状态级别	整机工作级别
1	人力驱动起重机	不经常使用	U_2	Q1	A1
2	车间装配用起重机	不经常使用	U_2	Q2	A2
3(a)	吊钩式甲板起重机	经常较轻载地使用	U_4	Q2	A4
3(b)	抓斗或电磁盘式甲板起重机	经常中等载荷地使用	U_5	Q3	A6
4	造船用起重机	经常较轻载地使用	U_4	Q2	A4
5(a)	货场用吊钩起重机	经常较轻载地使用	U_4	Q2	A4
5(b)	货场用抓斗或电磁盘起重机	经常间歇地使用	U_5	Q3	A6
5(c)	货场用抓斗、电磁盘或集装箱起重机	频繁地使用	U_7	Q3	A8
6(a)	港口装卸用吊钩起重机	经常间歇地使用	U_5	Q3	A6
6(b)	港口装卸用吊钩起重机	频繁地使用	U_6	Q3	A7
6(c)	港口装卸用抓斗、电磁盘或集装箱起重机	经常间歇地使用	U_7	Q3	A6
6(d)	港口装卸用抓斗、电磁盘或集装箱起重机	频繁地使用	U_6	Q4	A8
7	港口装卸用浮式起重机	经常间歇地使用	U_5	Q3	A6
8	铁路起重机	不经常使用	U_2	Q3	A3

2. 起重机机构的分级

机构的分级目的主要在于：一是表明机构所受载荷的大小及运转时间的长短；二是对各结构总体的设计计算提供基础性的规定；三是对各机构中的一些特殊零部件的设计及选用提供重要的依据。

1）机构的使用等级

机构的总运转时间是指在其设计预期寿命期内，从开始使用起到预期的更换或报废而停止使用为止的持续时间，其不包括工作中此机构的停歇时间，而仅通过累计其总实际运转小时数得到。机构的使用等级是将该机构的总运转时间分成10个等级，以 $T_0,T_1,T_2,\cdots,T_9$ 表示，如表9-8所示。

表9-8 机构的使用等级

使用等级	总使用时间 t_T/h	机构运转频繁情况
T_0	$t_T<200$	很少使用
T_1	$200<t_T\leqslant 400$	
T_2	$400<t_T\leqslant 800$	
T_3	$800<t_T\leqslant 1\ 600$	
T_4	$1\ 600<t_T\leqslant 3\ 200$	不频繁使用
T_5	$3\ 200<t_T\leqslant 6\ 300$	中等频繁使用
T_6	$6\ 300<t_T\leqslant 12\ 500$	较频繁使用
T_7	$12\ 500<t_T\leqslant 25\ 000$	频繁使用
T_8	$25\ 000<t_T\leqslant 50\ 000$	
T_9	$50\ 000<t_T$	

2）机构的载荷状态级别

机构的载荷状态表明机构所受载荷的轻重程度，按照机构载荷谱系数 K_m 分为四个等级，其各代表机构的一个相对应的载荷状态，如表9-9所示。

表9-9 机构的载荷状态级别及载荷谱系数

载荷状态级别	载荷谱系数 K_m	说 明
L1	$K_m\leqslant 0.125$	机构很少承受最大载荷，一般承受轻小载荷
L2	$0.125<K_m\leqslant 0.250$	机构较少承受最大载荷，一般承受中等载荷
L3	$0.250<K_m\leqslant 0.500$	机构有时承受最大载荷，一般承受较大载荷
L4	$0.500<K_m\leqslant 1.000$	机构经常承受最大载荷

当起重机机构的实际载荷变化情况未知时，则可按表9-9"说明"一栏中的内容选择一个载荷状态级别；当机构的实际载荷变化情况已知时，机构的载荷谱系数 K_m 由下式计算得到：

$$K_m = \sum\left[\frac{t_i}{t_T}\left(\frac{P_i}{P_{max}}\right)^m\right] \tag{9-10}$$

式中：K_m——机构载荷谱系数；

P_i——机构在工作期限内承受的各个不同载荷，$i=1,2,\cdots,n$；

P_{max}——机构承受的最大载荷；

t_i——机构承受各个不同载荷的相对应时间的累计值,$i=1,2,\cdots,n$;

t_T——机构承受所有不同载荷作用总的累计时间,$t_T = \sum_{i=1}^{n} t_i$;

m——幂指数,为便于组别的划分,取 $m=3$。

3) 机构的工作级别

各机构单独作为一个整体进行分级的工作级别,根据该机构的使用等级和载荷状态,分为 M1～M8 共 8 级,如表 9-10 所示。

表 9-10 机构的工作级别

载荷状态级别	载荷谱系数 K_m	使用等级									
		T_0	T_1	T_2	T_3	T_4	T_5	T_6	T_7	T_8	T_9
L1(轻)	$K_m \leqslant 0.125$	M1	M1	M1	M2	M3	M4	M5	M6	M7	M8
L2(中)	$0.125 < K_m \leqslant 0.250$	M1	M1	M2	M3	M4	M5	M6	M7	M8	M8
L3(重)	$0.250 < K_m \leqslant 0.500$	M1	M2	M3	M4	M5	M6	M7	M8	M8	M8
L4(特重)	$0.500 < K_m \leqslant 1.000$	M2	M3	M4	M5	M6	M7	M8	M8	M8	M8

4) 机构工作分级举例

流动式起重机通常指汽车起重机、轮胎起重机和履带起重机,其各机构单独作为整体的分级举例如表 9-11 所示。

表 9-11 流动式起重机机构分级举例

序号	机构名称		起重机整机的工作级别	机构使用等级	机构载荷状态级别	机构工作级别
1	起升机构		A1	T_4	L1	M3
			A3	T_4	L2	M4
			A4	T_4	L3	M5
2	回转机构		A1	T_2	L2	M2
			A3	T_3	L2	M3
			A4	T_4	L2	M4
3	变幅机构		A1	T_2	L2	M2
			A3	T_3	L2	M3
			A4	T_3	L2	M3
4	伸缩机构		A1	T_2	L1	M1
			A3	T_2	L2	M2
			A4	T_2	L2	M2
5	运行机构	轮胎式运行机构	A1	T_2	L1	M1
			A3	T_2	L2	M2
			A4	T_2	L2	M2
		履带式运行机构	A1	T_2	L1	M1
			A3	T_2	L2	M2
			A4	T_2	L2	M2

3. 起重机结构件或机械零件的分级

起重机结构件或机械零件分级的目的主要在于表明起重机具体的结构件或机械零件在设计预期寿命期内应力的大小及变化情况,同时为其设计计算,特别是疲劳设计提供重要的基础指导。确定结构件或机械零件的工作等级应考虑两个主要因素,即使用等级和应力状态级别。

1) 结构件或机械零件的使用等级

结构件或机械零件总使用时间是指在其设计预期寿命期内,即从开始使用起到该结构件报废或机械零件更换为止的期间内,该结构件或机械零件发生的总的应力循环次数。

结构件的应力循环次数与起重机的起重工作循环数之间有一定关系,但对于许多起重机,一个起重工作循环内某些结构件可能会发生几次应力循环,因此不同的结构件可以有各不相同的应力循环数。但当结构件应力循环数与起重机起重工作循环数之间的比值关系已知时,此结构件的总使用时间,即总应力循环数可以由决定起重机使用等级的起重机总工作循环数中导出。

对于不同机构中的机械零件,其总使用时间,即总应力循环数可由该机构的总运转时间导出,在推导时要考虑影响此机械零件应力循环的转速和其他相关因素。

结构件或机械零件的使用等级,都是将其总应力循环数分成 11 个等级,分别以代号 B_0,B_1,B_2,$\cdots$,B_{10} 表示,如表 9-12 所示。

表 9-12 结构件或机械零件的使用等级

代 号	结构件或机械零件的总应力循环数 n_T
B_0	$n_T \leqslant 16\ 000$
B_1	$16\ 000 < n_T \leqslant 32\ 000$
B_2	$32\ 000 < n_T \leqslant 63\ 000$
B_3	$63\ 000 < n_T \leqslant 125\ 000$
B_4	$125\ 000 < n_T \leqslant 250\ 000$
B_5	$250\ 000 < n_T \leqslant 500\ 000$
B_6	$500\ 000 < n_T \leqslant 1\ 000\ 000$
B_7	$1\ 000\ 000 < n_T \leqslant 2\ 000\ 000$
B_8	$2\ 000\ 000 < n_T \leqslant 4\ 000\ 000$
B_9	$4\ 000\ 000 < n_T \leqslant 8\ 000\ 000$
B_{10}	$8\ 000\ 000 < n_T$

2) 结构件或机械零件的应力状态级别

结构件或机械零件的应力状态级别表明在总使用期内发生应力的大小及这些应力的循环情况。每一个应力状态对应有一个应力谱系数 K_S,可由下式计算得到:

$$K_S = \sum \left[\frac{n_i}{n_T} \left(\frac{\sigma_i}{\sigma_{\max}} \right)^m \right] \tag{9-11}$$

式中:K_S——结构件或机械零件应力谱系数;

n_i——与该结构件或机械零件发生的不同应力相应的应力循环数,$i=1,2,\cdots,n$;

n_T——结构件或机械零件总的应力循环数,$n_T = \sum_{i=1}^{n} n_i$;

σ_i——该结构件或机械零件在工作时间内发生的不同应力,$i=1,2,\cdots,n$;

$\sigma_{\max}$——应力中的最大应力;

m——幂指数,与有关材料的性能,结构件或机械零件的种类、形状和尺寸,表面粗糙度有关,由实验得出。

依据应力谱系数将结构件或机械零件的应力状态分为四个级别,如表 9-13 所示。

表 9-13　结构件或机械零件的应力状态级别和应力谱系数

应力状态级别	应力谱系数 K_S
S1	$K_S \leqslant 0.125$
S2	$0.125 < K_S \leqslant 0.250$
S3	$0.250 < K_S \leqslant 0.500$
S4	$0.500 < K_S \leqslant 1.000$

3) 结构件或机械零件的工作级别

根据结构件或机械零件的使用等级和应力状态级别,结构件或机械零件的工作级别划分为 E1~E8 共 8 个级别,如表 9-14 所示。

表 9-14　结构件或机械零件的工作级别

应力状态级别	使用等级										
	B_0	B_1	B_2	B_3	B_4	B_5	B_6	B_7	B_8	B_9	B_{10}
S1	E1	E1	E1	E1	E2	E3	E4	E5	E6	E7	E8
S2	E1	E1	E1	E2	E3	E4	E5	E6	E7	E8	E8
S3	E1	E1	E2	E3	E4	E5	E6	E7	E8	E8	E8
S4	E1	E2	E3	E4	E5	E6	E7	E8	E8	E8	E8

第四节　典型起重机械

一、轻小型起重设备

轻小型起重设备包括千斤顶、滑车、手动葫芦、电动葫芦、卷扬机等。它的特点是结构紧凑,自重轻,操作方便。多数轻小型起重设备适用于在无电源或空间狭小的场合进行流动性和临时性作业。

1. 千斤顶

千斤顶又称起重器,是一种利用高压油或机械传动使刚性承重件在小行程内顶举或提升重物的起重设备。千斤顶按照自身构造及工作原理的不同,可分为液压式、螺旋式和齿条式三大类。常见的千斤顶有以下几种。

1) 立式液压千斤顶

立式液压千斤顶有普通立式液压千斤顶(见图 9-14)和焊接液压千斤顶两种。两者的液压油路和总体结构形式大致相同,只是后者的结构和工艺更简单,成本更低。

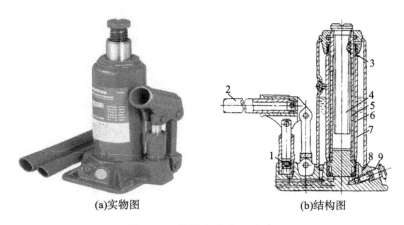

(a)实物图　　　　　　　(b)结构图

图 9-14　普通立式液压千斤顶

1—油泵；2—手柄；3—限位油孔；4—调整螺杆；5—活塞；6—液压缸；7—储油室；8—通油孔；9—回油阀

2) 车库液压千斤顶

车库液压千斤顶主要由起重臂、液压缸总成、手动操纵机构、墙板、轮子等组成，如图 9-15 所示。它适用于在车库内进行车辆检修、拆换轮胎等作业。

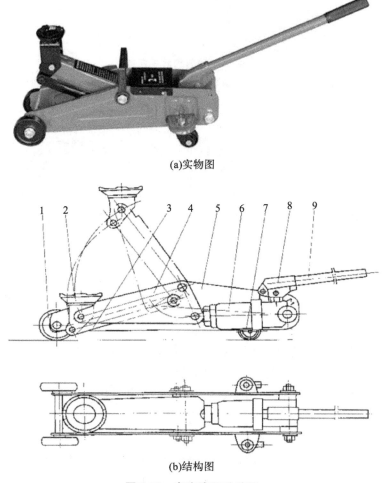

(a)实物图

(b)结构图

图 9-15　车库液压千斤顶

1—前轮；2—托盘；3—连杆；4—起重臂；5—墙板；6—液压缸总成；7—后轮；8—撬手；9—手柄

3）螺旋千斤顶

普通螺旋千斤顶（见图 9-16）用自锁螺纹，螺旋角 $\alpha=4°\sim4°30'$，效率较低（30%～40%）。横移式螺旋千斤顶下部装有横移螺杆，能使被起升的重物作小距离的横移。自落螺旋千斤顶采用梯形双线非自锁螺纹及制动装置（见图 9-17），平时旋紧制动螺栓，制动瓦压住制动轮，并产生足够的摩擦阻力矩阻止螺旋旋转。旋松制动螺栓，当载荷超过一定值时即能自行快速下落。小吨位螺旋千斤顶可设计成多级升降杆式结构。螺旋千斤顶分为剪式、斜拔式和支承式等多种形式。

(a)实物图　　(b)结构图

图 9-16　普通螺旋千斤顶

1—手柄；2—棘轮组；3—小锥齿轮；4—升降套筒；5—螺杆；6—螺母；7—机架

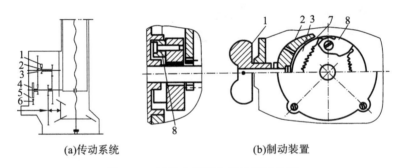

(a)传动系统　　(b)制动装置

图 9-17　螺旋千斤顶自落装置示意图

1—手柄；2—棘轮组；3—小锥齿轮；4—升降套筒；5—螺杆；6—螺母；7—机架；8—底座

2．滑车

滑车是独立的滑轮组，可单独使用，也可与卷扬机配套使用，用来起吊物品。滑车是工厂矿山、建筑业、农业、林业、交通运输与国防工业的吊装工程中广泛使用的起重工具。常用的滑车有通用滑车和林业滑车两类。通用吊钩链环型滑车实物图如图 9-18 所示，结构图如图 9-19 所示。

3．手拉葫芦

手拉葫芦（见图 9-20）是一种使用简单、携带方便、以焊接环链作为挠性承载构件的手动起重机械，可以单独使用，也可与手动单轨小车配套组成小车用于手动梁式起重机或架空单轨运输系统中。

图 9-18 通用吊钩链环型滑车实物图

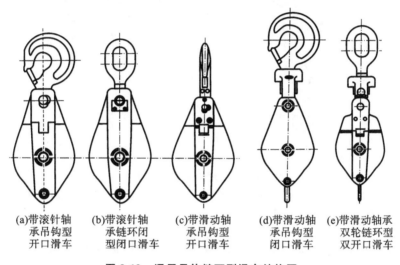

(a)带滚针轴承吊钩型开口滑车　(b)带滚针轴承链环闭型闭口滑车　(c)带滑动轴承吊钩型开口滑车　(d)带滑动轴承吊钩型闭口滑车　(e)带滑动轴承双轮链环型双开口滑车

图 9-19 通用吊钩链环型滑车结构图

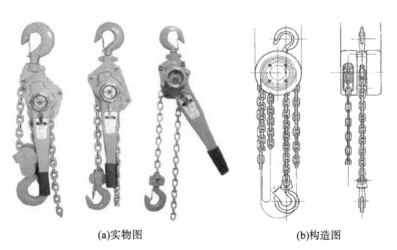

(a)实物图　　　　　　(b)构造图

图 9-20 手拉葫芦

4. 电动葫芦

电动葫芦结构紧凑,自重轻,效率高,操作简便,既可单独使用,配备运行小车后也可作架空单轨起重机、电动单梁起重机、电动悬挂式起重机、电动葫芦门式起重机、堆垛起重机、壁行起重机、回臂起重机及电动葫芦双梁起重机的起升机构。

电动葫芦有钢丝绳式、环链式和板链式三种,板链式目前较少使用。钢丝绳电动葫芦(见图 9-21)使用得最为普遍,取物装置以吊钩用得最多,也可在吊钩上装起重电磁铁或用两台电动葫芦组成梁式抓斗起重机。钢丝绳电动葫芦除一般用途外,还有用于防爆、防腐及冶金、船用等的。电动葫芦多数采用地面操纵,也可用司机室操纵,或用有线、无线进行遥控。

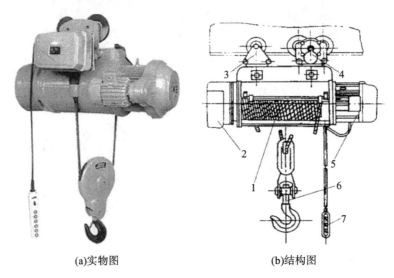

(a)实物图　　　　　　　　(b)结构图

图 9-21　钢丝绳电动葫芦

1—卷筒装置;2—减速器;3—双轮小车;4—运行小车;5—起升电动机;6—吊钩装置;7—电气控制装置

5. 卷扬机

卷扬机又称为绞车,是由动力驱动的卷筒通过挠性构件(钢丝绳、链条)起升、运移重物的起重设备。卷扬机是起重运输作业的主要基础机械。它由于结构简单、制造成本低廉、操作方便、对作业环境适应性强,广泛用于在矿山、建筑工地、车站码头等地进行物料提升和牵引作业。卷扬机可独立工作,也可和其他设备配套使用。

卷扬机实际上是一个独立的起升机构,因为其起升高度大,钢丝绳在卷筒上为多层卷绕,容绳量一般在 100 m 以上。卷扬机通过另设的导向滑轮改变方向,也可另设滑轮组使起重能力成倍增加。

卷扬机按用途分为建筑卷扬机、林业卷扬机、船用卷扬机和矿用卷扬机,按卷筒数量可分为单筒卷扬机、双筒卷扬机和多筒卷扬机,按速度快慢可分为快速卷扬机、慢速卷扬机和多速卷扬机,按驱动方式不同可分为手工卷扬机(绞车)和电动卷扬机(绞车)。图 9-22 和图 9-23 所示分别为手动卷扬机和电动卷扬机。

二、梁式起重机

起重小车(主要是起重葫芦)在单根工字梁或其他简单组合断面梁上运行的简易桥架型起重机,统称为梁式起重机。梁式起重机以一般用途的单梁起重机和单梁悬挂式起重机为主,并具有防爆、防腐、绝缘梁式起重机及吊钩、抓斗两用梁式起重机,吊钩、抓斗、电磁三用梁式起重

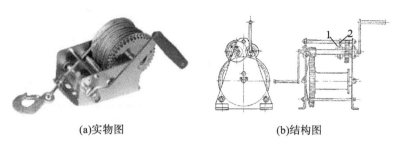

(a)实物图　　　　　　　　(b)结构图

图 9-22　手动卷扬机(绞车)
1—螺旋载重制动器；2—棘爪

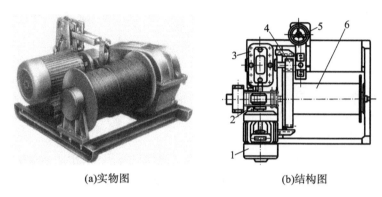

(a)实物图　　　　　　　　(b)结构图

图 9-23　电动卷扬机(绞车)
1—电动机；2—块式制动器；3—减速器；4—开式齿轮副；5—电控器；6—多层卷绕卷筒

机等派生系列产品。

梁式起重机的主梁和端梁多采用型钢或简单组合断面，起重葫芦采用手拉葫芦或电动葫芦。梁式起重机有升降、左右横行和前后纵行三个方向的动作，操纵控制系统比较简单。梁式起重机的基本类型及特征如表 9-15 所示。

表 9-15　梁式起重机的基本类型及特征

分类原则	具体类型	对应特征
按驱动方式不同分	手动梁式起重机	适用于无电源、起重量不大、工作速度和作业效率要求不高的场合
	电动梁式起重机	利用电力驱动各机构运转，操作使用十分简便
按支承方式不同分	支承式梁式起重机	起重机车轮支承在承轨梁的轨道之上
	悬挂式梁式起重机	起重机车轮悬挂在工字钢运行轨道的下翼缘上
按操纵方式不同分	地面操纵式梁式起重机	用于起重机运行速度小于或等于 45 m/min 的场合，无固定操作者
	司机室操纵梁式起重机	用于起重机运行速度大于 45 m/min 的场合，有固定操作者
	无线遥控梁式起重机	操纵灵活，使用范围广

1. 手动梁式起重机

手动梁式起重机的起升机构采用手拉葫芦，小车、大车运行机构用曳引链人力驱动。手动梁式起重机用于无电源或起重量不大的场合。

手动梁式起重机结构示意图如图 9-24 所示。手动梁式起重机的结构特点如下。

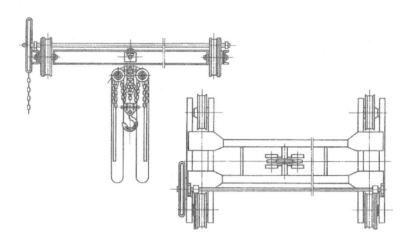

图 9-24 手动梁式起重机示意图

1) 桥架

桥架用于支承和纵向运输载荷。因起重量和跨度不大，主梁多直接采用工字钢或工字钢等型钢组合梁，端梁多采用槽钢组合梁，结构简单，轻巧，成本低。

2) 主梁与端梁的连接

小跨度的手动梁式起重机主梁与端梁连接常采用焊接。为便于运输、拆装、储存和专业化生产，主梁与端梁之间可采用普通螺栓连接或者用高强度螺栓连接。

3) 运行机构

手动梁式起重机运行机构均采用集中驱动形式，通过手拉链条驱动链轮旋转，再通过传动轴同时驱动大车两边轨道上的车轮运行。主梁上设有一水平桁架，它一方面用来支承传动轴与链轮，另一方面用来增加主梁的水平刚度。

4) 起重小车

起重小车由手拉葫芦和手动单轨小车两个机构组成，手拉葫芦为起升机构。手动单轨小车的结构形式如图 9-25 所示。起重量较小时，起重小车的运行也可不用单轨小车，而直接依靠手拉载荷或吊钩来实现。

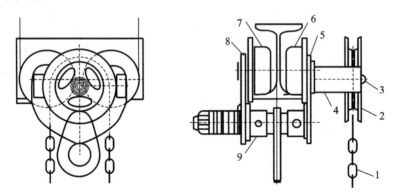

图 9-25 手动单轨小车的结构形式

1—手拉链条；2—手拉链轮；3—挡链滚轮；4—齿轮轴；5—主动车轮墙板；6—主动车轮；
7—从动车轮；8—从动车轮墙板；9—横梁

2. 电动梁式起重机

电动梁式起重机的特点是用自行式电动葫芦代替通用桥式起重机的起重小车，用电动葫芦的运行小车在单根主梁的工字钢下突缘上运行,跨度小时直接用工字钢作主梁,跨度大时可在主梁工字钢上再做水平加强,形成组合断面主梁。主梁可以是单根主梁,即电动单梁起重机(见图 9-26);也可以是两根主梁,即电动双梁起重机(见图 9-27)。电动梁式起重机桥架可以通过运行装置直接支承在高架轨道上,也可通过运行装置悬挂在房顶下面的架空轨道上。

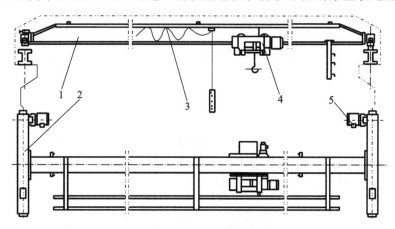

图 9-26 电动单梁起重机示意图
1—主梁;2—端梁;3—导电线滑道;4—电动葫芦;5—大车运行机构

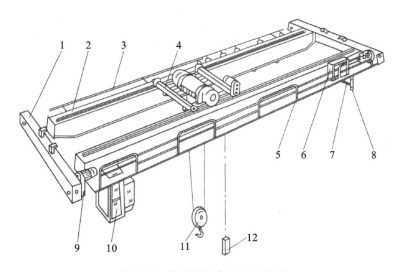

图 9-27 电动双梁起重机示意图
1—端梁;2—主梁;3—滑线架;4—小车;5—走台栏杆;6—电控箱;7—导电线挡架;8—导电架;
9—大车运行机构;10—驾驶室;11—吊钩滑轮;12—地面控制用接线盒

三、桥式起重机

(一)桥式起重机的特点及分类

1. 桥式起重机的特点

取物装置悬挂在可沿桥架运行的起重小车或运行式葫芦上的起重机,称为桥架型起重机。桥架两端通过运行装置直接支承在高架轨道上的桥架型起重机,称为桥式起重机。

桥式起重机一般由装有大车运行机构的桥架、装有起升机构和小车运行机构的起重小车、电气设备、司机室等几大部分组成。它的外形像一个两端支承在平行的两条架空轨道上平移运行的单跨平板桥。起升机构用来垂直升降物品,起重小车用来带着载荷作横向移动;桥架和大车运行机构用来对起重小车和物品作纵向移动,以达到在由相应的跨度和规定的高度所组成的三维空间内作搬运和装卸货物的目的。

桥式起重机是使用最广泛、拥有量最大的一种轨道运行式起重机,其额定起重量从几吨到几百吨不等。桥式起重机最基本的形式是通用吊钩桥式起重机。

2. 通用桥式起重机的分类

通用桥式起重机是指在一般环境中工作的普通用途的桥式起重机。它主要有以下几种类型。

1) 通用吊钩桥式起重机

通用吊钩桥式起重机由金属结构、大车运行机构、小车运行机构、起升机构、电气控制系统及司机室组成,如图 9-28 所示。它的取物装置为吊钩,额定起重量为 10 t 以下的大多有 1 个起升机构,额定起重量在 16 t 以上的大多有主、副两个起升机构。通用吊钩桥式起重机能在多种作业环境中进行物料及设备的搬运和装卸作业。

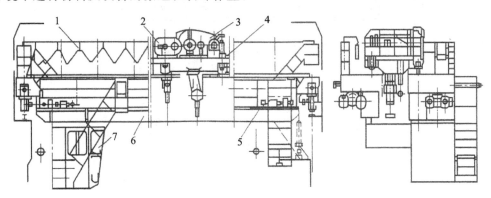

图 9-28　通用吊钩桥式起重机示意图

1—小车导电装置;2—副起升机构;3—主起升机构;4—小车总成;
5—大车运行机构;6—桥架;7—司机室

2) 抓斗桥式起重机

抓斗式起重机的取物装置为抓斗,以钢丝绳分别联系抓斗、起升机构、开闭机构。它主要用于散货、废旧钢铁、木材等的装卸、吊运作业。这种起重机除了起升闭合机构以外,其他结构部件与通用吊钩桥式起重机相同,如图 9-29 所示。

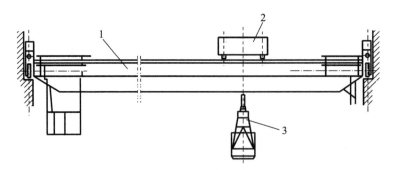

图 9-29　抓斗桥式起重机示意图

1—主梁;2—运行小车;3—抓斗

3) 电磁桥式起重机

电磁桥式起重机的基本构造与通用吊钩桥式起重机相同,不同的是吊钩上挂一个直流起重电磁铁,又称为电磁吸盘,用来吊运具有磁性的黑色金属及其制品。电磁桥式起重机通常是用设在桥架走台上的电动发电机或装在司机室内的晶闸管直流电源将交流源变为直流电,然后通过设在小车架上的专用电缆卷筒,将直流电用挠性电缆送到直流起重电磁铁上。

4) 两用桥式起重机

两用桥式起重机有三种类型,即抓斗吊钩桥式起重机、电磁吊钩桥式起重机和抓斗电磁式起重机。两用桥式起重机的特点是在一台小车上设有两套各自独立的起升机构。

5) 三用桥式起重机

三用桥式起重机时一种一机多用的起重机,其基本构造与电磁桥式起重机相同。根据需要可以用吊钩吊运货物,也可以在吊钩上挂一个电动抓斗装卸物料,还可以把抓斗卸下来再挂上电磁吸盘吊运具有磁性的黑色金属及其制品,故称为三用桥式起重机,如图 9-30 所示。

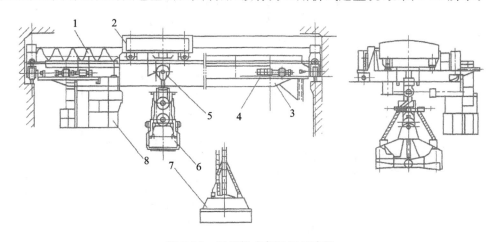

图 9-30　三用桥式起重机示意图
1—导电装置;2—小车;3—桥架;4—大车运行机构;5—吊钩;6—抓斗;
7—电磁吸盘;8—司机室

6) 双小车桥式起重机

双小车桥式起重机的结构与通用吊钩桥式起重机基本相同,只是在桥架上装有两台起重量相同的小车。这种起重机用于吊运与装卸长形物件。双小车桥式起重机示意图如图 9-31 所示。

(二) 桥式起重机的基本结构

桥式起重机主要由桥架、大车运行机构、起重小车、司机室四大部分组成。

1. 桥架

通用桥式起重机的桥架,是由两根主梁和两根端梁及走台和护栏等零部件组成的。它的主梁有两种结构形式,即桁架式和箱形式,如图 9-32 所示。

桥架的外形尺寸取决于起重机的起重量、跨度、起升高度和桥架的结构形式。桥架的跨度,即为端梁的间距。沿端梁两端最外侧两车轮轴线间的距离,叫作桥架的轴距。它起保证桥架水平刚度和起重机运行稳定的作用。

2. 大车运行机构

大车运行机构的作用是驱动大车的车轮并使车轮沿着起重机轨道作水平方向的运动。它

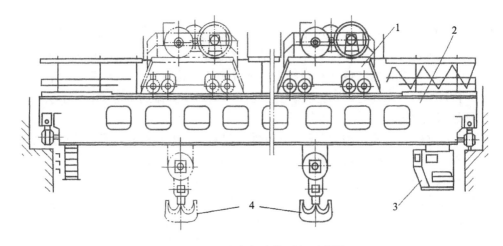

图 9-31 双小车桥式起重机示意图
1—小车总成；2—桥架；3—司机室；4—双吊钩

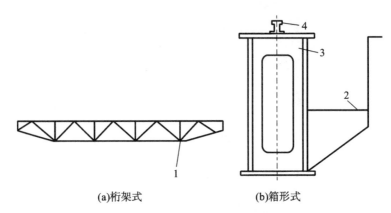

图 9-32 通用桥式起重机主梁的结构形式
1—桁架梁；2—走台；3—箱形梁；4—轨道

包括电动机、制动器、减速器、联轴器、传动轴、角形轴承箱和车轮等零部件。

大车运行机构可以分为集中驱动和分别驱动两种形式，如图 9-33 所示。由一套驱动装置，通过中间轴来同时驱动大车两边主动车轮转动的驱动，称为集中驱动；由两套独立的驱动装置来驱使桥架两边主动车轮转动的驱动，称为分别驱动。在新型的桥式起重机上，一般多采用分别驱动形式。小跨度时，用集中驱动形式比较经济。

3. 起重小车

起重小车主要由小车架、起升机构和小车运行机构组成。按小车主梁的结构形式不同，起重小车可分为单梁起重小车和双梁起重小车。通用桥式起重机的起重小车都是双梁起重小车。

1) 小车架

小车架是桥式起重机的重要部件之一，因其上装设起重机的起升机构和小车运行机构，还承担着所有外加载荷。小车架也是由主梁和端梁组成的，可以由钢板焊接而成，小起重量的小车架也有用型钢焊接而成的，大多数小车架采用型钢与钢板的混合结构。此外，小车架上还设有安全保护装置，如安全压尺、缓冲器、排障板和护栏等。

2) 起升机构

起升机构是用来升降重物的，是起重机的重要组成部分。桥式起重机都是采用电动的起升

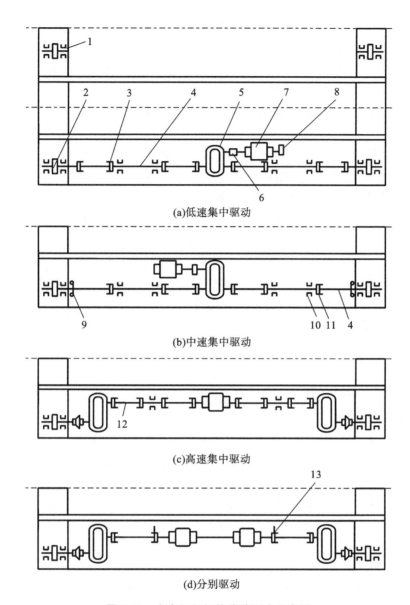

图 9-33 大车运行机构传动形式示意图

1—从动车轮；2—主动车轮；3,11—联轴器；4—传动轴；5—减速器；6—全齿联轴器；7—电动机；
8—制动器；9—开式齿轮；10—轴承；12—补偿轴；13—制动轮联轴器

机构。电动的起升机构由电动机、制动器、减速器、卷筒、定滑轮组和钢丝绳等零部件组成。在吊钩桥式起重机起重量大于 15 t 时，一般都设有两套起升机构，即主起升机构和副起升机构。两者的起升重量和起升速度有差异。一般来讲，主起升机构的起升速度慢，副起升机构的起升速度快，但它们的结构基本上是一样的。

3）小车运行机构

小车运行机构承担着重物的横向运动。它有三种类型。

第一种类型：小车的主动车轮装在传动轴上，传动轴设有大齿轮，由减速器低速轴伸出的小齿轮带动旋转，使车轮沿轨道运行；电动机与小齿轮之间，用减速器或一级开式齿轮相连接。这种类型的优点在于结构简单，缺点是车轮部分维修不方便。

第二种类型：减速器装在小车架的一侧；减速器的高速轴通过齿轮联轴器与电动机轴相连

接;减速器低速轴通过十字滑块联轴器与车轮轴连接;十字滑块联轴器的一半与减速器低速轴做成一体,另一半与车轮轴做成一体,中间有一个十字滑块。这种类型的优点在于结构简单、造价较低,适合小跨度、小起重量的小车使用;缺点是因两车轮的中间轴过长,容易产生扭曲变形,以及靠近减速器的车轮在启动时超前,在制动时因惯性力的作用而落后,导致两车轮不能同时启动或停止。如果轴的刚性不够,这种变形将会引起小车运行时的歪斜,从而造成车轮的啃轨。

第三种类型:三级立式减速器装在小车两主动车轮中间;减速器的高速轴与电动机轴之间用补偿轴连接,并使制动器在电动机的一侧,使在制动时补偿轴能够帮助吸收一部分冲击振动;低速轴与主动车轮之间也用补偿轴连接。这种类型的优点是采用了立式减速器、角形轴承箱和补偿轴,使整个结构变得紧凑,传动性能良好和维修方便;缺点是成本较高。

4. 司机室

司机室是起重机操作者工作的地方。司机室内通常设有操纵起重机的控制设备、信号装置和照明设备。上挡架的梯门和舱口都设有电气安全开关,并与保护盘互相联锁。只有梯门和舱口都关闭好之后,起重机才能开动。这样可以避免车上有人工作或人还没安全进入司机室时就开车,从而能避免造成人身伤亡事故。

四、门式起重机

(一)门式起重机的特点及分类

1. 门式起重机的特点

门式起重机是桥架通过两侧支腿支承在地面轨道或地基上的桥架型起重机,又称龙门起重机。桥架一侧直接支承在高架或高建筑物的轨道上,另一侧通过支腿支承在地面轨道上或地基上时为半门式起重机。

门式起重机一般由支腿、上横梁、下横梁、起重小车、运行机构等部分组成。门式起重机种类较多。不同类型的门式起重机,其组成部分也是不一样的。

2. 门式起重机的分类

1) 通用门式起重机

通用门式起重机是指一般环境中工作的普通用途的门式起重机,按其主梁结构形式可分为单主梁和双主梁两类。单、双主梁门式起重机均有吊钩式、抓斗式、电磁式、抓斗-吊钩式、抓斗-电磁式、三用式等几种类型。其中,吊钩门式起重机又包括单小车和双小车两种形式。

(1)单主梁门式起重机。单主梁门式起重机具有结构简单,制造、安装方便,自重轻等特点。它多为偏轨箱形梁结构,很少见桁架结构的。与双主梁门式起重机相比,单主梁门式起重机的整体刚度略差一些。一般在起重量小于或等于 50 t,跨度小于或等于 35 m 的条件下,常采用单主梁门式起重机。常见的单主梁式起重机有 L 型单主梁门式起重机(见图 9-34)和 C 型单主梁门式起重机(见图 9-35)。

(2)双主梁门式起重机。双主梁门式起重机的品种较单主梁门式起重机多。双主梁门式起重机具有承载能力强、跨度大、整体稳定性好、整体刚度大的优点,但整机自重较大,造价较高。它根据其主梁结构形式的不同可分为箱形双主梁门式起重机(见图 9-36)和桁架双主梁门式起重机(见图 9-37)。

2) 专用门式起重机

专用门式起重机按用途可分为造船用门式起重机、水电站门式起重机、集装箱门式起重机

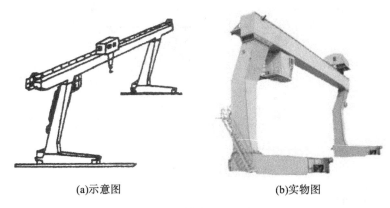

(a)示意图　　　　　　　　(b)实物图

图 9-34　L 型单主梁门式起重机

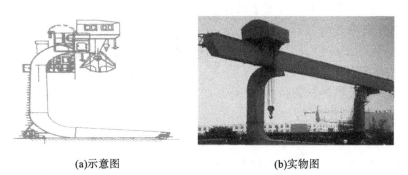

(a)示意图　　　　　　　　(b)实物图

图 9-35　C 型单主梁门式起重机

图 9-36　箱形双主梁门式起重机　　　　**图 9-37　桁架双主梁门式起重机**

和装卸桥等类型。

(1) 水电站门式起重机。此类起重机形似双主梁门式起重机，主要用于水电站大坝启闭闸门工作。它的特点为一般跨度小，起升高度大，起重量大，工作级别低，但要求可靠程度相当高。

(2) 集装箱门式起重机。集装箱门式起重机属于双主梁门式起重机的范畴。此类起重机的特殊性在于其支腿的间距要求大，能满足集装箱的需要。集装箱门式起重机的支腿是竖直的，无上拱架，支腿中心间距为 16 m，完全能使 40 ft 的国际标准集装箱顺利通过。

(3) 装卸桥。装卸桥是双主梁门式起重机的特例。它的特殊之处在于跨度大(一般≥40 m)、悬臂长(有效伸臂 16 m 或更多)、小车运行速度高(一般可达 200 m/min)，而且有生产率的要求，一般用来装卸散粮。装卸桥主梁的结构有桁架式和箱形梁式两种。桁架式装卸桥如图 9-38 所示。

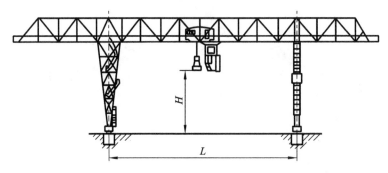

图 9-38　桁架式装卸桥

3）电动葫芦门式起重机

电动葫芦门式起重机是一种简易的门式起重机,有单主梁和双主梁两种形式。由于其结构简单、安装维修方便,实际应用中得到了较大的发展。

电动葫芦门式起重机由门架(主梁、支腿、下横梁等)、电动葫芦、运行机构和电控部分组成。主梁一般采用箱形、桁架或组合主梁结构。它的支腿采用双刚性支腿,跨度大时采用一刚一柔性支腿。

电动葫芦门式起重机的起重量为 3.2 t～12.5 t,跨度为 10～22 m,起升高度为 6～9 m,主要采用 AS 或 H 系列电动葫芦。

(二) 门式起重机的构造

门式起重机主要由司机室及电气设备、小车、大车运行机构、门架和大车导电装置等五大部分组成。抓斗门式起重机有时还设置有煤斗车。

1. 电气设备

门式起重机的动力源是电力,靠电力进行拖动、控制和保护。门式起重机的电气设备是指轨道面以上起重机的电气设备。门式起重机的机上电气设备大部分都安装在司机室和电气室内,若无电气室,有的设备可放在门架走台上。一般的司机室、电气室固定在主梁下面,不随小车移动。抓斗门式起重机、装卸桥等的司机室和电气室是随小车一起移动的。

2. 小车

门式起重机小车一般由小车架、小车导电架、起升机构、小车运行机构、小车防雨罩等组成,以实现小车沿主梁方向的移动、取物装置的升降,以及吊具自身的动作,并适应室外作业的需要。小车形式根据主梁形式的不同而异。

3. 大车运行机构

门式起重机的大车运行机构都是采用分别驱动的方式,车轮分为主动车轮和被动车轮。车轮的个数与轮压有关,主动车轮占总车轮数的比例是以防止启动和制动时车轮打滑为前提而确定的。

4. 门架

门式起重机的门架是指金属结构部分,主要包括主梁、支腿、下横梁、梯子平台、走台栏杆、小车轨道、小车导电支架、司机室等。它可分为单主梁门架和双主梁门架两类。

5. 大车导电装置

大车导电装置用来将地面电源引接到起重机上,以实现起重机的拖动、控制和保护功能。大车导电装置种类比较多,主要有以下两种。

1）电拖滑线导电装置

从起重机设计角度来说,电拖滑线导电装置比较容易实现;但从使用角度来说,安装时需设立数根电线杆,将地面电源线架起,建设费用较高,且由于电源线架空较高(在 10 m 以上),维修比较困难。

2）电缆卷取装置

电缆卷取装置只要在地面预埋电缆并引出起重机全行程所需的电缆即可,比较容易实现。机上设电缆卷取装置,将引出的电缆线绕到电缆卷取装置上,随起重机的运行进行卷缆和放缆,以实现起重机的电气驱动和控制。

6. 煤斗车

根据用户的要求,抓斗门式起重机和装卸桥有时需要设置煤斗车。煤斗车是由煤斗及跨外带式输送机组成。散粒物料经抓斗抓取卸到设置在下横梁上的煤斗里,再经跨外带式机输送到地面的汽车、火车上或地沟带式机上。为了使物料在煤斗中能顺利滑下,煤斗上还设有振动给料装置或振荡器。

7. 安全装置

门式起重机的安全装置设置在各机构中,主要包括缓冲器、偏斜指示装置、起重量限制器、安全保护联锁开关、防护罩、扫轨器、起升高度限位器、行程限位开关等。

五、臂架型起重机

臂架型起重机可分为固定式臂架型起重机和移动式臂架型起重机两大类。其中,固定式臂架型起重机包括固定式转柱旋臂起重机和固定式定柱旋转起重机;移动式臂架型起重机主要有门座起重机、塔式起重机、流动式起重机等。流动式起重机又可以分为汽车起重机、轮胎起重机、履带起重机和随车起重机等。

（一）固定式臂架型起重机

1. 固定式转柱悬臂起重机

固定式转柱悬臂起重机适用于起重量不大、作业范围为圆形或扇形的场合,一般用于机床等工具装车和搬运。它通常是固定在地面上使用,具有上部外支承的旋转起重机。定幅式固定式转柱悬臂起重机示意图如图 9-39 所示,转柱悬臂起重机有一根能够旋转的柱子(即转柱 1),其机架固定在转柱上随同转柱一同旋转。转柱被支承在经由上支座 3 和下支座 4 安装在墙壁或房顶的构架上。起升机构(电动机、减速机、卷筒等)均安装在机架上,随机架一起转动。

定幅式固定式转柱悬臂起重机的幅度不能改变,只靠机架旋转来转运物品。电动绞车安放在机架上。旋转动作靠人力来推动或在臂梁端部用绳索曳引。变幅式固定式转柱悬臂起重机(见图 9-40)幅度的改变是利用在臂梁上能行驶的变幅小车 1 来实现的。

2. 固定式定柱旋转起重机

固定式定柱旋转起重机(见图 9-41)的机架被支承在一个固定的立柱上,并且可以绕此立柱旋转,此立柱被安装在地基上,称为定柱。机架的支承装置均安置在定柱的上下端,省去了外部上方支承,所以可以旋转一周。所有的工作机构均安装在机架上,随机架一起转动。

（二）移动式臂架型起重机

1. 门座起重机

1）门座起重机的特点

门座起重机又称为门机,是具有沿地面轨道运行、下方可通过铁路车辆或其他地面车辆的

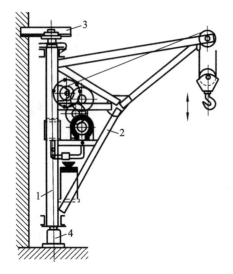

图 9-39 定幅式固定式转柱悬臂起重机示意图
1—转柱；2—臂梁；3—上支座；4—下支座

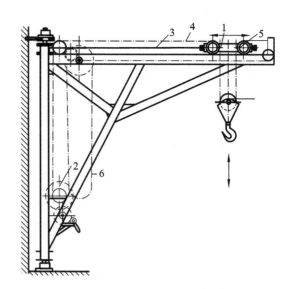

图 9-40 变幅式固定式转柱悬臂起重机示意图
1—变幅小车；2—起升驱动装置；3—变幅绳索；
4—起升绳索；5—导向滑轮；6—变幅牵引链条

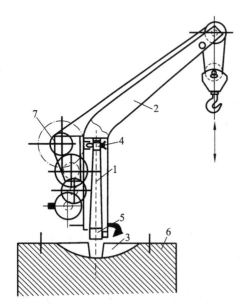

图 9-41 固定式定柱旋转起重机示意图
1—定柱；2—臂梁；3—底板；4—上支座；
5—下支座；6—基础；7—起升机构

门形座架的可回转臂架型起重机，是移动式臂架型起重机的一种典型机型。门座起重机由固定部分和回转部分构成，固定部分通过台架支承在运行轨道上，转动部分通过回转支承装置安装在门架上。C 型单主梁门座起重机如图 9-42 所示。

门座起重机结构是立体的，不会过多占用作业现场的面积，且具有臂幅长、工作区域大、起升高度大、起重量大、定位性好、通用性好、使用灵活等优点，广泛应用于港口、码头、建筑工地和车站库场等场所的各种物料的装卸搬运作业，对提高装卸作业效率、减轻劳动强度都具有重大意义。门座起重机的缺点是自重大，装卸作业时轮压大，因而对基础结构强度的要求高。此外，门座起重机钢材耗用量大、整机造价高，使用成本、维修费用和能耗都比较大。

2）门座起重机的分类

（1）门座起重机按门架结构形式不同可分为箱形结构门座起重机、桁架结构门座起重机、混合式结构门座起重机。

（2）门座起重机按旋转支承形式不同可分为转柱式门座起重机、转盘式门座起重机。

（3）门座起重机按使用场所的不同可分为堆（货）场门座起重机、港口门座起重机、船台门座起重机等。

（4）门座起重机按取物装置不同可分为吊钩式门座起重机、抓斗式门座起重机、集装箱门座起重机、箱钩式两用门座起重机等。

（5）门座起重机按用途不同可分为装卸用门座起重机、安装用门座起重机、混凝土吊运门

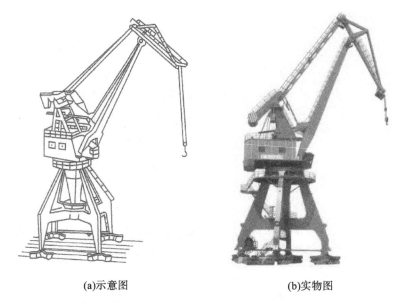

(a)示意图　　　　　　(b)实物图

图 9-42　C 型单主梁门座起重机

座起重机、通用型门座起重机、多用途型门座起重机。

3) 门座起重机的构造

门座起重机主要由金属结构、工作机构、控制系统和安全装置等组成。

(1) 金属结构主要包括臂架系统、变幅平衡系统、上转柱、转盘、转柱、机房、门架、运行台车、司机室和梯子平台等。对于用于港口作业的抓斗门座起重机,还有接卸料、喂料、带式输送机系统和装船系统的金属结构。

(2) 工作机构主要包括起升机构、变幅机构、回转机构、运行机构和回转支承装置。

(3) 控制系统主要包括电、液、气驱动装置,传动装置和控制装置。

(4) 安全装置主要包括限位装置、紧急停车控制器、超载限制器、幅度指示器、微计算机力矩限制器、夹轨器、风向风速仪、运行状况监测和故障诊断及报警系统等。

4) 门座起重机的技术性能参数

门座起重机的主要技术性能参数包括额定起重量或额定生产率、起升高度、起升速度、变幅速度、运行速度、轨距、基距、最大幅度、最小幅度、门架净空高度、车轮直径和车轮数量、腿压、轮压等。

除此以外,根据不同使用条件和场合的机型,还有配套系统的技术参数。对于某一型号的门座起重机的主要技术性能参数,可以从使用维护说明书、起重机产品目录及手册和专业图书中查找。多数情况下,门座起重机的性能参数用表格列出,也有用 Q-R 特性曲线图表示的,如图 9-43 所示。这种曲线图的主要优点是直观性好,对相应幅度下的起重量在图中一目了然。大多数厂家的门座起重机产品,将此曲线绘制在金属板上,装置在司机室显眼的围壁上,便于操作时与力矩限制器显示数据比较,掌握载荷情况。

2. 塔式起重机

支承于高塔上的旋转臂架型起重机,称为塔式起重机(见图 9-44)。塔式起重机的构造与门座起重机相同。它的结构特点是悬架长、塔身高、设计精巧,可以快速安装、拆卸。塔式起重机的轨道常临时铺设在工地上,以便适应经常搬迁的需要。

塔式起重机一般有四大工作机构,即起升机构、变幅机构、回转机构和行走机构。起升机构

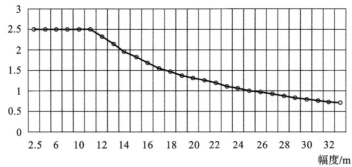

图 9-43 门座起重机 Q-R 特性曲线

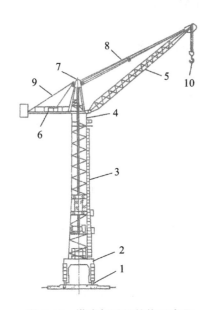

图 9-44 塔式起重机结构示意图
1—车轮；2—台车架；3—机架(塔身)；
4—上下支承座；5—吊臂；6—平衡臂；
7—塔帽；8—吊臂拉杆；
9—平衡臂拉杆；10—吊钩

用来实现载荷的升降，它是塔式起重机最重要也是最基本的机构，起升机构的性能将直接影响到整台塔式起重机的工作性能。变幅机构是塔式起重机改变工作幅度的机构，用以扩大塔式起重机的工作范围，提高工作效率。通过变幅机构能将所运输的物料运到工作面上。回转机构是塔式起重机的主要工作机构之一，它能将起升在空间的物料绕塔式起重机垂直轴线作圆周运动，扩大塔式起重机的工作面。行走机构的作用是驱动塔式起重机沿着轨道行驶，配合其他机构完成水平运输及垂直运输工作。塔式起重机的自重和载荷重量通过行走机构的行走轮传给轨道。

3. 流动式起重机

流动式起重机是在通用或专用移动底盘上，装上起重工作装置及设备的起重机械。它具有通过性好、机动灵活、行驶速度快、可迅速转移作业地点、到达目的地能够快速投入工作等优点，但对道路、场地要求高，台班费较高。流动式起重机适用于单件重量较大的大、中型设备及构件的吊装，作业周期短。

按运行部分的结构不同，流动式起重机可分为汽车起重机、轮胎起重机、履带起重机和随车起重机四种。其中，尤以汽车起重机和轮胎起重机的拥有量大，使用更为普遍。

1) 汽车起重机

汽车起重机是安装在标准的或专用的载货汽车底盘上的全旋转臂架型流动式起重机，汽车轮采用弹性悬挂，行驶性能接近汽车。汽车起重机设有两个司机室，分别用于实现起重机的行驶驾驶和起重操纵功能。行驶驾驶室与起重操纵室是分开设置的，前者设置于车头，后者设置于起重机的转台或转盘上，如图 9-45 所示。

汽车起重机具有行驶速度高、越野性能好、作业灵活、可迅速改变作业场地、特别适用于流动性大且不固定的作业场所等优点。但由于汽车车身较长，转弯半径较大，因此汽车起重机的通过性能较差。此外，由于其只能在起重机的两侧和后方进行作业，作业时需放下支腿以保持稳定，且不能带负荷行驶，因而汽车起重机在使用上受到一定的限制。

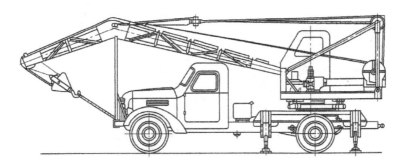

图 9-45 汽车起重机示意图

2）轮胎起重机

轮胎起重机是一种装在特制轮胎底盘上的全旋转臂架型流动式起重机。它与汽车起重机的主要区别在于以下两个方面。一是底盘不同。汽车起重机用标准或专用汽车底盘；轮胎起重机用专用底盘，其轴距和轮距配合适当，从而稳定性好，并能在平坦的地面上吊货行驶，但走行速度较低，所以适合固定在一个货场内作业。二是司机室的数目不同。汽车起重机有两个司机室：一个在转台或转盘上，操纵起升、回转和变幅机构；另一个在起重机车头，操纵起重机的行驶和转向。轮胎起重机通常只有一个司机室，位于转台上，四个机构都由这个司机室进行操纵，如图 9-46 所示。轮胎起重机由于自重大，在一定起重范围内可以不用支腿作业，灵活方便，且能配套双绳抓斗进行散货作业，因而在装卸作业中的应用要比汽车起重机更为广泛。

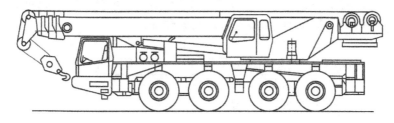

图 9-46 轮胎起重机示意图

轮胎起重机具有机动性好、适用性强的特点，使用时不受轨道的限制，灵活机动，服务区域相对较大，既可用于码头前沿，又可作堆场设备使用，一机多用，设备效能容易得到充分发挥。与门座起重机相比，轮胎起重机的造价相对低廉、维修保养费用也较少。但轮胎起重机的起重量要随着臂幅的增大而变小，通常所谓的最大起重量是指其臂幅最小时的起重量。在装卸作业时，由于使用的臂幅较大，所以轮胎起重机实际使用的起重量比标明的最大起重量要小。一般来说，轮胎起重机的装卸效率比门座起重机低。

3）履带起重机

履带起重机是以将起重工作装置和设备装设在履带式底盘上，靠行走支承轮在自身封闭的履带上滚动运行的臂架型流动式起重机，如图 9-47 所示。

与轮胎起重机相比，履带起重机由于接地面积大，对地面平均压力小，可在松软、泥泞的恶劣路面上进行作业；且对地面附着力大，爬坡能力强，牵引性好；转弯半径小，甚至可以原地转弯。但它的履带底盘行驶速度低，并且在行驶时会损坏路面。此外，履带起重机的维修操作也比较复杂，配件不易解决，在使用中受到一定的限制，一般只适用于建筑施工工地。

4）随车起重机

随车起重机是指安装在汽车底盘上，通过液压举升及伸缩系统在一定范围内实现货物的升

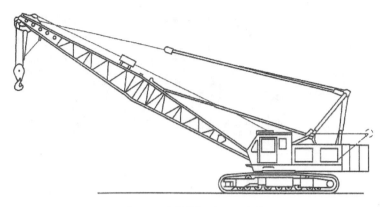

图 9-47 履带起重机示意图

降、回转、吊运的多动作流动式起重机械，又称随车吊。它属于物料搬运装卸机械的范畴。随车起重机主要由起重臂、立柱、卷扬机构、回转系统、变幅机构、操纵杆、车架基座、液压油箱、支腿、安全装置等部分组成。

按起重臂结构形式的不同，随车起重机可分为直臂式随车起重机（直臂式随车起重机及汽车整体示意图如图 9-48 所示）和折臂式随车起重机，如图 9-49 所示。一般来说，折臂式比同吨位直臂式更昂贵。随车起重机的优点是机动性好，转移迅速，可以集吊装与运输功能于一体，提高资源利用率，售价也比汽车起重机便宜很多；缺点是工作时须支腿，不适合在较大坡度、松软或泥泞的场地上工作，吊装性能方面比不上汽车起重机。此外，随车起重机可装载各类抓辅具，如夹木抓斗、吊篮、夹砖夹具、钻具等，以实现多场景作业。

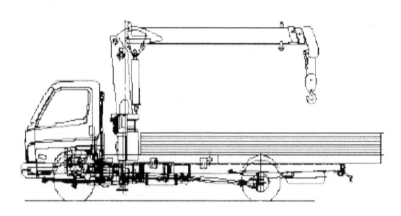

图 9-48 直臂式随车起重机及汽车整体示意图

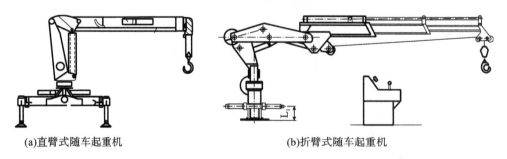

(a)直臂式随车起重机　　　　　　(b)折臂式随车起重机

图 9-49 随车起重机

通过上述四种流动式起重机的描述可以看出,流动式起重机是通过改变臂架仰角来改变载荷幅度的旋转类起重机,其与一般的桥式起重机、门座起重机不同,结构上主要由起重臂、回转平台、车架和支腿四个部分组成。

(1) 起重臂。起重臂是起重机最主要的承载构件。由于变幅方式和起重机类型的不同,起重臂可分为桁架臂和伸缩臂两种。

(2) 回转平台。回转平台又称为转台,当起重机工作时,回转平台为起重臂的后铰点、变幅机构或变幅液压缸提供足够的约束,将起升载荷、自重及其他载荷的作用通过回转支承装置传递到起重机底架上。

(3) 车架。车架是整个起重机的基础结构。它的作用是将起重机工作时作用在回转支承装置上的载荷传递到起重机的支承装置上,因此车架的刚度、强度将直接决定起重机的刚度和强度。

(4) 支腿。支腿是安装在车架上可折叠或收放的支承结构。它的作用是在不增加起重机宽度的条件下,为起重机工作时提供较大的支承跨度,从而在不降低流动式起重机机动性的前提下,提高其起重特性。

4. 浮式起重机

1) 浮式起重机的概念

浮式起重机又称为浮吊,是以专用浮船作为支承和运行装置,浮在水上作业,可沿水道自航或托航的水上臂架型起重机。

2) 浮式起重机的结构及特点

浮式起重机一般由下部浮船和装在浮船甲板上的上部建筑两大部分组成。其中,浮船用来支持起重机的自重和起吊的重量,再通过自身的船壳把它们传递给水面,使得浮式起重机能够独立地浮在水面上工作。此外,浮船还可以使起重机沿着水道从一个工作地点航行到另外一个工作地点,或者在同一个工作地点内作水平移动,以满足起重机对准装卸点或完成货物水平移动的要求等。上部建筑是浮式起重机的起重装置部分,用来装卸或吊装货物。

浮式起重机利用率高,适用范围广。例如,在港口用它来完成货物的装卸工作;在海难事故中用它来完成打捞救助;在各类港湾和近海水工工程中用它来完成筑港、造桥、设备的安装;在船厂用它来完成设备安装和修理。近年来随着海上石油开发,依靠特大型浮式起重机,完成钻井平台的建设与安装。可见,凡在水上有起重作业需要的场合,都离不开浮式起重机。浮式起重机造价较高,需要配备的各类人员多。

3) 浮式起重机的分类

由于使用场合的条件不同、工作任务有差异,浮式起重机在其用途、性能、结构和驱动方式等方面的区别较大。

(1) 按用途的不同,浮式起重机可分为装卸型浮式起重机、吊装型浮式起重机。

(2) 按船体机动性的不同,浮式起重机可分为自航式浮式起重机、非自航式浮式起重机。

(3) 按回转性能的不同,浮式起重机可分为回转式浮式起重机、非回转式浮式起重机。

(4) 按起重臂结构形式的不同,浮式起重机可分为直臂架式浮式起重机、组合臂架式浮式起重机。

(5) 按驱动方式的不同,浮式起重机可分为电动机驱动浮式起重机、柴油机驱动浮式起重机、柴油机-电力驱动浮式起重机、柴油机-液压驱动浮式起重机。

第五节 起重机械的主要属具

起重机械的主要属具包括索具和取物装置两大类。常用的索具主要包括钢丝绳、麻绳、化学纤维绳等,常用的取物装置有吊钩、抓斗、电磁吸盘等。

一、起重机械常用索具

1. 钢丝绳

钢丝绳是起重作业的主要绳索,也是起重机械最常用的挠性件。它常在起升机构和变幅机构中用作承载绳,在运行机构和回转机构中用作牵引绳。钢丝绳具有断面积相等、质地柔软、强度高、弹性大、耐磨损、能承受冲击载荷,在卷筒上高速运转平稳、无噪声、自重轻、工作安全可靠等特点,并在断丝或损坏后易于发现和便于及时处理。钢丝绳由经过特殊处理的钢丝捻制而成的。常用的钢丝绳由六束绳股和一根绳芯(一般为麻芯)捻成。钢丝绳构造示意图如图9-50所示。

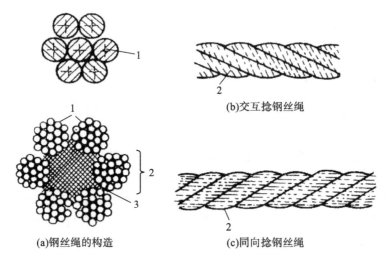

图 9-50 钢丝绳构造示意图
1—钢丝绳;2—股;3—绳芯

按钢丝绳构造和制造工艺的不同,钢丝绳可做如下的分类。

(1) 按钢丝绳捻制方法的不同,钢丝绳可分为同向捻、交互捻、混合捻三种。钢丝捻成股的方向和股捻成绳的方向相同的钢丝绳称为同向捻钢丝绳。钢丝捻成股的方向和股捻成绳的方向相反,如绳是左捻,而股是右捻的,称为左交互捻钢丝绳;如绳是右捻,而股是左捻的,称为右交互捻钢丝绳。交互捻钢丝绳具有不易松散和扭转的特点,故成为起重机钢丝绳的通用类型。

(2) 按钢丝绳表面处理方式的不同,钢丝绳可分为光面钢丝绳和镀锌钢丝绳。露天作业的起重机考虑到防锈的需要,应选用镀锌钢丝绳。

(3) 按钢丝绳的绳股数及每一股中钢丝数的不同,钢丝绳可分为6股7丝、7股7丝、6股19丝、6股37丝和6股61丝等几种。起重机常用的有 $6 \times 19 + 1$ 型、$6 \times 37 + 1$ 型和 $6 \times 61 + 1$ 型三种,"+1"表示一根绳芯,如图9-51所示。在绳的直径相同的情况下,每股丝数少的钢丝较粗,耐磨性好,但弯曲性差;每股丝数多的钢丝较细,因而比较柔软,但耐磨性要差些。

6×19+FC　6×19+IWR　　6×37+FC　6×37+IWR　　6×61+FC　6×61+IWR
(a)6×19+（FC/IWR）型　(b)6×37+（FC/IWR）型　(c)6×37+（FC/IWR）型

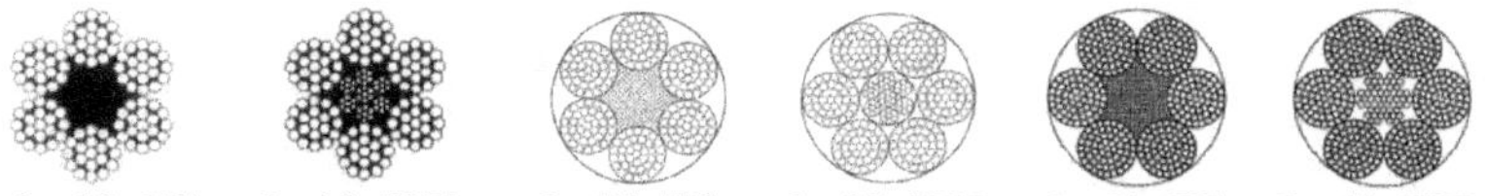

图 9-51　几种常用的钢丝绳构造示意图

FC—纤维芯或麻芯；IWR—钢芯

2．麻绳

麻绳具有质地柔韧、轻便、易于捆绑、结扣和解脱方便等优点，但其强度较低（一般麻绳的强度只有相同直径钢丝绳的 10% 左右），而且易磨损、腐烂、霉变。麻绳在起重作业中主要用于重量较小的重物的捆绑，以及吊运 500 kg 一下的较轻物品。

麻绳的种类很多。它按照原料不同可分为以下几种。

（1）白棕绳。白棕绳以剑麻为原料捻制而成。它的抗拉能力和抗扭能力较强，具有弹性，在起重作业中用得较多。

（2）混合麻绳。混合麻绳是以剑麻和蓖麻各一半为原料制成的，多在辅助作业中采用。

（3）线麻绳。线麻绳是完全以大麻为原料制成的，多在辅助作业中采用。

麻绳的制造是用相应的麻料纤维细线先捻成股，再合几股捻成绳，股的捻向与绳的捻向相反。按照捻制股数的多少，麻绳可以分为三股、四股和九股三种。

3．化学纤维绳

化学纤维绳俗称尼龙绳或合成纤维绳，目前多采用锦纶、尼纶、维尼纶、乙纶、丙纶等搓制而成。化学纤维绳的特点如下。

（1）质轻、柔软、耐腐蚀，强度和弹性比麻绳好。

（2）耐酸、耐碱、耐油、耐水。

（3）使用化学纤维绳有利于防止擦伤吊物表面。

（4）不耐热、使用中忌火忌高温。

二、起重机械常用取物装置

取物装置即吊具，是起重机直接提取货物的部件。起重机必须通过取物装置将起吊物品与起升机构联系起来，从而进行物品的装卸、吊运、安装等作业。取物装置的性能与提高生产效率、减轻工人劳动强度和安全生产都有着直接关系。

吊运成件物品、散粒物品以及液体物品，应分别采用不同的取物装置。此外，由于物品的几何形状、物理性质以及装卸效率的要求不同，起重机常用的取物装置种类繁多，如吊钩、吊环、吊索（见图 9-52），夹钳、托抓（见图 9-53），吊梁（见图 9-54），盛桶（见图 9-55），起重电磁铁、真空吸盘、抓斗、料斗（见图 9-56），此外还有卸扣、吊耳、集装箱吊具等。

1．吊钩

吊钩是起重机最常用的取物装置，与动滑轮组合成吊钩组，通过起升机构的卷绕系统将被吊物料与起重机联系起来。吊钩组是由吊钩、吊钩螺母、推力轴承、吊钩横梁、滑轮、滑轮轴以及护板等零件组成的。

1）吊钩的材料及制造方法

吊钩断裂可能导致重大的人身及设备事故，因此吊钩的材料要求避免突然断裂的危险。从减轻吊钩自重的角度出发，要求吊钩的材料具有较高的强度，但强度高的材料通常对裂纹与缺

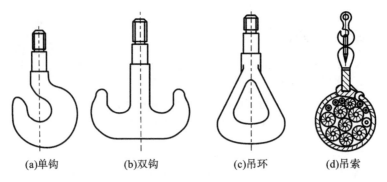

图 9-52 吊钩、吊环、吊索示意图

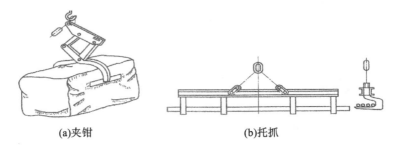

图 9-53 夹钳、托抓示意图

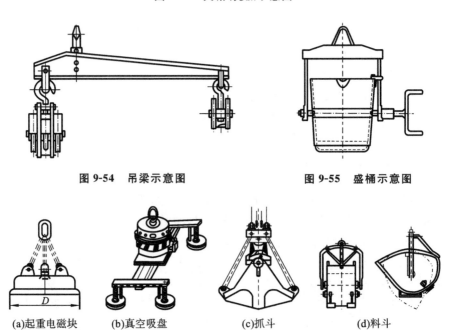

图 9-54 吊梁示意图　　　　图 9-55 盛桶示意图

图 9-56 起重电磁铁、真空吸盘、抓斗、料斗示意图

陷很敏感,材料的强度越高,突然断裂的可能性越大,因此目前吊钩广泛采用低碳钢。

中小起重量起重机的吊钩采用锻造工艺,称为锻造吊钩;大起重量起重机的吊钩采用钢板铆接,称为片式吊钩。随着锻压能力的提高,目前大起重量起重机的吊钩也有采用锻造工艺的。通常情况下,片式吊钩比锻造吊钩有更大的安全性,损坏的钢板可以更换,不像锻造吊钩,一旦破坏就整体报废。

用铸造方法制造吊钩,断面形状可能更加合理,但由于工艺上不能排除铸造缺陷,不符合安全要求,因此目前不允许使用铸造方法。此外,由于钢材在焊接时难免产生裂纹,因此也不允许使用焊接制造和修复的吊钩。使用的吊钩需经过检查,打上合格印记,在使用中进行定期检查。

2) 吊钩的种类

按形状的不同,吊钩可分为单钩和双钩;按制造方法的不同,吊钩可分为锻造吊钩和片式吊钩,如图 9-57 所示。单钩制造简单、使用方便,但受力情况不好,大多用在起重量为 80 吨以下的工作场合;起重量大时常采用受力对称的双钩。片式吊钩由数片切割成型的钢板铆接而成,个别板材出现裂纹时整个吊钩不会破坏,安全性较好,但自重较大,大多用在大起重量或吊运钢水盛桶的起重机上。

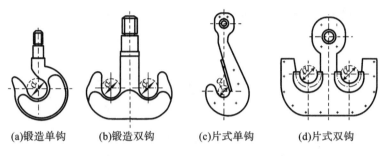

(a)锻造单钩　　(b)锻造双钩　　(c)片式单钩　　(d)片式双钩

图 9-57　吊钩的种类

2. 抓斗

1) 抓斗的工作原理及特点

抓斗是一种由机械或电动控制的自动取物装置,是起重机抓取干散货物的专用工具。它由两块或多块可启闭的斗状颚板合在一起组成容物空间,装料时使颚板在物料堆中闭合,物料被抓入容物空间,卸料时颚板在料堆上悬空状态下开启,物料散落在料堆上,颚板的开合一般由起重机起升机构钢丝绳操纵。抓斗作业无繁重体力劳动,可达到较高的装卸效率并确保安全。抓斗是港口主要干散货装卸工具。

2) 抓斗的分类

按作业货物的种类不同,抓斗可分为散料抓斗(如矿石、煤炭、粮食等散粒料)、木材抓斗等。按结构形状的不同,抓斗可分为贝形抓斗和橘瓣抓斗。前者由两个完整的铲斗组成,后者由三个或三个以上的颚板组成。按驱动方式的不同,抓斗可分为液压式抓斗和机械式抓斗两大类。常用抓斗实物图如图 9-58 所示。

(a)散料贝形机械式抓斗　　(b)橘瓣液压式抓斗　　(c)木材抓斗

图 9-58　常用抓斗实物图

3）抓斗的选用

第一，应根据起重机来选抓斗的动力形式。抓斗是起重机下的取物装置，所以即使最先进的抓斗，也离不开起重机而独立完成工作。反之再先进、再大吨位的起重机也离不开抓斗。所以什么样的起重机就应配什么样抓斗，配错了就不能用，配大了超载也不能用。例如，起重机起升卷筒是单个的，要配机械式抓斗，只能配单索抓斗；如果配了四索抓斗，抓斗就工作不起来了。再例如，起重机的额定起重量为 25 t，要配抓斗，只能配抓斗自重加上所抓的货重在 25 t 以下的，配大了起重机超载，会带来安全隐患。

第二，应根据装卸的货种来选抓斗的结构形式。抓斗是用于装卸各种货物的取物装置，所以就应选配与货物相适应的抓斗。配错了会导致效率低下，甚至是不能用。例如，需要装卸的货种是煤炭，就应配轻型的双瓣抓斗；如果配重型的双瓣抓斗，装卸效率至少低 50%；如果配齿型的木材抓斗，就应了中国一句俗语，竹篮子打水一场空。

第六节 起重机械的选择

起重机械种类繁多，且每个类型都有各自适合的使用场所和作业对象，所以选择合适的起重机械对于使用企业来说尤为重要。一般选择起重机械主要会从起重机的类型选择、型号选择、数量选择和经济性能选择等方面进行考量。

一、起重机械类型的选择

1. 选择的影响因素

通常情况下，在对起重机械的类型进行选择时，需要综合考虑以下几个方面的因素。

（1）结构的跨度、高度、构件重量和吊装工程量等。

（2）工作场地的条件（长、宽、高，室内或室外等）。

（3）本企业和本地区现有起重设备状况。

（4）工作效率及工期（每小时的生产率、工作时限等）的要求。

（5）施工成本要求。

主要起重机械类型的特点与使用范围如表 9-16 所示。

表 9-16 主要起重机械类型的特点及使用范围

类型	特点	使用范围
电动梁式起重机	采用电动葫芦为起升机构，重量轻，轮压小，规格范围圈	适用于小吨位起重量及工作不繁忙的场所
电动葫芦双梁桥式起重机	采用双梁结构，以电动葫芦为起升机构	适用于工作不繁忙的场所
通用桥式起重机（吊钩式）	起升机构为卷扬小车，有单钩、双钩、起重量与起升速度、运行速度范围广，应用范围广泛	适用于机械加工、修理、装配车间或仓库、料场做一般装卸吊运工作
门式起重机	采用单主梁或双主梁结构，起升机构为通用小车，取物装置为吊钩	适用于露天下一般物料的装卸搬运

续表

类 型	特 点	使用范围
塔式起重机	支承于高塔上的旋转臂架型起重机,悬架长、塔身高、设计精巧,可以快速安装、拆卸	适用于临时装卸和吊运作业,适应经常搬迁
固定式转柱悬壁起重机	有一立柱作为臂架金属结构的组成杆件之一,随同臂架一起绕本身轴心旋转90°～270°,能旋转,起重量不超过5 t	可安装在室内或室外有立柱的场合使用
固定式定柱旋转起重机	立柱与起重机臂分开,能转360°,起重量一般不超过10 t	可安装在室内、室外任何地方使用
汽车起重机	起重装置在标准或专用汽车底盘上,为全回转动臂式,运行速度高,机动性能好,能直接与汽车编队行驶	适用于仓库、码头、货栈、工地等场所的装卸和安装工作
轮胎起重机	采用专用的轮胎底盘,为全回转臂式,重心低,起重平稳。在使用短臂时,在额定起升质量75%的条件下带负荷行驶,扩大了起重作业的机动性	适用于港口、车站、货场、工地等场所的装卸和安装工作
履带起重机	起重作业部分安装在履带底盘上,具有全回转的转台、桁架臂架,起升高度大,接地平均压小,牵引系数高,爬坡能力大,能在较为崎岖不平的场地行驶,行驶速度低,行驶过程要损坏路面	适用于在松软、泥泞的地面作业
随车起重机	为装在载重运输车辆上的臂架型起重机,可将重物吊装在自身车辆上,或者进行其他装卸和吊运作业	主要用于载重运输车辆的自身装卸,也可用作其他吊装工程

2. 选择的原则

(1) 物料装卸、零星吊装以及需要快速进场的施工作业,选择汽车起重机比较适合,要是能采用吊臂和支腿可伸缩的液压式汽车起重机就更有利;对于需要把伸缩臂伸进窗口或洞口作业的,液压式汽车起重机是最理想的吊装机械了。

(2) 吊装工程要求起重量大、安装高度高、幅度变化大的起重作业,则可以根据现有机械情况,选用履带起重机或轮胎起重机。假如地面松软,行驶条件差,则履带起重机最合适;如果作业范围内的地面不能被破坏,则采用轮胎起重机最好。

(3) 当受施工条件限制,要求起重机吊重行驶时(吊重行驶是危险的,如不得已作业,吊重量应符合该机使用划定重量),可以选择履带起重机或轮胎起重机。轮胎起重机的机动性能较好;履带起重机吊重行驶的稳定性较高。

(4) 专业化作业应尽量选用专用起重机械。例如,零星货物的短距离搬运,可以采用随车起重机,本来需要起重和运输两台机械作业,现在可由一台完成。

(5) 尽量选择多用、高效、节能的起重机产品。例如,建筑工地既需要自行吊装,又需要使用塔式起重机时,应该选用有提供起重的自行塔式起重机,以节省投入机械台数。

二、起重机械型号的选择

1. 选择的主要依据

在确定了起重机械的具体类型后,再决定选用这一类型中的某个型号。起重机械型号的选择主要是针对其技术性能上的选择,需要重点考虑三个参数,即起重量 G、起升高度 H、幅度 L。这三个参数均须满足结构吊装的要求。

1) 起重量的选择

起重机的起重量必须大于所吊装构件的重量和索具重量之和。不能依据起重机最大额定起重量,而应根据起吊构件的幅度所允许的起重量。起重量计算公式如下:

$$G > Q_1 + Q_2 \tag{9-12}$$

式中:G——起重机的起重量(t);

Q_1——吊装构件的重量(t);

Q_2——索具重量(t)。

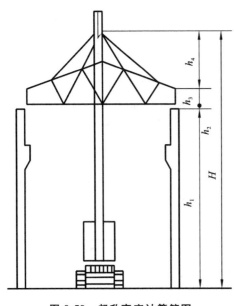

图 9-59 起升高度计算简图

2) 起升高度的选择

起重机的起升高度必须满足所吊装构件对起升高度的要求,如图 9-59 所示。其计算公式为

$$H \geqslant h_1 + h_2 + h_3 + h_4 \tag{9-13}$$

式中:H——起重机的起升高度(m);

h_1——安装构件的表面高度,从停机地面算起(m);

h_2——安装间隙,视具体情况而定,一般不小于 0.3 m;

h_3——绑扎点至构件吊起后至底面的距离(m);

h_4——索具高度,自绑扎点至吊钩中心的距离(m),视具体情况可定。

3) 工作幅度的选择

一般情况下,当起重机可不受限制地开到构件吊装位置附近去吊装时,只要考虑到安装高度时所吊构件与起重臂之间的距离,以避免碰撞或提升不到预定高度。据此,按起重量 G 和起升高度 H 查阅起重机起重性能表或曲线图来选择起重机型号和起重臂长度,并可查得在一定起重量 G 和起升高度 H 下的幅度 L,作为起重机停机位置及行走路线时的参考。

起重机不能开到构件吊装位置附近去吊装时,必然要增加幅度,应根据起重量 G、起升高度 H 和幅度 L 三个参数查阅起重机特性曲线来选择起重机型号及起重臂长度。

2. 选择注意事项

根据起重量和起升高度,考虑到现场的其他条件,即可从移动式起重机的样本或技术机能表中找到合适的规格。因为起重机的最大起重量越大,在吊装项目中充分施展它的各种机能就越难,利用率越低,因此只要能满足吊装技术要求,不必选择过大的型号。

必须指出,起重机的名义起重量是在起重臂最短,幅度最小时对应的起重量;当起重臂伸长,幅度增大时,起重量相应减少,其数值可由起重机工作机能数据中求出。当轮胎起重机不能使用支腿时,起重量应按规定机能进行计算,一般为支腿起重量的 25% 以下;假如在平坦、坚硬的路面上吊重行驶,则起重量应为不使用支腿时的额定重量的 75%,以保证安全作业。

假如单台起重机的起重量不能满足要求,可选择两台进行抬吊施工。为保证施工安全,吊装构件的重量不得超过两台起重机总起重量的 80%。

三、起重机械数量的选择

起重机数量应根据作业量、作业工期和起重机台班定额产量而定,其计算公式为

$$N = \frac{1}{TCK}\sum_{i=1}^{n}\frac{Q_i}{P_i} \qquad (9\text{-}14)$$

式中:N——起重机的数量(台);
T——作业工期(天);
C——每天的作业班数(班);
K——时间利用系数,取 0.8~0.9;
n——吊装构件的起重作业批量(批次);
Q_i——第 i 批吊装构件的作业量(t);
P_i——第 i 批吊装构件作业机型的台班产量定额(t/台班)。

此外,在决定起重机的数量时,还应考虑到构件装卸、拼装和就位的实际作业需要。

四、起重机械经济性能的选择

选用起重机械时,不仅要考虑其技术性能,而且应考虑其经济性能表现。在对起重机械的经济性能进行选择时,可通过对不同类型起重机的经济性指标进行量化和对比,然后得出科学合理的结论。起重机械的经济性能通常从其能耗、自重和价值等方面进行评价,常用的指标有以下三个。

1. 比功率

比功率表示起重机在单位重量下所耗能量的多少,用比功率系数 $K_{功率}$ 表示,即

$$K_{功率} = \frac{P}{G} \qquad (9\text{-}15)$$

式中:P——起重机发动机的总功率(kW);
G——起重机的额定起重量(t)。

$K_{功率}$ 越小,表明该起重机工作时能耗越少,经济性能越好。

2. 质量利用系数

起重机的质量利用系数有以下三种表达形式。

(1) 以起升重量表示:$k_1 = \dfrac{m_e}{m}$。

(2) 以起升力矩表示:$k_2 = \dfrac{M}{m}$。

(3) 以起升力矩和与此相应的起升高度的乘积表示:$k_3 = M \cdot \dfrac{H}{m}$。

以上三式所表示的起重能力,对于轮胎起重机和履带起重机都是用最大额定起重量及其相应的幅度和起升高度表示的;对于塔式起重机,则是以最大起重力矩和最大起升高度表示的。

3. 价值系数

比功率、质量利用系数只限于同一类型的起重机之间的比较;而对于不同类型和规格的起重机,若进行比较,做选用的可行性研究时,可采用"费用"这项指标作为依据,它常用起重机在规定的作业时间内的总费用,或单位重量作业所需的平均费用来表示。评价起重机的经济效果,也可以用价值工程的方法,比较价值系数的大小,综合考虑起重机的技术、经济性能。价值工程的基本公式为

$$V = \frac{F}{C} \tag{9-16}$$

式中：V——表示产品的价值系数；
　　　F——表示产品的功能；
　　　C——表示产品的总成本（包括生产成本和使用成本）。

此外，起重机的经济性能与其在工地使用的时间有很大关系：使用时间越长，则平均到每个台班的运输和安装费用就越少，其经济性能也就越好。

复习思考题

1. 简述起重机械的工作过程、特点及主要类型。
2. 简述起重机械未来主要的发展方向。
3. 简述起重机械的系统组成及工作原理。
4. 起重机械的基本参数都有哪些？
5. 桥式起重机由哪几部分组成？各部分的功用是什么？
6. 门座起重机的优、缺点都有哪些？
7. 塔式起重机由哪几部分组成？各部分的主要功用是什么？
8. 流动式起重机的优缺点都有哪些？它主要由哪几部分组成？
9. 轮胎起重机与汽车起重机的主要区别是什么？
10. 履带起重机的优、缺点都有哪些？
11. 起重机常用的取物装置都有哪些？
12. 起重机械类型选择的影响因素有哪些？

第十章
物流堆垛机械设备

WULIU
JIXIE
SHEBEI

第一节　堆垛机的概念、特点及分类

一、堆垛机的概念

堆垛机是指采用货叉或串杆作为取物装置,在仓库、车间等处获取、搬运和堆垛或从高层货架上取放单元货物的专用起重机械设备。它的主要用途是在自动化立体仓库的巷道间来回穿梭运行,将位于巷道口的货物存入货格,或将货格中的货物取出运送至巷道口,完成出库作业。

堆垛机是随着自动化立体仓库的出现而发展起来的,是整个自动化立体仓库的核心设备,是代表自动化立体仓库特征的重要标志之一。早期的堆垛机是在桥式起重机的起重小车上悬挂一个门架(立柱),利用货叉在立柱上的上下运动及立柱的旋转运动来搬运货物,通常称之为桥式堆垛机。1960年前后,在美国出现了巷道堆垛机,这种堆垛机是在地面导轨上行走,利用地面导轨防止倾倒。随着计算机控制技术和自动化立体仓库的发展,堆垛机的运用越来越广泛,技术性能越来越好,高度越来越高。受仓库建筑高度和费用的限制,目前堆垛机高度可达40 m,而运用这种设备的仓库最高在40 m以上,大多数高度为10~25 m。

二、堆垛机的特点

堆垛机减轻了工人的劳动强度,在结构上和工作中具有以下特点。

1. 结构特点

(1) 堆垛机的整机结构高而窄,适合在巷道内运行。

(2) 堆垛机有特殊的取物装置,如货叉、机械手等。

(3) 堆垛机的电气控制系统具有快速、平稳和准确的特点,保证能快速、准确、安全地取出和存入货物。

(4) 堆垛机具有一系列的联锁保护措施。由于工作场地窄小,稍不准确就会库毁人亡,所以堆垛机上常配备有一系列机械的和电气的保护措施。

2. 工作特点

(1) 作业效率高。堆垛机是自动化立体仓库的专用设备,具有较高的搬运速度和货物存取速度,可在短时间内完成出入库作业,堆垛机的最高运行速度可以达到500 m/min。

(2) 有助于提高仓库利用率。堆垛机自身尺寸小,可在宽度较小的巷道内运行,同时适合高层货架作业,可提高仓库的利用率。

(3) 自动化程度高。堆垛机可实现远程控制,作业过程无须人工干预,自动化程度高,便于管理。

(4) 工作稳定性好。堆垛机具有很高的可靠性,工作时具有良好的稳定性。

三、堆垛机的分类

堆垛机的分类方式很多,主要有以下几种。

1. 按照有无导轨进行分类

按照有无导轨进行分类,堆垛机可分为有轨堆垛机和无轨堆垛机。其中,有轨堆垛机是指堆垛机沿着巷道内的轨道运行,其工作范围受轨道的限制,须配备出入库设备;而无轨堆垛机又称高架叉车,是没有轨道的堆垛机。

2. 按照高度不同进行分类

按照高度不同进行分类,堆垛机可分为低层型、中层型和高层型。其中,低层型堆垛机是指起升高度在 5 m 以下的堆垛机,主要用于分体式高层货架仓库中及简易立体仓库中;中层型堆垛机是指起升高度为 5～15 m 的堆垛机;高层型堆垛机是指起升高度在 15 m 以上的堆垛机,主要用于一体式的高层货架仓库中。

3. 按照驱动方式不同进行分类

按照驱动方式不同进行分类,堆垛机可分为上部驱动式、下部驱动式和上下部相结合驱动式。

4. 按照自动化程度不同进行分类

按照自动化程度不同进行分类,堆垛机可分为手动堆垛机、半自动堆垛机和自动堆垛机。手动堆垛机和半自动堆垛机上带有操作室,由人工操作控制堆垛机;而自动堆垛机没有操作室,采用自动控制装置进行控制,可以进行自动寻址、自动装卸货物。

5. 按照作业方式不同进行分类

按照作业方式不同进行分类,堆垛机可分为单元式堆垛机、拣选式堆垛机和拣选-单元混合式堆垛机。其中,单元式堆垛机是对托盘(或货箱)单元进行出入库作业的堆垛机;拣选式堆垛机是由操作人员从货格内的托盘中存入(或取出)少量货物,进行出入库作业的堆垛机,其特点是没有货叉;拣选-单元混合式堆垛机具有单元式堆垛机和拣选式堆垛机的综合功能。

6. 按照用途及结构不同进行分类

按照用途及结构不同进行分类,堆垛机可分为桥式堆垛机、巷道堆垛机和码垛机器人等。桥式堆垛机是指具有起重机和叉车的双重结构特点,像起重机一样,具有桥架和回转小车的堆垛机;巷道堆垛机是指金属结构有上、下支承支持,机身沿着仓库巷道运行,装取成件物品的堆垛机;码垛机器人是指能将不同外形尺寸的包装货物整齐地、自动地码上(或卸下)托盘的机器人。

本章主要从堆垛机的用途和结构不同的分类角度,具体介绍桥式堆垛机、巷道堆垛机和码垛机器人。

第二节 桥式堆垛机

桥式堆垛机(见图 10-1)具有起重机和叉车的双重结构特点,像起重机一样具有桥架结构(又称大车)和设置在桥架上能运行的回转小车,桥架在仓库上方的轨道上纵向运行,回转小车在桥架上横向运行;与叉车类似的是,它具有固定式或可伸缩式的立柱,立柱上装有货叉或其他取物装置,可以垂直移动。这样桥式堆垛机便可以完成在三维空间内取物工作,同时可以服务于多条巷道。

桥式堆垛机可安装在仓库的上方,在仓库两侧面的墙壁上装有固定的轨道,要求货架和仓库顶棚之间要有一定的空间,以保证桥架的正常运行。此外,桥式堆垛机的堆垛和取货是通过取物装置在立柱上的运行来实现的。受到立柱高度的限制,桥式堆垛机的作业高度不能太高。桥式堆垛机主要适用于 12 m 以下的中等跨度的仓库,并且要求巷道的宽度较大,以便于笨重或长大物料的搬运和堆垛。

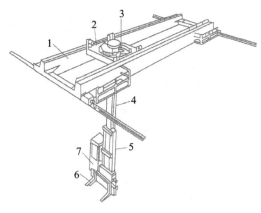

图 10-1 桥式堆垛机
1—桥架；2—小车；3—回转平台；4—立柱固定段；5—立柱伸缩段；6—货叉；7—操作室

一、桥式堆垛机的主要类型及特点

桥式堆垛机按回转小车的安装方式不同可分为支承式桥式堆垛机和悬挂式桥式堆垛机两种，支承式是回转小车在桥架之上，而悬挂式是回转小车在桥架之下。带固定立柱的支承式桥式堆垛机如图 10-2 所示，带固定立柱的悬挂式桥式堆垛机如图 10-3 所示。

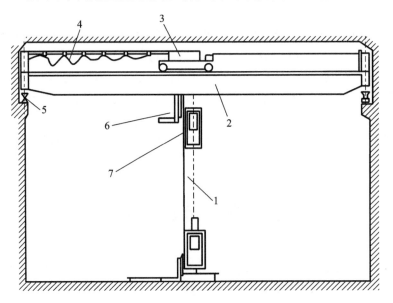

图 10-2 带固定立柱的支承式桥式堆垛机
1—固定立柱；2—桥架；3—回转小车；4—供电装置；5—轨道；6—取物装置；7—操作室

按立柱的结构不同，桥式堆垛机可分为固定立柱桥式堆垛机和可伸缩立柱桥式堆垛机两种。固定立柱式是立柱长短不变，取物装置在立柱上滑行垂直运动；可伸缩立柱式利用立柱的长短变化带动取物装置垂直运动。由图 10-4 可以看出，利用桥式堆垛机的桥架纵向运行和回转小车的横向运行，桥式堆垛机可在多条巷道内来回运动，从而一个仓库可以只装一台桥式堆垛机。桥式堆垛机的主要类型及特点如表 10-1 所示。

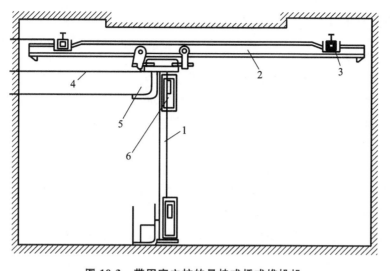

图 10-3 带固定立柱的悬挂式桥式堆垛机

1—固定立柱；2—桥架；3—轨道；4—回转小车；5—取物装置；6—操作室

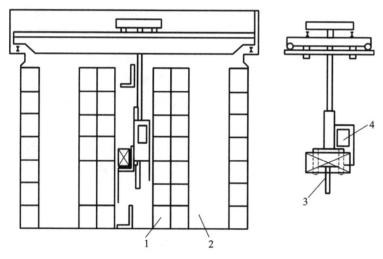

图 10-4 带可伸缩立柱的支承式桥式堆垛机

1—货架；2—巷道；3—可伸缩立柱；4—操作室

表 10-1 桥式堆垛机的主要类型及特点

分类依据	主要类型	特 点
按回转小车安装方式和立柱结构的不同进行交叉分类	带固定立柱的支承式桥式堆垛机	由带固定立柱的小车和桥架组成，结构简单，使用方便
	带可伸缩立柱的支承式桥式堆垛机	具有可伸缩立柱，可以越过障碍物进行装卸和堆垛作业
	带固定立柱的悬挂式桥式堆垛机	桥架重量较轻，回转小车的轨道固定在屋顶的檐架上
	带可伸缩立柱的悬挂式桥式堆垛机	具有可伸缩立柱，重量较轻，轨道固定在屋顶的杆架上

二、桥式堆垛机的主要技术性能参数

1. 额定起重量 Q

额定起重量是指桥式堆垛机在正常使用的工况下安全作业所允许叉起的物料的最大重量和取物装置重量的总和,单位是 kg 或 t。在选用桥式堆垛机时必须考虑额定起重量,因为额定起重量选得过小,则不能满足装卸作业的要求;选得过大,则会造成基建投资的浪费。

2. 最大起升高度 H

最大起升高度是指桥式堆垛机在额定起重量下货物起升到最高位置时,货叉水平段的上表面距地面的垂直距离,单位是 m。桥式堆垛机的最大起升高度主要受到仓库顶棚高度的限制。

3. 工作速度 v

桥式堆垛机的工作速度主要是指起升速度、回转速度、小车运行速度和整车运行速度,单位是 m/s 或 m/min。

所谓起升速度,是指取物装置或物品上升(或下降)的速度,有快速、慢速和微速之分;回转速度是指回转小车旋转时的速度,常受到起重量的影响,一般叉取的货物越重,旋转速度越慢;小车运行速度是指小车在桥架上滑动的速度;整车运行速度是指桥架在轨道上的运行速度。

4. 货叉下挠度

货叉下挠度是指在额定起重量下堆垛机货叉上升到最大高度时,货叉最前端弯下的距离。这一参数反映了货叉抵抗变形的能力,与货叉的材料、结构形式及货叉的热处理工艺等因素有关。货叉下挠度太大说明货叉材质太软,叉取货物时货物容易滑落而导致安全事故。

5. 生产效率

生产效率是指桥式堆垛机在规定作业条件下每小时堆垛或卸堆货物的总质量,单位为 t/h。堆垛机的生产效率不仅取决于设备本身的性能参数,还与货物的种类、工作条件、工人的操作熟练程度等密切相关。

第三节 巷道堆垛机

一、巷道堆垛机的特点

巷道堆垛机整机可以沿货架仓库巷道水平方向移动,载货平台可以沿堆垛机支架上下垂直移动,同时载货平台的货叉又可以借助伸缩机构向平台的左右方向移动,这样便可以实现所存取货物在三维空间内的移动。各类巷道堆垛机普遍具有以下特点。

1. 控制方式多样性

巷道堆垛机主要采用的是电子控制方式,而电气控制方式有手动控制、半自动控制、单机自动控制及计算机控制等多种。在使用巷道堆垛机时,可任意选择一种控制方式。

2. 精确度高

巷道堆垛机对各机构电子传动的调速性能要求高,且要求启动和制动平衡、停车准确,故大多数巷道堆垛机采用变频调速、光电认址等技术,此类技术具有调速性能良好、停车准确度高的特点。

3. 供电可靠

巷道堆垛机采用安全滑触式输电装置,在设备无电力运行时,可以随时进行充电,从而保证供电的可靠。

4. 作业安全可靠

巷道堆垛机在运行作业过程中,因为内部有过载、松绳、断绳保护等安全防护装置,一旦出现过载、松绳、绳子断裂等现象,安全保护装置就会自动启动,故作业安全可靠性高。

5. 配有移动式工作室

巷道堆垛机配有移动式工作室,室内操作手柄和按钮布局合理,座椅较舒适,通过室内操作能保证设备的合理运行,从而达到良好的使用效果。

6. 有助于提高仓库面积的有效利用率

巷道堆垛机采用的制作材料密度较小,机架重量轻,而抗弯、抗扭刚度高,同时采用可伸缩式货叉降低了对巷道宽度的要求,可以提高仓库面积的有效利用率。

二、巷道堆垛机的分类及用途

1. 按有无轨道分类

巷道堆垛机按有无轨道分类可分为有轨巷道堆垛机(见图 10-5)和无轨巷道堆垛机(见图 10-6)两类。在自动化立体仓库中常用的主要作业设备除了有轨巷道堆垛机和无轨巷道堆垛机外,还有普通叉车(见图 10-7)。此三种设备的主要性能比较如表 10-2 所示,在选用时应主要考虑企业的经济条件和仓库的规模指标。

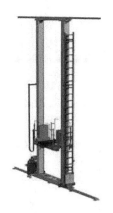

图 10-5　单、双立柱有轨巷道堆垛机

图 10-6　无轨巷道堆垛机

图 10-7　普通叉车

表10-2 有轨巷道堆垛机、无轨巷道堆垛机和普通叉车的性能比较

设备名称	巷道宽度	作业高度	作业灵活性	自动化程度	价格
有轨巷道堆垛机	最小	>12 m	只能在高层货架巷道内作业，必须配备出入库设备	可以手动、半自动、自动及远距离集中控制	高
无轨巷道堆垛机	中	5～12 m	可服务于两个以上的巷道，并完成高架区外的作业	可以手动、半自动、自动及远距离集中控制	中
普通叉车	最大	<5 m	任意移动，非常灵活	一般为手动控制，自动化程度低	低

2. 按结构形式不同分类

巷道堆垛机按结构形式不同分类可分为单立柱巷道堆垛机（见图10-8）和双立柱巷道堆垛机（见图10-9），它们的特点及用途如表10-3所示。

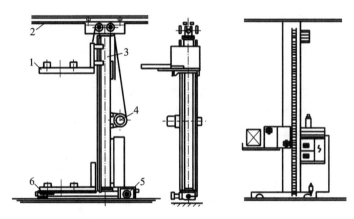

图10-8 单立柱巷道堆垛机结构示意图
1—载货平台；2—上横梁；3—立柱；4—起升机构；5—运行机构；6—下横梁

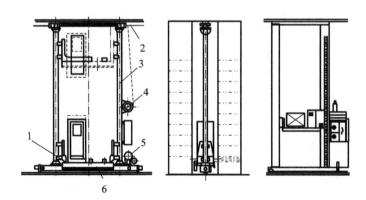

图10-9 双立柱巷道堆垛机结构示意图
1—载货平台；2—上横梁；3—立柱；4—起升机构；5—运行机构；6—下横梁

3. 按支承方式不同分类

巷道堆垛机按支承方式不同分类可分为地面支承型巷道堆垛机、悬挂型巷道堆垛机和货架支承型巷道堆垛机，各类型堆垛机特点及用途如表10-3所示。

表 10-3 巷道堆垛机的主要类型、特点及用途

分类依据	类 型	特 点	用 途
按结构形式分类	单立柱巷道堆垛机	(1) 机架结构是由一根立柱、一根上横梁和一根下横梁组成(或仅有下横梁)的一个矩形框架； (2) 自重较轻,结构刚度比双立柱巷道堆垛机差	适用于起重量在 2 t 以下、起升高度在 16 m 以下的仓库
按结构形式分类	双立柱巷道堆垛机	(1) 机架结构由两根立柱、一根上横梁和一根下横梁组成一个矩形框架； (2) 结构刚度比较好； (3) 自重比单立柱巷道堆垛机大	(1) 适用于各种起升高度的仓库； (2) 一般起重量可达 5 t,必要时还可以更大； (3) 可用于高速运行
按支承方式分类	地面支承型巷道堆垛机	(1) 支承在地面铺设的轨道上,用下部的车轮支承和驱动； (2) 上部导轮用来防止堆垛机倾倒； (3) 机械装置集中布置在下横梁,易于保养和维修	(1) 适用于各种高度的立体库； (2) 适用于起重量较大的仓库； (3) 应用广泛
按支承方式分类	悬挂型巷道堆垛机	(1) 仓库屋架下装设轨道,堆垛机悬挂于轨道下翼缘上运行； (2) 在货架下部两侧铺设下部导轨,防止堆垛机摆动过大； (3) 货架应具有加大的强度和刚度	(1) 适用于起重量和起升高度较小的小型自动化立体仓库； (2) 使用较少； (3) 便于转移巷道
按支承方式分类	货架支承型巷道堆垛机	(1) 巷道两侧货格顶部铺设轨道,堆垛机支承在两侧轨道上运行； (2) 仓库货架下部两侧铺设导轨,防止堆垛机摆动过大； (3) 货架应具有较大的强度和刚度	(1) 适用于起重量和起升高度较小的小型自动化立体仓库； (2) 使用较少
按作业方式分类	单元式巷道堆垛机	(1) 以整个托盘单元或货箱单元进行出入库作业； (2) 载货平台须设有叉取货物的装置； (3) 自动控制时,堆垛机上无司机	(1) 适用各种控制方式,应用最广； (2) 可用于"货到人式"拣选作业
按作业方式分类	拣选式巷道堆垛机	(1) 在堆垛机上的操作人员从货架内的托盘单元或货物单元中取少量货物,进行出库作业； (2) 堆垛机上装有操作室	(1) 一般为手动或半自动控制； (2) 用于"人到货式"拣选作业

4. 按作业方式不同分类

巷道堆垛机按作业方式不同分类可分为单元式巷道堆垛机和拣选式巷道堆垛机。单元式巷道堆垛机是以托盘单元或货箱单元进行出入库作业,可手动、半自动和自动控制,自动控制时堆垛机上无操作人员,可用于"货到人式"拣选作业；拣选式巷道堆垛机是由在堆垛机上的操作

人员从货架内的托盘单元或货物单元中取少量货物,进行出库作业,一般为手动或半自动控制,机上有操作室,用于"人到货式"拣选作业。各类型堆垛机的特点及用途如表 10-3 所示。

三、巷道堆垛机的结构及性能参数

1. 巷道堆垛机的结构及主要部件

巷道堆垛机主要由机架、起升机构、运行机构、载货平台、存取货机构、电气装置、安全保护装置等组成,如图 10-10 所示。

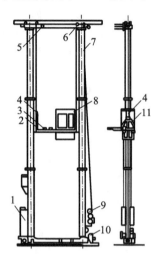

图 10-10 巷道堆垛机结构及主要部件
1—电气装置;2—载货平台;3—货叉伸缩机构;
4—动滑轮;5—过载和松绳保护装置;
6—定滑轮;7—金属结构;8—操作室;
9—起升机构;10—运行机构;
11—断绳安全装置

1) 机架

机架是由立柱部件、上横梁部件和下横梁部件组成的一个框架。立柱部件又由立柱、拖链支板和机械挡块等构成。立柱包括上、下法兰及导轨,用工字钢和钢板焊接成箱式结构,用冷拉扁钢做升降导轨,耐磨性好,抗弯抗扭强度大。上横梁部件由上横梁、上导轮支架、上导轮及滑轮组等组成。下横梁部件由下横梁、聚氨酯缓冲器等组成。上、下横梁部件与立柱间通过法兰用高强度螺栓连接,使整个机架牢固结实。

2) 起升机构

巷道堆垛机的起升机构可以由电动机、制动器、减速器或链轮、柔性构件等组成,常用的柔性构件有钢丝绳和起重链等。用钢丝绳做柔性构件,重量轻、工作安全、噪声小;用起重链条做柔性构件,机构比较紧凑。堆垛机上常用的减速器有蜗轮蜗杆减速器和行星齿轮减速器,以保证较大的减速比。

起升机构应低速运行,主要用于平稳停准和取、放货时货叉和载货平台作极短距离的升降。起升机构工作速度一般为 12~30 m/min,最高可达 48 m/min。在堆垛机的起重、行走和伸叉(叉取货物)3 种驱动中,起重的效率最大。

3) 运行机构

常用的运行机构有地面行走式的地面支承型、上部行走式的悬挂型和货架支承型 3 类。地面行走式用 2~4 个车轮在地面单轨或双轨上运行,立柱顶部设有导向轮。上部行走式采用 4~8 个车轮悬挂于屋架下弦的工字钢下翼缘行走,在下部有水平导轮。货架支承型上部有 4 个车轮,沿着巷道两侧货架顶部的 2 根导轨行走,在下部也有水平导轮。

4) 载货平台

载货平台是货物单元的承载装置。对于只需要从货格拣选一部分货物的拣选式巷道堆垛机,载货平台上不设存取货机构,只有载货平台供放置盛货容器之用;一般的堆垛机上都有存取货机构。载货平台由导轮架、载货平台体、导向座、支承轮装置及滑轮组等组成。它的上部有存取货机构、操作室、升降认址装置、起升的主侧导向轮、短绳装置和货物位置异位检测装置等。

5) 存取货机构

存取货机构是堆垛机的特殊工作机构,是其存取货物的执行机构,装在载货平台上。存取货机构采用三级直线差动式伸缩货叉,由上叉、中叉、下叉及起导向作用的滚针轴承等组成,以减小巷道的宽度且使之具有足够的伸缩行程;采用三相异步电动机和摆线针轮减速器,结构紧凑,重量轻,并且在电动机的输出转子端装有离合器,以防止货叉伸缩时发生卡住或遇到障碍而损坏货叉和电动机。货叉完全伸出后,其长度一般为原来的2倍以上。货叉行程通过行程开关控制。

6) 电气装置

电气装置由电动驱动装置和自动控制装置组成。巷道堆垛机一般由交流电动机驱动,如果调速要求较高,就采用直流电动机驱动。自动控制装置有手动、半自动和自动三种控制方式,其中自动控制包括机上控制和远距离控制两种方式。

7) 安全保护装置

巷道堆垛机是一种起重机械,它要在又高又窄的巷道内高速运行,因而为了确保人身和设备的安全,就必须配备完善的硬件和软件的安全保护装置,并在电气控制上采取一系列联锁和保护措施。巷道堆垛机主要的安全保护装置如下。

(1) 终端限位保护装置。在行走、升降和伸缩机构的终端都设有终端限位保护装置。

(2) 联锁保护装置。行走与升降时,货叉伸缩驱动电路切断;相反,货叉伸缩时,行走与升降电路切断。行走与升降运动可同时进行。

(3) 正位检测控制装置。只有当堆垛机在垂直和水平方向停准时,货叉才能伸缩,即货叉运动是条件控制,以认址装置检测到确已停准的信息为货叉运动的必要条件。

(4) 载货平台货物尺寸检测装置。在行走和提升过程中,始终要求货物在设定的范围之内。

(5) 载货平台断绳保护装置。当钢丝绳断开时弹簧通过连杆机构凸轮卡在导轨上阻止载货平台坠落,正常工作时提杆平衡载荷的重量,弹簧处于压缩状态,凸轮与导轨分离。

(6) 超速保护装置。当载货平台速度大于设定速度时,超速保护装置将会自动启动,将载货平台抱死。

(7) 起升过载保护装置。当载货平台上承受的载荷超过最大允许值或在最小允许值以下时,起升过载保护装置通过调节钢丝绳的拉力大小调节装置中的弹簧产生不同行程,从而切断起升装置电动机回路电源,使装置及时停止运行。

(8) 断电保护装置。若在载货平台升降过程中断电,则采用机械式制动装置使载货平台停止不致坠落。

2. 巷道堆垛机的主要性能参数举例

不同厂家、不同型号的堆垛机的性能参数各不相同,以常见的标准单立柱巷道堆垛机和标准双立柱巷道堆垛机为例,其主要技术性能参数分别如表10-4和表10-5所示。

表10-4 标准单立柱巷道堆垛机的主要性能参数举例

额定起重量/t	0.1,0.25,0.5,0.8,1.0,1.5,…
托盘规格尺寸/(mm×mm)	800×1 000,800×1 200,1 000×1 200 或任意
货叉类型	单货叉、双货叉
货叉伸缩速度/(m/min)	3~15(变频调速)
水平运行速度/(m/min)	5~1 800(变频调速)
垂直起升速度/(m/min)	2/12,4/16,5/20(双速)或者变频调速 3~30
总功率/kW	>10
最低货位标高/m	≥0.56
最高货位标高/m	≤28

续表

整机全高/m	≤30
导电方式	滑导线、电缆小车
通信方式	载波通信、远红外通信
控制方式	手动、半自动、单机自动、联机自动
出入库作业方式	拣选式、单元式、拣选-单元混合式

表 10-5 标准双立柱巷道堆垛机的主要性能参数举例

额定起重量/t	0.8,1.0,1.5,1.8,2.0,2.3,2.5,3.0,5.0,8.0…
托盘规格尺寸/(mm×mm)	800×1 000,800×1 200,1 000×1 200 或任意
货叉类型	双货叉、三货叉、四货叉
货叉伸缩速度/(m/min)	3~15(变频调速)
水平运行速度/(m/min)	5~180(变频调速)
垂直起升速度/(m/min)	2/12,4/16,5/20(双速)或者变频调速 3~30
总功率/kW	≥10
最低货位标高/m	≥0.56
最高货位标高/m	≤43
整机全高/m	≤45
导电方式	滑导线、电缆小车
通信方式	载波通信、远红外通信
控制方式	手动、半自动、单机自动、联机自动
出入库作业方式	拣选式、单元式、拣选-单元混合式

第四节 码垛机器人

一、机器人和码垛机器人

机器人是典型的机电一体化产品,具备一些与人或生物相似的智能能力,如感知能力、规划能力、动作能力和协同能力等,是一种具有高度灵活性的自动化机器。它是计算机科学、自动控制技术、机械技术、电子技术、仿生学、光学、运动学和动力学等各门学科相互渗透的产物,是当今世界技术革命的重要标志。

随着物流系统新技术的开发,机器人在物流领域也得到了应用。在生产线的各加工中心或加工工序之间、自动化立体仓库装卸搬运区,机械手和堆垛机器人能按照预先设定的命令完成上料、装配、码盘、装卸、堆垛、拣选等作业,作业准确,速度高,尤其适用于有污染、高温、低温等特殊环境和反复单调作业的场合。

机器人在仓库中的主要作业内容包括码盘、搬运、堆垛和拣选作业等。在自动化立体仓库中利用机器人进行作业的主要优点在于机器人能在码盘、搬运、拣选、堆码过程中完成决策,起到专家系统的作用。机器人在仓库入库端的作业过程为:被运送到仓库中的货物通过人工或机械化手段放到载货平台上,再通过机器人对其进行智能分类和位置、尺寸的识别,最后将其被放到指定的输送系统上。

码垛机器人是指能将不同外形尺寸的包装货物整齐、自动地码上(或卸下)托盘的机器人。为充分利用托盘的面积和保证堆码物料的稳定性,码垛机器人装有物料码垛顺序、排列设定器。根据操纵机构的不同,码垛机器人可以分多关节型码垛机器人和直角坐标型码垛机器人;根据抓具形式的不同,码垛机器人可分为侧夹型码垛机器人、底拖型码垛机器人和真空吸盘型码垛机器人。此外,码垛机器人还可分为固定型码垛机器人和移动型码垛机器人。

二、码垛机器人的主要形式

根据机械结构的不同,码垛机器人主要包括三种形式,分别为笛卡儿式、旋转关节式和龙门起重架式。

1. 笛卡儿式码垛机器人

笛卡儿式码垛机器人(见图10-11)又称为直角坐标型码垛机器人,主要由 X 向臂、Y 向臂、Z 向立柱和抓手组成,以4个自由度(3个移动关节、1个旋转关节)完成对物料的码垛。笛卡儿式码垛机器人构造简单,机体刚性较强,可搬运和堆码重量较大的物料。

2. 旋转关节式码垛机器人

旋转关节式码垛机器人(见图10-12)最明显的特征是它包括4个旋转关节,即腰关节、肩关节、肘关节和腕关节。旋转关节式码垛机器人通常是通过示教的方式来实现编程的,即操作员手持示教盒,控制机器人按规定的动作进行运动,后台存储器会同步记录这一运动过程,此后机器人自行运动时便可以再现这一运动过程。旋转关节式码垛机器人机身小而动作范围大,可同时进行一个或几个托盘的码垛作业,能够灵活机动地进行多种产品生产线的工作。

图10-11 笛卡儿式码垛机器人

图10-12 旋转关节式码垛机器人

3. 龙门起重架式码垛机器人

龙门起重架式码垛机器人(见图10-13)是通过将机器人手臂安装在龙门起重架上而形成的。这种形式的码垛机器人由于自身的龙门起重架具有较大的跨度和强度,因而具有较大的工作范围,且能够抓取较重的物料。

三、机器人的系统结构组成

机器人是机电一体化的系统,其主要系统组成包括以下几个部分。

1. 执行机构

执行机构的功能是抓取工件,并按照规定的运行速度、运行轨迹将工件送到指定的位置,然后放下工件。它由以下几个部分组成。

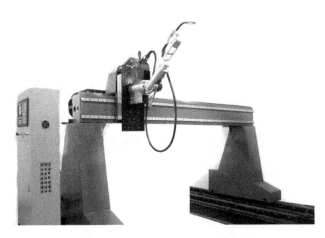

图 10-13 龙门起重架式码垛机器人

（1）手部。手部是机器人用来握持工件或工具的部位，直接与工件或工具接触。有一些机器人将工具固定在手部，便无须再安装手部了。

（2）腕部。腕部是将手部和臂部连接在一起的部件。它的主要作用是调整手部的位置和姿态，并扩大手部的活动范围。

（3）臂部。臂部支承着腕部和手部，使手部的活动范围扩大。在多关节型码垛机器人中，大臂和小臂由肘关节连接。

（4）头部。有一些机器人具有头部，头部是用来安装视觉装置和天线的部件。

（5）机身。机身又称立柱，是用来支承臂部、安装驱动装置和其他装置的部件。

（6）行走机构。行走机构是扩大机器人活动范围的机构，安装于机器人的机身下部，有多种结构形式，可以是轨道式或车轮式，也可以模仿人的双腿。

2. 驱动系统

驱动系统是为机器人提供动力的装置。一般情况下，机器人的每一个关节设置一个驱动系统，它接受动作指令，准确控制关节的运动位置。

3. 控制系统

控制系统控制着机器人按照规定的程序运动，它可以记忆各种指令信息，同时按照指令信息向各个驱动系统发出指令。必要时，控制系统还可以对机器人进行监控，当动作有误或者发生故障时发出报警信号，同时还实现对机器人完成作业所需的外部设备进行控制和管理。

4. 检测传感系统

检测传感系统主要检测机器人执行系统的运行状态和位置，随时将执行系统的实际位置反馈给控制系统，将其与设定的位置进行比较，然后通过控制系统进行调整，使执行系统以一定的精度到达设定的位置。

5. 人工智能系统

人工智能系统赋予机器人五官的功能，使其具有学习、记忆、逻辑判断能力。

四、机器人的主要技术参数

1. 抓取质量

抓取质量也称为负荷能力，是指机器人在正常运行速度时所能抓取的质量。当机器人运行速度可调时，随着运行速度的增大，其所能抓取的工件的最大质量将减小。为了安全起见，也有将高速时的抓重作为指标的情况,此时常指明运行速度。

2. 运动速度

运动速度与机器人的抓取质量、重复定位精度等参数有密切关系,同时也直接影响机器人的运行周期。目前机器人的最大运行速度在 1 500 mm/s 以下,最大回转速度在 120°/s 以下。

3. 自由度

自由度是机器人的各个运动部件在三维空间坐标轴上所具有的独立运动的可能状态,每个可能状态为一个自由度。机器人的自由度越多,其动作越灵活,适应性越强,结构越复杂。一般情况下,机器人具有 3~5 个自由度即可满足使用上的要求。

4. 重复定位精度

重复定位精度是衡量机器人工作质量的一个重要指标,是指机器人的手部进行重复工作时能够放在同一位置的准确程度。它与机器人的位置控制方式、运动部件的制造精度、抓取质量和运动速度等参数都有着密切的关系。

5. 程序编制与存储容量

程序编制与存储容量表征机器人的控制能力,用存储程序的字节数或程序指令数来表示。存储容量大,机器人的适应性强,通用性好,从事复杂作业的能力强。

第五节 堆垛机的选型

合理选择堆垛机的类型和主要使用性能参数,是正确使用堆垛机的前提条件,对提高堆垛、卸垛和搬运的作业效率,充分发挥堆垛机的有效功能,降低使用成本,提高经济效益,确保运行安全都有现实的重要意义。选型的基本要求是技术先进、经济合理、适合生产需要。选型的主要内容有类型选择、结构形式选择、技术性能参数选择、所需数量确定、功能价格比评价、技术经济评估。堆垛机选购过程中应遵循的基本工作程序如图 10-14 所示。

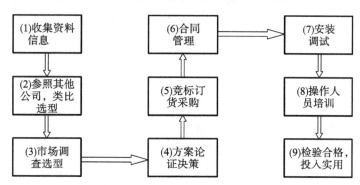

图 10-14 堆垛机选购的基本工作程序

一、堆垛机类型选择

根据堆垛机堆垛和搬运的场所、货物的种类、堆垛机作业性质等进行堆垛机类型的选择。仓库的规模不同,所需的堆垛机的类型也不同。大型仓库选用有轨巷道堆垛机,中型仓库选用无轨巷道堆垛机或桥式堆垛机,小型仓库则宜选用普通叉车。堆垛机类型选定后,接着应根据使用场合和货物的种类,选定具体的工作机构、取物装置和操纵方式等。特别需要说明的是,在进行堆垛机机型选择时，必须充分考虑相关的技术标准要求。

二、堆垛机结构形式选择

选择合适的结构形式，可使堆垛机在各种特定安装尺寸和作业方式下更好地满足使用要求。选择结构形式时首先考虑堆垛机的主体结构。主体结构的选择要坚持两个原则，一是经济性原则，二是性能方面和标准化原则。性能方面如要求有合适的工作速度和工作平稳性，标准化方面如部件通用化、标准化程度等。在具体选择时，可参考如下建议：仓库规模比较大，起重量在5t左右，起升高度较高，运行速度较快的，则需选用双立柱地面支承型巷道堆垛机；起重量和起升高度较小的立体仓库，则选用悬挂型或货架支承型巷道堆垛机；无人化自动化立体仓库就必须选用单元式巷道堆垛机，一般的小型自动化立体仓库可选用拣选式巷道堆垛机；中等跨度的仓库（12m以下）及存放笨重和长大物料的仓库，则宜选用桥式堆垛机。

三、技术性能参数选择

堆垛机的技术性能参数的选择也至关重要，它直接表明堆垛机的工作能力，一般应根据使用的场合、作业性质、作业量的大小、各作业环节之间的配套衔接等因素进行选择。

1. 额定重量的确定

额定重量一般应以堆垛机在工作过程中可能遇到的最大起吊物的质量来确定。在使用过程中，堆垛机不允许超载运行，因此在选择该参数时应留有一定的富余量。

2. 起升高度的选择

堆垛机起升高度的选择首先应符合国家给定的堆垛机起升高度标准系列，根据使用过程中堆垛机所要堆放货物的最低货位标高和最高货位标高来选择相适宜的堆垛机。另外，起升高度还要受到仓库高度的限制。

3. 跨度的选择

跨度是针对桥式堆垛机而言的，是指桥式堆垛机的两条轨道之间的距离。一台桥式堆垛机供几条巷道使用时，根据巷道的总宽度和货架的总宽度来确定其跨度的大小。如图10-4所示，3条巷道的总宽度和6条货架的总宽度之和，就是这台桥式堆垛机的跨度。

4. 工作速度的选择

堆垛机工作速度的选择是否合理，对堆垛机的工作性能影响很大，堆垛机的工作效率与各个机构的工作速度有直接的关系，当起重量一定时，工作速度越高，工作效率也越高。但速度太高也会给堆垛机带来诸多不利的因素，如惯性过大，启动和制动时引起的动载荷增大，机构的驱动功率相应增大，结构强度应相应增加。因此，工作速度的选择应综合考虑以下多方面的因素。

（1）堆垛机的工作性质和使用场合。对于生产效率要求较高、经常性工作的自动化程度要求较高的仓库，堆垛机的工作速度应选择高速；反之，堆垛机的工作速度则应选择低速。

（2）堆垛机的起重能力。对于起重量低的中小型堆垛机，其工作速度应选择高速，以提高生产率；而对于起重量大的大型堆垛机，其工作速度应选择低速，以求工作平稳安全。

（3）堆垛机的工作行程。工作行程小的堆垛机，工作速度宜选择低速；而工作行程大的堆垛机，工作速度宜选择高速。其原则是在正常工作时机构能达到稳定运动。

（4）各机构工作速度的协调性。对于堆垛机的主要工作机构（如起升机构、货叉的伸缩机构等），应根据各工作机构的作业特点，调整工作速度，使各机构协调配合，力求在工作平稳安全的前提下，达到较高的工作效率。

四、所需数量确定

对于有轨巷道堆垛机,仓库的规模决定了货架的数量,根据货架的数量(n)就可以确定有轨巷道堆垛机的数量($n/2$)。如图 10-4 所示,仓库有 6 条货架,若选用有轨巷道堆垛机则需要 3 台;若选用桥式堆垛机则只需要 1 台。究竟是选择有轨巷道堆垛机还是选择桥式堆垛机,决定因素有二:一是仓库对堆垛机工作效率的要求,工作效率要求高,则选用有轨巷道堆垛机,反之则选用桥式堆垛机;二是经济实力,经济实力强则可选用有轨巷道堆垛机,反之则可选用桥式堆垛机。

五、功能价格比评价

价格是选择堆垛机时要考虑的重要因素之一。在进行价格评价时,不仅要考虑堆垛机本身的购买价格,还要考虑堆垛机整个寿命周期的全部费用(如维修费、维护费、操作工人的培训费等)。更应该考虑其功能,功能评价是价格评价的基础。进行功能和价格评价的基本方法通常是将堆垛机的基本功能、必需功能和附加功能逐个列表比较,在保证基本功能、满足必需功能的条件下,适当地列入所需要的附加功能,并分项给出价格比值,然后对所选机型进行功能价格比的综合评价。

六、经济技术评估

为保证堆垛机技术先进、经济合理,在进行堆垛机选型时,要对堆垛机进行经济技术评估。

经济评估就是对堆垛机技术因素做出经济性评价。经济评估通常包括定性评估和定量评估两种方法,其中定量评估主要包括投资额、运行费用、修理费用、受益等方面的内容。

技术评估就是对堆垛机的技术性能做出合理的评价,评价的内容应主要包括堆垛机的适应性、先进性和实用性。所谓适应性,就是指所选的机型应符合事物发展的要求,如对产业结构发展的适应性、对使用条件变化的适应性等;所谓先进性,就是指所选机型在技术上的实用性,不能华而不实。例如,设计的只是普通仓库,却选用自动化程度较高的堆垛设备,便很难充分发挥该设备的使用性能,而造成设备购置资金的浪费。

复习思考题

1. 堆垛机有哪些特点和常见类型?
2. 桥式堆垛机的主要类型及特点有哪些?
3. 桥式堆垛机的主要技术性能参数有哪些?
4. 巷道堆垛机的特点有哪些?它由哪些部分组成?
5. 机器人的系统结构包括哪些组成部分?主要技术参数有哪些?
6. 堆垛机的选型应考虑哪些方面的内容?

参考文献

[1] 刘远伟,何爱民. 物流机械[M]. 北京:机械工业出版社,2010.
[2] 罗毅,王清娟. 物流装卸搬运设备与技术[M]. 北京:机械工业出版社,2008.
[3] 田奇. 仓储物流机械与设备[M]. 北京:机械工业出版社,2008.
[4] 孔令中. 现代物流设备设计与选用[M]. 北京:化学工业出版社,2006.
[5] 王成林. 物流设备选型与集成[M]. 北京:中国财富出版社,2013.
[6] 曲衍国,张振华. 物流技术装备[M]. 北京:机械工业出版社,2014.
[7] 冯爱兰,王国华. 物流技术装备[M]. 北京:人民交通出版社,2005.
[8] 陈子侠,蒋军,彭建良. 物流技术与物流装备[M]. 2版. 北京:中国人民大学出版社,2015.
[9] 刘昌祺,金跃跃. 仓储系统设施设备选择与设计[M]. 北京:机械工业出版社,2010.
[10] 戴彤焱. 物流工程[M]. 北京:机械工业出版社,2015.
[11] 蒋亮. 物流设施与设备[M]. 2版. 北京:清华大学出版社,2018.
[12] 黎青松. 现代物流设备[M]. 重庆:重庆大学出版社,2009.
[13] 江春雨. 物流设施与设备[M]. 北京:国防工业出版社,2008.
[14] 肖生苓. 现代物流装备[M]. 北京:科学出版社,2009.
[15] 方庆琯. 物流系统设施与设备[M]. 北京:清华大学出版社,2009.
[16] 张弦,沈雁,朱丹. 物流设施与设备[M]. 上海:复旦大学出版社,2006.
[17] 邓爱民,张喜军,等. 物流设备与运用[M]. 北京:人民交通出版社,2009.